湖北省烟草科学研究院
中国烟草白肋烟试验站

优 质 国 产 白 肋 烟
种质、生产及加工关键技术

主编 ◎ 杨春雷　周骏　杨锦鹏　舒俊生　黄朝章

U0333482

华中科技大学出版社
http://press.hust.edu.cn
中国·武汉

内 容 简 介

本书从优质白肋烟的种质资源、农业种植、原料科学应用三个技术层面,简要阐述了优质白肋烟的种植生产和质量保障技术体系,以"中南海""都宝""金桥"三个混合型卷烟品牌代表对优质白肋烟原料的高质量需求、科学评价与实践应用,以点带面地诠释了国产优质白肋烟的种质、生产及加工关键技术在中式混合型卷烟品牌高质量发展过程中的支撑作用。本书传承了国产优质白肋烟典范的种植栽培、晾制加工及工业应用等技术,融入了近年来烟草行业最新科研成果,展示了新思路、新方法、新技术对传统白肋烟生产及加工关键技术的突破与新发展。

本书内容全面丰富,涉及烟草种质、栽培调制、病虫害防控以及烟草化学、烟草工艺、减害提质等专业领域,资料翔实,图文并茂,是白肋烟原料应用与研究的重要工具书,可供从事烟草农业科研、质量评价、产品配方、工艺加工等的科研工作人员借鉴使用,也可作为研究生的教学参考书。本书的出版有助于实现卷烟配方原料的高质量供给,为新技术及新实践的探索和系统提升提供相关理论依据及实践指导。

图书在版编目(CIP)数据

优质国产白肋烟种质、生产及加工关键技术 / 杨春雷等主编.—武汉: 华中科技大学出版社,2023.8

ISBN 978-7-5680-8834-3

Ⅰ.①优… Ⅱ.①杨… Ⅲ.①烟草—种质资源—研究—中国 ②烟草—生产技术—研究—中国

Ⅳ.① S572.024 ② TS45

中国国家版本馆 CIP 数据核字(2023)第 146550 号

优质国产白肋烟种质、生产及加工关键技术　　　　　　　　杨春雷　周　骏　杨锦鹏
Youzhi Guochan Baileiyan Zhongzhi, Shengchan ji Jiagong Guanjian Jishu　　　舒俊生　黄朝章　主编

策划编辑:曾　光

责任编辑:白　慧

封面设计:孢　子

责任监印:朱　玢

出版发行:华中科技大学出版社(中国·武汉)　　　电话:(027)81321913
　　　　　武汉市东湖新技术开发区华工科技园　　　邮编:430223

录　　排:武汉创易图文工作室

印　　刷:武汉市洪林印务有限公司

开　　本:787 mm×1092 mm　1/16

印　　张:24.25

字　　数:650 千字

版　　次:2023 年 8 月第 1 版第 1 次印刷

定　　价:108.00 元

编写人员名单

主　编：

　　杨春雷　湖北省烟草科学研究院

　　周　骏　上海烟草集团北京卷烟厂有限公司

　　杨锦鹏　湖北省烟草科学研究院

　　舒俊生　安徽中烟工业有限责任公司

　　黄朝章　福建中烟工业有限责任公司

副主编：

　　程君奇　湖北省烟草科学研究院

　　陈振国　湖北省烟草科学研究院

　　李建平　湖北省烟草科学研究院

　　李锡宏　湖北省烟草科学研究院

　　刘德水　上海烟草集团北京卷烟厂有限公司

　　张　杰　上海烟草集团北京卷烟厂有限公司

　　饶雄飞　湖北省烟草科学研究院

　　余　君　湖北省烟草科学研究院

　　覃光炯　湖北省烟草科学研究院

　　王　欣　湖北省烟草科学研究院

　　杨久红　中国烟草总公司湖北省公司烟叶管理处

　　徐同广　上海烟草集团北京卷烟厂有限公司

　　陈　闯　安徽中烟工业有限责任公司

　　谢　卫　福建中烟工业有限责任公司

　　任晓红　湖北省烟草公司恩施州公司

　　王洪炜　湖北省烟草公司恩施州公司

　　杨瑞玮　湖北省烟草公司恩施州公司

　　刘圣高　湖北省烟草公司宜昌市公司

　　陈　霓　湖北省烟草公司宜昌市公司

　　耿庆宇　上海烟草集团北京卷烟厂有限公司

编写人员：

　　杨春雷　湖北省烟草科学研究院

　　杨锦鹏　湖北省烟草科学研究院

　　程君奇　湖北省烟草科学研究院

　　陈振国　湖北省烟草科学研究院

　　李建平　湖北省烟草科学研究院

　　李锡宏　湖北省烟草科学研究院

　　余　君　湖北省烟草科学研究院

　　覃光炯　湖北省烟草科学研究院

　　饶雄飞　湖北省烟草科学研究院

王　欣　湖北省烟草科学研究院

黎妍妍　湖北省烟草科学研究院

王　毅　湖北省烟草科学研究院

曹景林　湖北省烟草科学研究院

黄文昌　湖北省烟草科学研究院

李宗平　湖北省烟草科学研究院

许汝冰　湖北省烟草科学研究院

赵云飞　湖北省烟草科学研究院

杨久红　中国烟草总公司湖北省公司烟叶管理处

周　骏　上海烟草集团北京卷烟厂有限公司

刘德水　上海烟草集团北京卷烟厂有限公司

张　杰　上海烟草集团北京卷烟厂有限公司

马雁军　上海烟草集团北京卷烟厂有限公司

徐同广　上海烟草集团北京卷烟厂有限公司

耿庆宇　上海烟草集团北京卷烟厂有限公司

白若石　上海烟草集团北京卷烟厂有限公司

史宏志　河南农业大学

舒俊生　安徽中烟工业有限责任公司

陈　闯　安徽中烟工业有限责任公司

佘世科　安徽中烟工业有限责任公司

黄朝章　福建中烟工业有限责任公司

谢　卫　福建中烟工业有限责任公司

曾　强　福建中烟工业有限责任公司

张国建　福建中烟工业有限责任公司

任晓红　湖北省烟草公司恩施州公司

杨瑞玮　湖北省烟草公司恩施州公司

王洪炜　湖北省烟草公司恩施州公司

谭　军　湖北省烟草公司恩施州公司

邸慧慧　湖北省烟草公司恩施州公司

夏鹏亮　湖北省烟草公司恩施州公司

李晓清　湖北省烟草公司恩施州公司

文　涛　湖北省烟草公司恩施州公司

向修志　湖北省烟草公司恩施州公司

解晓菲　湖北省烟草公司恩施州公司

黄　勇　湖北省烟草公司恩施州公司

刘志宇　湖北省烟草公司恩施州公司

刘　俊　湖北省烟草公司恩施州公司

刘圣高　湖北省烟草公司宜昌市公司

陈　霓　湖北省烟草公司宜昌市公司

董贤春　湖北省烟草公司宜昌市公司

袁跃斌　湖北省烟草公司宜昌市公司

文光红　湖北省烟草公司宜昌市公司

前　言

烟草是重要的经济作物,具有多种用途。烟叶是烟草行业的发展基础,是卷烟品牌赖以生存与发展的战略资源。国产白肋烟作为主料型原料之一,具有独特风格特征和香韵,是混合型卷烟的重要原料。品质立企、品牌强企,随着烟草行业内企业重组、中式卷烟大品牌战略的推进,工商研三方应高质量品类构建之发展所需,在科研方面精诚合作,从品种培育、品质提升、品牌打造直至标准化生产,稳产保质保供,全力做好和用好每一片优质烟叶,共同推进优质烟叶原料定制化开发、健全产业链、优化供应链、提升价值链等举措正逐步深度融入工商企业的精益管理,烟叶高质量发展之路正全面铺展开来。

为了让广大科技人员深入了解国产白肋烟种质资源,系统掌握最新的国产白肋烟生产及加工技术体系,以便更充分挖掘国产白肋烟的综合应用潜力,由湖北省烟草科学研究院牵头,联合上海烟草集团北京卷烟厂有限公司、安徽中烟工业有限责任公司、福建中烟工业有限责任公司以及国内白肋烟主产区等多家单位科研人员,共同努力编写了本书。

全书共分十二章,既传承了成功经验和有效做法,又融入了最新科研成果:第一章简述了白肋烟起源及传播、国内外种植现状;第二章介绍讲述了白肋烟种质资源现状及创新;第三章讲述了白肋烟生态气候条件特征及国内主产区的生态基础、白肋烟种植区划情况;第四章讲述了国产优质白肋烟的养分、水分、光合代谢等生理和关键栽培技术;第五章讲述了国产白肋烟主要病虫害及其发生规律和绿色防控技术;第六章讲述了白肋烟成熟、采收及晾制关键技术;第七章讲述了国产白肋烟质量评价指标、品质特征;第八章介绍了国产白肋烟分级标准和工商交接情况;第九章概述了白肋烟原料工业应用历史、现状及技术发展趋势;第十章介绍了白肋烟打叶复烤技术,着重讲述了打叶分组、复烤及配套加料工艺及技术;第十一章介绍了白肋烟仓储环节品质影响因素及减害提质调控技术;第十二章讲述了白肋烟制丝和烘焙工艺技术,并介绍了混合型卷烟加工新工艺。

本书主要编写人员及其分工如下:前言由杨春雷、周骏、杨锦鹏、王欣、马雁军、赵云飞编写;第一章"白肋烟起源及种植现状"由杨锦鹏、程君奇、王欣、余君、王毅、任晓红、杨瑞玮、刘圣高、陈霓编写;第二章"白肋烟种质资源创新"由程君奇、曹景林、王毅、黄文昌编写;第三章"国产白肋烟种植区划"由杨锦鹏、程君奇、王毅、饶雄飞、余君、任晓红、杨瑞玮、邸慧慧、刘圣高、文光红编写;第四章"国产优质白肋烟关键栽培技术及生理"由杨锦鹏、杨春雷、陈振国、李建平、覃光炯、任晓红、杨瑞玮、王欣、饶雄飞、刘圣高、陈霓、王毅、邸慧慧、董贤春、袁跃斌、向修志编写;第五章"国产白肋烟病虫害绿色防控技术"由李锡宏、黎妍妍、许汝冰、谭军、夏鹏亮、李晓清、解晓菲、黄勇编写;第六章"优质白肋烟采收与晾制技术"由杨春雷、杨锦鹏、余君、任晓红、刘圣高、陈霓、文涛、文光红编写;第七章"国产白肋烟质量特征及致香物质基础"由覃光炯、饶雄飞、杨锦鹏、王欣、杨瑞玮、李宗平、马雁军编写;第八章"国产白肋烟分级及工商交接"由杨久红、王洪炜、杨锦鹏、刘志宇、刘俊编写;第九章"白肋烟原料加工技术概述"由周骏、舒俊生、刘德水、谢卫、陈闯、耿庆宇编写;第十章"国产白肋烟打叶复烤技术"由周骏、刘德水、马雁军、黄朝章、张杰编写;第十一章"国产白肋烟关键仓储技术"由周骏、张杰、刘德水、马雁军、史宏志、耿庆宇、陈闯、黄朝章编写;第十二章"国产白肋烟制丝及烘焙新技术"由周骏、刘德水、舒俊生、徐同广、马雁军、陈闯、佘世科、黄朝章、谢卫、耿庆宇、张国建、白若石、曾强编写。

全书由杨春雷、周骏、杨锦鹏、刘德水、杨瑞玮、马雁军、王欣负责统稿定稿。在本书的编写过程中,得到多家单位的老师和科研人员的支持帮助,在此真诚感谢所有编写人员的辛苦付出!华中科技大学出版社的曾光和白慧等编辑对本书的出版付出了大量辛苦劳动,特此诚挚感谢!

全体编者以科学严谨的态度编写本书,由于本书涉及内容较多、专业性强,加上技术资料来源于不同渠道,尽管在审稿、校稿和通稿时付出了很大努力,以统一术语,减少谬误,力求保证内容的科学性和准确性,但鉴于全体编者的专业水平和编写经验有限,书中难免存在偏误,衷心希望广大读者批评指正!

编者

2022 年 11 月 20 日于武汉

目　　录

第一章　白肋烟起源及种植现状

第一节　白肋烟起源及传播

一、烟草的起源与晾晒烟的传播

（一）烟草的起源

烟草属于茄科(Solanaceae)烟草属(*Nicotiana*)，目前已发现烟草属有 66 个种。1954 年美国学者 T. H. Goodspeed 曾将烟草属划分为 3 个亚属，共 14 个组 60 个种：黄花烟草亚属(*Rustica*)包含 3 个组 9 个种，普通烟草亚属(*Tabacum*)包含 2 个组 6 个种，碧冬烟草亚属(*Petunioides*)包含 9 个组 45 个种。其中，45 个种原产于北美洲和南美洲，15 个种原产于大洋洲的澳大利亚及其附近岛屿。1960 年，美国学者 N. T. Burbidge 和 P. U. Wells 先后对此分类做了修正。Burbidge 给原产于澳大利亚的种增加了 5 个新种，并把 *N. stenocarpa* 改名为 *N. rosulata*。Wells 将原属碧冬烟草亚属沙漠烟草组的 *N. Palmeri* 和 *N. trigonophylla* 两个种合并为 *N. trigonophylla* 一个种。这样，烟草属包含的种就变成了 64 个。后来又发现了两个新种，一个是由德国考察队于 20 世纪 60 年代在非洲的纳米比亚山中发现的 *N. africana*，暂归为碧冬烟草亚属；另一个是由日本东京大学安第斯山考察队成员 Y. Kawkami 于 20 世纪 70 年代在南美洲安第斯山中发现的 *N. kawakamii*，暂置于普通烟草亚属的绒毛烟草组(tomentosae)。据此，目前确定的烟草属有 66 个种。

烟草起源于美洲、大洋洲及南太平洋的某些岛屿。普通烟草亚属和黄花烟草亚属的种均起源于美洲安第斯山脉自厄瓜多尔至阿根廷一带，碧冬烟草亚属香甜烟草组的 15 个种均起源于澳大利亚及附近的南太平洋岛屿。原产于北美洲的有沙漠烟草组、匍匐烟草组、印度烟草组、裸茎烟草组、渐尖叶烟草组的渐狭叶烟草。其余的种除非洲烟草外，均原产于南美洲。

烟草属大多为草本植物，少数是灌木或乔木状，一年生或多年生。烟草属的许多种含有一种特有的植物碱——烟碱，含量为 0.5% ~ 10%。烟碱是烟草中具有生理作用的物质，烟碱含量的多少直接影响到烟制品的香气味和劲头。

目前,烟草属被人们广为栽培的只有两个种,即普通烟草($N.\ tabacum$ L.)和黄花烟草($N.\ rustica$ L.)。普通烟草也称红花烟草,如烤烟、白肋烟、香料烟、马里兰烟等,兰花烟、莫合烟等则属黄花烟草。

(二)晾晒烟的传播

现已有两个考古证据表明烟草在公元 400 年前就已广为传播。一个证据是考古学家在墨西哥贾帕思州(Chiapas)倍伦克(Palengue)的一座建成于公元 432 年的神殿里发现的一幅浮雕,上面是玛雅人在举行祭祀典礼时用长烟管吸烟草的情景;另一个证据是考古学家在美国亚利桑那州北部印第安人居住过的洞穴中发现的遗留的烟草和烟斗中吸剩的烟灰。据考证,这些物品的年代大约在公元 650 年。1492 年,西班牙探险家哥伦布到达美洲新大陆时发现当地人将干烟叶卷成柱状吸食,说明在此之前烟草已是美洲的一种物产并被印第安人广泛应用。

随着航海技术与交通的发展,烟草逐渐传播到世界各地。据文献记载,1558 年烟草种子被航海去美洲的水手带回葡萄牙,1559 年传到西班牙。1560 年,法国驻葡萄牙大使 Jean Nieot 将烟草带到法国,并作为观赏植物在庭院试种。1561 年,烟草由葡萄牙传入意大利。1565 年,John Hawkins 从佛罗里达将烟草种子带回英国。1585 年,英国人从美洲带回烟草和烟斗,于是使用烟斗吸食烟草之风从英国逐渐传至欧洲大陆,随后吸烟风气盛行于西欧各国。烟草在 15—16 世纪又因西班牙和葡萄牙掠夺殖民地而传入非洲,烟草传入东非约在 1560 年,传入南非约在 1652 年,传入西非可能要早一些,传入津巴布韦、赞比亚等中非主要产烟国家约在东非之后。17 世纪后,烟草已传播到俄国、土耳其、波斯、菲律宾、日本、朝鲜、中国等许多国家和地区。

烟草从北纬 60° 到南纬 45° 均有栽培,主要产区集中在北纬 45° 到南纬 30° 之间。商业性烟草栽培始于 1612 年的詹姆斯敦(Jarmestown)。在 1832 年美国弗吉尼亚人 G.Tack 发明烤烟之前,世界各地种植的烟草均采用晾晒的调制方法,因此都为晾晒烟。

20 世纪初烤烟传入我国之前,我国种植的烟草都是晾晒烟。晾晒烟传入我国的时间大约在 16 世纪末至 17 世纪初。据明末名医张介宾(1563—1640 年)所著的《景岳全书》记载:"此物(指烟草)自古未闻也,近自我明万历时始出于闽广之间,自后吴楚间皆种植之矣。"方以智所著《物理小识》中载有:"淡巴姑,烟草。万历末有携至漳泉者,马氏造之曰淡肉果,渐传至九边,皆用长管点火吞吐之,有醉仆者。"又据《泉州府志》记载:"薰,种来自海外,名淡芭菰,叶大如芋,即烟也,辟瘴疗,安溪出者胜于漳浦、石码。"厉鹗所著《樊榭山房集》中载有:"(烟草)由菲律宾传到闽、广,再传入江、浙、两湖,而后传到西南各地。"而近代的考古又有新发现。1980 年,广西博物馆考察队的郑超雄在发掘广西合浦县明代废瓷窑时挖掘出三件瓷烟斗和一个做瓷器用的压槌,压槌背上刻有"嘉靖二十八年四月二十四日造"字样。这是我国考古界第一次发现烟具,并有确切的年代(1549 年)记载。发掘者认为:烟草在明代嘉靖年间由葡萄牙传入我国,这比万历年间要早 50 年左右,并与葡萄牙早期(1522—1560 年)侵略我国沿海地区的时间相一致。

晾晒烟传入我国的途径可能有四条:一是 1563 至 1640 年间由航海水手将种子从菲

律宾等地带到台湾、福建后传入各地;二是1620至1627年间由印度尼西亚或越南传入广东,再传到各地;三是1616至1617年间由日本传入朝鲜,再传到东北等地;四是1522至1586年间由葡萄牙传到广西,再传入各省。

二、中国晾晒烟种植史和发展历程

(一)种植史

自晾晒烟16世纪传入我国后,种植者在长期的生产实践中,根据当地的土壤、气候条件选育了许多新品种,创造了适合当地地理气候条件的栽培调制技术,在特定的土壤、气候、栽培、调制条件下逐渐形成了带有地域特色的晾晒烟。由外国传入我国的晒烟,已完全驯化为带有当地特色的晾晒烟,风格多样,随后优质的地方晾晒烟逐渐连片种植,形成较为集中的产区。

17世纪初,我国吸烟已开始盛行,18世纪以后,我国烟制品逐渐增多,应用范围也渐广,制烟已趋向手工业生产。嘉庆时陈琮的《烟草谱》中记载:"衡烟出湖南,浦成烟出江西,油丝烟出北京,青烟出山西,兰花烟出云南……"说明清代中后期我国晾晒烟栽培及其工业生产已相当兴盛。此后,优质地方晒烟逐渐形成,民国四年(1915年),黄冈晒烟在巴拿马国际博览会上获金质奖,民国十六年(1927年)在太平洋博览会上获"世界烟草佳品"奖。

(二)发展历程

明末到清末,晾晒烟生产均为民间自种自吸并有少量的商品交易,都是自发性的,缺乏统一的全国性管理机构,全国晾晒烟种植面积及产量难以统计。

19世纪中叶,我国晾晒烟商品化生产有所发展,由于市场不断扩大,许多品质优良的地方晾晒烟行销各地。据调查推测,20世纪30年代以前,全国晒烟种植面积在53万公顷左右,产量在50万~60万吨。

中华人民共和国成立后,随着卷烟工业原料的变化(20世纪20—30年代卷烟配方中烤烟约占一半,其余绝大部分为晒烟),晾晒烟的生产逐年缩减。1949年,全国地方晾晒烟种植面积11.7万公顷,总产量11万吨;1952年种植面积有所上升,达24万公顷,总产量22万吨;1985年种植面积减少到11万公顷,产量降至10万吨。

20世纪70—80年代,晾晒烟种植面积进一步缩减,1977—1979年种植面积约17万公顷,产量18万吨,到80年代降到10万~15万公顷,产量在13万~22万吨,一部分烟叶被卷烟工业用作混合型卷烟或雪茄烟原料,一部分农民自用。

20世纪90年代后,晾晒烟种植区域缩小,产量也随之减少,1990—1993年,全国年产量在1万吨左右,1994年后逐年下降,到1998年,产量由1994年的0.5万吨降到0.3万吨。到2005年,我国多数省(区)地方性晾晒烟种植面积逐渐缩小,许多名晾晒烟产区已改种烤烟或白肋烟等,部分名晾晒烟已不存在。

三、白肋烟的起源及传播

白肋烟(*Burley tobacco*)属于双子叶植物纲(*Dicotyledoneac*)管花目(*Tubiflorae*)茄科(*Solanaceae*)烟草属(*Nicotiana*)红花烟种。按调制方法分类,白肋烟为浅色晾烟,早期音译为"白利""柏莱"等。白肋烟是马里兰深色晾烟品种的一个突变种,起源于 1864 年,美国俄亥俄州布朗县一个农场的烟农 George Webb 在马里兰阔叶烟苗床里初次发现了这个缺绿的突变烟株(White Burley),后经专业种植证明其具有特殊使用价值,因而发展成为一个新的烟草类型。白肋烟具有吃味和调和香气的作用,现为混合型卷烟的重要原料,也可用于雪茄烟、斗烟和嚼烟。

白肋烟主要分布在美洲、亚洲和欧洲,生产白肋烟的国家近 60 个,其中美国是世界最大的白肋烟生产国,也是白肋烟消耗量最大的国家,就综合质量而言,美国、马拉维的白肋烟属上乘。全球白肋烟总产量最高年份达到 100 万吨,进入 20 世纪后有所减少,基本在 60~80 万吨。我国白肋烟生产起步较晚,自 20 世纪 50 年代开始引种试种白肋烟,并于 60 年代在湖北省试种成功。至 21 世纪初,白肋烟种植面积约 26000 公顷,总产量在 4 万吨左右。目前中国白肋烟种植区域主要集中在湖北恩施和宜昌、四川达州、重庆万州等地。

第二节　国外白肋烟种植现状

白肋烟是晾烟的一大类型,在全世界广泛种植,主要分布在美洲、亚洲、欧洲,生产白肋烟的国家近 60 个。国外主要种植国家有美国、巴西、马拉维、阿根廷、意大利、莫桑比克、泰国、赞比亚等。

美国白肋烟总产量在 1955—1959 年占世界白肋烟总产量的 81%,1970—1974 年占 57%,1991 年占 36.4%,2002 年占 16.7%,2003—2005 年三年占世界总产量的 15.9%~13.6%,主要分布在肯塔基州、田纳西州、俄亥俄州、印第安纳州、西弗吉尼亚州、弗吉尼亚州、北卡罗来纳州和密苏里州。巴西白肋烟生产发展较快,1966 年总产量为 2.7 万吨,2005 年总产量达 13.7 万吨,占世界总产量的 17.2%,超过美国 2005 年的产量,居世界第一位,其大部分白肋烟种植在圣卡塔琳娜州。马拉维种植白肋烟的历史较长,种植区域主要分布于利隆圭的周围,2005 年白肋烟总产量达 11.9 万吨,居世界总产量的 14.9%,也超过美国 2005 年的产量,居世界第二位。意大利从 20 世纪 70 年代开始发展白肋烟生产,20 世纪 90 年代以后,产量稳定在 5.0 万吨左右,2005 年总产量达 5.1 万吨,占世界白肋烟总产量的 6.4%,其白肋烟主要种植在中部及南部,且多为填充性白肋烟,这种白肋烟一般株高在 2 m 左右,单株叶片数在 40 片以上,生产中常常不打顶,产量较高,烟叶烟碱含量较低,烟气的香型风格欠突出,在混合型卷烟中常常作为填充料使用。加拿大是在第二次世界大战之后开始发展白肋烟的,种植区域主要集中在安大略的南部,每年的白肋烟产量较为稳定,年总产量在 0.45 万吨左右。墨西哥白肋烟大部分种植在西海岸的纳亚里特,近几年总产量约为1.5万吨。希腊从1960年开始种植白肋烟,年产量为8164 kg,1966年很快上升到0.7万吨,20世纪70年代后稳定在1.2万吨左右。

美国是世界最大的白肋烟生产国,也是白肋烟消耗量最大的国家,据统计,1997年至2006年,美国白肋烟种植面积大幅度下降,2006年种植面积33791 hm²,比1997年减少101779 hm²,仅为10年前的24.9%;比2005年减少6678 hm²,减少幅度达到17%。与2004年相比,2005年美国两个最大的白肋烟种植州肯塔基州、田纳西州分别减产34%和26%。美国白肋烟单产比较稳定,平均单产为2147 kg/hm²。

美国白肋烟生产成本由可变成本、固定成本、经营管理成本组成。可变成本包括移栽、肥料、石灰、除草剂、杀虫剂、杀真菌剂、腋芽控制、耕地、种植、喷雾、覆盖作物、材料和补给、运输、作物保险、雇佣劳力、利息;固定成本包括土地值、建筑/设备成本、税/保险。以单产2355.470 kg/hm²、均价3.525美元/kg为例,每公顷白肋烟毛收入8303.032美元,可变成本5663.572美元,固定成本1354.108美元,经营管理成本1235.500美元,纯收入49.852美元/hm²。

在美国白肋烟出口以及美国进口白肋烟的价格方面,1997—2005年美国白肋烟出口的平均价格为7.90美元/kg,2005年下降到6.87美元/kg;美国进口白肋烟平均价格是3.34美元/kg,2005年下降到2.93美元/kg。

1992—2005年,美国白肋烟年平均出口量为77312.29 t,1999—2003年出口量有较大下滑,2004年开始回升,2005年继续增加至93775.62 t。

根据美国农业部统计,1970年至2003年美国卷烟厂平均每年用掉251214.4 t白肋烟,其中美国白肋烟191272.5 t,进口白肋烟59941.9 t,美国白肋烟与进口白肋烟的比例达到3.2∶1。随着时间推移,美国卷烟厂使用美国白肋烟的比例逐年下降,1970年美国白肋烟与进口白肋烟的比例是167.7∶1,1997年美国白肋烟与进口白肋烟的比例下降至1.8∶1,2002年继续下降至1.1∶1,2003年降至0.6∶1,进口白肋烟的用量达到104328 t,首次超过美国白肋烟用量(61689.6 t)。

美国卷烟厂使用的白肋烟总量呈下降趋势,1994年使用白肋烟总量285314.4 t,2003年降至166017.6 t,减少了119296.8 t,减幅达到42%。美国卷烟厂使用的白肋烟总量下降是由美国卷烟生产量、消费量与出口量的下降造成的。美国卷烟生产量、消费量与出口量不断下降,2005年与1996年相比,生产量减少2655亿支,消费量减少1110亿支,出口量减少1308亿支。

美国肯塔基大学长期以来一直在研究并推动中耕作物生产的保护耕作法。肯塔基的农民是世界上接受保护耕作大规模种植玉米和大豆的首批农户之一。保护耕作用于白肋烟生产的研究始于二十世纪七十年代早期,此前烟农的兴趣始终不高。烟农不愿放弃传统的耕作方式,缺乏合适的移植机技术,对于控制杂草的担忧以及未来生产水平的不确定性使得采用保护耕作的进展减缓。二十世纪九十年代中期关于烟草的保护耕作研究再度恢复,引发了关于移植机、杂草控制的新概念的产生,包括作物的管理。保护耕作法的接受率将随美国烟草纲要实施的结束和较小烟草生产种植农场的合并而加速。美国白肋烟免耕生产技术与管理体系已经逐渐发展成熟,并在配额买断政策之后继续在烟农中普及推广,使得更多的烟农切实意识到免耕生产的保水保肥作用与抵御自然灾害的能力。

第三节　国内白肋烟种植现状

白肋烟的原产地是美国,我国在 20 世纪 50 年代引进种植,先后在山东、安徽、广东、湖北、山西、黑龙江、辽宁、广西、云南等省试种,并在湖北、四川、重庆、云南等地试种成功。我国白肋烟试种成功以来,历经引种、发展、提高、稳固等阶段。我国的白肋烟产区目前主要分布在湖北恩施、四川达州、重庆万州和云南宾川四地,其他省区也有种植,但面积较少。经过反复评价和论证,湖北白肋烟的整体风格质量相对最为显著和稳定,于是湖北自 20 世纪 70 年代中期开始成为我国白肋烟主要产区并持续至今。湖北白肋烟产区具有满足生产优质白肋烟的生态条件,生产技术和质量在国内处于领先地位,是我国混合型卷烟企业的白肋烟原料主要生产基地。湖北白肋烟在国际烟草市场也享有较好声誉。

1. 湖北白肋烟概况

从 20 世纪 70 年代起,湖北省开始试种白肋烟,种植面积最大,主要集中在鄂西的恩施州和宜昌市。该地区四季分明,雨热同期,属中亚热带季风性山地湿润气候,夏无酷暑,冬少严寒,雨量充沛,日照充足。湖北白肋烟产区地理位置与美国白肋烟主产区在同一纬度,适宜的自然气候、立体的山地结构、丰富的土壤资源,为白肋烟烟叶种植提供了得天独厚的生态条件。目前,湖北白肋烟烟叶出口量占全国白肋烟出口总量的 80% 以上,是国内混合型卷烟生产主要原料基地,也是国内白肋烟出口的主要省份。湖北白肋烟对我国中式混合型卷烟的开发、生产和满足国际市场需要都发挥了积极作用。

2. 四川白肋烟概况

四川达州白肋烟产区主要位于大巴山腹地,该地区生态条件适宜,秋季雨量偏大,空气湿度也较大,对白肋烟生长发育与烟叶晾制十分有利。除海拔 1200 m 以上地区外,达州大部分地区热量资源丰富,能充分满足优质白肋烟形成的需要,并且其热量分布与美国肯塔基州气候分布十分契合。历史上四川达州白肋烟产量曾达到 50 万担,是国内白肋烟的主产区,所产烟叶销往国内各大烟厂并大量出口。20 世纪 90 年代以来,因为市场、技术以及品种等多种原因,四川白肋烟种植面积减少;产量逐渐下降,质量降低,到 21 世纪初,白肋烟产量下降到 1 万多担。

3. 重庆白肋烟概况

重庆是我国优质白肋烟生产基地之一。该地区属于亚热带湿润季风气候,气候温和,雨量充足,海拔高度适中,四季分明,夏热而长,但少酷暑,夏热多伏旱,秋凉多绵雨,年温差大,降雨充沛,云雾多,光照不足,冬季无严寒,雪天少,无霜期长,是最适宜发展白肋烟的区域之一。重庆万州适宜种烟面积为 15 万 ~ 20 万亩(1 亩 =666.67 平方米)。该地区劳动力资源丰富,有较好的生产白肋烟生产经验,烟农种烟积极性高,所产白肋烟烟碱含量适宜,劲头适中,香气量充足,香型风格独特,深受国内外厂家青睐。白肋烟种植已成为当地农村富民的骨干项目。整个重庆白肋烟产区在2003年与国内外客商签订销售协议达14万担以上,但收购量只有3万多担,市场需求潜力大。

4.云南白肋烟概况

大理州宾川县是云南白肋烟的主产区。云南白肋烟试种起步较晚,从1982年开始试种。但宾川白肋烟发展迅猛,生产规模逐步扩大。宾川地区白肋烟的快速发展得益于得天独厚的地理和气候条件。宾川地区光照充足,热资源丰富,属于中亚热带低纬高原季风气候,该地区热量丰富,光照充裕,水分适中,光、温、水三要素的配合有利于白肋烟优质适产。

我国加入世界贸易组织以及世界卫生组织后,提高卷烟产品质量、降低吸烟对人的不良影响已成为全社会关注的焦点。伴随国家烟草专卖局对卷烟结构调整政策的落实,作为我国混合型卷烟重要原料的白肋烟产量也发生了显著变化。2010—2021年我国白肋烟的种植概况如表1-1所示,受计划调控影响,各主产区呈现较显著的下滑趋势。

表1-1　2010—2021年我国各省区白肋烟种植面积（万亩）

年份	湖北省	四川省	重庆市	云南省	小计
		产地			
2010	20.25	4.38	1.10	3.52	29.25
2011	17.54	3.86	1.70	3.52	26.62
2012	17.42	3.68	2.00	3.33	26.43
2013	9.48	3.95	0.90	2.52	16.85
2014	2.90	1.88	0.92	2.30	8.00
2015	2.73	1.12	0.33	0.00	4.18
2016	2.85	0.90	0.00	0.00	3.75
2017	2.17	0.00	0.00	0.00	2.17
2018	3.68	0.00	1.33	0.00	5.01
2019	3.08	0.00	0.93	0.00	4.01
2020	2.76	0.00	1.04	0.00	3.80
2021	3.84	0.00	0.71	0.00	4.55
累计	88.70	19.77	10.96	15.19	134.62

注：白肋烟产区具体分布为湖北省的恩施州、宜昌市,四川省的达州县,重庆市的万州区,云南省的宾川市。

第二章 白肋烟种质资源创新

第一节 国内外白肋烟种质资源现状概况

种质资源(germplasm resources)亦称遗传资源(genetic resources)或基因资源(gene resources),是一切具有一定种质或基因的生物类型的总称,包括品种、品系、野生种及其近缘种的植株、种子、无性繁殖器官、花粉、单个细胞,甚至特定功能或用途的基因。种质资源作为由自然演化和人工创造而形成的一种重要的自然资源,在漫长的历史过程中,积累了由自然和人工选择引起的极其丰富的遗传变异,蕴藏着各种性状的遗传基因,是培育优质、高产、抗病虫、抗逆新品种及开展资源创新的重要物质基础,也是人类用以选育新品种和发展农业生产的物质基础,还是进行生物学研究的重要材料和极其宝贵的自然财富。因此,拥有种质资源的数量和质量,直接影响着育种和生物学研究的深度和广度,同时也反映了一个国家的科技进步水平。

烟草在植物分类学上属双子叶植物纲(Dicotyledoneae)管花目(Tubiflorae)茄科(Solanaceae)烟草属(*Nicotiana*)。烟草属大多数是草本植物,少数是灌木或乔木状,多数为一年生的,也有多年生的,种间植株差异较大,但都能产生植物碱。一般将烟草属分为 3 个亚属,即黄花烟草亚属(*Rustica*)、普通烟草亚属(*Tabacum*)和碧冬烟草亚属(*Petuuioides*),共计 66 个种。目前可以直接利用的栽培种有普通烟草种(*Nicotiana tabacum* L.)和黄花烟草种(*Nicotiana rustica* L.),其他为野生种。烟草起源于美洲、大洋洲及南太平洋的某些岛屿,其中普通烟草种和黄花烟草种起源于南美洲的安第斯山脉,野生烟中有 45 个种分布在北美洲和南美洲,15 个种分布在大洋洲,20 世纪 60 年代又在非洲西南部发现了一个新的野生烟种 *N. africana*。大量考古发现证明,在很久以前美洲印第安人就开始种植和利用烟草了。 1492 年哥伦布发现美洲新大陆之后,烟草逐渐传播到世界各地,大约于 16 世纪中期传入我国。目前,从北纬 60° 到南纬 45° 的广大地区均有烟草种植,主产区在北纬 45° 到南纬 30° 之间,产地遍及亚洲、南美洲、北美洲、非洲及东欧,以亚洲为中心。烟草在传播的过程中,由于自然生态环境的不同,其形态特征和特性不断发生变异。在自然因素、品种特性、栽培技术、调制方法等多种因素的影响下,形成了多种多样的烟草种质资源,是科学研究和烟叶生产的重要宝贵资源。

一直以来,美国烟草育种家十分重视烟草种质资源的搜集,曾于 1913 年先后两次派考察队到烟草起源中心搜集古老类型的烟草种质和野生种,如高抗青枯病的 TI44A 和高抗线虫病的 TI706 等具有特殊使用价值的烟草种质。日本也一直在搜集国外烟草种质资源,现已拥有 1900 份烟草种质资源,烟草野生种——川上烟草就是 1960—1970 年日本考察队到南美洲考察时发现的。苏联于 1920 年从世界 50 多个国家搜集了包括烟草资源在内的 13 万多份植物种质资源。

品种是决定白肋烟优质丰产的内在因素,选用优良品种是生产优质烟叶的一项重要措施。白肋烟优良品种既要优质适产、适应性广、抗逆性强,又要香气足、外观品质好、烟碱含量适中,符合卷烟工业和市场的要求。白肋烟品种的选育及应用对提高白肋烟质量以及适应卷烟工业和市场需求具有重要的作用。世界白肋烟的种植在所有烟草类型中占14% 左右,仅次于烤烟(66%)。众多的白肋烟种植国家都有各自的主栽品种。杂交种的利用在白肋烟上较为普遍,占其总种植面积的 50% 以上。

美国是世界上进行白肋烟育种研究最早和培育白肋烟品种最多的国家,育种的主要目标是优质、适产、抗病。1921 年育成第一个白肋烟品种 White Burley,随后又选育出 Burley 21、Kentucky 14、Kentucky 10 等。20 世纪 60 年代以来,美国在逐步提高品质的基础上,育成大批白肋烟抗虫和抗病品种,例如,以 Burley 49 作为根黑腐病抗源亲本,相继育成 Kentucky 17、Kentucky 15、Kentucky 78379、PVY202、Kentucky 8259、Kentucky 8958、Tennessee 86、Tennessee 90 等品种,以 *N. glutinosa* 作为 TMV 抗源亲本育成品种 Kentucky 56,随后育成兼抗 PVY、TEV、TVMV 三种病毒病的品种 Kentucky 907、Kentucky 8529、Tennessee 86、Tennessee 90、KDH926、KDH960、Greeneville 107 等。1976 年,Lapha 育成抗赤星病白肋烟品种 Banket A−1。育成抗野火病品种 Burley 21 之后,又育成 Kentucky 14、Kentucky 15、Kentucky 170、Burley 37、DF485、Tennessee 86、Kentucky 180 等品种。在白肋烟抗黑胫病育种上,美国最早开始研究,形成的抗病品种最丰富,自 20 世纪 20 年代育成第一个白肋烟品种 White Burley后,其选育出优质品种 Kentucky 16,然后又育成一系列白肋烟优质品种。随着抗病品种的需求增大,业界开始利用抗黑胫病品种 Burley 11A 相继育成一批抗或中抗黑胫病品种,包括 Burley 37、Burley 49、Virginia 509、Kentucky 17 等白肋烟品种。目前美国主栽品种有 Tennessee 86、Tennessee 90、Tennessee 97、Kentucky 907 等,除品质较好外,综合抗性也较突出,对黑胫病的抗性均在中抗以上。这些品种的育成对美国白肋烟生产和世界白肋烟生产的持续稳定发展起了重要作用。其他种植白肋烟的国家,在引种基础上也相应开展了一些育种研究,培育筛选出适宜本国种植的优良新品种。美国烟草品种取得成功的原因:一是取决于种质资源的利用,这些种质资源包括野生种和 20 世纪 40 年代搜集到的 1000 多份的 TI 系列地方品种;二是取决于有关大学和研究所的大量基础研究,如 20 世纪 60 年代至 70 年代主要病害抗原筛选、抗性遗传、病害发生流行规律以及病菌小种分化和致病力研究,这些为美国 30 多年的抗病育种快速发展奠定了坚实的基础。目前,美国白肋烟育种的特点和发展趋势主要包括以下几点:育种目标为优质、适产、多抗;注重种质资源的搜集和鉴定;着力解决品质与抗性之间的矛盾;积极推行白肋烟种子低烟碱转化率质量安全标签;重视对新品种的质量控制。

美国是白肋烟的起源地,推广种植品种最多,其中种植面积较大的有 Kentucky 908、Kentucky 910、Tennessee 86、Tennessee 90、Tennessee 97、R610、R611、R711 等品种。马拉维以 BAK1、KBM33 和 KBM20 为主要推广品种。巴西从 20 世纪 70 年代开始采用新的育种技术,培育出一些对病虫害有抵抗能力的杂交种,1989 年这些杂交品种投入商业使用,如 CSC254、CSC220 等。津巴布韦推广使用的白肋烟品种为 BA1、B21、B102 等,加拿大为 Burley 1、Harwin,意大利为 C103、C103AR,日本为 Burley 1、Mit 03 等。

第二节　国产白肋烟种质资源创新

一、我国烟草种质资源的种类与分布概况

我国的烟草种质资源搜集、鉴定、评价及利用工作始于 20 世纪 50 年代,通过从包括美国、巴西、日本在内的 20 多个国家及国内多个省份广泛引进与搜集,截至目前,我国已经拥有烤烟、晒烟、白肋烟、香料烟、雪茄烟、黄花烟等六大类种质资源及烟草野生种等,培育出多个品种,其中一些品种成为主栽品种使用至今,在生产中发挥了重要作用。

20 世纪 50 年代,在全国范围内开展了群众性的烟草种质资源征集工作,为我国烟草种质资源的搜集、保存奠定了基础,虽然当时搜集到的烟草种质资源达到了 4000 份,但其中有大量重复。1979 至 1983 年又进行了全国范围的烟草种质资源补充征集。之后,我国烟草种质资源的搜集工作逐步转向以重点地区为主的考察与搜集,"七五"和"八五"期间,先后对神农架及三峡地区进行了品种资源考察,共搜集编目资源 390 份;对川东北及川西南地区进行考察,搜集种质资源 160 多份;此外,在西北、海南岛、广西、云南等地进行了考察,也搜集到了一定的烟草种质资源。到 2007 年底,国家烟草种质资源库中已编目的种质数量已达 4316 份。

(一)我国烟草种质资源的种类

1.野生烟

野生烟是指烟草属中除了普通烟草和黄花烟草这两个栽培种以外的所有烟草野生种。这些野生种形态各异、用途不一,无商业价值,未被人们大面积种植利用。由于野生种质资源长期在野外环境下生存、进化,因此其抗病、抗虫、抗逆性较为突出,蕴含着栽培种不具备的重要基因。面对不断变化的生理小种,对烤烟的抗病性要求越来越高,因此,这些野生种质资源无疑存在巨大的应用价值。有些抗病虫基因已转移到栽培烟草上,选育出了抗病品种,如 1952 年利用 *N.glutinosa* 的抗病性,育成第一个抗 TMV 的白肋烟品种 Kentucky 56。另外,野生种质资源中很可能存在大量的优质基因、高产基因和抗逆基

因。因此,烟草野生种还是利用现代生物技术及细胞融合进行种间或属间远缘杂交,开展烟草种质创新,拓宽烟草遗传背景等研究的重要物质基础。有些野生种花色艳丽、气味芳香,可以作为观赏植物,如引自日本的 *N. alata*。由于我国不是烟草的原产地,因此野生种全部来自国外,这给野生种质资源的搜集带来一定困难,这也决定了今后野生种质资源的搜集工作只能采取"走出去"的模式。目前在国家烟草种质资源库中保存的烟草野生种只有 35 份,主要来自美洲和大洋洲。

2.烤烟

我国是世界上主要的烤烟生产国,烤烟产量约占烟叶总产量的 80% 以上,产地主要集中在云南、贵州、四川、河南、湖南、福建等省。我国烤烟种质资源也十分丰富,其保存数量为 1104 份,占国内烟草资源的 32%,主要分布在河南(318 份)、山东(283 份)、贵州(100 份)、安徽(96 份)等传统烟草种植区。烤烟传入我国的时间相对较晚,但也走过了百年的历程,经过一代代农民的培育和众多育种家的精心选育,我国已经积累了较为丰富的烤烟种质资源,并从中选育出了一些特征突出、性状优异的烤烟品种。如从山东地方品种中筛选出的大白筋 599,具有独特的香型,在工业上有特殊的使用价值。其他如山东的"小黄金""大黄金",河南的"长脖黄""蔓光""黄苗""黑苗",云南的"红花大金元",福建的"永定一号"等均是品质优良的烤烟品种。

3.白肋烟

白肋烟是一种晾烟,作为国际主流的混合型卷烟的重要原料,在卷烟生产工业中占有重要位置。其原产于美国,是马里兰阔叶烟的一个突变种。1864 年在美国俄亥俄州布朗县的一个种植马里兰阔叶烟的苗床里发现了缺绿型突变株,后经专门种植,证明其具有特殊使用价值,从而发展成为烟草的一个新类型。国家烟草种质资源库目前保存的国内地方和选育白肋烟种质共有 61 份,主要分布于湖北(34 份)、山东(21 份)两省。国外生产白肋烟的国家主要是美国,其次是马拉维、巴西、意大利和西班牙等国家。我国于1956—1966 年先后在山东、河南、安徽等省试种,进入 20 世纪 80 年代以来,又先后在湖北、重庆等地种植白肋烟,其中湖北白肋烟的质量和产量最为稳定,烟叶品质持续提高。

4.晾晒烟(白肋烟之外)

我国晾晒烟资源之丰富,为其他国家所不及。国家烟草种质资源库的统计数据显示,晾晒烟资源达到了 1978 份,占全部资源的 57%,是最丰富的一类烟草资源。我国绝大部分省份都有晾晒烟分布,其中分布比较集中的省份分别为湖北、贵州、四川、黑龙江、山东、广东、云南、陕西、湖南等,占总数量的 82%。晒烟在我国有悠久的栽培历史,各地烟农不仅具有丰富的栽培经验,并且因地制宜地创造了许多独特的晒制方法。一些名牌晒烟如四川的"泉烟""大烟""毛烟""柳烟",广东南雄产的晒黄烟和高鹤产的晒红烟,广西的"大宁烟""大安烟""良丰烟",江西的"紫老烟",河南的"邓片",山东的"沂水绺子",云南的"刀烟",吉林的"关东烟"等早已驰名中外。

我国的传统晾烟面积较少,主要产地有广西武鸣、云南永胜和贵州黔东南等地。武鸣晾烟的栽培方法与晒红烟基本相同,调制方法是将砍收的整株烟挂在阴凉通风的场所,晾干后堆积发酵。调制后的烟叶呈黑褐色,油分足,弹性强,吸味丰满,燃烧性好,烟灰洁白。此外,一些晾晒烟品种具有某些优异的特性和特点。例如湖北省黄冈晒烟品种"千层塔",晒后叶色黄亮,燃烧性好,香气浓,吃味好,深受国内卷烟工业的欢迎;广东廉江晒烟品种"塘蓬"是我国特有的烟草隐性遗传(国外选育的抗病品种是显性遗传)白粉病抗原;湖北来凤县的"扭子烟"系列、四川的"中院烟"等,是较好的育种材料。

5.香料烟

香料烟的香气浓郁,吃味芬芳,是混合型卷烟的调香配料。我国香料烟主要集中在浙江新昌、云南保山、湖北郧西和新疆伊犁等地,目前我国的香料烟种质资源几乎全部是从国外引入的。

6.黄花烟

黄花烟与红花烟(普通烟草)在植物分类上属不同的种,所以有较大的差异。我国目前保存的地方和选育黄花烟种质资源有 326 份,主要分布于山西、四川、辽宁、陕西、湖北等省。黄花烟的植株比红花烟矮小,生长期短,耐寒力强,所以我国种植黄花烟的地区大多在北方,在湖北神农架地区也有部分黄花烟资源。其中著名的有兰州黄花烟(即兰州水烟)、东北蛤蟆烟、新疆莫合烟(又称马合烟)。新疆莫合烟始于 18 世纪到 19 世纪之间,莫合烟制品以茎秆为主要原料,加工成金黄色的颗粒,再掺入一定比例的烟叶,用纸卷吸,烟味清香,劲头大,以霍城所产品质最佳。

7.雪茄烟

我国目前保存的雪茄烟种质资源不多,且多为引进种质,地方品种极少,其中最为著名的是浙江桐乡的"督叶尖干种"。世界上生产雪茄烟的国家主要有古巴、菲律宾、印度尼西亚、美国等。我国雪茄包叶烟主要产于四川和浙江,数量以四川为多,而品质以浙江桐乡所产为上。近年来海南也开始试种包叶烟。

(二)我国烟草种质资源的分布

明代末期烟草从海外传入我国,至今已有约 400 年的历史。目前,我国烟草种植面积和产量都居世界第一位。我国烟区辽阔,自然条件迥异,烟草本身可塑性强,易受环境影响而变异,经过人们长期栽培和选择,形成了各具地方特色的众多品种;加之不断地从国外引进烟草类型和品种,形成了类型齐全、数量丰富的烟草种质资源。

我国烟草种质资源的区域分布十分不均衡,从国家烟草种质资源库的编目数据来看,山东、贵州、湖北、河南、四川、黑龙江、山西、云南是资源较为丰富的省份。上述 8 个省份的资源占全国资源总量的 71%。陕西、辽宁、吉林、湖南、广东、安徽等 6 个省份的烟草种质资源数量处于中等水平,占全国总量的 23%。其他省份的烟草种质资源数量较少,仅占全国总量的 6%。河南和山东是两个烤烟资源大省,其资源的数量与传统烟区的地位是相符的。陕西、四川、台湾、湖北、江西等省的烤烟资源数量稀少,还不到全国的 1%。另有一些省份尚未搜集到烤烟资源。从资源最为丰富的晾晒烟搜集情况来看,湖北、贵州、四川、黑龙江、山东等省的晾晒烟资源较多,广东、云南、陕西、湖南等省的晾晒烟数量处于中等水平,其他省份的资源较少。一方面,我国的烟草种质资源有区域间分布不均衡的特点,老烟区的资源数量要明显多于新烟区,另外我国烟草传入地的资源数量也较为丰富;另一方面,基于目前国家烟草种质资源库中保存的烟草种质数量,随着资源搜集工作的持续开展,各类种质的数量还在不断发生变化。

中华人民共和国成立以来,我国烟草种质资源研究取得了长足的发展,但与一些发达国家相比,我国烟草种质资源的组成结构还有待优化,突出的问题是国内资源多,国外资源少,特异资源多,优异资源少。我国烟草种质资源库内保存的材料是以国内资源为主,国外资源为辅,这种情况正好与美国等发达国家相反,因此应当大量引进国外烟草种质以充实我国的烟草种质资源。此外,我国至今只拥有烟草属 35 种野生烟,而美国、日本和俄罗斯均保存有全部野生烟。换言之,在基因资源的储备上,美国、日本和俄罗斯比我们丰富得多。最后,我国还缺少许多重要的烟草遗传材料,例如全套烟草单体材料,这给基因的遗传定位以及克隆等基础研究带来很大的难度。我国的烟草育种家已经充分认识到,基础研究的薄弱在今后很长一段时间内将是制约我国烟草遗传育种发展的因素。

引种历来是国内外发展农业生产、丰富种质资源的重要手段。以美国为例,其早在 1851 年就开始了系统的引种工作,20 世纪 30 年代曾两次派出考察队到烟草起源中心南美洲安第斯山区搜集古老类型烟草种质和野生种,编成 TI 系列。目前在美国农业部作物科学研究实验室里保存有 TI 系列烟草种质 1200 多份,全部都是从美国本土以外搜集到的烟草栽培品种(系)。为了寻找更多的抗原,美国农业部于 1934 年至 1936 年间,在中南美洲的西印度群岛搜集了近 2000 份种质,并对这些材料进行了系统的抗性筛选,确定引自哥伦比亚的 J.I. 448 A 为最好的青枯病抗原,引自洪都拉斯的 T.I. 706 高抗根结线虫病。1952 年利用 *N. glutinosa* 的抗病性,育成第一个抗 TMV 的白肋烟品种 Kentucky 56。在 20 世纪 60 年代又通过回交和连续抗病性筛选育成第一个抗野火病兼抗 TMV 的白肋烟品种 Burley 21。在我国百年烤烟生产历史中,引进品种长期扮演着重要角色。20 世纪 80 年代和 90 年代,我国曾先后三次大规模从国外引进优质、抗病的烟草品种,如抵字 101、牛津 1 号、牛津 4 号、特字 400、特字 401、大金元、佛光、NC89、G140、G28、NC82、K326、K346、RG11、RG17、K358 等,这些优良品种在我国烟叶生产不同的发展阶段发挥了积极作用。中华人民共和国成立以来,我国不断从国外引入烟草种质资源,特别是白肋烟、香料烟种质资源,几乎全部来自国外引种。国外引入的资源在我国烟草生产和育种中起到了十分重要的作用。到目前为止,我国烟草育种和生产仍不能完全脱离国外引种。

虽然我国不是烟草的起源中心,但是由于我国生态环境的多样性,加之晒晾烟和烤烟在我国的传播与驯化历史分别长达 400 年和将近 100 年,已经在全国各地形成了丰富的地方种质资源,其中以晒晾烟资源最为丰富。在一些地方可以说是"家家种烟草,户户有品种",甚至发现了某些在烟草原产地——美洲早已消失的晒晾烟类型和品种,如"牛舌型"就是最典型的例子。我国丰富的晒晾烟资源经过几十年的搜集之后,仍然有大量的种质散落在农家手中。数量众多的农家种是我国的巨大财富,但是这笔财富的保存状况不容乐观。现在我国烤烟的发展较为迅速,但随之而来的是晒晾烟在很多地方濒临灭绝,随着品种的升级换代,大量地方晒晾烟品种被迅速淘汰。一个品种一旦消失,它所具有的优异基因也将永远消失,这种损失将是无可挽回的,因此急需抢救性考察和搜集。

晒晾烟作为我国传播时间最久、范围最广、数量最多的一类种质资源,应该得到高度重视。抢救晒晾烟资源会对当前我国烤烟育种与生产起到积极的促进作用。晒晾烟与烤烟之间并不存在严格的界限,现在的烤烟品种原本就是在晒晾烟品种的基础上选育出来的。例如贵州福泉的"折烟""小黄壳烟""团鱼叶"等烤烟品种就选育自晒烟品种"折子烟";广东农家晒烟品种"蒲扇柳"的生物学特性良好,产量高,而且品质优良,成了选育烤烟品种的优良亲本种质。再如"辽烟一号"是从(来凤大钮子 × 凤城黄金)×(凤城黄金 × 沙姆逊)的后代中系统选育出的烤烟品种,可是它的 3 个亲本中只有凤城黄金是烤烟,来凤大钮子和沙姆逊都属于晒烟,而且后者还是香料烟。所以搜集、整理和应用晒晾烟品种,不仅能改进我国晒晾烟的生产,而且对改良我国的烤烟品种也具有重要意义。

二、我国烟草种质资源搜集、鉴定及遗传多样性

(一)我国烟草种质资源搜集与鉴定

截至 2010 年 12 月,我国烟草种质资源库中已编目的种质数量达到 5210 份,成为世界上烟草种质资源保存数量最多、多样性较为丰富的国家。其中,国内资源 4401 份,国外资源 809 份。按烟草类型分,有烤烟资源 2238 份,晒晾烟资源 2278 份,白肋烟资源 180 份,雪茄烟资源 53 份,香料烟资源 85 份,黄花烟资源 341 份,野生种资源 35 份。种质资源收集范围涵盖了我国 32 个省、自治区、直辖市(包括台湾省),以及美国、巴西、津巴布韦、日本、希腊、土耳其、越南、印度等 32 个国家的一些栽培品种。完成国家烟草种质资源库繁种更新 3537 份,新增图像数据 3406 份(14900 张),补充特性数据 1700 余项,更正特征数据 150 余项。完成品质鉴定 660 份,6 种病害及 2 种虫害抗性鉴定 2975 份次,通过品质及抗性鉴定,筛选了一批优异烟草种质资源,包括品质优异种质 65 份,抗性优异种质 546 份,其中抗 TMV、黑胫病、赤星病等的烟草种质资源比较丰富,而抗 PVY、CMV 和青枯病的烟草种质资源相对较少,遗传基础较狭隘。优质、抗性种质资源为烟草育种提供了坚实的遗传物质基础,鉴定经验和数据可为烟草行业抗病、虫鉴定的标准化提供理论基础,促进烟草行业的标准化进程。

截至 2017 年底,我国保存烟草种质资源 5767 份。栽培烟草有两个种,即普通烟草和黄花烟草。烟草种质资源又可分为烤烟、晒晾烟、白肋烟、雪茄烟、香料烟、黄花烟和

野生烟等类型。我国现已成为世界上烟草种质资源保存数量最多、多样性较为丰富的国家。我国大部分烟属植物农艺性状和植物学性状的评价与鉴定已完成,筛选出一批优质的烟草种质资源。

(二)烟草种质遗传多样性

烟草种质遗传多样性的研究不仅与烟草种质资源的搜集、保存和更新密切相关,还是烟草种质资源创新和品种改良的基础。在烟草种质遗传多样性的研究方面,我国取得了丰硕的成绩。多年来,研究人员通过分子标记技术(ISSR、SSR、AFLP、TRAP、MFLP、SRAP、SNP 等)对烟草种质遗传多样性进行研究,主要集中于国内广泛种植的烤烟。例如,分别利用 ISSR、AFLP、SSR 和 MFLP 技术对特定地域品牌卷烟的主体烟叶原料或当时全国主栽的烤烟品种进行遗传多样性分析。结果表明,被研究的国内主栽烤烟品种间亲缘关系较近、遗传基础狭窄、遗传多样性较低,原因可能与被研究的烤烟品种均衍生自极少数的美国优质烤烟骨干亲本相关,此结果同时也证实了国内目前主栽烤烟与美国优质烤烟之间具有极高的遗传相似性。此外,在研究烤烟种质遗传多样性的同时加入一定数量的其他烟草类型,例如白肋烟、雪茄烟、香料烟、地方晾晒烟等,结果表明,在 DNA 分子水平上其他类型烟草种质的遗传多样性较丰富、亲缘关系相对较远。原因可能是其他类型烟草种质在我国的需求及栽培面积相对较少,导致这些类型的烟草资源受到人为选择(育种)的压力较小,而使其保留了各自丰富的遗传多样性和地域差异性。该结果也在利用 SSR 和 SRAP 技术对地方晾晒烟种质资源的遗传多样性研究中得到了进一步的证实。

三、国产白肋烟品种选育

我国白肋烟育种工作起步较晚,1956 年才开始进行引种试验,经过在白肋烟育种基础研究和新品种选育方面开展的大量工作,白肋烟育种研究工作有了长足的进展。目前湖北已育成鄂烟 1 号、鄂烟 2 号、鄂烟 3 号、鄂烟 4 号、鄂烟 5 号、鄂烟 6 号、鄂烟 209、鄂烟 101、鄂烟 211、鄂烟 213、鄂烟 215、鄂烟 216、鹤峰大五号等 13 个白肋烟品种,四川育成了达白 1 号、达白 2 号、川白 1 号、川白 2 号等系列白肋烟品种,云南育成了 YNBS1、云白 2 号、云白 3 号、云白 4 号等系列白肋烟品种。同时,Tennessee 86、Tennessee 90、Kentucky 8959、TN90LC 这 4 个引进品种通过了品种认定。这些品种为全国白肋烟生产提供了较为丰富的品种基础并在生产推广过程中发挥着显著作用,较好地满足了国内中式混合型卷烟品牌对白肋烟原料的需求,产生了巨大的经济效益和社会效益。

种质资源是育成新品种的物质基础,烟草种质资源在烟草育种中起着极大的作用。在烟草种质资源方面,湖北省烟草科学研究院搜集和保存了国内最多的白肋烟种质资源,有 150 余份,目前已对其中的 148 份白肋烟种质资源的主要性状(包括植物学性状、农艺性状、产量性状、品质性状、抗病性等)进行了系统鉴定,明确抗烟草黑胫病的种质资源 35 份、产量较高的种质资源 23 份、品质较优种质资源 21 份、抗蚜虫种质资源 4 份、低烟碱种质资源 7 份、低总粒相物含量(30 mg /g 以下)种质资源 7 份、低 TSNA 含量(2 μg /g 以下)种质资源 5 份,并根据农艺性状、经济性状、质量性状等 19 个性状数据对白肋烟种质资源进行了系统聚类分析,成功转育白肋烟雄性不育系 18 份,利用品种间有性杂交和系统选育创新种质 10 余份,为白肋烟育种奠定了重要基础。其中部分品种的不育特性、抗性、风格品质等特征也应用在烤烟、晒烟和香料烟上。

直到 20 世纪 80 年代,我国白肋烟种植还主要依赖引进的美国品种 Burley 21(由美国田纳西大学 1955 年杂交育成)。我国的白肋烟育种工作真正起步于 20 世纪 70 年代,其标志是第一个自主杂交选育的白肋烟品种"建白 80"在 1995 年通过全国烟草品种审定委员会认定,定名为"鄂烟 1 号"。虽然起步较晚,但通过几代育种工作者的努力,截至目前,已通过全国烟草品种审定委员会审定的白肋烟自育品种达 21 个,其中湖北省烟草科学研究院等主持选育 12 个(鄂烟 1 号、鄂烟 2 号、鄂烟 3 号、鄂烟 4 号、鄂烟 5 号、鄂烟 6 号、鄂烟 209、鄂烟 101、鄂烟 211、鄂烟 213、鄂烟 215、鄂烟 216),湖北省烟草公司恩施州公司主持选育 1 个(鹤峰大五号),云南省烟草农业科学研究院主持选育 4 个(YNBS1、云白 2 号、云白 3 号、云白 4 号),四川省烟草公司达州市公司主持选育 4 个(达白 1 号、达白 2 号、川白 1 号、川白 2 号)。目前,这些适应性更强、综合品质及抗性更优良的国产品种已完全取代了引进品种,并在选育过程中大力丰富了国内白肋烟种质资源库,积累了育种技术,为我国白肋烟育种事业的可持续发展以及卷烟工业原料保障和开发奠定了扎实的工作基础。加上全国烟草品种审定委员会认定的 4 个引进品种(TN90、Ky8959、TN86、TN90LC),当前在国内种植或可种植的白肋烟品种共计 25 个。

四、国产白肋烟主栽品种质量风格特征评价

2014—2016 年,由三大中式混合型卷烟工业公司——北京卷烟厂、安徽中烟工业公司及福建中烟工业公司对在湖北恩施、湖北建始、四川达州、重庆万州和云南宾川种植的白肋烟主栽品种的晾制后烟叶开展了感官质量评价。通过评议,制定了统一的感官质量评价标准,并对我国白肋烟各主产区及主栽品种进行了感官质量评价。

由上述三家公司的混合型卷烟配方专家组成的评吸组对种植在湖北恩施、湖北建始、四川达州、重庆万州、云南宾川的鄂烟 6 号、鄂烟 209、云白 2 号、达白 2 号、鄂烟 1 号(CK)五个品种进行了感官评吸,并分别就不同产区、不同品种做了对比分析,结果如表 2-1、表 2-2 所示。评吸得分显示,在恩施和建始产区,得分顺序均是鄂烟 1 号 > 鄂烟 209 > 鄂烟 6 号 > 达白 2 号 > 云白 2 号;在达州产区,得分顺序是鄂烟 209 > 鄂烟 1 号 > 鄂烟 6 号 > 云白 2 号 > 达白 2 号;在万州产区,得分顺序是鄂烟 1 号 > 鄂烟 6 号 > 鄂烟 209 > 达白 2 号 > 云白 2 号,在宾川产区,得分顺序是鄂烟 1 号 > 鄂烟 6 号 > 鄂烟 209 > 云白 2 号。

综上所述,在不同产区,白肋烟鄂烟 1 号、鄂烟 209 和鄂烟 6 号均表现出稳定的、较好的感官质量,三者在香气质、香气量和杂气、余味等方面均有较突出的表现。

表 2-1 不同品种之间感官评吸质量比较

产区	品种	香气质	香气量	杂气	浓度	刺激性	余味	燃烧性及灰色	合计	劲头
恩施	鄂烟 6 号	10.1	9.7	7.1	10.9	11.0	10.7	4.3	63.8	6.6
	鄂烟 209	11.1	11.4	7.9	11.7	10.4	11.7	4.1	68.4	6.6
	云白 2 号	8.9	9.3	6.3	9.7	10.0	9.6	4.1	57.9	5.9
	达白 2 号	9.0	9.4	7.0	10.4	10.9	10.0	4.3	61.0	5.6
	鄂烟 1 号	11.9	11.4	8.3	11.3	11.6	12.3	4.0	70.7	6.0
建始	鄂烟 6 号	9.4	9.6	6.9	10.4	10.9	10.6	4.0	61.7	6.1
	鄂烟 209	10.0	9.7	7.3	10.1	10.7	10.4	4.1	62.4	5.7
	云白 2 号	8.9	9.0	6.3	9.9	10.1	9.9	3.7	57.8	5.7
	达白 2 号	8.3	8.7	6.7	9.4	10.9	9.7	4.4	58.1	5.4
	鄂烟 1 号	11.0	11.0	8.0	10.9	12.0	12.0	4.0	68.9	6.0
达州	鄂烟 6 号	9.4	9.4	6.4	10.3	10.0	9.7	3.7	59.0	6.6
	鄂烟 209	10.0	10.0	7.0	11.1	8.6	10.0	3.7	60.4	7.6
	云白 2 号	8.7	8.7	6.1	9.6	9.3	9.1	3.4	55.0	5.7
	达白 2 号	7.6	7.9	5.6	10.0	9.0	8.7	3.6	52.3	6.3
	鄂烟 1 号	9.7	10.1	6.3	10.6	9.3	9.9	3.6	59.4	6.7
宾川	鄂烟 6 号	9.3	9.3	6.0	9.9	10.7	10.0	4.4	59.6	6.0
	鄂烟 209	7.7	7.9	5.9	9.6	10.9	10.0	4.0	55.9	5.1
	云白 2 号	4.4	5.1	4.9	8.6	9.6	8.7	3.9	45.1	4.0
	鄂烟 1 号	9.4	9.3	7.0	9.7	11.1	11.4	4.1	62.1	5.0
万州	鄂烟 6 号	9.4	9.3	6.4	10.3	10.7	10.1	4.1	60.4	6.3
	鄂烟 209	9.6	9.9	6.6	10.6	10.0	10.7	3.0	60.3	7.0
	云白 2 号	7.0	7.4	5.7	8.9	9.1	8.6	3.9	50.6	4.9
	达白 2 号	8.1	8.3	6.3	9.7	10.4	9.6	3.9	56.3	5.9
	鄂烟 1 号	10.3	10.3	6.9	10.6	10.7	11.3	3.9	63.9	5.7

同一品种在不同产区的感官评吸质量结果如表2-2所示，就鄂烟1号和鄂烟6号而言，得分顺序均是恩施＞建始＞万州＞宾川＞达州；就鄂烟209而言，得分顺序是恩施＞建始＞达州＞万州＞宾川；就达白2号而言，得分顺序是恩施＞建始＞万州＞达州；就云白2号而言，得分顺序是建始＞恩施＞达州＞万州＞宾川。

表2-2 不同产区之间感官评吸质量比较

品种	产区	香气质	香气量	杂气	浓度	刺激性	余味	燃烧性及灰色	合计	劲头
鄂烟1号	建始	11.0	11.0	8.0	10.9	12.0	12.0	4.0	68.9	6.0
	恩施	11.9	11.4	8.3	11.3	11.6	12.3	4.0	70.7	6.0
	达州	9.7	10.1	6.3	10.6	9.3	9.9	3.6	59.4	6.7
	万州	10.3	10.3	6.9	10.6	10.7	11.3	3.9	63.9	5.7
	宾川	9.4	9.3	7.0	9.7	11.1	11.4	4.1	62.1	5.0
鄂烟6号	建始	9.4	9.6	6.9	10.4	10.9	10.6	4.0	61.7	6.1
	恩施	10.1	9.7	7.1	10.9	11.0	10.7	4.3	63.8	6.6
	达州	9.4	9.4	6.4	10.3	10.0	9.7	3.7	59.0	6.6
	万州	9.4	9.3	6.4	10.3	10.7	10.1	4.1	60.4	6.3
	宾川	9.3	9.3	6.0	9.9	10.7	10.0	4.4	59.6	6.0
鄂烟209	建始	10.0	9.7	7.3	10.1	10.7	10.4	4.1	62.4	5.7
	恩施	11.1	11.4	7.9	11.7	10.4	11.7	4.1	68.4	6.6
	达州	10.0	10.0	7.0	11.1	8.6	10.0	3.7	60.4	7.6
	万州	9.6	9.9	6.6	10.6	10.0	10.7	3.0	60.3	7.0
	宾川	7.7	7.9	5.9	9.6	10.9	10.0	4.0	55.9	5.1
达白2号	建始	8.3	8.7	6.7	9.4	10.9	9.7	4.4	58.1	5.4
	恩施	9.0	9.4	7.0	10.4	10.9	10.0	4.3	61.0	5.6
	达州	7.6	7.9	5.6	10.0	9.0	8.7	3.6	52.3	6.3
	万州	8.1	8.3	6.3	9.7	10.4	9.6	3.9	56.3	5.9
	宾川	无								

品种	产区	香气质	香气量	杂气	浓度	刺激性	余味	燃烧性及灰色	合计	劲头
	建始	8.9	9.0	6.3	9.9	10.1	9.9	3.7	57.8	5.7
	恩施	8.9	9.3	6.3	9.7	10.0	9.6	4.1	57.9	5.9
云白2号	达州	8.7	8.7	6.1	9.6	9.3	9.1	3.4	55.0	5.7
	万州	7.0	7.4	5.7	8.9	9.1	8.6	3.9	50.6	4.9
	宾川	4.4	5.1	4.9	8.6	9.6	8.7	3.9	45.1	4.0

综上所述,在国内白肋烟主产区中,恩施和建始的感官评吸质量表现最好,其次是万州和达州,再次是宾川。

第三章　国产白肋烟种植区划

第一节　白肋烟生态气候条件特征

品种遗传因素、生态环境条件和栽培调制技术是影响烟叶质量特色的主要因素。其中品种遗传因素是决定优质烟叶形成的内在因素。随着栽培技术、生态环境以及基因型的不同，烟叶的外观质量特征、香气风格特色和内在化学成分的配比都会发生显著的变化。在确定了种植品种和栽培调制管理技术以后，生态环境对烟叶品质的影响起着至关重要的作用。生态环境条件对烟株的田间长势、外观质量、内在品质、香气成分含量以及烟叶感官评吸质量的影响远大于烟草品种的遗传作用。生态环境条件是影响烟叶品质的一种外在因素，其中以海拔高度的影响最为突出，是烟叶优良品质特色形成的基础和前提。只有在一定的生态环境条件下，改良品种或者改善栽培调制技术，才能对烟叶质量的提升起到有效的促进作用。如果没有在适宜的气象条件下栽培，不仅发挥不了白肋烟优良品种的特点，还对白肋烟风格特色及优良品质的形成具有不良的影响，最终影响白肋烟在卷烟产品中所起的作用。气象条件是引起烟叶内含物存在区域性差别和产质量高低的核心生态因素之一。适宜的生态环境条件可以促进烟株生长发育，也可以使烟叶的内在品质和香气特征具有明显的、不可替换的地域性特色；生态环境条件是烟叶田间生长状况、内在品质、产质量、香气成分含量以及烟叶感官评吸质量特色形成的前提条件。

烟草对环境的适应性较广，但其质量对环境反应敏感。不同气象条件下生产的烟草质量差别十分明显，优质烟叶必然存在一个最佳的气象条件与之相对应。烟草一生中各个时期的气象条件均可能对烟草的产量和品质产生影响。

影响烟草生长的气象因素主要有温度、降雨、光照、湿度等。根据研究资料，归纳气象条件与烟草生长的关系如下：①8 ℃以上，种子可以萌发，幼苗可以生长。②大田生长期最适宜温度为28 ℃左右。③成熟期日平均气温不小于24 ℃，至少持续30天以上。④移栽期到团棵期，如果气温维持在13 ℃左右，将导致早花现象。⑤最适宜区和适宜区要求不小于10 ℃的积温在2600 ℃以上。⑥大田期稳定通过20 ℃的天数达到70天以上。⑦还苗期和伸根期，以月降雨量80～100毫米为优。⑧在降水分布比较均匀的情况下，旺长期月降雨量100～200毫米即可满足需要。⑨成熟期以月降雨量100毫米左右为优。

⑩空气相对湿度 70%～80% 有利于烟草生长。

白肋烟对气象条件的要求与烤烟基本相似,但是白肋烟的晾制过程受环境条件的影响很大。因此在白肋烟的生产中,不仅要考虑大田生长发育过程中的气象条件,而且必须重视烟叶晾制期间的温度、湿度和光照等气象因素。

一、温度

温度是影响烟草生长发育的首要因素,一般以候平均气温作为确定评价时间区间的基本依据。我国处于北半球,一年中气温由低到高,再由高到低,呈周期性变化。烟叶成熟期低于 20 ℃不利于优质烟叶生产,烟草移栽时要求日平均气温稳定通过 13 ℃。

在烟草大田生育期阶段,当室外温度大于 35 ℃时,烟草虽没有完全终止生长发育,但是在一定程度上受到了抑制,在高温条件下烟叶的烟碱含量会不规则地提升,以至于烟叶的内在品质有所下降。如果成熟期温度过高,尽管时间很短,也会破坏植物体内的叶绿体,降低烟叶的光合作用,进而导致烟株的呼吸作用增强,消耗过多的光合作用产物,最终导致新陈代谢失调,烟株的生长发育情况、叶片的成熟程度以及烟叶的产量和质量都明显地受到了影响。如果成熟期的平均温度高于 26 ℃,则烟叶的质量会有不同程度的下降。相反,如果平均温度太低,对烟株的生长也是不利的。因为在低温环境条件下,植物的光合作用被抑制,光合效率降低。烟株在低温下生长发育,它的光合作用能力较低,即使能够恢复到合适的温度,其光合速率依然会呈现不断降低的状态,进而对烟株的光合生产力造成不利的影响。烟株的苗期对温度的要求较高,是生长发育的重要阶段,如果该阶段出现气温急剧下降,低温环境的持续会使植物出现低温光抑制的情况,其光合作用能力下降,冠层的生长和发育会受到抑制,在以后的大田生长发育阶段将难以弥补,最终将导致烟叶的品质和产值下降。除日均温外,昼夜温差是影响烟叶品质的另一个关键因素。烟株在田间生长发育的时候,较大的昼夜温差将对烟叶中致香物质的生成起到一定的促进作用。因为夜晚的时候温度较低,而白天的时候气温相对较高,会使烟株夜晚的呼吸作用下降,白天由光合作用产生的有机物在夜间通过呼吸作用消耗的较少,进而使干物质积累增多,尤其是糖类物质积累增多,从而使得烟叶内含物质协调,在品质上表现出清香的特点。

白肋烟在整个生长发育阶段所需要的活动积温在 2000 ℃以上,是喜温作物。白肋烟在成熟期和晾制期对温度的要求较高,成熟期是白肋烟干物质积累的关键时期,晾制期是白肋烟内含物质转化的关键时期,因此这两个阶段的温度条件对白肋烟内在品质的影响至关重要。白肋烟在整个生长发育阶段对温度的要求比较高,在烟种出芽阶段,合适的发芽温度应该维持在 20～28 ℃;在烟苗生长发育阶段,较适宜的温度为 18～29 ℃;在烟株的大田生长期,对生长有利的温度为 20～35 ℃,其中 25～27 ℃为最适宜温度;在烟株的成熟期,对成熟有利的温度为 20～30 ℃,其中 22～25 ℃为最适宜温度。白肋烟的生长发育也需要一定的积温,在苗期,活动积温保持在 800～1000 ℃,在大田期,活动积温保持在 1800～2400 ℃,需要不小于 10 ℃的活动积温保持在 200～2900 ℃。总之,温度对生产优质的白肋烟具有重要意义,具体要求为生育前期温度稍低,中期稍高,到生长后期温度不太高。在白肋烟晾制期间,晾房的温度和湿度条件对烟叶内含物质的转化程度以及晾制进程的快慢都有影响,因而对生产优质烟叶至关重要。

白肋烟对温度比较敏感,不同的温度条件对烟叶的品质、产量影响比较大。优质白肋烟在生育期内对温度的要求是前期较低、后期较高。日平均气温高于 35 ℃时,烟株的生长受到抑制,叶片变粗、变硬,同时烟碱含量过高,品质变差。低温能促进烟株提前发育,但不同品种对低温的反应有一定差异。对于所有类型烟草而言,温度低于 15 ℃一般是不可取的,尤其在无光照的潮湿天气条件下。大田生长中、后期,若日平均气温低于 20 ℃,同化物质的转化和积累便受到抑制,妨碍烟叶正常成熟,气温愈低,形成的烟叶质量愈差,如生长后期早霜造成的霜冻叶就没有使用价值,此外,低温容易引发烟株早花。但成熟期温度过高,也会造成灼伤烟叶,出现焦片、焦尖现象,使烟叶内在质量变差。成熟期的热量状况对烟叶质量的影响最为显著,所以通常把烟叶成熟期的气温作为判断生态适宜状况的重要标志。白肋烟大田生长期一般为 110 天左右,比烤烟略短,一般白肋烟的大田生长期,应安排在晚霜结束之后和早霜到来之前,为了保证烟叶质量,还必须把白肋烟晾制期间安排在 24～27 ℃的适宜温度条件下。

二、光照

烟草不仅喜温,而且喜光,阳光是烟株进行光合作用、制造有机物必需的能源,90%的烟叶干物质都是通过光合作用制造的。光照条件对白肋烟的生长发育和新陈代谢都有较大的影响。幼苗生长期光照充足有利于幼苗生长,促进烟株根系发达,叶绿苗壮。在烟叶大田生育期,丰富但不强烈的光照条件对烟叶的生长发育比较有利,在成熟期表现得更为突出。白肋烟在大田生育阶段最合适的光照条件为:日照时数大于 550 小时,日照百分率保持在 40% 左右。丰盈的日光对白肋烟种子的萌发,以及大田生育期的生长发育和晾制期的物质转化都有非常重要的作用。从烟株生长发育的特点来说,只有充足的光照才能保证烟叶正常生长发育。薄的叶片比厚的叶片更容易发生光抑制,植物为了适应自然界中的强光照环境,会通过增强叶片的厚度来抵抗强光的照射。在强光条件下,烟株叶片变厚的同时烟叶的组织结构变得粗糙,烟叶叶脉较为突出,叶肉增厚,形成所谓的"粗筋和暴叶",导致烟叶可用性和品质降低。光照时间延长,烟叶的烟碱含量增加,还原糖的积累量则会降低。

光照对烟草生长发育和品质的影响不但在于波长和强度,还在于光照时间的长短。在一些热量不足的高海拔地区,通过延长光照时间来弥补是可行的。因为光照时间越长,对烟叶内有机物质的积累越有利。在一定范围内增加光照时间,能在一定程度上增强光合作用,促进有机物的合成。而当光照时间非常少的时候,烟株的光合作用减弱,生长发育减缓,并且会导致烟株早花、个体低矮、叶片绿黄,严重的时候烟株长势扭曲。光照是影响烟株生长发育的关键因素,如果光照条件维持在光饱和点以下,则随着环境光强的增加,烟株的光合作用会得到一定的提升,进而会促进烟叶中糖类化合物的合成。影响烟叶内在品质的因素也包括大田生育期的光强和光质,低纬度高海拔地区空气稀薄,云层较薄,大气透明度高,光强大,光质好,对于提高烟株的光合速率具有一定的促进作用,有利于成熟期烟株生物量的积累。除此之外,较强的紫外线有利于杀死细菌、抑制病害。

光不仅是作物光合作用的能量来源,也是叶绿素形成的必要条件。光照影响气孔的开闭,因此影响 CO_2 的进出,此外,光照还影响大气温度和湿度的变化。烟草属喜光植物,对光照有着较高的要求。光照强度、光照时间以及光质条件的不同都对烟草的生长和品质形成有较大影响。在弱光条件下,烟草的光合速率很低,随着光照强度的增加,光合速率的增加幅度逐渐减小,当达到一定光强时,光合速率便达到最大值,此后,即使继续增加光照强度,光合速率也不再增加,这种现象称为光饱和现象。开始出现光饱和现象时的光照强度称为光饱和点,各种作物的光饱和点的差异较大。对于烟草来说,单株叶片虽然达到光饱和点,群体内部的光照强度却仍在光饱和点以下,中、下层叶片仍能进一步利用群体中的透射光和反射光。随着光照强度的增加,群体的光合速率继续增加,因此,群体的光饱和点比单株的高得多,甚至看不到光饱和点。

一般来说,烟草的需光量因烟叶着生部位不同而有所差异,光饱和点由下部叶片向上部叶片逐渐增加,同时需光量又随生育期的变化而变化。据研究表明,烟草苗期的光饱和点在 1 万 ~ 2 万勒克斯（$178.6\,\mu mol \cdot m^{-2} \cdot s^{-1} \sim 357.1\,\mu mol \cdot m^{-2} \cdot s^{-1}$）,大田期在 3 万 ~ 5 万勒克斯（$535.7\,\mu mol \cdot m^{-2} \cdot s^{-1} \sim 892.9\,\mu mol \cdot m^{-2} \cdot s^{-1}$）。这是对烟草离体叶片测定的结果,是烟草顺利生长所需要的最低界限。实际上,烟叶成熟阶段在 10 万勒克斯（$1785.7\,\mu mol \cdot m^{-2} \cdot s^{-1}$）的强光下,群体的同化物质总量仍随光照强度的增加而增加。

光照对烟草的影响不仅在于光照的强弱,还在于光照时间的长短,烟草对光照长短的反应因品种而异。大多数烟草品种对光照长短的反应为中性,即不敏感,只有多叶型品种是典型的短日照植物,它们要在光照较短的条件下才能现蕾开花。光照时间的长短不仅影响烟草的发育特性,和生长也有密切关系。在一定范围内,光照时间长,延长光合作用时间,可以增加有机物质的合成。当光照条件减少到每天 8 小时以下时,烟株生长缓慢,茎的伸长延迟,叶片数减少,植株矮小,叶色黄绿,甚至发生畸形。

光是作物进行光合作用的能量来源,光合作用合成的有机物质是作物生长和发育的物质基础。细胞的增大和分化,作物体积的增长和质量的增加都与光照强度有着密切的关系。光还能促进组织和器官的分化,制约器官的生长发育速度。植物体各器官和组织保持发育上的正常比例,也与一定的光照强度有关。

植物的光合作用受环境条件的影响。光照是植物进行光合作用的基础,影响着植物在光合作用过程中同化力形成所需的能量、光合作用关键酶的活化、气孔的开放以及调节光合机构的发育。大量研究证实,植物的光合作用受许多外界条件和内部因素的影响,其中,光照强度是影响光合作用一个最为重要的外界条件。光照不足会严重影响光合同化力,从而限制光合碳同化,同时,光合作用关键酶的活化也受到影响,最终影响到植物光合作用中物质的合成;光照过强又往往引起植物光抑制,同样也影响植物的光合作用。

光照强度不同,对作物的光合作用、光能利用率及光合作用日变化规律,叶片气孔密度、大小,叶绿素含量,光合系统的结构,CO_2 的利用率有较为明显的影响。对于属于喜光作物的烟草来说,光照强度的大小在一定程度上对烟叶的光合作用及干物质的积累有着重要的作用,肖协忠研究指出,在一定范围内,光照强度增加,烟叶光合作用增强,糖分合成增加,干物质积累增加。但是光照强度达到饱和点时,光照强度增加与光合速率增加不成比例。Hirota 研究指出,当烟叶有一定厚度的时候,不同叶肉层对不同光能的吸收利用也不同,而不同的光照强度对烟叶的影响有较大差异。Hartel 等人研究指出,相对于弱光而言,较强的光照能显著提高烟叶胡萝卜素。覃鹏用不同的光照强度处理盛花期 K326 烟叶的研究表明,随着光强逐渐增加至光饱和点,烟叶的净光合速率逐渐升高,当光强继续增加时,净光合速率持续下降,气孔导度和蒸腾速率也逐步降低,同时,随着光照强度的变化,烟株的水分利用率也随之变化。江力等人对生长中烟叶进行不同光照强度处理的结果表明,随着光照强度的增加,烟叶的光系统 I(PS I)、光系统 II(PS II)及全电子传递活性和碳酸酐酶(CA)活性变化呈现先上升后下降的趋势,600 $\mu mol \cdot m^{-2} \cdot s^{-1}$ 光强下达到最大值。其中 PS II 电子传递活性及 CA 活性在 600 $\mu mol \cdot m^{-2} \cdot s^{-1}$ 后下降迅速;RuBP 羧化酶(RuBPCase)初始活性先上升,直至光强达到 400 $\mu mol \cdot m^{-2} \cdot s^{-1}$ 之后随光强增加而下降,RuBPCase 总活性则随光强增加变化不大;而在大于 900 $\mu mol \cdot m^{-2} \cdot s^{-1}$ 的强光下,烟叶就会发生光抑制现象。

在弱光下,氮素形态不影响烟株生长,但在强光下,铵态氮对烟株有明显的抑制作用,供应铵态氮的烟株叶片中的游离铵含量高于供应硝酸盐的烟株。在增加光照强度的情况下,供应硝态氮的烟株的抗坏血酸含量高于供应铵态氮的烟株;但脱氢抗坏血酸含量不受氮素形态的影响,光照强度的增加和铵态氮的供应,都会增加依赖于抗坏血酸的 H_2O_2 清除酶系统(抗坏血酸过氧化物酶、单脱氢抗坏血酸还原酶、脱氢抗坏血酸还原酶和谷胱甘肽还原酶)的活性,但对 SOD 活性影响较小。过氧化氢酶活性在不同处理间没有明显差异。强光下,供应铵态氮的烟株叶片中的抗坏血酸过氧化物酶(AsA-POD)的活性明显高于供应硝态氮的叶片;在弱光下其差异则不明显。增加光照强度可明显提高叶片中的 AsA-POD 活性。光照强度的增加和铵态氮的供应明显提高了叶片对百草枯的抗性,这可能与 AsA-POD 活性增加有关。弱光下供应铵态氮的叶片中的叶绿素含量显著高于供应硝态氮的叶片;而强光下供应铵态氮的叶片单位鲜重叶绿素含量反而显著低于供应硝态氮的叶片。强光下供应铵态氮的叶片中的 MDA 含量明显高于供应硝酸盐的叶片,在弱光下则无明显的差异。供应硝态氮的叶片中的 AsA 含量高于供应铵态氮的叶片;但供应铵态氮的叶片中的 DAsA 含量高于供应硝态氮的叶片,在强光下其差异更大。光照强度的增加能明显提高 AsA-POD、MDAsA 还原酶、DAsA 还原酶和 GSSG 还原酶的活性。强光下供应铵态氮的叶片中的 AsA-POD 和 GSSG 还原酶活性明显高于供应硝态氮的叶片,MDAsA 还原酶活性则与之相反。弱光下供应铵态氮的叶片中的 AsA-POD 和 MDAsA 还原酶活性明显高于供应硝态氮的叶片,GSSG 还原酶活性的差异则不显著。铵态氮对 DAsA 还原酶活性的影响不显著。SOD 和 CAT 活性在各处理之间无明显差异。增加光照强度和供应铵态氮都可明显提高 AsA 氧化酶活性。Bugos 等人的研究表明,烟草新叶中的 VDE(紫黄质脱环氧化酶)含量较低,随着叶片的生长,VDE 含量逐渐增加。

在不同的光照强度条件下,强光能迅速提高 VDE 的含量水平。

光照不足时,叶片生长发育不良,不能达到真正的成熟要求,进而影响烟叶品质;而光照充足和适度的高温有利于烟叶干物质的形成和积累。Roger Andersen 等人应用可见光加上紫外光(300~400 nm)对烟株进行处理,可以明显增加其展开叶片内绿原酸(异构体)、总可溶性酚醛酸、植物碱、可溶性糖的含量,但总氮含量明显降低。增加可见光的强度与增加紫外光的处理对烟叶内在化学成分的影响效果相同。戴冕对 10 个主产烟区(省)114 份 C1F 烟样的主要化学成分和烟样产地的温度、光照、降水 3 大气象因素 18 个气象项目的大量数据进行了回归分析,结果表明,光照因素与烟叶还原糖积累呈显著负相关关系,光照、温度、降水 3 大气象因素与烟叶糖碱比值呈显著和极显著的负相关关系。戴冕研究指出,当光照相对较少时,糖类含量减少,而含氮化合物有增加的趋势。

白肋烟生长期间要求有充足的光照条件,这样才有利于光合作用,进而提高产量和品质。如果光照不足,则白肋烟光合作用能力弱,发育迟缓,生长期延长,叶片内干物质积累少,叶片细胞分裂慢,倾向于细胞延长和细胞间隙加大,特别是机械组织发育差,植株生长纤弱,导致叶片大而薄,内在品质较差,并且容易感染病害。当然,光照也不是越强越好,因为强烈日光照射下的烟叶,栅栏组织和海绵组织的细胞壁均加厚,机械组织过于发达,主脉突出,形成"粗筋暴叶",另外,烟碱含量也随之升高,严重影响烟叶的品质。据生产实践证明,在气温较高的白肋烟生长季节,天气阴晴相间或"晴二阴一"的光照条件下,有利于形成优质白肋烟。

三、水分

不同气候环境下的烟株在不同的生长阶段,其需水量有着明显的差异,同时,不同环境条件下的烟田,其耗水量也有明显的区别。在伸根期,烟田的耗水量以及烟株的需水量较少,从团棵期到打顶期是田间耗水量和烟株需水量最大的时候,而进入成熟期以后,烟株需水量和田间耗水量减少。烟田的含水量和烟株吸收的水分过多,将导致烟株根系生长发育较差,烟株叶片旺长而纤弱,容易变黄,更容易感染病害。如果降雨量少,会造成烟田土壤干旱,烟株生长发育受到影响,烟株的长势较差,烟叶产量低,烟叶面积小而厚,烟叶组织结构粗糙,质量和吸味下降。适宜的土壤含水量对烟叶的增质增产具有一定的促进作用,主要是因为适宜的土壤水分对烟株光合作用的正常运行以及光合产物的积累、转化有利,而水分胁迫条件下,光合产物的积累速度下降,消耗速度增加,直接影响烟叶质量以及产值。

降水量及其分布对白肋烟的生长具有重要影响。一是白肋烟长势强,植株高大,叶面宽阔,叶面积系数大,蒸腾作用强烈,需要有较多的水分供应。二是水分影响肥料的有效性。三是水分影响叶片的伸展。水分供应充足时,烟叶细胞膨压较大,能够充分伸展,烟叶叶片得以变长、变宽,结构变得疏松。四是水分影响烟株体内的生理代谢方向。水分供应充足可促进烟株体内碳代谢,使得烟叶中糖分积累较多。五是水分影响烟叶的成熟特性,进而影响烟叶的品质。

优质白肋烟叶生产的需水规律一般是前期少,中期多,后期偏少。在移栽期至旺长期之前,烟株小,耗水量少,适当干旱能促进根系发育,有利于后期营养物质的吸收,这段时间以月降水量80～100mm、土壤湿度为田间持水量的50%～60%较为理想,可对烟株的根系发育起到促进作用。进入旺长期后,耗水量增大,需水量约占全生育期的1/2,为白肋烟生产的需水关键期,期间月降水量100～200mm,土壤湿度为田间持水量的75%～80%,对白肋烟生长、干物质积累最为有利。如果这期间持续干旱,对白肋烟的产量与质量影响极大。成熟期月降水量在100mm左右,土壤湿度为田间持水量的60%左右,可以减少病害的发生,有利于烟叶适时成熟及优质烟叶的形成,满足收获和晾制的要求。成熟期降水的多少对烟叶质量的影响最为显著,降水过少,烟叶厚而粗糙,烟碱、含氮化合物含量过高而含糖量降低,造成糖碱比失调,还可能造成旱黄假熟等不良现象;成熟期多雨寡照,则烟叶大、片薄、色浅、含水量高,难以调制而香味平淡。总之,白肋烟是需水量较多的经济作物之一,在生长期间需要较多的雨水才能满足烟株正常的生理生化代谢。一般情况下,白肋烟在调制时适宜的气候情况为:天空晴朗,降雨量较少,温度以16～35℃最佳,相对湿度应该在60%～80%。

白肋烟具有一定的耐旱性,在短时间干旱缺水的情况下,仍能生长,但时间太长,则生长的叶片窄而厚,脚叶底烘枯死,心叶黄绿,株形矮小,若此时灌溉或遇降雨,水分供应充足,烟株可恢复生长。白肋烟不耐涝、怕渍水,在雨水多、排水不良的地区,容易渍水死亡,同时也容易发生病害。

四、土壤

土壤是影响白肋烟质量最重要的环境因素之一,虽然各种类型的土壤都可以种植烟草,但是在不适宜的土壤上种植烟草,会影响烟草根系的生长,最终影响到烟株的生长发育。因此,选择适宜的土壤种植条件是生产优质烟叶的重要环节之一。土壤对烟株生长发育的影响与土壤含水量有关,在适宜的土壤水分条件下烟叶面积较大,叶片数较多,质量优。而在土壤干旱的情况下,烟叶面积较小,叶肉较厚。在土壤含水量低的情况下,烟叶中糖类物质减少,而含氮化合物、蛋白质和烟碱较多,烟味辛辣,品质低劣。因此,只有在适宜的土壤湿度条件下,才能获得品质优良的烟叶。白肋烟适宜在土层深厚区种植,因为深厚的土层可以满足根系伸展的需要,为烟株的生长发育提供有利的条件,能保证烟株正常生长发育。生产优质烟叶的土壤既能够有效地保持水分,确保土壤肥力不流失,又具有一定的排湿和透气功能,因此应以心土较为紧实,而表土疏松的土壤为宜。这样的土壤有利于烟草在伸根期、旺长期的生长发育和成熟期的适时落黄,能够提高烟叶的产量和品质。

白肋烟对土壤的适应性较强,几乎在所有土壤上都能生长,并能获得一定的产量。但在不同的土壤条件下生产出的烟叶,品质差异非常明显。土壤的质地、肥力、酸碱度、含盐量以及地势对烟叶的质量都有明显的影响。质地疏松、结构良好的微酸性土壤,常能产生优良的烟叶;而在土壤中含有小石砾或沙砾夹杂物时更为有利。不同类型的烟草对土壤的要求也有区别,白肋烟一般以土层较厚、质地疏松、结构良好、地下水位低、肥力中等的沙质壤土比较适宜。一般要求土壤含氯量小于 30 mg/kg,有机质含量超过 2%,速效磷含量在 30 mg/kg 左右,速效氮含量在 80 mg/kg 左右,速效钾含量超过 100 mg/kg。白肋烟对土壤酸碱度的适应性也很广,土壤 pH 值在 5.5 ~ 8.5 都能生产品质较好的白肋烟叶,但最适宜的土壤 pH 值为 5.5 ~ 6.5。

五、海拔高度

海拔高度是影响白肋烟质量的重要因素,海拔高度不同,光照、温度、空气湿度、有效积温、降雨量等生态环境因素都有较大差异,从而影响烟叶的生长发育以及质量特色的形成,包括烟叶的物理性状、外观质量、化学成分协调性、香吃味及感官质量,都会受到不同程度的影响。由于白肋烟的调制属于自然晾制,调制期间的温湿度环境对晾制时间的长短和物质转化程度的高低有着巨大的影响,对烟叶质量特色的形成非常关键。因此在固定的烟区安排栽培布局和移栽期的时候,需要把海拔高度作为关键或者核心因素加以考虑。

一般而言,海拔较低,气温较高,空气相对湿度小,烟株生长较快,成熟较早,晾制后的烟叶颜色浅,青斑杂色烟多;海拔过高,气温偏低,空气相对湿度大,影响烟叶的成熟与调制,不仅外观品质差,内在质量也不理想。在一定范围内,温度随着海拔高度的上升而不断降低,移栽期逐渐推迟,烟叶的生长发育速率不断减缓,烟株进入生长期的时间也不断推迟,生物量的积累速度逐渐减小,不利于优质烟叶的形成。白肋烟的茎、叶片等干物质积累都符合前期慢、中期快、后期又减慢的规律。随着海拔的升高,各生育时期均有不同程度的推迟,这可能在很大程度上与海拔高度对温度的影响有关。从我国白肋烟产区的海拔高度来看,湖北(恩施、建始)集中在 820 ~ 1060 m,重庆(万州)集中在 980 ~ 1150 m,四川(达州)集中在 500 ~ 600 m,主要分布在山区或半山区。云南种植白肋烟的适宜海拔高度范围在 800 ~ 1600 m,以 950 ~ 1500 m 最为适宜。当然,不同纬度的区域,即便海拔高度相同,自然气候也不一定相同,原则上应按白肋烟生长发育及晾制所需的温度、光照、水分等要求选择布局。

湖北恩施白肋烟主产区建始县、恩施市的气候随海拔高度的变化而有明显变化,烟叶质量也随海拔高度的变化而有明显不同,海拔 1000 m 左右的烟叶烟碱转化率最低,烟叶质量最好,从烟碱转化的角度印证了该区域是优质白肋烟生产区的结论。随着海拔高度的上升,日照时数增加,上部叶烟碱转化率有较明显的下降趋势,下部叶则变化不大。

通过对湖北恩施市主产区不同海拔白肋烟生长发育和品质性状差异的比较,结果显示,在移栽后 45 d 以前,株高、最大叶长、最大叶宽、有效叶数等指标随海拔的升高呈逐渐下降的趋势,在生育前期,低海拔地区烟株生长较快。移栽 60 d 后,中海拔地区烟株具有明显的生长优势,株高、茎围、有效叶数、叶面积指数等指标均高于其他海拔,与高海拔地区烟株差异达显著水平。在移栽后 40 d,中海拔地区烟叶的净光合速率和气孔导度显著高于其他处理,胞间 CO_2 浓度和蒸腾速率在中海拔和高海拔间差异不显著,但均显著高于低海拔烟叶。在移栽后 60 d,气孔导度以高海拔烟叶最高,净光合速率在各海拔间差异不显著,胞间 CO_2 浓度在各海拔间差异达显著水平。在移栽后 80 d,净光合速率、蒸腾速率和气孔导度均以低海拔地区最高,但与中海拔地区差异不显著,胞间 CO_2 浓度则以中海拔地区最高。烟叶叶绿素 a、叶绿素 b 和叶绿素总量及旺长期类胡萝卜素总量均以中海拔地区最高,且显著或极显著高于其他海拔;成熟期高海拔地区烟叶类胡萝卜素总量最高,且较旺长期有明显增加。叶绿素及旺长期类胡萝卜素合成有关的基因均为中海拔表达最强,成熟期类胡萝卜素合成基因在高海拔表达最强。在不同海拔高度和不同生育期,白肋烟叶片细胞的细胞器分布状态相似,均表现为细胞质相对较少,中央大液泡、叶绿体贴细胞壁分布,细胞核近一端分布。各海拔烟株叶片细胞排列的紧密程度略有差异,栅栏组织中央大液泡中有极少量的高电子密度嗜锇物质。随着生育期的推进,叶片中的栅栏组织体积和叶绿体中的淀粉粒体积逐渐增大。海拔高度影响了叶片细胞的细胞壁厚度及淀粉粒、嗜锇颗粒的数目,随着海拔的升高,细胞壁逐渐变厚,叶绿体中的淀粉粒和嗜锇颗粒数目逐渐减少。类囊体片层数量在各海拔间表现为低海拔>高海拔>中海拔。中海拔地区烟叶的含梗率最低且在适宜范围内;填充值在各海拔间差异显著;中海拔地区下部叶的叶长和叶宽显著高于其他海拔地区,中部叶的叶长和叶宽在低海拔和中海拔间差异不显著,但均显著高于高海拔;海拔高度对叶片厚度的影响因叶位而异,下部叶的叶片厚度在各海拔间差异不显著,中部叶和上部叶的叶片厚度则表现为随海拔升高而增厚。不同部位烟叶的总氮含量在各海拔间差异均不显著;低海拔地区上部叶和中部叶的总糖、还原糖的含量显著高于其他海拔地区;中海拔地区烟叶表现出钾低碱高的趋势,与其他海拔地区差异显著;三个海拔地区烟叶的钾、氯含量均在适宜范围内。恩施白肋烟中性致香成分总量及各组分的含量在不同海拔间存在一定差异,其中香叶基丙酮、苯甲醛、糠醇等单一致香成分的含量差异较大。与美国白肋烟相比,恩施白肋烟中巨豆三烯酮等类胡萝卜素降解产物的含量普遍较低,苯丙氨酸类降解产物和棕色化反应产物的含量显著高于美国。上部叶和中部叶的感官质量得分在不同海拔间表现为中海拔>低海拔>高海拔。整体看来,恩施白肋烟的特征香气较充足,丰满程度较好;中部叶的感官质量相对最好,上部叶较差。各个海拔的亩产量、亩产值和均价,低海拔和高海拔间差距较小,两个处理都明显低于中海拔,上等烟比例以低海拔最高,但与中海拔相差不大,二者均高于高海拔烟叶。总体来说,中海拔烟叶各项经济指标均较好。

根据四川达州市不同海拔高度调制后烟叶内在化学成分和烟叶评吸质量,可将该地区白肋烟产区分为两大区块,即以海拔 800 m 为界线的上下两个区域。低海拔地区白肋烟的突出特点是风格显著,内在化学成分协调,烟碱含量较高,香气量较大,烟气浓度较高,劲头尚足,具有碱性刺激和冲击力,燃烧性好,与国际上著名的美国白肋烟具有较大的相似性,是混合型卷烟的优质原料。高海拔地区则主要生产优质调味型白肋烟,内在化学成分较协调,烟碱含量较低,突出特点是吃味较为醇和,烟气较为细腻柔和,碱性刺激较小,烟气刚柔兼具,配伍性较好。

在白肋烟的晾制期间,晾房内的温度和湿度环境对其内在品质的形成有着重要的影响。根据现有的研究结果,晾制优质白肋烟对晾房在各个时期相对湿度的要求为:变黄期与变褐期的相对湿度保持在 70% ~ 75%；凋萎期为 75% ~ 80%；干筋期为 40% ~ 60%。在高海拔地区，烟叶晾制时期温度较低，而相对湿度较高，需采取排湿和增温措施，确保晾房内的温度和相对湿度接近或达到生产优质白肋烟的温湿度要求，使生产中出现的棚烂和烟叶干燥减慢的问题得到有效控制。在低海拔地区，烟叶晾制时期温度较高，而相对湿度较低，应采用便捷、可操作的增湿和保湿手段，使生产中出现的烟叶干燥过快和烟叶急干的问题得到有效控制。

第二节　我国白肋烟主产区的生态基础

我国白肋烟种植区域主要分布于长江中上游烟草种植区的鄂西及川渝白肋烟区以及西南烟草种植区的宾川白肋烟区。

一、鄂西及川渝白肋烟区

鄂西及川渝白肋烟区属于长江中上游烟草种植区的二级区，包括湖北省西部的恩施州和宜昌市、四川省达州市以及重庆市万州区等区域，历来是国产白肋烟种植规模最大、白肋烟香型风格最典型、烟叶综合质量最佳的核心产区。

（一）地形地貌

该区位于长江上游段尾端，辖区内南部属武陵山区，北部跨秦巴山区，地貌区划为板内隆升蚀余中低山地，地处我国地势第二级阶梯的东缘，总体地势西高东低。区内地貌类型以山地为主，地形复杂，呈层状地貌，气候垂直差异大，立体气候明显。

（二）气候

该区山脉广布，气候类型多样，大部为亚热带湿润季风气候，区域气候特色明显，由于秦岭对南北气流的阻挡作用，该区总体上具有温暖湿润、雨热同季的气候特点。其中鄂西烟区年平均气温为 11 ~ 18 ℃，气温垂直变化显著，季节的变换随海拔高度变化而异；年降水量为 960 ~ 1600 mm，其中 70% 集中在 3 至 8 月；区内年总辐射量为 4326.0 ~ 4704.0 MJ/m^2，是湖北省境内太阳能资源的相对低值区，年日照时数为 1200 ~ 1500 h，且大部分白肋烟区在 1400 h 以下。四川盆地年降水量一般为 900 ~ 1200 mm，自盆地四周向中部减少，盆东及盆西边缘山地普遍在 1200 mm 以上，四季降水变率均大于年变率，雨量最多的夏季变率最小，地区差异也小，雨量最少的冬季变率最大，地区差异也最大。重庆市东缘及东南缘山地与鄂西、湘西山地相连，该区全年雨热同季，冬暖春早，大多数地区夏温不高，秋季多阴雨、降温早，气温年较差小，东亚季风气候冬干夏雨的显著特点在该区也有突出的表现。区内热量资源较为丰富，但地区之间差异大，年平均日照约 1480 h，日照百分率为 34%，年平均气温在 10 ~ 24 ℃，年平均降雨量为 880 mm，集中在 6 至 8 月份，占全年降雨量的 40.92%，相对湿度 78.25%。季节性干旱是鄂西及川渝白肋烟区的主要气候灾害,四季皆有可能发生;伏旱自东向西减少,其中重庆市和四川省东部伏旱较多。

(三)土壤

就水平地带分布而言,该区主要处于我国中、北亚热带红壤、黄壤地带西段。主要植烟土壤有黄棕壤、棕壤、黄壤,还有紫色土和部分石灰(岩)土等初育性土壤以及河谷的褐土等。

鄂西及川渝产区生产的白肋烟颜色为浅红黄至红黄,结构疏松,身份适中,叶面微皱至平展,光泽尚鲜明至鲜明,烟叶物理特性适宜。烟叶香型风格显著,香气量尚足至足,浓度中等,劲头及刺激性适中,余味尚舒适至舒适,化学成分协调,质量档次中等至中偏上。烟叶整体质量处于国产白肋烟最佳水平,而且在鄂西、四川达州、重庆万州 3 个白肋烟主产区中,以鄂西生产的白肋烟综合质量最佳。

二、西南白肋烟区

西南烟草种植区包括云南省、贵州省全部,四川省西南部和南部以及广西壮族自治区西北部,云南宾川山地白肋烟区属于西南烟草种植区的二级区。

(一)地形地貌

该区位于我国地势第二级阶梯上,地域辽阔,跨越了青藏高原、横断山脉、云贵高原等几个大的地貌单元,90%以上的土地为丘陵、山地和高原。境内地形复杂,地貌多样,重峦叠嶂,丘陵广布,地势西北高东南低,区域差异、垂直差异极其显著,农业立体性强。

(二)气候

该区大部为亚热带湿润季风气候,云南省南部部分地区属热带季风气候。大部分地区位于低纬度、高海拔区域,处在亚热带和热带的边缘,地带性气候为亚热带和热带气候,由南到北有热带、南亚热带、中亚热带等地带性气候。由于高原、山地受高海拔的影响,还有大片温带、寒带气候类型出现。受低纬度、高海拔的共同影响,该区形成了冷热迥异的气候,且各区域之间存在显著的气候差异。同时,地带性气候分布规律因此而受到扰动,不同于我国东部平原和丘陵区同一气候类型的特点。该区地形大势自西北向东南倾斜,这一大尺度地势起落的分异与纬度分异同向叠加的作用,造就了在全区范围自东南往西北从南亚热带和中亚热带向温带、寒带气候类型顺序交替的现象。川西南、滇北、滇中山地河谷,形成了像攀西(安宁河)局地典型的南亚热带甚至热带气候类型。该区西部高山林立、谷地幽深,从山脚向上在亚热带的基带形成了多层完备的山地气候垂直带谱。

该区热量资源较为丰富,但地区之间差异大。除四川省西部高原外,年平均气温为 10~24 ℃。云南省年平均气温的纬向分布规律常常被破坏,经向分布规律比较明显,全

省各地年平均气温为 4.7 ~ 23.7 ℃,元江最高(23.7 ℃),德钦最低(4.7 ℃),气温年际变化
较大。省内东部地区气温最高年与最低年差值在 1.5 ~ 2.0 ℃,哀牢山以西地区最暖年份
与最冷年份差值一般在 1.2 ℃以下。春季升温迅速,夏季温暖而不炎热,秋季降温剧烈,
冬季温和而无严寒。贵州省大部年平均气温在 14 ℃以上,东部边缘为 16 ~ 17 ℃,北部
和南部局部可达 18 ℃,年平均气温最高的罗甸为 19.6 ℃,而最低的威宁仅 10.5 ℃。气
温垂直变化显著,季节随海拔高度变化而异。

　　该区水分资源颇丰,气候较为湿润,但区域性差异大,年降水量纬向分布基本上是自
南往北减少。由于地形的作用,特别是横断山脉的纵向排列使降水量分配复杂化。在横
断山脉南段西侧是西南气流的迎风坡,山脉东侧是东南暖湿气流的迎风坡,形成两侧的
多雨区。在暖湿气流的背风面,尤其是地形郁闭的深谷,降水量则大为减少,如金沙江河
谷的四川得荣年降水量仅为 325 mm,雅砻江、大渡河、岷江、元江等河谷亦因山脉屏蔽作
用,沿江形成条形少雨带。该区冬半年受西风带南北两支气流控制,降水特少,春季降水
增加也有限。夏季,海洋气流盛行,该区地处太平洋副高西缘,降水量比处于副高控制下
的东部同纬度地区要多。滇西和川西南山地冬干夏雨,干湿季分明。该区西部秋雨多于
春雨,由于春暖少雨故多旱,尤其是在川西南和云南省,春季异常干燥。秋季前期多雨,
秋雨绵绵为其特色,以贵州高原最为显著。川、黔常多夜雨,在四川盆地西南、黔西北一
带年均夜雨率可达 60% ~ 80%。该区年降水量除川西高原、西部滇、川干热干暖河谷外,
大部分为 1000 mm 左右或以上。川西南山地年降水量多达 1400 mm 左右,攀西河谷仅为
700 ~ 800 mm,而且冬、春干季降水变率较大。

　　该区的太阳辐射能量和日照时数受地形影响,地带规律受到严重干扰,同全国
分布形势有很大不同,具有经向差异大和西多东少、南多北少的特点。年总辐射量为
3500 ~ 6500 MJ/m^2。其中,云南省大部为 5500 MJ/m^2;金沙江中游宾川、攀枝花一带河
谷区为 6000 ~ 6500 MJ/m^2;黔东北一角在 3500 MJ/m^2 以下,是西南地区的最低值。就
年日照时数而言,全国多云中心的川、黔地区,也是全国日照最少的中心,年日照时数在
1400 ~ 1600 h,而且黔东北不到 1200 h。该区西部年日照时数除滇西三江河谷地稍少外,
一般都在 1600 h 以上,川西高原及云南省大部可达 2000 ~ 2200 h,高原西北部及金沙江
中游谷地超过 2400 h,宾川、元谋干热河谷地区达 2600 h 以上。

　　该区主要农业气候灾害是季节性干旱、洪涝、秋绵雨及低温冷害。季节性干旱是该
区农业生产的最主要灾害,四季皆有可能发生,发生的频率高,影响范围大。春旱以云南
省、川西南山地出现频率最大,自西往东减少,黔东基本无春旱。伏旱自东往西减少,以
黔东伏旱最多,东经 105°以西地区伏旱很少。云南省大部、川西南山地、贵州省西半部等
地为春旱频发区。云南省大部分地区春旱发生频率在 70% 以上,并且有 60% 的县发生
频率接近 100%。其中,3 至 4 月干燥度在 2.0 以上的地区占全省总面积的 75%,干燥度
在 3.0 以上的占全省总面积的 50% 以上,最旱的干热河谷(宾川、元谋)干燥度在 10.0 以
上。川西南山地春旱发生规律与云南省大部地区相似。贵州省西部毕节—安顺—望谟以
西地区春旱较多。其中,威宁、兴义等以西的几个县最为严重。夏旱频发区以贵州省东
半部为主。贵州省毕节—平坝—罗甸以东地区,尤其是乌江下游、锦江、舞阳河、清水江
中游和都柳江河谷地区,7 月出现干旱的频率在 80% 以上,常发生连片干旱。

（三）土壤

就水平地带分布而言,该区主要处于我国中亚热带红壤、黄壤地带西段。红壤主要分布在黔南、滇北和川西南地区,黄壤以贵州省为主,桂、滇等省(自治区)也有分布。由此向南是南亚热带的赤红壤带,包括滇中南地区等。该区的坝区和谷地还分布有部分水稻土。该区烟草栽培土壤,除上述 3 个气候带的 4 种地带性土壤外,还有大面积的紫色土和部分石灰(岩)土等初育性土壤。高原山地还有黄棕壤、棕壤,以及西部干旱河谷的褐土等。主要土壤类型的基本性质:红壤在亚热带生物气候条件下形成。宜烟红壤多发育于千枚岩、花岗岩、第三纪红砂岩,脱硅富铝化是其主要成土过程,土层较薄(50~60 cm),表土层平均厚度为 18 cm,常含有砂砾和母岩碎片。有机质平均含量为 37.6 g/kg,全氮平均含量为 1.55 g/kg,C/N 平均值为 14.1,活性腐殖质平均含量为 11.7 g/kg。红壤有机质虽有一定积累,但在亚热带生物气候条件下,矿化分解也很快。活性腐殖质约占有机质总量的 31.1%,说明在红壤有机质总量中有近 1/3 易于矿化。土壤质地黏重,结构紧实,通气透水性差。黏粒矿物以高岭石为主,并有较多游离氧化铁。阳离子交换量低,保蓄交换钙、镁、钾、铵等阳离子养分的能力弱。土壤盐基饱和度低,红壤多在 40% 以下,酸性强,pH 值为 4.5~5.5。由于土壤中游离氧化铁多,在酸性条件下活性高,因此无机磷酸盐以无效的闭蓄态磷(氧化铁胶膜包被磷)和难溶的磷酸铁为主,分别占 52%~84% 和 14%~26%。因此,土壤有效磷缺乏,有效钾供应不足(与阳离子交换量和盐基饱和度均低有关),还存在有效钼、硼缺乏的问题。

云南宾川白肋烟区属于西南烟草种植区的二级区,即滇西高原山地烤烟、白肋烟、香料烟区。白肋烟主要种植在该区的大理州宾川县。其地处滇中高原和滇西峡谷交接地带,地形复杂,高原、山地、盆地相间分布。大体可以分为高山峡谷地形、高山山麓洪积扇地形、湖滨倾斜坝地形、中山宽谷及复合地形、中山谷地及湖滨复合地形等地貌单元。烟区海拔多在 1400~2200 m。

大理州全州多数烟区年平均气温在 15~18 ℃,白肋烟生长季节的月平均气温多在 18~23 ℃,年活动积温(≥ 10 ℃)为 3537.5~6899.9 ℃,年日照时数为 1500~2730 h,日照百分率 47%~59%;年降水量 577~1083 mm,多数烟区年降水量在 800 mm 左右。

植烟土壤以紫色土、红壤、黄壤、石灰性土和水稻土为主。土壤有机质含量为 27.0 g/kg,土壤 pH 值在 6.4 左右,氯离子含量为 22.8 mg/kg,土壤速效磷和速效钾含量分别为 29.4 mg/kg 和 193.8 mg/kg。

宾川生产的白肋烟烟叶质量相对较好,工业可用性相对较高。1998 至 2005 年中部烟叶烟碱含量在 2.6% 与 4.2% 之间波动,平均含量 3.5%;总糖含量在 0.40% 与 1.09% 之间波动,平均含量 0.79%;总氮含量在 3.3% 与 4.3% 之间波动,平均含量 3.8%;钾离子含量在 3.9% 与 5.9% 之间波动,平均含量 4.56%。该区生产的白肋烟颜色近红黄至红黄,结构稍疏松,身份尚适中,叶面平展,光泽尚鲜明,烟叶物理特性适宜,化学成分协调性较好;烟叶香型风格有至较显著,香气量有,质量档次中偏上,烟叶整体质量相对较好。

第三节　我国白肋烟种植区划

我国历史上先后进行了两次全国性的烟草种植区划,使我国不合理的烟草种植布局得到了很大改变,区域化生产明显增强,植烟区域基本上分布在最适宜区、适宜区。

第一次是在 20 世纪 60 年代,农业部门根据地域分布将我国分为六大烟区:①黄淮烟区。黄淮烟区包括河南、山东、河北、山西、陕西等省全部,江苏、安徽两省长江以北地区,是当时我国最大烟区,以烤烟为主,间有少量晒烟。烤烟面积占当时全国的一半左右。②西南烟区。西南烟区包括云南、贵州和四川三省全部,是当时我国第二大烟区,以烤烟为主,间有部分晾晒烟。烤烟面积占全国面积的 20% 以上。③华南烟区。华南烟区包括广东、广西、福建、台湾四个省(自治区),以烤烟为主,兼有较多晒烟。该区烤烟面积占全国面积的 10% 以上。④华中烟区。华中烟区包括湖北、湖南、江西、浙江四省全部,江苏、安徽两省长江以南地区,是烤烟和晾晒烟相间的烟区。其中,湖南省和湖北省是当时新发展的烤烟产区。该区烤烟面积约为全国的 10%。⑤东北烟区。东北烟区包括辽宁全省和吉林全省、黑龙江省的松嫩平原以及内蒙古自治区的东部,是烤烟和晒烟相间的烟区,占全国烤烟面积的 5% 以上。⑥西北烟区。西北烟区包括甘肃、宁夏、青海、新疆等省(自治区)以及内蒙古自治区南部,是以晒烟为主,兼有少量烤烟的烟区,是我国黄花烟的主要产区。

第二次是在 20 世纪 80 年代初期至中期,根据烟草的生态适宜性对全国烟草种植适宜类型进行了区划,将全国所有地区分类成最适宜区、适宜区、次适宜区和不适宜区四个类型:①最适宜类型。自然条件优越,虽然可能有个别不利因素,但容易改造或补救,能够生产优质烟叶(烟叶内在质量优点多而突出,缺点少而容易弥补)。②适宜类型。自然条件良好,虽有一定的不利因素,但较容易改造或补救,生产的烟叶使用价值较高(烟叶内在质量优点较多,但有一定缺点或可以弥补的缺陷)。 ③次适宜类型。自然条件中有明显的障碍因素,改造补救困难,生产的烟叶使用价值低下(如烟叶燃烧性不良或有其他不可弥补的缺陷)。④不适宜类型。自然条件中有限制因素,并且难以改造补救,烟草不能完成正常的生长发育过程,或虽能正常生长,但烟叶的使用价值极低(如黑灰熄火)。

第二次烟草种植区划为了概括地揭示全国范围烟草生产的地域差异,同时考虑国家制订计划和指挥生产时应用方便,将烟草种植区分为两级,包括北部西部烟区、东北部烟区、黄淮海烟区、长江上中游烟区、长江中下游烟区、西南部烟区、南部烟区 7 个一级区和27 个二级区。其中,一级区划反映对烟草有重大影响的自然条件的地带性特征和长期形成的烟草生产基本特点;二级区划着重反映非地带性造成的自然条件的差异和烟草类型发展方向的重大差别。

我国没有对白肋烟进行单独的种植区划研究,在中国烟草种植区划中包括了白肋烟的区划内容。2003 年,新一轮区划充分借鉴了已有研究成果,分为生态类型区划和种植区域区划。按照生态类型区划一般原则,将我国按烟草生态适宜性划分为烟草种植最适宜区(环境条件良好,虽有个别不利因素,但易改造、补救,能够生产烟叶)、适宜区(环境条件良好,虽有一定的不利因素,但可以改造、补救,生产的烟叶使用价值较高)、次适宜区(环境条件有明显障碍因素,改造、补救困难,生产的烟叶使用价值低)和不适宜区(环境条件有十分明显的限制因素,不能改造或补救,烟株不能完成其正常生长发育过程,或虽能生长但烟叶使用价值极低);区域区划采用二级分区制,将我国烟草种植区划分为5个一级烟草种植区和26个二级烟草种植区。

分区结果表明,白肋烟的主要种植区域分为长江中上游烟草种植区的二级区——渝、鄂西、川东山地烤烟、白肋烟区和西南烟草种植区的二级区——滇西高原山地烤烟、白肋烟、香料烟区。

第四章　国产优质白肋烟关键栽培技术及生理

第一节　白肋烟生物学特征

白肋烟、晒烟以及烤烟等各类型烟草在植株形态上虽然有较大的差异,但烟株各种器官的结构与功能基本相同。白肋烟生产的本质是合理地利用各地特有的生态气候条件,通过各种有效的农业技术措施来促进烟株生长发育,最终获得优质适产的烟叶,满足卷烟工业原料需求。烟株在结构上都是由根、茎、叶、花、果实等器官组成的统一体,烟株的生长发育过程和优质烟叶的形成必须通过各器官的协调生长来完成。

一、根

根是植物的重要器官之一。一株植物地下部分所有根的总和称为根系。植物的一生,需要根系不停地吸收水分和养分,促进自身生长发育。作物的生产与根的发育、根的分布、不同时期的根系活力,以及各种环境条件下根系的变化有密切的关系,根系的好坏决定着作物的产量。根不仅有支撑作用、吸收水分和营养物质的作用,也是合成烟碱、部分氨基酸和植物激素等物质的重要器官。根的发育与烟叶生长、抗病性、主要经济性状、化学成分和吸食品质有密切的关系。

（一）根的形态

白肋烟的根系属圆锥根系,由主根、侧根和不定根三部分组成。种子萌发,胚根伸出种皮后逐渐发育,形成主根。随着烟草栽培技术的改进,目前多采用漂浮育苗方法,人为造成烟苗主根受损而停止生长,从主根周围长出侧根。主根上长出的侧根称为一级侧根,一级侧根上长出的侧根称为二级侧根,二级侧根上长出的侧根称为三级侧根等,还可在茎基部产生大量的不定根,从而形成一个发达的根系。一般主根粗壮而短,侧根和不定根则较发达,成为根系的主要组成部分。

随着育苗方式及移栽方式的不同,移栽后烟株根系在地下的分布也有所差异。目前推广的漂浮育苗技术所形成的烟苗茎秆明显高于常规苗,采用深栽技术后,烟苗绝大部分茎秆被埋在土内,因此烟株在茎基部产生不定根的时间比常规苗早,不定根产生的数量明显多于常规苗,从而形成了侧根和不定根的二层分布。

(二)根的构造

白肋烟的主根、侧根或不定根在生长过程中,内部结构所发生的一系列变化均相似。按根的生长进程,其构造可分为初生构造和次生构造。每条根的顶端到根毛生长处及其以下的一段称为根尖,是根部生长最活跃的部分。根尖由根冠、生长点、伸长区和根毛区四个部分组成,属于根的初生构造。根冠位于根尖的顶端,是顶端分生组织上的一种保护内部生长点的结构,由顶端分生组织细胞分裂而成,帮助正在生长的根穿透土壤。根在土壤中延伸时,根冠外围的细胞不断破损、死亡或脱落,内部的分生区不断产生细胞进行补充,保持一定的厚度。根冠长期以来被认为是控制根的向地性反应的器官。根冠中感受重力的区域是其中央部分的细胞,其内含有淀粉体,被称为平衡石,是重力传感器,与根的向地性生长有关。生长在土壤中的根尖,或多或少都覆盖有大量的黏液,这种黏液主要由根冠分泌,以减少根尖在生长过程中与土壤的摩擦,进而避免土壤对根尖的损伤,同时可促进离子交换,溶解和螯合某些营养物质。生长点位于根冠内方,由初生分生组织构成,分生组织的细胞具有很强的分裂能力,有三层原始细胞,将由它分化出根的各种结构。最外层称为根冠表皮原始细胞,将分化出根冠及根表皮,中间层为皮层原始细胞,将分化成皮层,最内层为中柱原始细胞,将分化成中柱。伸根区的特点是细胞伸长快,边分裂边伸长。伸长区靠近生长点的细胞具有分裂能力,离生长点越远的细胞分裂能力越低,但细胞伸长的速度逐渐增加,细胞在生长的同时就开始分化。伸长区后端的根表皮细胞分化出根毛的时候,内部的初生构造相应地分化,进入根毛区。根毛区位于伸长区之上,特征是部分根表皮细胞向外凸出形成根毛。根毛区是初生构造分化完成的部分,根毛的存在大大扩大了吸收面积,是根系吸收营养和水分能力最强的区域。

根系在完成初生生长后,由于形成层的发生和活动,不断产生次生维管组织和周皮,使根的直径增粗,这种生长过程称为次生生长。根的次生构造是在根毛区后部开始出现的,次生生长由维管形成层和木栓形成层共同完成。首先初生韧皮部内方的基本组织细胞进行平周分裂,接着中柱鞘细胞恢复细胞分裂能力,最后逐渐连接成波浪状次生分生组织,即维管形成层。由于先形成的形成层早活动,而后形成的形成层晚活动,因此形成层逐渐由波浪状环变成圆形的环,随后形成层活动速度渐趋一致。

(三)根系的生长和分布

白肋烟种子萌发时,首先伸出胚根,胚根是由种子下胚轴下端的分生组织形成的。种子萌发后,胚根继续伸长形成主根。随着主根的生长,各级侧根和不定根开始发生,最后形成烟株根系。当烟苗的第1片真叶出现时,在烟苗的主根上出现第1条侧根,第2片真叶出现时,烟苗出现第2条侧根,随后烟苗的根系迅速生长,根系生成的数量远远超过叶片生长的数量。烟草幼苗从第1片真叶出现开始,根系生长迅速,而地上部分生长缓慢,当第2片真叶出现并与两片子叶交叉形成十字形后,每隔4～5天就会形成1片新叶,但生长量很小,茎部几乎不生长,此时根系生长却特别快。在苗期生育各期,干物质分配总是叶大于根、茎,对于根和茎来说,在小十字期和大十字期,干物质分配是根大于茎,在七叶一心期和成苗期,干物质分配是茎大于根。七叶一心期前漂浮苗主要是长根,七叶一心期和成苗期是培育高茎苗的关键时期。因此在生产上,应围绕剪叶措施有效调节干物质分配和积累的方向,育苗前期主要是促根,即控上促下;育苗后期主要是促茎,即促进干物质大量向茎分配。

烟草侧根一般起源于中柱鞘,即在根毛区的上部。烟草的主根不明显而侧根非常发达,这是由于烟草生产中采用育苗移栽的方式,主根受损而停止生长,侧根则大量发生。一般烟草能产生多级侧根,即主根上产生一级侧根,一级侧根上又产生二级侧根等。烟草不定根一般是指在茎基部的茎节上(地上气生部分和地下部分)产生的根。烟草能产生大量的不定根,这主要是由烟草栽培过程中采用中耕培土措施所造成的。烟草在团棵期进行中耕培土,使10 cm左右的茎秆被埋在土里,在这部分茎节上能生成大量的不定根。目前烟草生产上采用漂浮育苗技术,在移栽时烟苗有2/3的茎秆被埋在地下,这部分茎秆产生的不定根会形成烟株根系的主要部分。一般60 d苗龄的烟苗形成不定根的时间最早、数量最多。不定根在养分的吸收和烟株的固定等方面起到了较大的作用。

烟草根系中主根往往不明显,移栽后5~10 d侧根开始迅速生长,一般在移栽后15~20 d,根深可以达到20~25 cm;烟草根系生长发育最快是在移栽后30~40 d,在土壤疏松的条件下,到开花时可深达80~100 cm,以后逐渐减退;移栽后70 d烟草根系发育开始减慢,至叶片成熟采收后,根系老化,须根容易脱落。根系的密集范围比分布范围小很多,特别在纵向分布方面,密集范围更小。烟草根系有70%~80%密集在地表下16~50 cm厚的土层内,而密集的宽度为25~80 cm。根系密集层的深度只有总深度的1/4~1/3,而密集层的宽度只有总宽度的1/3~1/2。

一定数量的根仅仅能支撑一定数量的地上部生长,而且根体积与根干重之比为(24∶1)~(5∶1)。烟草根系具有明显的顶端优势,在幼苗期根深明显大于根宽,而在大田期根的横向生长超过纵向生长。烟株着叶9~10片时,主根可长达15 cm,根系的营养体体积可达1000 cm³,是移栽的适宜时期。烟草根系生物量随土层深度增加呈指数递减,不同生育时期根系构型均呈"T"型,主要由一级侧根决定,一级侧根分布的角度范围为0~90°,不同施肥方式不能改变根系"T"型结构,但影响其在不同土层中的分布。

在大田生育期,根系生长有两个高峰:一是旺长期,根系干重增加很快;二是封顶期,打顶使烟草第2次产生新根,根量增加。大田期根长增加和干物质积累符合Logistic方程,根长、根量及根干物质重与株高呈显著正相关,根数量与叶数量呈显著正相关,根干物质重与茎叶干物质重呈显著正相关。烟草大田根系的最大特点,就是能从主根上发育出侧根,能从茎基部发育出不定根,且侧根和不定根发达,是烟草根系的主要部分。烟草的许多部位都可产生不定根,特别是茎的基部,在培土后适当保持湿润和通气等诱导条件可大量生成不定根。烟草根系中,不定根占总根量的1/3左右,主要的吸收根系多在茎基周围15~20 cm范围内。在烟草生产实践中,首先是培育高茎壮苗,明水深栽,促进移栽后烟株早生快发,然后根据烟草根系的属性和在大田中的分布特征,采取综合栽培、施肥措施,促进侧根和不定根的发育。烟草根系生长模型符合 Logistic 方程,移栽后 14~46 d 是根系快速伸长期,移栽后 30~40 d 是侧根快速滋生期,移栽后 58~82 d 是根系干物质充实期。因此,在团棵旺长前,要及时揭膜,通过中耕培土将盖膜后大量分布于表层的根系用疏松土壤覆盖,增大根系发育空间、营养吸收面积,改善土壤通透性,培育强大的根系,促进烟株健壮生长。而大田后期是根系干物质的充实期,后期根系发育不良(因淹水、脱肥等)会导致烟株脱肥早衰,后期土壤供肥过旺,根系吸收营养过多,会导致烟株贪青晚熟,不利于烟叶品质的提高,故大田生长后期应注意清沟利水,延长根系活力,防止植株早衰或贪青。

(四)根的生理机能

烟草根系除对烟株起固定与支撑作用外,还具有吸收水分和养分,储存、转运和合成物质等生理功能。烟株所需的水分和绝大部分营养物质都是根系从土壤中吸收的。根系的吸收部位主要是未木栓化或木质化的根尖幼嫩部分,其中吸收水分的主要部位是根毛区,而吸收养分的主要部位是根毛区前段吸收作用较强的部分。根毛的存在大大增加了根系的吸收面积,根毛的寿命不长,一般经过 10~15 天死亡。当根毛区上部的根毛逐渐死亡时,下部又不断产生新的根毛。根系不仅是重要的吸收器官,也是合成烟碱、部分氨基酸和植物激素等物质的场所,根系在氮素同化中也起着重要作用。研究表明,烟碱是在根内合成后输送到茎和叶片的,约有 90% 的烟碱来自根系。根系中以根尖的生命活动与烟碱的合成关系最为密切。根系合成烟碱的能力受土壤条件和栽培技术等因素的影响。粗粉粒含量高的土壤有利于生产烟碱含量较高的烟叶,土壤细粉粒含量则与烟叶烟碱含量呈显著负相关。在生产技术措施中,打顶能够促进烟株产生大量的初生根,由此也增强了烟碱的合成能力,提高了烟叶的烟碱含量。

白肋烟的烟碱含量较高,除了与白肋烟施肥量(主要是氮肥)较高相关外,还与白肋烟根系生长较旺盛,分布较宽较广有关。

(五)影响根系生长发育的主要因素

1.壮苗技术

壮苗移栽后根系活力强,还苗期短,发棵快,壮苗程度同时也决定了烟苗移栽后根系的发育程度。要促进漂浮苗根系发育,除加强棚内温湿度的合理控制外,培育壮苗的关键是剪叶、施肥和炼苗技术。

1)剪叶

剪叶一般从叶片接搭遮阴开始。剪叶的目的是促进盘内烟苗整齐一致以及烟苗根茎协调生长。剪叶能促进烟苗生长,提高根系活力。试验表明,从第 5 片真叶出现时开始剪叶,每隔 5~6 d 剪叶一次,剪 3~4 次效果最好。晋艳认为,剪叶的主要作用是控制烟苗地上部分的生长,而对烟苗根系的生长影响较小。随剪叶次数的增加,烟苗地上部分干重呈下降趋势,而烟苗的根系并未表现出随剪叶次数增加而增加的趋势,相反,根系干重也呈现随剪叶次数增加而下降的趋势,只是下降趋势很弱。而根冠比随剪叶次数增加而增加的原因是烟苗地上部分的生长因剪叶而得到控制。在同一施肥量下,剪叶3次或4次烟苗茎高差异不大,但剪叶达到5次时,茎高明显得到控制。在生产上,若施肥量控制较好,茎秆达到10~15cm高度和2~2.5cm的茎围,剪叶需达4次。干物质积累来自叶片的光合作用。剪叶程度影响了光合面积的大小,从而影响着烟苗根和茎的发育及比例,因此可以说剪叶程度对培育壮苗影响极大。通常剪叶位置为生长点上3cm,每次剪去最大叶的1/3至1/2为好。

2)施肥

晋艳研究认为,对于漂浮苗根系而言,施肥是最主要的影响因素,要培养发达的根系,一定要掌握适宜的施肥量。施肥量过高,烟苗的生长反而受到抑制,烟苗茎秆不高,施肥浓度可根据烟区气温进行调整,一般气温高的烟区可以适当控制施肥量,而气温低的烟区可适当增加施肥量。

3)炼苗

为提高漂浮苗茎秆韧性以及移栽后的大田适应性和烟株抗逆性,通常在烟苗成苗移栽前7~14d采取断水或断肥措施炼苗较好,对烟苗的成苗素质、移栽后烟株根系生理活性指标的提高、地下部分干物质的积累,以及烟苗茎秆的增粗、增高都有一定的促进作用。

2.苗龄

不同苗龄烟苗的根系活力和栽后发根能力不同,生产上一般用苗龄为55~65d的烟苗移栽。吕芬等认为,漂浮苗的苗龄达60d左右是移栽的最佳时期,此时烟苗的硝酸还原酶活性最大,烟苗根系、叶片光合能力,干物质积累量及根系活力均达到壮苗要求,移栽后缓苗期短,适应性强。若苗龄大于70d,则苗期太长,烟苗抗性差,苗弱。

3.不同肥料和施肥方式

施肥是对烟株根系影响最大的栽培因子之一,肥料和施肥方式的不同会影响烟株根系的发育和分布。研究表明,不论是采用撒施还是穴施,烟株的根干重、根体积、根总吸收面积和根活跃吸收面积都随着施氮量和施磷量的增加而增加,磷肥施用量对根系生长发育的影响大于氮肥施用量。磷肥的施用对不定根的发育有一定的抑制效应,而对主根和侧根部分有促进效应。氮肥对不定根的发育有促进效应,但这种促进效应会因磷肥的施用而受到一定程度的削弱,不过从最终对总根重的影响来看,氮肥的促根效果要显著大于磷肥的促根效果。对于氮肥的种类和用量,张新认为,用50% NO_3^- 和50% NH_4^+ 做氮源,氮素养分供应强度较大,更有利于烟草早生快发。饼肥可促进烟株生长后期根系的下扎,对根系的中后期生长极为有利。腐殖酸可改良土壤,对化肥有增效作用,可刺激作物生长,并增强作物的抗逆性能。饼肥和腐殖酸与化肥配合施用能促进根系发育。饼肥是一种很好的有机肥,但要堆捂发酵充分后施用。刘卫群认为,20%饼肥施用量有利于致香成分含量的提高。因此,施用占总氮量20%饼肥,硝态氮和铵态氮为1:1时,对促进烟草优良品质的形成效果最佳。

4.土壤环境条件

1)温度

烟草根系生长的最低土温是 7 ℃,最高土温为 43 ℃,最适宜温度为 30 ℃左右。在 7~20 ℃之间,根系生长速度较慢,养分吸收也较少,而且低温往往使得根系变粗,侧根数量减少。土温在 25 ℃以上时,烟株根系生长较快。戴冕在广州观察冬烟生长时发现,当寒潮侵袭时,烟田土温(地表下 10 cm)降至 1 ℃时,烟株受霜冻而上部枯死;气温回升后,烟株基部萌发新芽,逐渐恢复正常生长。可见短暂的 1 ℃土温,对烟根并未造成不可恢复的损伤。当温度降至作物不能忍受的程度时,其组织必然受到不可逆的损害,难以恢复生机。

2)土壤类型

土壤类型对根系发育的影响主要表现在两个方面。一是不同土壤类型烟草根系发育特点不同,二是不同土壤类型对烟草根系生长发育与分布的影响不同。土壤质地对烟草根系生长的影响比土壤温度和水分更大,土壤过砂、过黏均不利于烟草根系生长。目前许多优质烟草多种植在砂质土壤上,透气好,烟株根系发达,侧根多。在没有坚实土层的土壤中,根系数量随土壤深度增加而逐渐减少;在有坚实土层的土壤中,根系数量随土层深度增加而急剧减少。

3)土壤水分

最适宜根系生长的土壤水分含量为土壤最大持水量的 60%~80%。土壤水分适宜时养分的有效性提高,土壤的机械阻力减小,有利于根系的生长。土壤水分过多会造成通气不良,从而影响根系的生长和根系活力。土壤水分过少,土壤中养分的有效性降低,土壤的机械阻力增大,也不利于根系的生长。伸根期轻度干旱可以促进根系的发育,成熟期轻度干旱对提高烟叶的品质有利。烤烟生长在雨水和灌溉充分的条件下,根系发育良好,须根较多,而且分布的范围广。有研究表明,沟灌和喷灌使烤烟烟根重增加 31.4 g,增长率为 23.25%;而 0~40 cm 土层中单株侧根、须根的平均重量,喷灌与沟灌相比,根系分布宽度扩大 20.7%,分布深度增加 11.8%,说明喷灌更有利于烟根的伸展。

4)土壤透气性

土壤通气性主要是指土壤中的空气量和土壤空气中氧气与二氧化碳的比例,当土壤空气中氧气的比例下降到 10% 以下时,根系的生长就会受到影响。造成土壤通气性降低的主要原因是烟田积水。研究指出,烟株因缺氧而死亡,其原因有可能是缺氧条件下土壤有机成分形成的还原性物质或是根系无氧呼吸而产生的乙醇对根系的毒害。

5)土壤 pH 值

土壤 pH 值是影响烟株根系吸收养分的重要因素之一,pH 值为 5.5~6.5 对白肋烟根系生长最有利,过高或过低都会影响烟株的正常生长,还易引发烟株病害。长期大量地施用化肥,会导致烟田土壤 pH 值发生改变。对于酸性土壤(pH 值低于 5.0),可施用石灰调节土壤 pH 值,当土壤 pH 值调节至 7.0 以上时,通常会抑制根系生长。

5.栽培技术

高茎壮苗深栽,即移栽时烟苗健壮并达到一定的茎高,移栽后的叶芯贴近垄面,这是促进根系发育的有效措施。高茎深栽后,烟株根系的分布比短茎浅栽的烟株根系要广、要多,提高了根系对水肥的吸收能力,甚至出现了根系分二层的现象。研究表明,高茎烟苗(茎高 15 cm)深栽后发育所形成的根系在分布范围和总量上几乎是短茎烟苗(茎高 5 cm)栽后发育所成根系的两倍。这能很好地解决生产上烟苗移栽后根系浅、不定根少、活力差的问题。晃逢春、张福锁、杨宇虹等进行了将茎高 10 cm 的烟苗在盆中深栽(把茎全部埋入土中)和浅栽(仅把根系埋入)的试验,结果表明,在移栽后 40 d 以内,深栽的烟株根系总干重和浅栽的烟株根系总干重几乎没有差别,但是移栽 40 d 后,深栽的烟株不定根增加较快,根系总干重与浅栽的烟株根系总干重的差距逐渐加大,一直持续到打顶前,最终深栽的根系总干重比浅栽的根系总干重增重 45.7%。这同时表明如果深栽结合培土,培育根系的效果会更好。在培土方式上,韩锦峰等认为平栽分次培土成垄较一次起垄移栽更有利于烟株不定根的大量萌发,从而可增加根系体积和根的数量,提高根系活力,延缓根系衰老。

烟草地膜覆盖能增温保湿,保持和提高土壤肥力,减少养分流失,促进根系发育和烟株早发,提高烟株产量和质量。地膜覆盖栽培的根系干重比不覆膜栽培的根系干重增长了 42.8%。根系具有趋水趋肥性,当土壤养分分布不均匀时,根系会趋向养分密集的地方。因此地膜覆盖影响了根系的分布,主根垂直下扎根系少,大部分根系分布在距地表 12 cm 左右的土层,且根尖上卷。因此,移栽 30~40 d 要及时揭膜并高培土,以利于烟草根系发育。王以慧等认为,采用洼垄(-10 cm)移栽,栽后 30 d 揭膜,于 30 d、40 d 二次培土(10 cm)对根系发育最好,高垄移栽不利于根系的生长发育。不同覆盖物和覆盖方式对烟草根系的影响不同。魏洪武、袁家富认为,秸秆覆盖可促进根系发育,提高产量和产值;地膜及地膜秸秆双覆盖,根系密集层分布较浅;不覆盖则土壤表层墒情较差,根系下扎,根幅较窄。据测定,单株 0~30 cm 土层内的干根重依次为秸秆 > 双覆盖 > 地膜 > 不覆盖,烟草产量产值依次为秸秆 > 双覆盖 > 地膜 > 不覆盖。地膜秸秆双层覆盖在中期地膜破损后,秸秆产生覆盖的接力作用,故其覆盖效果大于地膜。作物秸秆,特别是 C/N 值大的秸秆,施入土壤分解后,能增加土壤中的微生物数量,提高土壤的生物活性和土壤养分的生物有效性,改善土壤结构,提高通透性,减轻连作障碍,但秸秆还田后增加了土壤有机质,如果施肥不当,会增加后期氮的矿化量,不利于烟草品质。

烟株的根干重、根体积、根总吸收面积和根活跃吸收面积随种植密度的增加而降低,主要是因为种植密度增加使烟田的通风透光性变差,影响烟株的个体发育,进而影响根系的生长。

打顶对根系的生长发育有一定的促进作用,有研究表明,打顶可使根系增重 42.5%,比茎、叶增重要大。

(六)不定根的发生

不定根会显著增强植物对营养元素的吸收及干物质的合成与积累。淹水条件下产生的不定根会取代衰退的主、侧根,同时脱氢酶及谷氨酰胺合成酶等相关酶的活性不断提高,从而提高烟株根系对氨的同化能力和改善烟株的生长协调性。此外,不定根的发生还可加强根系对植物地上部分的支撑和固定作用。

1.不定根的发生组织学

不定根在形态结构上与主根和侧根几乎完全相同,由表皮、皮层、内皮层和中柱鞘等部分组成;不定根、主根和侧根均有明显根冠、分生区、伸长区和根毛区等特征。不定根发生的调控因子受内部遗传因子和外部环境信号的共同作用。其发生方式主要有两种:一种是直接从外植体上发生不定根;另一种是先产生愈伤组织,再通过愈伤组织形成拟分生组织,最终形成不定根原基。刘国彬等研究发现,侧柏扦插后会出现皮部生根、愈伤组织生根和愈伤组织兼具皮部生根3种类型;不定根原基的组织学起源是愈伤组织、髓射线、射线原始细胞、尚未分化成熟的木质部细胞,通过人工诱导同时激活这些不定根起源位点能显著提高生根率和生根质量。

2.诱导烟株不定根发生的因素

烟草不定根的发生受基因、激素、环境等多种因素影响,无论是不定根发生基因的表达、相关植物激素诱导,还是外源因子的诱导,均可在一定程度上对烟草不定根的发生产生影响和调控。

1)相关基因的表达

植物生命周期内的生长发育均是不同基因在时间和空间的顺序性表达结果。当植物接收到体内或外环境刺激信号时,会通过一系列信号转导来激活RNA聚合酶Ⅱ进行转录,最终通过基因表达产物来调节或适应外环境。不定根的最终形成就是无数基因特异性表达的结果。

2)相关激素的诱导

生长素(IAA)在不定根的形成过程中起关键作用。植物生长素对根系发育调控的途径可分为2条:一是IAA信号反应调控根系发育;二是通过IAA的运输、分布来控制根的发育。植物组织不定根的形成大多都经过一定浓度的IAA调节处理。水分、光照以及IAA对不定根的形成具有重要的影响,其中水分是保持不定根生长发育和较高活性的关键因素,而适量施用生长素对增加不定根数量和提高根系活力有重要的促进作用。赤霉素(GAs)对烟草不定根的形成和伸长具有显著促进作用。降低烟株茎部木质部形成层中活性GAs的含量对烟株不定根和叶片的发育会产生影响。GAs含量变化对烟草不定根的发育有显著影响,其中木质部形成层中活性GAs的含量是影响不定根发育的重要因素。外源施加GAs会降低烟草茎段不定根的数量,但对不定根的伸长具有显著促进作用。此外,GAs对植物的花芽分化、抗冷性、维管形成、干旱胁迫、促进叶生长和开片、促进花和果实的发育以及促进侧芽生长等方面同样有着重要的作用。细胞分裂素(CTK)及IAA对多种植物不定根和侧根形成有重要调控作用。在烟草离体组织培养中,CTK和IAA的比例是控制外植体的根及愈伤组织形成的重要条件。对于烟草全株,CTK有促进侧芽长出、叶片伸展和抑制叶片衰老的作用,可促进生根烟草组织培养。一定浓度的

CTK 是烟草不定根原基形成的必要条件之一,但过高浓度的 CTK 对不定根的发生有强烈的抑制作用。脱落酸(ABA)对植物不定根形成的影响表现为与其他激素的协同或拮抗作用,ABA 与 GAs 通过抑制细胞的分裂和促进细胞伸长来调控不定根生长。高水平的 ABA 与 IAA 均能促进不定根原基的形成,但 ABA 的诱导效应弱于 IAA。乙烯(ETH)对不定根的形成具有促进作用,其在水稻、玉米等植物上具有相同效果,主要是在诱导期和起始晚期起作用。

3)外源因子的诱导

光照是影响和调控植物生根的因素之一,对于不同植物来说,促进其生根的最适宜的光照时长、光质、波长、强度等也有差异。光照和水分均是烟草不定根形成的重要条件,烟株茎部处于黑暗环境可诱导不定根的发生,水分则与不定根的生长发育和活性保持有关。不同光质比例对烟草组培苗的根系数量、根系长度等都有不同的影响。光质对不定根形成的调控作用可能是通过影响不同生长素的运输与分布来实现的。无机盐和金属离子均对不定根的产生和生长有较大影响,其对植物不定根产生的作用因浓度而异。研究表明,低磷处理下烟草不定根形成的数量和根重都显著高于高磷处理,缺硼会导致生长素积累而抑制根系生长。培土层的营养条件密切影响着烟草不定根的形成,不同氮肥形态对烟草不定根形成的影响有明显差异,其中铵态氮最有利于烟草不定根的形成,且活性最高。良好的栽培技术对烟草不定根系的形成、根系活力的提升等均有显著的影响。培土措施是影响不定根形成的重要因素之一,高培土、深栽烟,分层、分次施肥等均可增加具有较强吸收活性的不定根数量,从而提升烟株对营养元素的吸收效率。培土处理有利于促进烟株不定根的产生,同时能在一定程度上增加烟叶的光合速率和改善烟叶的光合性能。培土措施对烟株的影响主要表现在培土时间、深度和次数等方面,一定苗龄下培土时间越早,则越有利于不定根的诱导。烟株不定根的形成随茎部位的升高而减弱。另外,栽培过程中对烟株进行损伤处理对不定根的生长和根系活力有明显促进作用。

（七）根系分泌物

植物根系是植物与土壤环境进行物质与能量交换的主要场所。在植物生长过程中,根系创造了一个能够促进自身生长发育的适宜的根际环境条件,是植物正常生长的重要保障之一。植物根系吸收土壤中的水分和养分,同时不断向土壤释放质子、无机离子和各种复杂有机物质,这些物质以及根表组织脱落物统称为根系分泌物。向根际环境分泌化合物的能力是植物根系新陈代谢的一个重要特点,5%~21% 的光合作用固定的碳通过根系分泌的方式外排到根际环境。大量有机物进入土壤,使得植物根系与根际环境之间存在着大量的物理、化学和生物等形式的相互作用,包括根与根、根系与微生物、根系与植物线虫等之间的相互作用。根系分泌物中的某些有机化合物能够显著抑制植物的正常生长,是植物化感自毒作用的重要来源。

1.根系分泌物的种类

广义的根系分泌物是指根系在生长过程中释放到介质中的全部有机物质,而狭义的根系分泌物仅指根系通过溢泌作用进入土壤中的可溶性有机物。根系分泌物常被分为2种不同分子量的化合物：低分子量化合物，包括氨基酸、有机酸、糖类、酚类和一些次生代谢物质等；高分子量化合物，包括多糖、蛋白质等。根据目前的鉴定结果，根系分泌物有糖类、酶类、氨基酸类、有机酸类、酚酸类、甾醇类、核苷酸、黄酮类、生长因子和其他成分。

2. 根系分泌物对植物根际有机体的作用

任何植物的根际环境都取决于植物根系对当地环境的适应性，每一种植物都有其独特的根际环境，植物的生长发育或土壤中有机体的活动都会影响植物的根际环境。当植物遭遇突发性的变故时，根系典型的反应就是分泌小分子化合物或蛋白质等物质，植物以这些分泌物质作为信号与外界进行沟通。通过分泌不同种类和数量的化合物，植物根系可以调节邻近区域的微生物群落，具有抵抗植物线虫、促进互利共生、改变土壤理化性质、抑制竞争植物生长的作用。

3. 根系分泌物在植物之间的作用

当植物遇到病虫害时，受害植物根系分泌物可以诱导周围植物做出防御反应，促使周围植物减少对病原体的易感性，或者释放挥发性物质以吸引害虫的天敌。研究表明，油菜混植能形成不同抗性基因群体，有效抑制了田间病原菌生理小种的突变和群体抗性丧失，减少了病虫害的发生，从而明显改善了油菜群体植株的农艺性状，并提高了油菜的经济产量。大蒜、蚕豆和玉米的根系分泌物对小麦全蚀病菌具有一定的抑制作用，尤其是大蒜根系分泌物的抑菌作用最为明显。在不同类型植物互作中，两种植物吸收同一种营养物质，如果有一种植物的根系分泌物对土壤中的营养元素活化能力强，另外一种作物就可能会更多地吸收利用该营养元素。

4. 根系分泌物对土壤理化性质的影响

酚酸类物质是烟草根系分泌物的主要成分。植烟土壤酚酸类物质积累量显著高于不植烟土壤，其中，羟基苯甲酸、阿魏酸、香草酸等强化感自毒物质较不植烟土壤成倍增长。对叔丁基苯甲酸、对羟基苯甲酸等酚酸类物质能显著抑制土壤中氮循环，并降低土壤中碱解氮、速效磷、速效钾以及有机质含量，从而对植物生长产生消极影响。将豌豆和小麦种植在不同类型土壤中发现，其根系分泌物中的低分子量有机酸能够通过自身有机阴离子的释放、络合反应、配位交换以及还原作用提高土壤黏粒表面吸附能力，在一定程度上促进土壤中难溶养分的溶解和移动，提高根系养分吸收效率。另外，根系分泌物中的胶黏组分能够通过调节土壤微粒团聚体的稳定性、大小以及分布，改变土壤物理特性。

5. 根系分泌物对土壤微生物的影响

土壤中聚集了大量微生物，植物根系分泌物和土壤微生物之间相互作用，其中根系分泌物中的次生代谢物质能显著影响土壤中微生物的种类和数量，对根际土壤肥力、植物生长发育尤其是病虫害发生具有重要影响。植物根系分泌物中的有机物质主要包括碳水化合物、氨基酸、黄酮类化合物等，碳水化合物和氨基酸为土壤微生物提供碳源和氮源,是土壤微生物存在的物质保障,能够促进土壤中微生物的生长繁殖。烟草根系分泌物与土壤微生物关系密切,烟草根系分泌物中的苯甲酸和 3-苯丙酸能同时促进土壤中病原菌和拮抗菌的生长繁殖,但对病原菌的促进作用显著优于拮抗菌,是造成烟草长期连作青枯病严重的重要诱因。苹果酸、乳酸、富马酸等酚酸类物质在不同浓度条件下对烟草黑胫病病菌的作用差异较大,主要表现为低促高抑。烟草根系分泌物中的某些低分子有机酸如肉桂酸、苯甲酸等能够通过降低土壤 pH 值促进真菌的生长和繁殖,起到调节土壤真菌群体结构的作用,并间接影响土壤理化特性。其中,烟草根际土壤中的解磷细菌与真菌呈显著负相关关系,对土壤磷素含量有显著影响。烟草连作条件下,土壤中微生物的种类和数量都有一定程度的变化,其中细菌数量随连作年限增加而减少,而固氮菌和放线菌则呈增大趋势。但土壤微生物群落结构是一个复杂群体,其微生物种类、数量以及相互间的作用关系受多种因素调节,单根据根系分泌物不能完整解释其动态变化过程,需要结合土壤养分、水分及微生物间互作关系来进一步研究。

6.根系分泌物对土壤酶活性的影响

土壤酶是土壤中重要的有机成分,是土壤肥力状况、生态环境质量以及土壤能量代谢水平的主要指标。土壤酶主要来源于土壤微生物分解,植物根系分泌物、植物残体以及土壤动物区系分解。根际环境中,根系分泌物介导下的植物与根际微生物相互作用,对土壤肥力和植物生长发育产生影响。其中,植物根系直接分泌的淀粉酶、磷酸酶以及核酸酶等对土壤微生物种类和数量都有一定作用,根系分泌物中的有机酸也能间接影响相关土壤酶活性。低浓度条件下,烟草根系分泌物中的肉豆蔻酸、月桂酸和苯甲酸能显著提高土壤蔗糖酶活性,但促进作用随浓度升高逐渐降低并出现抑制性;土壤脲酶活性随棕榈酸浓度增加逐渐降低;过氧化氢酶活性随肉桂酸、棕榈酸、肉豆蔻酸和邻苯二甲酸浓度的增加逐渐减小;肉豆蔻酸能提高土壤碱性磷酸酶活性,苯甲酸则抑制其活性。土壤酶活性与土壤肥力关系密切,土壤蔗糖酶可以增加土壤中易溶性物质的含量,从而促进有机质的转化和土壤呼吸强度;土壤脲酶是土壤供氮能力的重要指标;过氧化氢酶作为土壤主要氧化还原酶类,能显著影响土壤有机质氧化和腐殖质的形成过程;土壤磷酸酶则是影响土壤有机磷分解转化及其生物有效性的主要酶类。

7.根系分泌物的化感作用

植物新陈代谢的显著特征就是其在生长过程中可以通过根系的不同部位向环境中分泌或溢泌大量的化合物,这些化合物是一种复杂的非均一体系,统称为根系分泌物。据估计,植物光合作用固定的碳有高达 40%(或者更多)以根系分泌物的形式被转移到根际土壤中。根系分泌物成分众多,数量各异。广义的根系分泌物可以分为四种类型:①分泌物,根部细胞主动释放的一些具有一定生理功能的有机物质,对营养元素迁移、植物解毒、信号传递、抵御胁迫等起重要作用;②渗出物,根部细胞以被动形式渗出的低分子量化合物,如糖类;③裂解物质,成熟的根段表皮细胞分解产物及脱落的根冠细胞、细胞碎片和根毛等;④黏胶质,根冠细胞、没有形成次生壁的表皮细胞和根毛分泌的黏胶状物质。根系分泌物的种类预计在 2000 种以上,为了研究方便,一些学者按照根系分泌物组分的分子量将根系分泌物分为两类：①低分子量根系分泌物（分子量 <1000 Da），主要包括有机酸、酚酸、氨基酸、多肽、可溶性糖、可溶性蛋白、植物激素、维生素，以及 HO^-、H^+、Na^+ 等离子；②高分子量根系分泌物（分子量 >1000 Da），主要包括黏胶物质、黏液、边缘细胞、根冠细胞、未形成细胞壁的表皮细胞、聚多糖、多糖醛酸、胞外酶等。狭义的根系分泌物主要包括植物通过溢泌作用释放到土壤中的低分子可溶性物质，这部分物质也是目前根系分泌物作用和功能研究主要关注的对象。

根系分泌现象是根系的一种正常的、积极的生理现象，是根系固有的生理功能，是植物长期适应外界环境而形成的一种适应机制。从代谢角度考虑，根系分泌物的产生主要有两条途径，即植物的代谢途径和非代谢途径。代谢途径又可分为基础代谢和次生代谢，基础代谢是指植物遇到环境胁迫时，根系主动或者被动释放多种化学物质，以维持正常的生长发育。如缺磷时，植物根系通过大量分泌有机酸、质子、酸性磷酸酶活化土壤中的难溶性磷，改善土壤有效磷水平，维持植物体正常的生命活动；缺铁时，根系可以通过分泌对 Fe^{3+} 具有极强络合能力的铁载体来提高根系对铁的吸收。在金属污染物胁迫下，某些植物的根系分泌物能螯合土壤中的重金属，降低重金属的有效性，减少植物对有害金属的吸收；在铝胁迫下，小麦可以分泌大量的苹果酸和柠檬酸来螯合铝离子，以降低铝对植物根系的毒害作用；肉桂也可增加柠檬酸的分泌来降低铝毒。次生代谢产物不参与植物生长繁殖，但是可以提高植物对不良环境的适应能力。例如，植物次生代谢产物中的化感物质（如肉桂酸、香草醛、对羟基苯甲酸等）对周围植物有抑制作用，甚至造成自毒作用。非代谢途径产生的根系分泌物是不受植物代谢调控释放的分泌物，主要有细胞间隙的渗透物、根细胞的分解产物和细胞释放的内含物。

植物根系分泌物的组成和含量受植物自身条件的影响，也与周围的环境条件密切相关。物种差异、生育期、土壤的营养元素水平、根际微生物等都影响着根系分泌物的组成和含量。根系分泌是化感自毒物质进入土壤的主要途径之一，根的顶端区域是植物分泌化感物质的主要部位。多数研究表明，根系分泌的化感物质能够在土壤中积累并且对下季作物产生有害影响，是引起土传病害而导致连作障碍的重要因素。凡是容易引起自毒作用的作物一般也容易引起土传病害。烟草根系分泌物中的化感自毒物质肉桂酸、肉豆蔻酸、富马酸加快了烟草枯萎病的发生进程。根系分泌的自毒物质还可以与病原菌协同作用，加快病害发生进程。病原菌的大量生长繁殖和侵染是病原菌与其他微生物相互作用的结果。根系分泌物也可以通过影响根际微生物的群落组成而影响病原菌对植物的侵染以及病害发生。

植物根际环境中的微生物菌群与病原菌之间存在着强烈的资源竞争，根际环境中的微生物多样性越高，植物对病原菌侵染的抵抗性越强。根系分泌物也可以通过调控微生物群落来间接抵御外界非生物因素和包括病原菌侵染在内的生物因素的压力。根系分泌物可以吸引更多的有益微生物，影响根际微生物菌群的组装，从而增强植物对环境的适应能力。相反，也有研究发现，在发病土壤中，并不是根系分泌物的化感作用导致植物发病，而是因为根系分泌物减少了植物促生细菌和菌根真菌等有益微生物，从而增加了病原真菌的积累，导致植物发病。

根系分泌物可以通过其本身的直接作用调节病原菌的生长。植物明显的代谢特点是其在生长过程中可以通过根系的不同部位向环境中分泌或溢泌大量的有机酸、氨基酸、糖类、CO_2 等多种代谢产物,从而在植物根系周围形成物理、化学和生物性质不同于土体的独特区域。这一独特区域对根际微生物而言,相当于一个天然的选择性培养基。在同一种作物连续种植条件下,如果作物的某特定根系分泌物满足了病原菌的"嗜好",则病原菌大量繁殖并逐年积累,减少了其他微生物菌群的生态位,使病原菌和其他微生物之间形成此长彼消的状态,打破了微生物之间的平衡,从而加重土传病害。

化学趋向性是某些病原菌对寄主植物信号进行感应,并侵染植物、加速在侵染部位定植的一种重要方式,而且这种化学趋向性会改变微生态环境,使菌体大量繁殖。植物可以通过分泌化感物质、抗真菌活性蛋白、植物抗毒素、信号阻断物等物质影响病原菌的生长或干扰病原菌正常的生理功能。根系分泌物能够抑制病原菌的一个重要原因就是根系分泌物中的化感物质(比如有机酸,特别是酚酸类物质)对病原菌的直接杀灭作用。

有机酸是植物根系分泌的一种重要的有机物质,是植物新陈代谢(三羧酸循环等)过程中的重要中间产物。植物根系分泌的有机酸主要有草酸、苹果酸、延胡索酸、柠檬酸、乙酸、乳酸、异柠檬酸、琥珀酸、乌头酸等。一方面,这些有机酸可以活化根际中的营养元素,增加营养元素的有效性,螯合游离的铝离子,以降低铝对植物的毒害作用;另一方面,这些有机酸以及以酸的形式出现的黏胶物质携带的羧基等酸性基团所释放的 H^+ 还会使土壤酸化。土壤 pH 值对土壤微生物群落结构影响很大。有研究表明,酸化土壤中,细菌多样性下降,真菌增多,促使土传病原菌大量增殖,进而加剧病虫害发生;土壤 pH 值每降低 1 个单位,发病率增加 14～18 个百分点。烟草根系分泌物中的草酸主要是通过其致酸性影响青枯雷尔氏菌和寄主之间的互作,加重了烟草青枯病的发生。总的来说,根系分泌的有机酸不仅能直接使根际环境酸化,还能促使病原菌释放 H^+ 来间接使根际环境酸化,而根际土壤的酸化更有利于病原菌的生长繁殖,使有益菌锐减,打破了微生物群落的平衡,加剧土传病害发生;根系分泌物所引起的酸性还可以影响病原菌与寄主之间的互作,加重土传病害发生。在作物连作条件下,根系分泌物导致的土壤酸化进一步加剧,病原菌逐渐累积,有益菌逐步减少,微生物群落结构的失衡反过来进一步加剧土壤酸化,如此恶性循环,加重了土传病害的发生。

二、茎

(一)茎的形态

白肋烟的茎由顶芽不断分化而形成,是连接根系,支持叶、花、果实和种子,输送水分和养料,以及支撑地上部分的重要器官,也是烟株地上部与地下部进行物质交流和信号传导的主要通道。

种子萌发后,胚芽便发育成为顶芽,当两片子叶出土时,在展开的子叶中间的顶芽,已有 1～2 片幼小的真叶和叶原基围绕着的一个很小的生长点。随着烟株不断生长,顶芽的体积不断增大,包括幼小叶片增加和顶芽生长点直径增大。随着顶芽的不断生长和分化,主茎也不断生长。

（二）茎的构造

白肋烟茎的横截面可以明显地分成表皮、皮层和中柱三部分。中柱明显而宽大，自外而内有中柱鞘、韧皮部、形成层、木质部、环髓韧皮部和髓等六个部分。除白肋烟的茎为乳白色外，其他烟草的茎通常为绿色，烟株衰老时才呈黄绿色。茎可分为节和节间，叶片都是着生在节上的，两节之间称为节间，通常采用节距来表示节间的长短。同一烟株上，节距的长短不一，茎基部的节距较短，中上部的节距较长，所以叶片在茎上的着生也有疏密之分。

茎的生长包括延长和加粗两个方面。延长生长主要是靠茎尖生长点以及节基分生组织细胞不断分裂、延长和分化而进行的，而加粗生长主要是茎内形成层细胞活动的结果。烟草的茎在整个生长期间的生长速度是不一致的，基本规律是初期慢、中期快、后期慢，直至停止。烟株茎的生长受环境条件和栽培技术的影响较大，一般情况下，肥水条件好，但光照弱，烟茎长得细长而不粗壮；当光照条件好，肥水条件适当时，烟茎长得较粗壮。

茎上的每一片叶的腋部多有腋芽发生，所有腋芽都可萌发成枝。一般在开花之前，每个叶腋都只有一个芽，称为腋芽或正腋芽；当烟株开花时，腋芽开始萌动，在腋芽基部靠近叶片的一边又会产生新的腋芽，称为副芽，副芽发生的数量是不定的。在同一烟株上，从下往上所长出的烟杈的叶片数是逐渐减少的，顶端形成的烟杈往往长 2~3 片叶即可现蕾开花。烟草茎秆不仅能发生腋芽和副芽，还可以产生不定根和不定芽，说明烟草的再生能力非常强。腋芽在花序除去（打顶）之前基本处于休眠状态。

（三）茎的生理机能

茎的生理机能主要是输送水分和养料，支撑烟株的枝、叶和果实。无论是有机养分和有机养分，都要通过茎的韧皮部和木质部进行运输。一般由根系吸收的水和矿质养分主要通过茎的木质部的导管向上部运输，而叶片光合作用的产物主要由茎内韧皮部的筛管运输到上部嫩叶、生长点或花果等代谢旺盛的部位，同时也向下运输到根部。由于物质运输的方向主要取决于烟株各部分生理代谢强度，因此一般生命活动比较活跃、代谢旺盛、呼吸强度大、生长较快、含亲水胶体多的部分总是优先获得水分和其他有机与无机养分，而烟株下部的叶片由于自身的衰老只能获得较少的有机养料，有时还必须向外运送养分，在烟株营养不良时，这种表现更为明显。

三、叶

（一）叶的形态

烟草是叶用经济作物，尽量收获数量多、质量好的烟叶是烟草生产的目的。因此，烟草栽培既要重视产量，更要重视质量，优质适产是烟叶生产的宗旨。

烟草叶片基本上可分为叶尖、叶缘、叶面、主脉、侧脉、叶基、侧翼和翼延。叶片的最顶端称为叶尖,分为急尖、渐尖或钝尖等形状。叶片的四周叫叶缘,分为全缘、波状或皱折状。叶基是指叶片的基部,它同样是主脉的基部。叶基下迅速变窄的部分称为侧翼,侧翼向下延伸到主茎上,几乎围绕着茎的部分称为翼延。叶片中间一条最粗的叶脉叫主脉,也称烟筋。主脉两侧分布有 9~12 对侧脉。主脉与侧脉之间形成的角度与叶片的形状有关,叶片形状受品种、生态条件和栽培技术的影响。根据叶片的长宽比及叶最宽处所在位置的不同,叶形可分成宽椭圆形、椭圆形、长椭圆形、宽卵圆形、卵圆形、长卵圆形、披针形、心脏形 8 种形状。不同烟草类型或品种叶片的大小不同,在同一烟株上不同部位着生的叶片,其大小也不一样。一般是下部叶片较小而薄,顶部叶片较小而厚,中部叶片厚度适中,叶片较大。白肋烟的叶片通常较大、较宽,叶面较平,叶缘波状,叶形多为宽椭圆形、椭圆形或长椭圆形,叶色浅绿或黄绿,烟筋较粗。

　　烟草叶片的分化是由顶芽或腋芽的顶端分生组织的细胞分裂产生的。在茎端,原始的细胞分裂造成了侧面的突起,形成叶原座。叶原座向上伸展,成为没有侧翼的锥状体,称为叶原基。叶原基通常出现在茎尖周围,按照叶序排列。随着叶原基高度(长度)和宽度的增加,远轴面比近轴面的生长更加活跃,使得近轴面近似扁平,而远轴面却隆起。当叶原基长度达到 500 μm 时,表面出现浓厚的茸毛,大部分细胞分化成基本组织,只有中央部分细胞保持着分生状态。当叶原基长到 1 mm 以上时,两侧开始向外突出成侧翼状,叶原基的中轴部分分化成中脉,同时原形成层开始分化出最早的初生韧皮部和初生木质部,这就是叶片的出现。当叶片长到长约 9 mm 时,叶片基部宽约 2 mm,呈半月形。具有侧翼的叶片上,第一级侧脉已完全形成。此时,叶片中的海绵组织细胞增长,气腔开始出现,分生组织已基本停止分裂。叶的表皮细胞停止分裂的时间最早,其次是海绵组织,最后是栅栏组织。叶片各部分的增长速度不同,停止生长的时期也不一致。叶片中部扩大最为显著,叶尖增长最少,因此叶片由叶原基的圆锥形变成扁平状,最后成为卵圆形或椭圆形,并大多数具有急尖叶尖,叶基部形成粗大的中脉,中脉自基部向上逐渐变细,叶基的两侧翼不十分发达,但许多品种侧翼下延环绕着茎。当叶长增加到 15 cm 时,海绵组织里的气腔仍在扩大,中脉里的次生构造也出现了,叶的构造基本形成。

(二)叶的构造

　　烟草叶片大而扁平,是具有上、下面之分的背腹构造,叶片的横切面可以分为表皮、叶肉、叶脉三个部分。

　　表皮从结构上又可以分为表皮细胞、气孔器和表皮毛三个部分。叶片的表皮分为上表皮和下表皮,均由单层细胞构成,但也存在一定差异。上表皮细胞较大,且波纹较浅,下表皮细胞波纹较深,因此看起来上表皮细胞比下表皮细胞规则。气孔是由两个半月形保卫细胞以凹面相所围成的空腔。叶片的上、下表皮细胞都有气孔,但下表皮的气孔数多于上表皮。保卫细胞的外壁、内壁和径向壁三面均加厚,这种加厚方式对调节气孔的开闭有利。气孔是叶片进行气体交换、水分蒸腾和养分吸收的重要通道。气孔有自动开闭的运动功能,因而对于蒸腾的调节和光合作用的进行均有很大影响。据报道,气孔在日出后随日照射量的增加而增大开度,到达高峰后就出现中午闭孔的现象。气孔的开张度和开张时间与叶龄及土壤湿度有关。土壤湿度合适时,上部叶片气孔开张度增大,时间也加长;土壤干燥时,上部叶的开张度显著减小,时间缩短,中下部叶片的变化相对较小。烟株上不同部位叶片的气孔数不同,中下部叶的气孔数较接近,上部叶的气孔则小而多,上部叶下表皮的气孔数比中下部叶几乎多一倍。烟草叶片的表皮毛比较发达,幼叶上茸毛密布,随着叶龄的增加,一部分茸毛脱落,但即使在老龄的脚叶上也还有茸毛存在。一般叶片在工艺成熟期,表皮毛大部分脱落。叶的表皮毛大都是多细胞的,根据形状和功能可分成保护毛和腺毛,其中以腺毛占多数,腺毛是由表皮细胞外壁分化而成的凸起物。保护毛对叶片具有保护作用,没有分泌。腺毛是表皮毛的主要组成部分,有分泌作用。脚叶和老叶上的腺毛细胞中叶绿体退化消失,而细胞内及细胞壁外面常堆积有一种黄褐色的分泌物质,主要成分是挥发油和树脂。研究发现,烟叶的香气量与叶片表面单位面积上的腺毛数有直接关系,腺毛数量越多,叶片表面积累的腺毛分泌物的数量也越多,香气量越足。当然,其他因素如叶片细胞组织的坚实程度、某些有机物质和矿物质的含量、采收时叶片的成熟度、适宜的调制方法和发酵时间等也是影响烟叶香气量的因素。

叶肉分为栅栏组织和海绵组织两个部分。栅栏组织细胞内含有大量叶绿体,是光合作用的主要场所。叶绿体常靠细胞壁排成一层,便于充分摄取阳光。海绵组织细胞形状不规则,细胞间隙非常发达,常形成腔穴。海绵组织细胞中含有相当多的圆盘状叶绿体,直径较栅栏组织细胞内的叶绿体稍大,但数量较少。维管束周围的叶肉细胞是 1 ~ 2 层薄壁细胞,排列紧密,细胞内不含叶绿体。

叶片的表皮、叶肉是由叶脉支撑联结起来的。叶脉分为主脉、侧脉和支脉,侧脉从主脉基部发出,交互斜插入叶肉中,与其他支脉相互连接,形成水分、养分、同化产物等物质的运输网络。主脉和侧脉均突出于叶背,是具有少量叶绿体的薄壁细胞和木质化的支撑组织组成的。主脉按解剖结构可分成表皮、皮层和维管束三部分。

(三)叶的发生和生长

种子萌发后,子叶展开,之后陆续出现真叶。苗期叶片生长较慢,叶面积很小。进入大田期,还苗后叶片生长较快,叶面积也逐渐增大,大约每隔 2 ~ 3 天出现 1 片叶片,接近现蕾期,叶片出现的速度加快,在现蕾前 5 ~ 10 天,几乎同时出现 3 ~ 5 片叶片,这些叶片聚集在一起。这时顶端出现花序,之后叶数不再增加。叶片从分化发生到生长、成熟、衰老,可分为胚胎分化期、幼叶生长期、旺盛生长期、缓慢生长期、生理成熟期、工艺成熟期 6 个时期。

从叶原基形成至幼叶达到约 1 cm 长度的这段时期称为胚胎分化期,该时期的主要特点是细胞急剧分裂、分化形成各种组织,生长绝对量很小,叶表面茸毛密布。从叶长 1 cm 到叶长达到最终长度的 1/6 ~ 1/4 的这段时期为幼叶生长期,这个时期叶片内氮素含量增加,但叶绿素含量还未达到最大值,叶色较淡,叶片直立,生长缓慢,叶面积增长不大。叶片从幼叶长到叶长达到最终长度的 70% ~ 80% 的这段时期为旺盛生长期,这个时期叶片细胞快速膨大伸长,叶片生长旺盛,叶面积增加迅速。不同部位叶片进入旺盛生长期的叶龄不同,下部叶在叶龄 15 ~ 25 天,中部叶在叶龄 10 ~ 25 天,上部叶在叶龄 10 ~ 27 天,其生长量达到最高峰。这个时期叶片的氮素含量增加,叶绿素含量较高,叶片的光合能力增强,但这个时期并不是叶片干物质积累的最高时期,这主要是因为光合产物主要用于叶片的生长,此时叶片的含水量高,茎叶角度增大,呈斜立状。叶片经过旺盛生长期后,进入缓慢生长期,叶片大小已基本定型,随着叶肉细胞膨大伸长的减弱,叶片生长速度减慢,叶面积扩张变缓,烟叶的叶绿素含量趋于最高峰,叶片光合作用增强,干物质积累逐渐增多,叶片变厚、变重,叶片颜色深绿,茎叶角度加大,叶尖开始下垂。从叶片基本定型到叶重达到最大的这段时期为生理成熟期,这个时期由于叶片内干物质的积累大于消耗,叶片干物质积累量增加到最大。随后叶绿素加速分解,叶色开始褪绿变黄,叶片水分含量下降,茎叶角度进一步加大,叶尖继续下垂,叶片茸毛开始脱落。这个时期采收叶片可获得最大生物学产量,但叶片内的化学成分不够协调,烟叶质量尚未达到最佳。此时期叶绿体色素的变化可被看作叶片成熟进程中的生理状态指标。叶片由叶重最大的生理成熟期到叶片内化学物质最适宜的时期称为工艺成熟期。这个时期的叶片重量由于有机物质的分解和转化而减轻,叶片组织结构趋于疏松,含水量下降,叶片颜色进一步变黄,茸毛大量脱落。此时采收,叶片调制后颜色好,化学成分协调。叶片在烟茎上的排列方式大都是互生、螺旋形排列,但旋转方式有所不同,有的是左旋,有的是右旋。

(四)叶的生理功能

叶的生理功能主要是光合作用、蒸腾作用和营养吸收。叶绿体是绿色植物进行光合作用的主要细胞器官,烟株各部位中只要含有叶绿体,都能进行光合作用,但叶片的光合功能最强,叶片中 90% 左右的干物质都直接或间接来自光合作用。叶片光合作用的强弱一般用光合强度来表示,即每平方分米叶面积在 1 小时内同化二氧化碳的毫克数。光合速率的大小受遗传因素、生态环境、栽培技术、营养条件等因素的影响。同一烟株不同部位叶片的光补偿点表现为上部叶最高,中部叶次之,下部叶最低;下部叶的光饱和点下降最早、最多,中部叶次之,上部叶的光饱和点在成熟期才下降,下降幅度也最小。

烟株地上部分水分的散失主要是通过叶片的蒸腾作用。叶片的蒸腾作用不但可以降低叶片的温度,避免热害,也是促进烟株根系吸水和烟株体内水分循环的主要动力,水分的循环也就保证了溶解于水的矿质营养和有机营养物质的运输和分配。反映蒸腾作用的指标一般有蒸腾速度或蒸腾强度、蒸腾效率和蒸腾系数,其中常用的为蒸腾速度或蒸腾强度,即每小时每平方米叶面积蒸腾散失水分的克数。不同品种烟叶的蒸腾强度不同,一般气孔数多的品种蒸腾强度大。上部叶片蒸腾作用强,主要是因为上部叶片叶脉致密,细胞较小,单位面积上的气孔数多。此外,上部叶片的同化能力强,亲水胶体含量多,所以长时间缺水时,上部叶常从下部叶夺取水分和养分而使下部叶枯黄。烟叶蒸腾作用强,可促进烟株对水分和无机盐类的吸收和转运,但耗水多。

叶片表皮细胞的角质层薄,有较多气孔,而且表面积较大,能够很好地吸收利用喷施在叶片表面的有机和无机养分。幼苗叶片吸收的糖分在几小时内即分布全株,可促进根的生长。叶片对磷的吸收率相当高,养分的叶面吸收也是烟草吸收营养元素的一种有效途径。叶面施肥可快速弥补根系吸收的不足,提高烟叶的产量和质量,特别是在土壤中有效态很低的元素,如磷、铁、锰、铜、锌等,叶面施用效果较好,可及时补充所需养分。叶面施肥与土壤施肥相比较,具有见效快、有效性高、用量少的特点。

（五）烟叶的品质要素及其影响因子

烟草是叶用经济作物,为卷烟工业提供原料。烟叶品质的好坏直接影响卷烟产品质量,其商品价值由许多品质因素构成。

1.部位

叶片的着生部位以及叶片在田间的伸长方向对叶片的各项品质因素有较大影响。根据叶片在茎上着生的部位,自下而上可分为脚叶、下二棚叶、腰叶、上二棚叶和顶叶。叶片由下向上逐渐变窄,最下部的叶片较宽,最上部的叶片较窄,上部叶片面积最小;自下至上,叶片厚度逐步增加,油分增多,叶片组织结构由疏松变得紧密。不同类型的烟草在工业配方上的作用不同,其不同部位叶片的质量差异较大,一般情况下中部叶(腰叶)质量最好,上二棚叶和下二棚叶质量次之,顶叶质量又次之,脚叶质量最差。

2.含梗率

主脉在叶片中所占的比例一般用含梗率来表示。叶片的含梗率影响着叶片的使用价值,含梗率越高,叶片使用价值越低。烟草叶肉和叶脉的干重比约为 2∶1,中脉平均占叶重的 23.35%,占总脉重的 70.45%;侧脉占总叶重的 6.1%,占总脉重的 18.4%。白肋烟叶片的含梗率一般在 25%~35%,平均在 30% 左右。

3.单叶重与比叶重

单叶重和比叶重是烟叶产量的构成因素之一,也是烟叶品质要素的重要指标。不同品种、不同生态环境、不同部位和不同栽培措施均影响烟叶的单叶重和比叶重。白肋烟中下部叶始熟、上部叶适熟时单叶重、比叶重较高。各部位叶片过熟时单叶重、比叶重较低。同一烟株不同部位叶片的单叶重和比叶重是不同的,白肋烟单叶重一般表现为上二棚叶较重,腰叶居中,脚叶最轻;比叶重则是顶叶 > 腰叶 > 脚叶,其原因是脚叶的光照条件最差,干物质积累受到影响,比叶重小,调制后品质较差,腰叶的比叶重适中,调制后品质较好。上部叶的光照条件好,打顶还会使上部叶片增厚,因此采用打顶技术生产的烟草类型上部叶的比叶重最大。由于白肋烟烟叶的调制通常采用晾制的方法,并且晾制期较长,叶片内营养物质消耗较多,加之其叶片细胞组织结构疏松,因此其比叶重比烤烟小。

4.叶片厚度与腺毛密度

叶片厚度是影响烟叶品质的要素之一。一般情况下,同一烟株不同部位叶片的厚度表现为上部叶 > 中部叶 > 下部叶。但叶片的厚度与品质、气候条件和栽培措施有密切的关系。在生态环境因素对叶片厚度的影响方面,土壤 pH 值的影响最大,它与叶片厚度呈极显著负相关,其次是海拔高度,其与叶片厚度呈正相关。烟叶总表皮毛中腺毛占多数,腺毛分泌物占烟叶鲜重的 0.5%~10%,是烷烃、萜醇、脂肪醇、树脂、高级脂肪酸及挥发性酮、醛、酸等组成的混合物,对烟叶的香吃味具有显著的贡献。烟叶接近成熟时,表面有一层主要由腺毛分泌的挥发油和树脂等组成的黏性胶质。这些分泌物在调制和发酵过程中逐渐变化并丧失黏性。叶片表面黏性物质较多的品种,香气及其他品质一般都较好。

四、花

烟草从营养生长转向生殖生长,首先是茎的生长点分化的转变。在营养生长时期,茎顶端的生长点不断分化形成新的叶原基,当烟草转向生殖生长后,茎顶端的生长点停止分化为叶原基,转而分化为生殖器官,茎顶端的生长点由营养生长阶段的平面体逐步转变为略平的圆锥体,随后变成高的圆锥体,最后形成宝塔形,周围环抱着幼叶,顶芽变得饱满起来,叶片数不再增加。此时生长点分化的小突起就是第一朵顶花和顶生花枝原基。其次是分枝方式的转变,营养生长时茎按单轴方式分枝,到生殖生长时则按合轴方式分枝,茎顶端的生长点分化成花,顶花下方的腋芽及副芽形成花枝。只有当全部叶片伸展开,茎顶端的花芽才发育成花蕾,这时烟草生殖生长阶段的特征才表现出来,此时也是初蕾期。

烟草的花序比较复杂。从花的着生方式和形态看,烟草花序是顶生圆锥花序,但从开花的顺序看,又有聚伞花序的特点,因此烟草花序被认为是无限花序和有限花序混生的圆锥状聚伞花序。因烟草类型和品种的不同,烟草花序又分为单歧聚伞花序、二歧聚伞花序、三歧聚伞花序,或单歧、二歧、三歧复合聚伞花序。

整个花期可以分成现蕾、含蕾、始开、盛开、凋谢五个时期。烟株开花首先是主茎顶端第一朵最先开放,也称中心花开,中心花开后 2～3 天,花枝上的花陆续开放,整个花序的开花顺序是先上后下,先中央后边缘。

第二节　优质白肋烟育苗技术

一、漂浮育苗

漂浮育苗是将种子播种在装有基质的育苗盘内,育苗盘漂浮在育苗池营养液表面,完成整个育苗过程的一种无土育苗方法。其原理是用基质代替土壤固定烟苗根系,摆脱土壤束缚和土传病害危害,通过毛细管作用使营养液渗透到基质内,提供烟苗生长所需的全部养分和水分。漂浮育苗是目前世界上比较先进的育苗技术,它是一项集无土栽培、营养液栽培、营养土栽培、容器栽培、无毒保健栽培等优势于一体的规模化、工厂化育苗新技术,在集约化管理、生产效率和培育烟苗素质方面,具有常规育苗无法比拟的管理与技术优势,它的成功研究是烟草育苗史上一项重大变革,在烟草、蔬菜、花卉、苗木等种苗生产上得到了广泛应用。目前,漂浮育苗的主要方式有直播漂浮式育苗、砂培漂浮育苗、湿润托盘育苗、浅水育苗、空气整根育苗等。

（一）漂浮育苗的发展历史

漂浮育苗是由美国 Speeding 公司于 20 世纪 80 年代推出的,该公司是一家生产蔬菜等作物移栽苗的公司。1986 年,该公司把漂浮育苗应用于烤烟生产,随后漂浮育苗逐渐成为美国最常用的烟苗生产方法。随着漂浮育苗技术的应用,日本、巴西、加拿大、中国、津巴布韦等国也先后对该技术开展了试验、示范和推广工作,使该技术迅速在全球范围内推广开来。我国湖北省和云南省于 20 世纪 90 年代中期开始引进并研究此项技术。2000 年国家烟草专卖局立项,由中国烟叶公司主持,组织了国家烟草栽培生理生化研究基地、中国烟草总公司青州烟草研究所等 10 多家科研单位和烟草公司,共同研发推广这项技术。目前我国已经是世界上漂浮育苗技术推广面积最大的国家。

（二）漂浮育苗技术的主要优点

漂浮育苗是我国 20 世纪 90 年代推广的一项新技术,代表了烟草育苗技术的发展方向。该技术可监测与调控育苗全过程,有利于实现育苗技术规范化和成苗质量标准化。与传统育苗方法相比,漂浮育苗的优点主要体现在以下几个方面:

(1)漂浮育苗摆脱了土壤介质,减少了土传病害的发生。漂浮育苗是无土育苗,无土基质、营养液、烟种、育苗地和育苗棚等使用前均经过严格消毒,育苗场所通过塑料大棚与外界隔绝,可有效抑制和阻止病菌、害虫、杂草、外界有害生物的传入与危害。漂浮育苗作为一种保健育苗方式,与常规有土育苗相比较,对于培育优质烟苗、降低土传和虫传病害,如青枯病、黑胫病、线虫病、普通花叶病等起到了至关重要的作用。

(2)漂浮育苗苗期短,幼苗生长整齐,根系发达,壮苗率高。种子包衣丸化技术、育苗棚温湿度调控技术与控苗技术等,使烟苗从发芽到移栽的生长发育条件趋于相同,烟苗长势均匀一致,提高了烟苗的整齐度;有效解决了育苗期间低温时间长、昼夜温差大、烟苗生长缓慢、影响适期移栽等问题,促使烟苗早生快发,减少早花现象。烟苗生长快,有效节约育苗时间 10 ~ 20 d;根系发达,烟苗健壮率达 90% 以上,移栽后缓苗期短,成活率高,抗病抗逆性强。

(3)大田移栽适应力强,长势整齐,烟叶产量、质量好。漂浮育苗烟苗移栽,大田环境适应力强,成活率高,返青生长较快。漂浮育苗利于千亩以上连片种植区烟苗集中移栽,移栽时间短,大田烟株生长整齐,可降低因移栽时间长造成烟株生长不整齐而产生的烟叶质量差异,烟叶产量和质量比常规育苗有明显提高。研究表明,漂浮苗大田移栽后生长快,发育早,移栽后 25 ~ 30 d 可达团棵期,茎围、最大叶面积等农艺性状优于常规烟苗,烟叶产量比常规苗提高 5.7%,上等烟比例较常规苗高 11%,产量和产值差异均达到极显著水平。

(4)漂浮育苗操作管理方便,有效降低了育苗成本。集约化、商品化漂浮育苗模式,有利于提高人为控制能力,减少苗期寒潮、干旱、病害等不利因素的影响;有利于实现育苗技术规范化、质量标准化、管理专业化的统一集中管理;有利于实现现代烟草农业"漂浮育苗工厂化"目标。随着播种密度、烟苗抗性、播种机和剪叶机等配套设施的增加,用种量、农药和肥料使用量、育苗和移栽用工量等育苗成本得到较大幅度降低。据统计,漂浮育苗与常规育苗对比,每公顷可降低成本 427.5 元。

（三）漂浮育苗主要实现方式

1.直播漂浮式育苗

直播漂浮育苗技术是当前全国各产烟区大力推广的烟草生产技术之一,也是当今集约化育苗的主要方式。与传统育苗方法相比,它具有环境可控、长势均匀、苗壮少病等优势,但在生产上也存在还苗期长、前期生长缓慢、育苗成本较高等缺陷。直播漂浮式育苗的突出特点是避免了外界环境变化对育苗过程产生的影响,有利于实现育苗技术和质量标准化,节约育苗时间。

2.砂培漂浮育苗

砂培漂浮育苗基质主要为山砂或河砂,育出的烟苗根系比传统基质漂浮育苗发达,且其生物学性状、大田农艺性状、产量差异不显著,故以砂体代替传统基质是可行的,且应用前景良好。草炭是烟草漂浮育苗基质生产中不可缺少的主要原料,但草炭作为不可再生资源,其储量有限。在烟苗基质可替代材料中,砂成为无土栽培中应用最早的一种基质材料,具有电导率低、化学稳定性好、物理结构可通过搭配不同粒径的砂粒进行控制等特点,且砂体取材广泛,价格低廉,是十分理想的介质材料。

3.湿润托盘育苗

湿润托盘育苗是在漂浮育苗的基础上实现的,它与漂浮育苗的根本区别在于,湿润托盘育苗的托盘不是漂浮在营养液上,而是放在土表或支架上,基质温度不受营养液温度的影响。湿润托盘育苗技术的最大特点是托盘悬空放置,能使盘底与空气接触。较传统漂浮育苗而言,湿润托盘育苗有提早出苗时间、成苗率高、单株苗干重大、根冠比大、育苗成本大大降低等好处。"二段式"湿润育苗烟苗叶片数、茎围、茎高、根长、鲜（干）重均高于"一段式"湿润育苗,烟农的育苗用工大大减少,而且解决了"一段式"湿润育苗出苗期单纯采用浇施水分而导致的基质易板结、出苗率低、生长不整齐等问题。

4.浅水育苗

托盘灌水深度为 1/2 盘高,使托盘育苗无土化,解决了托盘育苗用工量大的问题,有利于烟草育苗的集约化、工厂化。塑料托盘浅水育苗与营养钵假植育苗对烟叶农艺性状和产量的影响较小,但产量较漂浮育苗优显著增加。塑料托盘浅水育苗具有基质洁净、病虫害传播危害小、成本较低等优点。浅水育苗的根鲜重和根干重显著优于常规漂浮育苗,且较浅的水层能促进根系活力。托盘浅水育苗的一级侧根、地下部分鲜重显著高于漂浮育苗,成苗时间比漂浮育苗提前 7～8 d,成苗茎粗壮,茎高略高于漂浮苗,有利于移栽及烟苗早生快发。浅水育苗出苗快,较漂浮育苗提前 6～7 d,烟苗茎干粗壮,叶面积大,一级侧根发达,与漂浮育苗的差异极显著,烟苗素质好,还苗时间短,较漂浮育苗提前 2 d,

实现节约用水,解决了山区水源缺乏的问题。但托盘浅水育苗营养液添加次数多,用工量大,其大面积推广应用受到限制。

（四）漂浮育苗基质

育苗基质是烟草漂浮育苗的基础,是决定烟苗根系生长环境的重要因素,它除了支持和固定植株外,更重要的作用是充当中转站,使来自营养液的养分和水分得以中转,促使种子萌发和烟苗正常生长。当前,在世界范围内,烟草漂浮育苗基质都是一次性使用的,移栽时随烟苗一同进入大田。随着漂浮育苗技术的快速发展和大面积推广应用,基质的需求量必将日益增大。然而,漂浮育苗基质的主要成分泥炭为不可再生资源,如果长期过度挖掘和使用,将造成湿地生态系统的破坏,进而阻碍烟草漂浮育苗推广应用乃至烟草集约化生产的可持续发展。

漂浮育苗基质为幼苗的生长提供稳定协调的水、肥、气的生长介质。基质必须具备四方面的功能:①供给水分;②供给养分;③保证根际的气体交换;④为烟苗提供支撑。在漂浮育苗中,基质组分颗粒的大小和分布对基质的适用性具有重要的影响,它决定了基质的通气性、持水性、排水性和毛细管比例,对幼苗根系生长和个体发育影响很大。基质的物理性质对基质的性能具有重要影响,反映基质物理性质的主要指标有容重、总孔隙度、通气空隙与持水空隙比、粒径大小及其比例等。基质的化学性质指影响基质 pH 值和养分含量的因子,包括基质的化学组成及稳定性、酸碱度、阳离子代换量、电导率、缓冲能力等。它们相互作用,共同影响基质的化学性质,但不是同时或同等的。

漂浮育苗基质成分中的主要成分为泥炭,并含有不同比例的蛭石和珍珠岩等。为了保证漂浮育苗的可持续发展,各国开始了漂浮育苗新基质的研究,通常结合本地的资源优势进行。时向东等研究表明,以一定比例的腐熟麦糠来部分代替草炭也是适宜的。韦建玉等研究表明,采用腐熟的甘蔗渣与膨化珍珠岩、煤渣粉（过 3 mm 孔径筛）按 65：25：10 的比例来配制烟草漂浮育苗基质,能较好地出苗、生长和成苗。吴涛等验证了用褐煤、秸秆等原料替代基质中草炭的可行性,秸秆比例 < 50% 及褐煤比例 >10% 的替代处理基本可以作为烟草漂浮育苗基质。布云虹等用砂替代漂浮育苗基质进行系统研究,开发出以砂体作为介质的烟草漂浮育苗新基质,并且培育出健壮烟苗。恩施以玉米副产物为原料配制育苗基质,大理以多种农作物篙秆和当地的恶性杂草为主料,适当配以粉碎的云母为基质等也取得了一定的育苗效果。目前,漂浮育苗基质材料已扩展到腐熟麦糠、碳化谷壳、甘蔗渣、玉米秸秆、花生糠、杂草、煤渣、粉碎的云母等物质,大大拓展了漂浮育苗基质的发展空间,为漂浮育苗技术的可持续发展提供了物质和技术上的支持。

（五）漂浮育苗营养液

营养液是烟苗生长所需养分和水分的唯一来源。营养液中的营养元素种类、形态、组成、含量等,直接决定漂浮育苗烟苗素质。目前,国外漂浮育苗常用的营养液浓度为 200 mg/ kg（氮为基数）,氮、磷、钾的比例为 2：1：2。国内营养液浓度一般为 100 ~ 150 mg/kg,氮、磷、钾的比例常为 1：1：2 或 2：1：2。漂浮育苗专用肥以硝态氮肥为主(硝态氮比例不超过 70%),配加适当比例的铵态氮和适量微量元素。漂浮育苗营养液应禁用尿素,因为尿素在无土介质中可转化为亚硝酸盐等对烟苗有毒害作用的物质。营养液中的磷浓度以 100~150 mg/L 为宜。适量加磷的营养液,烟苗长势好,叶片中矿质元素含量丰富,叶绿素含量、NR 活性、根系活力均高于未加磷的营养液。施磷过多会导致移栽苗细弱,基质表面容易滋生藻类,施用过少(磷素含量 < 10 mg/kg)则烟苗茎秆发育明显受阻。关于钾素的供应,以浓度 50~100 mg/L 的 K_2O 营养液对烟苗的生长发育最为有利,能明显改善烟苗的植物学性状,增加叶绿素含量,提高根系活力和 NR 酶活性,增加叶片中矿质营养元素含量。在微量元素方面,营养液中加入浓度为 0.1~0.15 mg/L 的 Cu^{2+} 能明显抑制根系伸出浮盘底孔,增加侧根数量,有利于大田移栽后的成活和早生快发。

(六)漂浮育苗盘

育苗盘是烟苗生长的主要载体,不同规格的育苗盘对烟苗数量和质量的影响不同。目前,国内烤烟漂浮育苗主要采用 160 孔和 200 孔的育苗盘,部分地区采用 392 孔育苗盘进行两段式育苗。研究表明,育苗穴容积大小与烟苗的根系生长具有显著相关性,可以调节根系的物质积累量,影响烟苗的生长发育,还可以节约育苗基质使用量,减少育苗成本。育苗盘高度降低可以减少苗穴体积,减少基质使用量,达到降低育苗成本的目的。随着烤烟井窖式移栽技术在全国的大面积推广,许多产区选择不同规格的育苗盘培育适合井窖式移栽的烟苗。

(七)光热调控措施

烟草种子萌发需要适宜的温度,温度低时种子不能萌发,温度高时易烧种。烟苗的出苗时间和烟苗长势与育苗池温度有很大关系。育苗期间水温低于 8 ℃时,种子不会萌发;8 ℃以上随着温度降低,种子萌发时间延长。育苗期低温不仅会对烟苗造成不利影响,还会导致烟株早花以及烟叶产量和质量降低。25~28 ℃时,烟苗长势、出苗率、整齐度和生长速度较好。覆盖 + 酿热方式的保温效果好,有利于烟苗早生快发,烟苗长势较好。集中堆码催芽和暖风机集中加热措施并举,可以使烟苗提前出苗,缩短烟苗成苗时间,增强烟苗素质。增温处理可以提高种子萌发的昼夜温度,获得较高的有效积温,缩短烟苗的生育期,提高烟苗素质。经过防御低温育苗技术处理的烟苗移栽后烟叶淀粉酶、蔗糖酶和硝酸还原酶活性提高,烟叶化学成分协调,烟叶产量和质量提高。地温线加热措施可以提高棚内温度和基质温度,提高出苗率,缩短成苗期,提高烟苗素质。提高育苗池温度可以提高烟苗根系活力,促进养分的吸收,增强烟苗抗逆性,加快烟苗生长,缩短成苗时间,改善烟苗品质。

光照强度和光照时间与烟苗生长有着密切关系。在烟草育苗期,光照强度越强,种子出苗率越低,出苗速度越慢。在一定的时间内遮光程度与出苗率呈正相关关系,遮光时间过长影响烟苗的生长发育。光照过强对烟苗的纵向生长有抑制作用,特别在 2~4 片真叶期强光会导致烟苗生长缓慢;弱光下生长的烟苗保水能力较差,抵御干旱能力较弱,根系活力不强,烟苗易徒长而形成高脚苗。单色蓝光对烟苗的生长抑制作用较强,使叶片干鲜比增加,叶片厚度增加;红光对烟苗叶片的抑制作用较小,促使叶片变薄,叶色变淡,叶绿素含量降低。

(八)控苗技术

漂浮育苗控苗技术主要包括剪叶、剪根、炼苗3项。剪叶是指在漂浮育苗过程中,通过适时、适度剪去部分烟苗叶片,有效控制烟苗地上部分生长,协调根冠比,促进烟苗茎粗根茂,增强抗逆性和大田移栽适应性的一种控苗措施。剪叶是控制烟草幼苗生长的一种较好方式:①有效控制幼苗生长和移栽时间,调节烟苗生长,起到大苗等小苗的作用;②有利于促进光合产物在根茎的积累,促进烟苗茎秆粗壮、根系发达,使烟苗生长更整齐、健壮和有弹性,有利于实行机械化取苗;③在一定程度上预防早花。剪叶对烟苗生理生化特性也具有重要影响。剪叶3~5次,可提高根系活力,增加叶片叶绿素、矿质元素(K、Mg、Ca、Fe)、Vc及粗纤维的含量,增强 NR 酶、INV 酶、SOD 酶、PPO 抗性酶的活性,提高烟苗的抗性与韧性。剪叶次数超过6次以上,生理生化指标会呈现下降趋势。剪叶最适宜时间、位置、程度与频率,应遵循前促、中稳、后控原则。从第5片真叶出现时开始剪,每隔5~6 d 剪叶1次,剪3~4次效果较好。当播种后35 d 左右,即烟苗5~6片真叶、茎高约5 cm 时,在高出顶芽3~4 cm 的位置修剪大叶 1/3~1/2,使最大叶长小于10 cm,每周1次,剪叶3~4次效果较好。剪叶以剪最大叶面积的 1/3~1/2 为宜,剪叶面积小于 1/2 时,烟苗单株茎围较不剪叶的粗;剪叶面积大于 2/3 时,烟苗单株茎围比不剪叶的细。剪叶次数一般为北方2~3次、南方3~5次。剪叶次数过少,不利于促进烟苗根系发展、协调根冠比;剪叶次数过多,会影响烟苗茎秆高度,并容易传播病毒病等传染性病害。目前,随着小苗井窖式移栽技术的出现,烟苗移栽的标准发生了变化,相对应的烟苗剪叶也发生了变化。剪根是指播种50 d 左右,提取育苗盘,将伸出漂浮盘底部的根系剪掉。剪根的目的是抑制烟苗主根生长,促进侧根生长,增加根数和根重,降低根冠比,提高烟苗整体素质。在移栽前15 d,室外温度超过20 ℃,烟苗株高达到成苗标准时,将育苗盘从营养池中取出,架空、揭膜、断水、断肥,进行炼苗,以增强烟苗的抗逆性和大田移栽适应性。棚膜先昼揭夜盖,后全天揭开,下雨及时盖膜,防止雨水进入大棚。移栽前7 d,断水、断肥,以烟苗中午发生轻度萎蔫,早晚能恢复,茎上长出不定根为标准。炼苗时间控制在3~5 d。烟苗移栽时要保持基质湿润。

二、种子萌发

种子能否迅速萌发,达到早苗、全苗和壮苗,关系到植株的生长和产量、质量状况。种子的萌发过程是从吸胀开始的,在吸胀萌发过程中,种子在代谢、细胞原生质体结构和形态上都发生了一系列重大变化,这些变化过程进行得顺利与否,对种子能否正常萌发有着重要影响。

在低温下进行吸胀,会造成种子的损伤,以至于种子活力下降,影响到田间出苗率和幼苗的健壮生长,这种现象称为吸胀冷害。在我国大部分烟区,吸胀冷害是烟草种子播后萌发和成苗的重要障碍因子。烟草生产中,吸胀冷害导致的发芽迟、发芽率降低、出苗不整齐、移栽大田后发育缓慢乃至最终产量产值下降的现象在湖北烟叶主产区表现得尤为突出,这可能是由这些主产区海拔较高、烟草春季播种时土壤温度过低,加之阴雨连绵等环境和气候因素造成的。传统的浸种催芽措施一直没有解决这个问题。渗透调节(简称渗调)是提高种子活力的先进的种子处理技术之一,在抵御吸胀冷害、缩短种子萌发时间、提高幼苗整齐度、提高成苗素质、提高作物产量和品质方面表现出极显著的优越性。渗调处理的基本原理是:在渗调剂(又称"引发剂")形成的渗控条件下减低或基本消除种子内外水势差距,维持一个稳定的细胞外低水势环境,让种子能缓慢地吸水,以赢得充足的时间来完成其生物膜体系的修复(包括物理修复和生理生化修复两个过程),恢复种子干燥前所具备的完善结构与功能的膜系统。这样不仅有利于避免种子快速吸胀引起的膜伤害,还有利于萌发所需要的各种酶活性的发挥,从而能够维持种子萌发活力,提高种子在吸胀阶段抵御低温等逆境的能力。

湖北产区于2001—2007年开展了烟草种子渗透调节技术、机理及推广应用研究,通过研究不同渗调新措施对烟草种子抵御吸胀冷害能力的影响,从而实现高效渗调措施的初步确定。将经过不同渗调措施处理的烟草种子与普通烟草种子置于低温(0 ℃)和室温(25 ℃)下吸胀,然后进行发芽试验,结果发现,如果吸胀阶段遭受低温,普通烟草种子的萌发会受到严重抑制,而经PEG渗调处理(渗调过程中通入空气)的烟草种子仍会保持较高的发芽势和发芽率,这表明在遭受低温胁迫时PEG渗调能提高烟草种子活力,显著增强烟草种子抵御吸胀冷害的能力。在确定渗调措施的基础上,系统研究了不同的渗调溶液浓度、渗调时长对烟草种子的发芽率、发芽势、发芽指数、活力指数等发芽指标的影响,首次发现10% PEG浓度下辅以通入空气连续渗调2~4天,能够显著改善烟草种子各发芽指标并使各指标达到或接近最大值;研究了不同渗调时长对渗调过程中种子内含物的外渗、种子内储藏物水解酶(淀粉酶、蛋白酶和脂肪酶)和细胞保护酶(过氧化氢酶和过氧化物酶)酶活性影响的动态变化规律,发现渗调3天能显著提高种子内储藏物水解酶和细胞保护酶活性,并使酶活性总体上达到最大值水平,还能显著减小内含物的外渗;此外还首次发现10% PEG渗调处理有提早激活淀粉酶、脂肪酶和过氧化物酶达到最高活性水平的趋势,这是渗调技术提高种子活力、增强种子抵御吸胀冷害能力的重要机理之一。综合渗透调节对各考察指标的影响,推荐10% PEG浓度下辅以通入空气连续渗调3天为最佳渗调方法。研究了经渗调处理的烟草种子与普通烟草种子在室温下(25 ℃)和低温下(0 ℃)吸胀萌发过程中贮藏物水解酶、细胞保护酶的活性动态变化规律,发现在遭受低温胁迫时PEG渗调能够显著提高贮藏物水解酶和细胞保护酶的活性,并且在一定程度上能稳定各酶系在萌发阶段的活性水平,这也是渗调技术提高种子活力、增强种子抵御吸胀冷害能力的重要机理之一。各处理间的酶活性在萌发开始后差异会逐渐扩大,但经过7~8天,逐渐趋于稳定。将种子渗调技术与常规包衣技术结合,发现烟草种子经过渗调处理后再进行包衣,种子仍然会保持较高的萌发活力和抵御吸胀冷害的能力。渗调包衣种与普通包衣种的田间对比试验表明,经过PEG渗调包衣的种子出苗率可以提高9.9%~11.1%,幼苗生育期显著提早,成苗期可以提前7天,成苗素质显著加强,即达到"苗早苗齐苗壮";后期营养生长阶段的农艺性状也得到明显改善,旺长期平均叶数可增加 0.7～1.9 片。此外,通过大田示范发现,PEG 种子渗调技术对增强烟草抵抗气候性斑点病、烟草花叶病和赤星病等常见病害的发生有一定的促进作用。

烟草种子萌发的适宜温度为 20～25 ℃,在 10～30 ℃范围内,提高温度会促进幼苗生长。段凤云等研究表明,将裸种置于人工气候箱 28 ℃下催芽,当种子达到 70% 露白时取出并进行包衣,所得的催芽包衣种较常规包衣种子的发芽势和发芽率都有显著提高。在部分烟区,催芽包衣种子可提前出苗 5～7 d,苗期与大田期烟株的生长势和生长整齐度均优于常规包衣种子。陈胜利等研究表明,采用昼温 20 ℃、夜温 10 ℃的变湿和干湿锻炼处理烟草裸种,然后丸化的包衣种可有效地提高烟草种子活力,较普通包衣种子的发芽率提高 17.92%～18.81%,出苗率提高 11.56%～15.94%,出苗和成苗时间分别缩短 3～4 d 和 7～8 d,培育的烟苗根系发达,烟苗整齐度和壮苗率也显著提高。

柴家荣以 TN86 种子为材料,分析了白肋烟种子萌发特征及有关活性酶与相关物质的变化动态。结果表明,呼吸强度、淀粉酶、可溶性总糖、还原糖、蛋白酶与总游离氨基酸、脂肪酶与脂肪酸,以及过氧化物酶(POD)、多酚氧化酶(PPO)、可溶性蛋白质、脯氨酸(pro)、丙二醛(MDA)等的活性或含量都随萌发进程呈上升趋势,其间虽有所波动,但最高峰值大都在第 84～168 h,仅 POD 与 PPO 活性及 MDA 含量在萌发中期才开始明显上升,直至萌发结束才达到峰值。淀粉酶、蛋白酶、脂肪酶活性与各自催化水解的产物含量呈极显著正相关;而粗脂肪含量随萌发进程逐渐下降,与脂肪酸呈极显著负相关。萌发集中在 48～72 h,发芽势 90%,同步指数 0.92。萌发动态符合 Logistic 生长曲线方程。

为明确不同烟草类型、品种的氮素利用特点,并揭示造成氮素利用效率差异的原因,李亚飞等以不同氮效率烤烟品种红花大金元和白肋烟品种 TN86 为材料,采用苗期漂浮育苗培养法,研究了不同类型品种烟苗叶片的氮代谢关键酶活性、色素含量(质量分数)、氮素积累和生物量。结果显示,烤烟品种红花大金元烟苗的生物量较高,叶片谷氨酰胺合成酶(GS)活性高,氮代谢同化能力强,同时烟苗叶片色素含量高,能够为烟苗的氮代谢提供充足的能量,烟苗氮素积累量大,氮素利用效率高;白肋烟品种 TN86 烟苗的生物量较低,叶片硝酸还原酶(NR)活性强,但 GS 活性弱,色素含量低,氮还原能力较强但同化能力弱,叶片总氮含量高而氮素积累量低,氮素利用效率较低。相关分析结果表明,叶片 GS 活性、NR 活性和色素含量与烟苗氮素积累和利用效率关系密切,其中 GS 活性和叶绿素含量与烟苗氮素积累和利用效率的相关性最强。

三、新型育苗方式

自烟草种植以来,我国先后经历了烟种大田直播、一段式常规育苗、两段式常规育苗、漂浮育苗四个阶段。大田直播,即把发芽的烟种直接播在大田里,这种直播方式有很多缺点,之后就由直播改成育苗移栽。一段式直播漂浮育苗技术,就是将烟草种子直接播在装满基质的营养袋(体)或托盘等育苗盘孔穴内,让种子萌芽、发根、生长,成苗后再移栽到大田,这种方法能为生产提供整齐一致、健壮的烟株。两段式漂浮育苗,即将育苗分成两个阶段,第二阶段是当烟苗真叶达到 6 片左右时移植到孔径较大、孔穴数较少的苗盘中继续生长,培育成苗。漂浮育苗属于无土栽培范畴,即在育苗棚内,以浮盘为载体,装填以人工配制的适宜基质,然后使苗盘漂浮于含有完全营养液的水池中,将包衣种播于基质并完成种苗的萌发、生长和成苗过程。

在白肋烟实际生产中,有"半基质保温保湿漂浮育苗技术"和"托盘悬式立体高效育苗技术"两种育苗技术方案可供选择。

(一)半基质保温保湿漂浮育苗技术

半基质保温保湿漂浮育苗技术是目前在广大烟叶产区应用最成熟、最广泛的育苗技术,能在高海拔和低温条件下取得良好的育苗效果,简便易行,可节约育苗成本,明显缩短育苗时间,提高成苗素质。具体方法如下。

1.基质装填

向基质反复喷水,直至基质达到手捏成团、触之能散的程度,然后装填,装填量为育苗空穴容积的 1/2 ~ 2/3。

2.播种

播种后在育苗盘上方均匀地反复喷水,以确保包衣种子吸足水分,外壳裂解溶化,裸种清楚地露出。

3.保温保湿催芽

在室内地面铺垫干净的薄膜,将育苗盘码放在室内,堆放高度为 10 盘,用薄膜覆盖严实,每隔 3 天喷淋 1 次育苗盘,保持基质湿润,保温保湿直至种子萌发。

4.漂浮育苗

在水分管理方面,出苗以前,向营养池加注营养液时,注意营养液的深度为 2 ~ 3 cm,大十字期后,营养液深度不超过 6 cm;在温度管理方面,前期注重密封保温,烟苗生长的适宜温度在 20 ~ 30 ℃,防止出现极端温度(棚内温度低于 10 ℃或高于 35 ℃),当棚内雾气较大时,要及时通风排湿,若大十字期以后出现阴雨连绵天气,有条件的育苗点可采取增温补光措施。

5.养分管理

把握好营养液的施加时间及浓度管理,出苗时(即子叶平展时)进行第一次加肥,使营养液浓度达到含纯氮 100 ~ 150 ppm(1 ppm=0.0001%);大十字期进行第二次加肥,使营养液浓度达到含纯氮 150 ppm,保证烟苗生长所需的营养成分。

6.其他

其他技术措施按照烟草漂浮育苗技术规程操作。

（二）托盘悬式立体高效育苗技术

托盘悬式立体高效育苗技术可利用有限的育苗设施空间实现高效育苗,显著提高土地利用效率和苗床管理效率,缩短育苗时间并明显改善烟苗素质,还能有效降低育苗成本。其原理是充分利用育苗大棚的空间,采用多层梯形立体育苗架,在育苗大棚中进行合理的密度设置,将营养液托盘和育苗盘放置在育苗架上,以专用的复合型环保育苗基质作为载体,通过营养液托盘中的浅层营养液供给种子萌发和烟苗生长所需的水分和养分,并在配套的光温水肥管理措施下培育壮苗。立体育苗成苗期实景图见图 4-1。

图 4-1　立体育苗成苗期实景图

1.烟草悬式立体高效育苗技术的育苗系统及技术参数

(1)梯形立体育苗架:根据塑钢大棚的弧形拱高,可以灵活选择以下两种育苗架来使用。

A 型(图 4-2):三层架,第一层贴地而置(离地 30 mm),第二层净高(钢丝网盘的底平面距地面高度)1000 mm,第三层净高(钢丝网盘的底平面距地面高度)1650 mm;立柱钢材 25 mm×25 mm。

B 型(图 4-3):两层架,第一层贴地而置(离地 30 mm),第二层净高(钢丝网盘的底平面距地面高度)1200 mm;立柱钢材 25 mm×25 mm(钢材宽度和厚度不小于 25 mm)。

图 4-2　A 型三层架　　　　　　　图 4-3　B 型两层架

　　(2)育苗基质(图4-4):环保复合型基质,由少量泥炭育苗基质、蛭石、大量粉碎的红砂岩、山沙(或河沙)及保水材料混拌而成。

　　(3)育苗盘(图4-5):PS材质,14×7穴,株间距(相邻穴间距)35 mm,穴盘外围长538 mm、宽280 mm,穴盘深50 mm,单盘重量不低于120 g。

图4-4　立体育苗基质

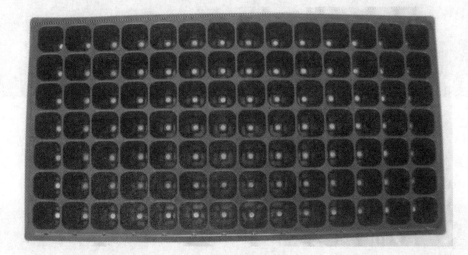

图4-5　育苗盘

　　(4)营养液托盘(图4-6):PVC材质,托盘深度不小于55 mm,托盘根据规格大小分两种,即四联体托盘和二联体单盘。其中四联体托盘规格为上表面外围1120 mm×540 mm,每托盘4室,每室尺寸为50.0 mm×24.5 mm,每室容纳一个育苗穴盘,单个托盘重量不低于600 g;二联体托盘规格为上表面外围1080 mm×280 mm,每托盘2室,每室尺寸为

50.0 mm × 24.5 mm，每室容纳一个育苗穴盘，单个托盘重量不低于 300 g。为了提高营养液的管理效率，营养液托盘也可用贯通多个单元的通条营养液槽来替代(图 4-7)。营养液槽用厚度在 0.35 mm 以上的 HDPE 防渗膜(俗称土工膜或土工布)铺垫围成，以 5 个单元架为 1 组，从而实现营养液的通槽式管理。这样不仅可显著提高营养液的管理效率，还能大幅降低耗材成本和苗床劳动强度。

图 4-6 营养液托盘（二联体和四联体）

图 4-7 防渗膜替代托盘的营养液通槽式管理

(5)育苗专用肥：以烟草专用复合肥为主，添加均衡适量的中微量元素，能满足烟苗生长发育对各种营养成分的需要。

(6)育苗大棚(图 4-8)：利用现有育苗大棚或温室。

图 4-8 立体育苗大棚及温室的安置

(7)育苗架布局及安装要求。

a.育苗架布局:架组安置应选择东西向,每组育苗架可以分成2～3段,即育苗架组间过道宽不得小于35 cm,每一组两段间的过道宽不小于50 cm。

b.育苗架安装基座:为了保证立体育苗架安装后水平一致,应在现有育苗场地修筑水泥埂子,作为育苗架的安装基座,水泥埂子的上平面应与原漂浮育苗池水泥埂子等高,且保证育苗架安装后过道宽度不小于50 cm。

(8)营养液池:为提高营养液管理效率,需修筑容量为1～4立方米的水泥池子1个,供配制营养液用,并配备自吸式水泵以快速吸注营养液。

2.烟草悬式立体高效育苗技术的操作规程

(1)育苗盘的消毒。

在育苗前育苗盘必须消毒。消毒方法是用0.05%～0.1%高锰酸钾浸泡育苗盘半小时,然后用清水洗净(图4-9)。

图4-9 育苗盘及营养液托盘消毒

(2)基质装填与播种(图4-10)。

a.基质装填:方法与现行方法一致。

b.播种,每穴播种1～2粒(可以用配套的播种器快速完成),播完后在育苗盘上方均匀反复喷水,以确保包衣种外壳完全溶化裂解。

c.向立体育苗架的育苗托盘内注入含烟草专用复合肥(N：P_2O_5：K_2O = 10：10：20)千分之三的营养液(100 kg水中加入300 g烟草专用复合肥),可以按比例补充中微量元素(含氮300 ppm,其他肥源可依此折算,下同)。

d.将湿润的育苗盘移入立体育苗架的托盘中。

图4-10 立体育苗基质装填与播种

（3）水分和养分的管理。

a. 水分管理，必须严格要求采用饮用水，如井水或自来水；应及时观察托盘水位、苗情长势及基质干湿状况，播种至小十字期，基质充分吸湿后水位保持在 2.0 ~ 2.5 cm，小十字期以后，将水位控制在 3.5 ~ 4.5 cm，托盘基本装满。

b. 养分管理，当托盘水位低于育苗盘底部时，及时按各时期水位要求补足营养液，4 ~ 10 天补充一次，具体视天气情况而定；待烟苗达到小十字期后，营养液养分浓度可以提高至千分之四，即含烟草专用复合肥($N : P_2O_5 : K_2O = 10 : 10 : 20$)千分之四，配制方法如前所述。

（4）温湿度管理。

通过大棚窗户的开关进行温湿度管理。从播种到出苗期间应采取严格的保温措施，使育苗棚内的平均气温保持在 25 ℃左右，确保出苗整齐。当育苗架顶层气温超过 30 ℃时，要及时通风降温，防止烧苗。

（三）苗期病虫害控制

为防止病虫害发生，应采取严格的卫生防疫措施，做到严防病毒、细菌传染，严格执行卫生操作，具体措施如下：

1.育苗设施的消毒和防虫

育苗前，需对育苗棚（或温室）、苗池和育苗棚（或温室）四周用福尔马林或二氧化氯喷雾消毒。育苗盘可使用漂白粉、二氧化氯或高锰酸钾消毒液以喷雾（将盘正反两面均匀喷湿，以不滴水为度）或浸泡的方式处理，处理后再用塑料薄膜密封至少 24 小时，清水冲洗并晾干后即可使用。此外，灌注营养液之前，可在漂浮育苗池底部用生石灰或乙酰甲胺磷等进行地下害虫的防治，避免破坏池膜。

2.育苗场地卫生

禁止非工作人员进入育苗棚，操作人员不得在棚内抽烟，不得污染营养液（如在营养液中洗手、清洗物件）；凡进入大棚的操作人员必须用肥皂洗手，鞋底必须经盛有福尔马林液或漂白粉等药剂的浅水池消毒，减少人为传播；在苗床出现病株，应及时拔掉，在远离苗床的地方处理掉。

3.药物防治

大十字期后，根据苗情长势，可喷施规定浓度的甲霜灵锰锌、甲基托布津以及宁南霉素等预防猝倒病、炭疽病及立枯病，用吡虫啉预防烟蚜，用吗呱乙酸铜、抗毒丰或病毒清等预防病毒病，注意交替用药，防止烟苗产生抗药性。

4.辅助设施及措施

为加强对蚜虫的防治，可在育苗大棚门及通风口设置 40 目的防虫网，或采用黄板、黄皿诱蚜；此外，在苗期保持大棚适宜温度的同时，应尽量通风排湿，有助于减少病菌滋生并提高烟苗的抗病能力。

（四）成苗标准与炼苗

1.常规移栽高茎壮苗的成苗标准

①苗龄:50~60天;

②烟苗茎高9~12cm,茎直茎≥5mm,功能叶(真叶)5~8片;

③根系发达;

④群体长势健壮整齐;

⑤苗床无病虫害。

常规移栽高茎壮苗的成苗长相如图4-11所示。

图4-11　常规移栽高茎壮苗的成苗长相

2.井窖式移栽小壮苗的成苗标准

井窖式移栽,在技术设计上以小苗移栽为主,即要求烟苗在移栽时达到小而壮,故具体成苗标准如下:

①苗龄45~55天;

②烟苗茎高3~5cm,功能叶(真叶)4~5片;

③根系较发达;

④群体长势健壮整齐;

⑤苗床无病虫害。

井窖式移栽小壮苗的成苗长相如图4-12所示。

图4-12　井窖式移栽小壮苗的成苗长相

3.炼苗

移栽前 3~7 天打开育苗棚(或温室)的门窗,断水断肥,以使烟苗适应大田环境;此外,栽前至少 1 小时应让苗盘吸饱苗池内肥水,这个回润操作也有利于保证拔苗时根部基质包裹不散,从而有利于缩短还苗期。

第三节　优质白肋烟养分生理及田间养分管理技术

烟草吸收矿质营养的能力很强,在土壤中补充适量的矿质营养是烟草正常生长发育的必需条件。矿质营养缺乏或过剩,都会使烟草植株生长发育不良,进而影响产量和品质形成。因此,根据白肋烟的品种特性、土壤特征,在土壤中补充适量的矿质营养,是有效促进或控制烟草吸收养分进程、获得优质适产的重要措施。

一、必需的营养元素

白肋烟的正常生长发育需要 16 种营养元素,需要量较大的元素有碳、氢、氧、氮、磷、钾、钙、镁、硫,需要量甚微的元素有铁、锰、硼、锌、铜、钼、氯。尽管这些元素的需要量差异极大,但都是烟草生长发育过程中必不可少的,在烟株体内各有不同的生理功能,彼此不能相互代替,任何一种元素的缺少或过剩,都会带来严重的不利影响。烟株吸收的碳、氢、氧主要来自空气,钙、镁、硫、铁以及其他元素在土壤中较少缺乏,而氮、磷、钾三种元素烟株需求量较大,土壤中往往含量不足,需要通过施肥补给。因此,氮、磷、钾显得非常重要,常常被称为肥料的三要素。白肋烟在整个生长期需要较多的是氮素,每公顷需要施氮素 180~225 kg;如果作为填充料烟可少施,一般每公顷施氮素 120~150 kg。多年试验证明,氮、磷、钾三要素对白肋烟产量和质量具有重要作用,是白肋烟优质适产的关键,必须施用得当。

（一）氮

氮素是细胞内各种氨基酸、酰胺、蛋白质、生物碱等化合物的组成成分。蛋白质是原生质最重要的组成成分,是细胞质、叶绿体、酶等的重要构成物质。叶绿素是植物进行光合作用的场所,它含量的多少与光合作用的产物——碳水化合物的形成密切相关;核酸是合成蛋白质和生物遗传的物质基础;各种酶本身就是蛋白质,还是植物体进行物质转化与合成的重要催化剂,因而氮也通过酶间接影响植物的各种代谢过程。在烟草生产中,氮素是影响烟叶产量和品质最为重要的营养元素,是影响烟草生长快慢、叶片大小的关键因素。烟草中的烟碱为氮杂环化合物,氮是烟碱的重要成分。适量的氮素可以促进烟株生长点的生长和花芽的分化,提高叶片发生速度,增加株高和茎围。氮素供应不足时,烟株生长缓慢,植株矮小,茎短而细,老叶黄化,叶片变小,而且比正常叶片更加竖直,花期延迟。氮素供应适当时,烟株生长健壮,叶片明显增大增厚,叶色正绿。氮素供应过量时,烟株生长过分旺盛,烟叶大而暗绿,烟株的碳氮代谢失调,腋芽生长量增加,烟叶中烟碱含量偏高,营养生长延期,成熟期推迟,难以正常落黄成熟。研究发现,氮素过量反而会抑制烟株早发,氮素过量造成叶片过度生长主要是从旺长后期开始的。氮素的施用还会加快烟株的出叶速度。在一定范围内,增施氮肥可以增加烟叶叶片面积、叶片厚度和细胞质浓度,提高烟叶的产量和品质;随叶位的上升,叶片内栅栏组织和海绵组织的厚度相应变薄,而二级支脉的直径、叶肉组织致密程度、细胞壁的厚度和细胞质的浓度均随之增加。

氮肥施用量对烟草产量和总氮、烟碱、总糖、还原糖、糖碱比等常规化学成分均有明显的影响。氮肥施用过多,调制后烟叶外观色泽暗淡,叶中蛋白质、水溶性氮、烟碱含量高,碳水化合物含量低,吃味辛辣,杂气重,刺激性强,缺乏烟草特有的香气,导致品质低劣,有时甚至失去使用价值。如果前期缺乏氮素营养,则烟株瘦弱,叶色小而黄绿;若打顶后氮素营养水平低,则叶片和根系早衰,上部叶片狭小,叶片内蛋白质、烟碱等氮化合物含量明显偏低,调制后烟叶色淡,叶片薄,香气和吃味淡薄。研究表明,随着施氮量的增加,调制后烟叶的产量、级指及叶片中含氮量均提高,还原糖含量和烟叶的糖碱比降低,总植物碱含量稍有提高。

通过研究不同氮钾肥基追比例和追肥方式对湖北恩施白肋烟品质和经济效益的影响发现,40% 氮钾肥做基肥、60% 氮钾肥做追肥,栽后 30 d 打孔水溶穴施,烟叶经济效益明显增加,感官评吸质量显著改善,原烟外观质量明显提升。氮磷钾肥总量及基追比例相同的情况下,追肥采取水溶穴施优于固态穴施。适当提升氮钾追肥比例,采用水溶穴施追肥能提升烟叶品质和经济效益。

2007—2008 年,通过大田试验,研究不同氮用量和追肥时期对四川达州白肋烟生育期内土壤养分动态变化,干物质、总氮、烟碱积累规律和调制后烟叶的产量、品质的影响,以及不同氮用量对四川达州主栽品种的产量和品质的影响。研究结果表明:

(1)白肋烟生长期间土壤中碱解氮、速效磷、速效钾含量在移栽后 30 d 内均快速增加。进入旺长期后,碱解氮含量逐渐减少,到移栽后 60 d 时又开始升高,且施肥越多和追肥越晚的处理升高幅度越大,速效磷和速效钾含量在移栽后 30~60 d 迅速下降,且随着施氮量的增加其下降速度加快。在相同的施氮水平下,追肥较晚的处理,生育期内土壤中速效磷和速效钾的变化较平缓。

(2)烟株的株高、茎围、叶面积和有效叶片数随着施氮量的增加和追肥时期的推迟而增加,但当施氮量超过 225 kg/hm² 时,追肥处理不利于烟叶的适时采收。

(3)在整个生长发育过程中,白肋烟的干物质积累呈现出"慢—快—慢"的增长趋势。增加施氮量,烟株的干物质积累量和积累速率都增大,但施氮量超过 225 kg/hm² 时,增加施氮量会抑制烟株早期的干物质积累量;推迟追肥时期有利于烟株的干物质积累,但施氮量低于 165 kg/hm² 时,追肥时期较晚不利于烟株早期的干物质积累。不同品种的干物质积累速率也不一样,早熟品种在移栽 60 d 后干物质积累速率开始降低,而晚熟品种在此时仍有较高的积累速率。

(4)白肋烟总氮含量随着生育期的推进而降低,但随着施氮量的增加而增加;追肥越晚,总氮含量在生育过程中下降幅度越慢。烟碱含量随着生育期的推进而增加,在栽后75 d出现一个积累高峰,追肥处理在烟株生长早期烟碱积累速度较慢,随着生育期的推进,烟碱积累速度加快,在斩株前,追肥越晚,烟碱含量越高。

(5)随着施氮量的增加,烟叶的产量、产值增加。早熟品种在施氮量超过195 kg/hm² 时产值下降,晚熟品种在施氮量超过225 kg/hm² 时产值下降。在低于225 kg/hm² 的施氮范围内,相同施氮水平下,推迟追肥时期能提高烟叶的产量、产值。不同氮用量和追肥时期对调制后烟叶的外观特征、评吸质量、化学成分和营养元素含量均有较大的影响。随着氮用量的增加和追肥时期的推迟,调制后烟叶的油分逐渐增强,叶片身份逐渐增厚,光泽也逐渐增强,但当施氮量超过225 kg/hm² 时,叶片光泽变暗。随着施氮量的增加和追肥时期的推迟,调制后烟叶的风格特征逐渐显著,劲头、香气量、浓度都逐渐增大,但达所24施氮量超过195 kg/hm²,达白1号和鄂烟1号施氮量超过225 kg/hm² 时,杂气和刺激性增大,余味变差。总氮、烟碱和K⁺含量随施氮量的增加和追肥时期的推迟而增加,总糖和还原糖含量随施氮量的增加和追肥时期的推迟而逐渐降低。施氮量和追肥时期对烟叶的营养元素有较大的影响,随着施氮量的增加和追肥时期的推迟,白肋烟中的P、K、B、Mn含量增加,而Ca、Mg、Fe、Cu、Zn含量减低。

(6)增加施氮量和推迟追肥时期可以提高苯丙氨酸类、棕色化产物类、类西柏烷类、类胡萝卜素降解物类和新植二烯等致香物质的含量。当施氮量超过225 kg/hm² 时,各类致香物质含量均降低,且追肥越晚降低越明显,其中棕色化产物类致香物质在施氮量为225 kg/hm² 左右时,其含量在追肥较晚的处理中明显高于追肥较早的处理。

1.烟草对不同形态氮素的吸收和利用及转运方式

硝态氮和铵态氮同为作物容易吸收和利用的氮素形态,但是这两种氮素形态又是具有完全不同性质的离子。铵态氮和硝态氮被植株根部吸收、同化的方式,在烟株体内的合成机理、转运方式也有很大差异。因此适宜的氮素形态及比例是促进优质烟生长的重要条件之一。

(1)硝态氮的吸收和利用及转运方式。

硝态氮作为土壤中最丰富的氮源,其含量一般保持在1~20 mol/m³,在通气良好的土壤环境中,烟草以吸收硝态氮为主。硝态氮不仅可以转化为营养物质,而且可以作为一种信号物质对作物的生长发育进行调控。植物根细胞吸收硝态氮也是高等植物同化氮素的第一步。首先NO₃⁻通过作物根部主动运输进入作物体内,这个过程是一个逆浓度梯度耗能过程。作物根部吸收的硝态氮大部分需要经过还原才能被作物进一步利用,这个还原过程可以在作物的根、茎、叶中进行。首先,NO₃⁻在烟酰胺腺嘌呤二核苷酸(NADH)供氢体和硝酸还原酶(NR)共同作用下还原为NO₂⁻,再由亚硝酸还原酶(NiR)催化生成NH₃,最后NH₃在谷氨酰胺合成酶(GS)和谷氨酸合成酶(GOGAT)的作用下形成氨基酸,氨基酸可以被植物体所利用。但是NO₃⁻的还原会受到多种原因的影响,比如光照、降水、温度、品种等。当土壤中的NO₃⁻含量过高时,植物吸收的NO₃⁻不能被及时还原,就会储存在植物体内。硝态氮在植物体内的转运主要由两个系统进行调控,分别为高亲和力硝酸盐转运系统(high affinity transporter system，HATS)和低亲和力硝酸盐转运系统(low affinity transporter system，LATS)，高亲和力硝酸盐转运系统又可以分为组成型 cHATS 和诱导型 iHATS。在不同的土壤环境中，硝酸盐转运方式也不同，由于 HATS 的吸收动力学特征符合米氏方程(Michae-lisMenten equation)，吸收过程会达到饱和点，Km 值较低，当土壤环境中 NO_3^- 的浓度低于 1 mmol/L 时，高亲和力硝酸盐转运系统就会运转；但是 LATS 却不相同，吸收动力学呈线性不饱和，Km 值较高，当土壤环境中 NO_3^- 的浓度高于 1 mmol/L 时，低亲和力硝酸盐系统便开始负责吸收土壤中的离子。黄化刚等通过电子克隆和 RT-PCR 技术从烟草中克隆了一条基因，命名为 *NtNRT*2.4，发现其中包含了多个关于硝酸盐、光照和根系特异表达的相关元件，基因在根部的表达量最大，在烟叶和茎部的表达量较小，进一步研究发现，硝态氮、光照和蔗糖可以使 *NtNRT*2.4 的表达量提高，铵态氮则会抑制其表达。

(2)铵态氮的吸收和利用及转运方式。

铵态氮是烟草氮素的重要来源之一，也是植株体内转移氮素的方式之一，烟草对铵态氮的吸收优于对硝态氮的吸收。目前作物对铵态氮的吸收机理尚不明确。一种说法是 NH_4^+ 顺电化学梯度，通过细胞膜上存在的载体进入细胞内，另一种说法是当 NH_4^+ 与原生质膜接触时，通过脱氢的过程将 H^+ 留在原生质体外，而以 NH_3 的形式进入细胞内，进入细胞后再在一定的 pH 下结合质子，进而转化为 NH_4^+。也有研究表明 K^+ 通道具有运输 NH_4^+ 的功能，由于两种离子的半径比较接近，所以蛋白在一定程度上不能识别 NH_4^+。由于 NH_4^+ 主要受电化学影响，因此铵态氮的吸收和利用很大程度上受限于施肥方式和土壤的 pH 值大小。同很多高等植物相似，在烟草的进化历程中，逐渐形成了高亲和力铵转运系统和低亲和力铵转运系统两种不同的铵转运系统。当土壤环境中的 NH_4^+ 浓度小于 1 mmol/L 时，高亲和力铵转运系统便开始负责吸收土壤中的离子，当土壤环境中的 NH_4^+ 离子浓度大于 1 mmol/L 时，低亲和力铵转运系统就会开始运行其功能。有研究表明，高亲和力铵转运系统可能受多个转运蛋白调控，所以其受环境条件影响较大。

2.氮素形态对烟草生长发育的影响

烟草根系是吸收土壤中水分和营养元素的重要器官，也是吸收氮素的重要途径，根部产生的植物激素可以调节地上部的生长，根部也是同化物质和生理代谢的场所。邢瑶等研究表明，只施用铵态氮或者硝态氮的烟苗根系长度均小于硝铵混用的处理，说明单一氮肥处理不利于根系生长；硝铵态氮肥混合施用且铵态氮比例较高，有利于根系的伸长及表面积和体积的增加。饶学明等在利用芝麻饼肥配合硝铵形态无机氮肥的研究中发现，无机氮肥配合饼肥施用，可以促进根系发育，后期根系活力增强比较显著。纯铵态氮处理的根部中的激素 IAA/ABA 值最大，纯硝态氮处理次之，并不适合根系的生长发育，也表明混合态的氮肥更有利于烟草根系发育。烟草的整个生育期几乎都有氮含化合物的参与，通过影响烟草体内糖、氨基酸、蛋白质等关键物质的含量，最终影响了烟草的生长发育状况。由于受生态条件的限制，学者的研究结果也不尽相同，但总体来说，混合使用硝态氮和铵态氮的烟草产量与质量要好于使用单一氮素化肥。李智勇等的研究表明，铵态氮易于吸收,过多地使用铵态氮,会导致烟草吸收过高的氮量,使烟叶贪青晚熟,难以进行调制工作,进而导致产量和质量的下降。硝态氮的肥效较快,持续时间短,可以促进烤烟快速生长,也有利于烤烟的质量形成和成熟落黄,是生产上比较适合烤烟的肥料。邱尧等在研究根际温度与氮素形态时发现,氮素形态对烟株的生物量积累影响大于根际温度,在一定条件下,供应 NO_3^- 更有利于烟株的生长,在根际温度相同时,供应 NO_3^- 的烟草烟碱含量显著高于供应 NH_4^+ 的烟碱含量。在氮含量较低时,铵态氮可以促进烟草的生长发育和形态建立。有研究表明,铵态氮和硝态氮含量相同更有利于烟株的生长,但也有研究表明,硝态氮多于铵态氮可以促进烟草的物质积累。出现这种情况的原因有很多,所以需要因地制宜,具体分析。铵态氮处理下,烟叶中的脯氨酸、脱落酸、赤霉素的含量较高,生长素的含量较低;硝态氮的处理则与之相反。硝铵混合施用的处理可以提高烟叶中玉米素核苷的含量。利用调节氮素的比例来调节烟叶中各种激素的水平,可能会促进烟草的发育和成熟。 随着烟株的生长发育和氮素水平的提高,烟草田间叶面积系数不断增加。随着叶片的成熟采收,田间叶面积系数逐渐降低。当未施氮素时,田间叶面积系数增加缓慢,田间最大叶面积系数小且出现时间早。当氮素过量时,大田前期(栽后35天前)叶面积系数受到抑制,田间最大叶面积系数过大且出现时间过晚,使叶片成熟推迟。在一定范围内,增施氮肥可以增加烟叶叶片面积、叶片厚度和细胞质浓度,提高烟叶的产量和品质;随叶位的上升,叶片内栅栏组织和海绵组织的厚度相应变薄,而二级支脉的直径、叶肉组织致密程度、细胞壁的厚度和细胞质的浓度均随之增加。

3.氮素形态对烟草品质的影响

不同氮素形态不仅影响烟草的生长发育,而且改变了烟草内在化学成分的含量,导致烟叶的协调性受到影响,烟叶品质也因此受到影响。张新要等研究表明,硝态氮和铵态氮等量混合使用处理对提高烟叶各方面品质均有显著作用。张延春等研究认为,不同形态氮素及比例对烤烟的等级结构,化学物质协调性,氮、钾、氯的含量有显著影响,也是以等量混用或硝态氮较多为宜。韩锦峰等认为,铵态氮浓度达到一定比例时,铵态氮含量越高,烤烟上中等烟的比例和价值会显著下降;还发现在相同情况下,全施硝态氮处理的烤烟各项生理指标均好于全施铵态氮的处理,这可能与硝态氮作用效率高有关,可以促进烟叶成熟。谢晋等研究发现,硝态氮的施用比例越大时,烟叶中的糖分、淀粉等随之升高,但烟叶中的氮含量、烟碱等随之下降,而硝铵态氮肥等量混用可以改善烟叶化学成分协调性。孟祥东等在研究氮素形态对烟草多酚类物质的影响时发现,在硝态氮施用比例较高的处理中,多酚类物质总含量要高于铵态氮施用比例较高的处理,而多酚类物质对于烟叶内含物的形成、各种成分的协调等都有重要的影响,对提高烟叶品质有明显的作用;在硝铵等量混用的处理中,过氧化物酶和L-苯丙氨酸解氨酶的含量一直保持较高水平,而且L-苯丙氨酸解氨酶的活性与硝态氮的施用比例呈正相关关系。烟草特有亚硝酸胺(tobacco-specific nitrosamines,TSNA)是烟草生物碱和亚硝酸通过亚硝化反应而产生的物质,广泛存在于烟叶和烟气当中,是一种决定烟草品质的重要物质,同时也是一种可致癌的有害物质,所以必须控制烟叶中的这类化合物的生成和在烟叶内的含量。许自成等在研究 TSNA 前体物质硝酸盐和亚硝酸盐时发现,氮肥用量增加和硝态氮施用比例提高时,鲜烟叶中的硝酸盐含量会随之升高,并且含量低于烤后烟叶;在对烤后烟叶的研究中发现,硝态氮含量与硝态氮的施用比例呈显著正相关关系。宫长荣等研究氮素形态对烤烟烟叶 TSNA 含量的影响时发现,随着硝态氮含量的升高,烟叶中的硝酸盐、亚硝酸盐、烟草特有亚硝酸胺的含量有一定升高,从部位上来看,中部叶高于上部叶,下部叶最低;而烟叶中总氮、蛋白质、烟碱等含氮化合物也呈现与 TSNA 相似的规律。潘建斌等的研究结果也与宫长荣等的研究结果相一致。孙榀淑等在研究氮素形态对白肋烟和烤烟的硝态氮含量、化学成分及高温贮藏对 TSNA 的影响时发现,白肋烟在高温贮藏过后的 4 种 TSNA 含量和 TSNA 总量与硝态氮的含量呈正相关关系,随着硝态氮施用比例的增加,白肋烟的烟碱、总氮和蛋白质含量均有显著的提高,但是整体化学成分变化缺乏规律性;在对烤烟的研究中发现,成熟过程和调制过程中硝态氮的含量会逐渐降低,高温贮藏前后 TSNA 总量与硝态氮的施用量并无明显关系。

4.氮素形态对烟草吸收其他元素的影响

由于铵态氮是还原态,为阳离子,硝态氮是氧化态,为阴离子,因此不同形态的氮素会影响烟草对其他离子的吸收。刘世亮等的研究表明,施用不同比例的铵态氮和硝态氮时,由纯铵态氮到纯硝态氮的变化过程中,烟草叶、茎以及全株的干物质量增加,但是烟草根系的干物质量呈现倒抛物线形变化,且在等量混合时最大;试验结果表明,使烟草体内氮、磷、锌的含量最大的是铵态氮比例较高的处理,增加硝态氮的施用比例会使得钾、镁、铜、锰的含量随之增大,钙的含量最大的是硝态氮比例较高的处理。杨秋云等的研究表明,在氮素含量较低的状态下,施用纯硝态氮有利于钾的吸收。王晓凤等通过水培方法培育烟草幼苗,研究幼苗期烟草对元素的吸收发现,在烟草六叶一心或者十二叶一心时,随着硝态氮施用比例的升高,整株烟草的生物量、烟叶钾含量、钾吸收量呈正相关性,但是在六叶一心时期,不同比例的氮素处理之间有显著差异,而十二叶一心时期,不同比例的处理差异不显著。易蔓等在研究氮素形态对根际镉吸收的影响时发现,烟草根际土壤有效镉的含量与氮素形态并无太大关系,酸性紫色土配合施用硝态氮会使地上部的镉含量明显升高,施用铵态氮较高,尿素处理最低;中性紫色土配合铵态氮添加硝化抑制剂会使烟草地上部的镉含量明显升高,硝态氮的处理最低。对于大多数植物来说,硝态氮的含量上升时,体内的 K^+、Ca^{2+}、Mg^{2+} 等阳离子的含量显著上升,且会对 Cl^-、SO_4^{2-} 等阴离子产生吸收抑制;铵态氮的含量上升时,Cl^-、SO_4^{2-} 等阴离子的含量显著上升,并且会对阳离子的吸收产生抑制作用,还会产生氨害。说明硝态氮可以提升烟株对阳离子的吸收效率,细胞内阳离子的渗透势提高,有利于烟草生长。

5.氮素形态对烟草光合特性的影响

氮素几乎参与了光合作用的整个过程,不仅参与了光合器官的建立,也参与了光合作用的反应过程,比如影响叶绿体的含量、光合速率、暗反应阶段酶的活性以及光呼吸等。郭培国等的试验表明,在烤烟生长的前、中期,在一定范围内增大铵态氮的施用比例,可以提高烤烟的叶绿体含量,有利于烤烟产量的提高。试验也表明,随着铵态氮含量的增加,光合磷酸化的速率有所提升,但是对 P/O 值的影响不大,所以铵态氮有利于提高水的光解和电子传递速率,进而增加烤烟的光合作用性能,随着铵态氮施用比例的增大,最大荧光值和可变荧光值随之上升,且在硝态氮和铵态氮的比例为 1∶3 时,荧光动力学参数表现最好。杜蕊等研究表明,全铵态氮处理、全硝态氮处理、硝铵混合处理对于烟叶潜在的最大光化学效率并无太大影响;与全硝态氮处理和混合处理相比,全铵态氮处理的烟叶净光合速率、电子传递效率、表观量子效率、暗呼吸速率和实际光化学效率有显著的下降,类囊体膜两侧质子梯度和叶黄素循环的量子产额有一定升高;铵态氮影响了烟叶 PS Ⅱ 能量分配,但是硝态氮对其影响不显著。韦建玉等在研究不同氮素形态比例对烟草光合作用的影响时发现,在大田生长阶段,烟叶的光合速率会随着硝态氮施用比例的增加而增大,气孔导度也呈现相似变化规律,全铵态氮的处理表现最差;叶绿素含量的总体趋势保持相似,但是硝铵等量的处理叶绿素含量最高。

6.氮素形态对烟草碳氮代谢反应的影响

碳氮代谢是烟草生育期最重要的代谢过程,对烟草产量与质量的形成有较大影响,所以高质量的烟叶生产,碳氮代谢的平衡与协调是必要条件。刘维智的研究表明,氮素形态对烟叶糖代谢途径影响显著,淀粉含量为缺氮>铵态氮>全氮>硝态氮,从分子水平分析发现,蔗糖转运蛋白基因(SUT1)各部位表达量在铵态氮处理中显著高于其他处理,同时发现氮素形态对氮代谢途径同样影响显著,总氮含量为硝态氮>铵态氮>全氮>缺氮。岳俊芹等的研究发现,纯施用铵态氮烟叶中谷酰胺合成酶(GS)、蔗糖磷酸合成酶(SPS)的含量一直较高,表明铵态氮的施用比例越大,越能促进蔗糖的合成,并且纯施用铵态氮的处理烟碱含量是纯施用硝态氮的 1.2 倍,而纯施用硝态氮有利于还原糖的积累,硝铵混用有利于碳氮代谢的协调进行。张新要等的研究结果与其相似,发现铵态氮不利于叶片的碳氮代谢过程。邢瑶等研究烟草幼苗根系时发现,烟草的碳、氮积累量和总氮积累量以全硝态氮处理最好,硝铵等量处理次之,全铵态氮处理最低,但长期处理以后发现单一氮源会制约烟草生长,硝铵等量处理的表现最好。

(二)磷

磷是植物的主要组成元素,植物体内的核蛋白、磷酸腺苷、糖酯、核酸及含磷辅酶等都含有磷。磷酸直接参与发酵和呼吸过程,碳水化合物的合成、分解和转变都需要 ATP、磷酸和核苷二磷酸参加。磷在植物体内的能量代谢、碳水化合物代谢、氮代谢以及物质运转过程中起重要的作用。脂肪的合成和分解也需要磷。植物根系的生长发育,植株的开花、结果都需要磷的参与。磷在植物的光合作用中具有重要的生理作用,在光合作用中形成化合物的过程都有磷参加,蔗糖和淀粉的合成也都有磷的参与。

磷是烟草生长发育所必需的营养元素之一,是烟株体内核酸、蛋白质、磷酸、卵磷酸、植素和多种酶的重要成分。磷参与了光合、呼吸过程,一般认为其可以改善烟叶的颜色。磷素营养影响烟草的生长发育,在保持细胞结构稳定、正常分裂、能量转化和遗传中发挥着不可替代的作用。施磷肥对烟株早期生长的影响较明显,因为在烟株生长早期,其吸收的大量氮素被迅速同化为氨基酸和蛋白质,当体内缺少磷素时,蛋白质合成减少,而非蛋白含氮化合物增多,致使生长停滞。磷对烟草最明显的影响之一是缩短植株的成熟时间。磷施用量低还会导致叶片中 N、Mg 的含量降低和叶片脱落。磷能提高细胞原生质胶体对水的束缚力,减少细胞水分的损失,能有效地改善烟株根系的生理性状,提高根系活力,增强根系吸收水分的能力,从而提高烟株抗旱性。磷素可以调节烟株体内的代谢过程,使其在低温下仍保持较高的代谢速度,增加体内可溶性糖类、磷脂等的浓度,从而提高抗寒性。磷素营养的协调还能提高烟株的抗病能力。充足的磷肥供应,特别是在生长早期土壤温度较低时,会有效地提高生根密度,促进烟株根系发育,使烟株前期生长明显加快,株高、叶面积、叶重、茎围增加,促进烟株早发。适宜的磷肥用量,能使烟株生长健壮,根系发达,促进烟株对氮、钾营养的吸收和利用,从而提高烟叶的品质。磷肥供应过量时,烟叶变老变厚,主脉变粗,叶组织粗糙,易破损,成熟过早而引起烟叶品质下降。磷肥供应不足时,烟株生长发育受阻,生长缓慢,中下部叶片狭小,成熟推迟,叶色暗绿。施磷可以提高烟叶的产量,同时改善烟叶的颜色,增加烟叶中糖的含量。磷肥施用量对成熟烟叶品质也有一定的影响,施磷量过高,叶片变厚变粗,组织粗糙,缺乏弹性和油分,易破碎。施磷量过低,调制后的烟叶呈深棕色或青色,缺乏光泽,品质低劣。施磷有利于促进烟株对氮的吸收,但易导致叶片有带灰的杂色,施用磷肥过多,还会诱发 Zn、Mn 等元素的代谢紊乱,导致烟株缺 Zn。

土壤中绝大部分磷以难溶性的无机态和有机态形式存在,其中仅有 1% 左右的磷可被植物直接吸收和利用。与其他植物必需的矿质元素相比,土壤中磷的有效性低、迁移性差,导致部分土壤有效磷供应不足。磷素营养有利于烟株新陈代谢,可促进烟草成熟,对烟叶的色泽与香味有改善作用,从而使烟叶的内在品质提高。磷素缺乏会导致烟草生长发育不良,叶片长度与宽度变小,生长速度变缓,生长期延长,开花推迟,烟草出现不正常成熟,烟叶的产量和质量受到严重影响。

1.磷素营养对烟叶品质的影响

(1)对农艺性状的影响。

磷素与烟叶的农艺性状紧密相关。随着施磷量的增加,烟草株高和茎围有逐渐增大的趋势,而有效叶及最大叶片长宽未表现出一致性规律。从烟草团棵期的农艺性状来看,以不施磷肥的处理烟株发育最慢,植株最矮,有效叶片数较少,叶片最小,长势较弱;而施磷处理长势旺,各农艺性状无显著性差异。烟草最大叶叶面积随施磷量的增加而增加,前期烟苗生长加快,发育提前,造成单株可采叶数减少。

(2)对生理过程的影响。

磷素能促进烟草细胞分裂,与细胞分裂的数目和细胞大小有关,并且能稳定细胞结构,提高烟草的抗逆性如抗旱、抗寒、抗病和抗倒伏能力,对烟草光合作用有重要影响。磷素是烟草体内 DNA、RNA、磷脂、核蛋白和多种酶的组成成分,其含量一般占干重的0.15% ~ 0.6%。当磷素营养缺乏时,碳水化合物的合成、分解和运转将受到阻碍,蛋白质、叶绿素的分解也变得不协调。磷在烟草体内移动性较强,缺磷时,老叶的磷素向新叶转移,缺磷症状一般先从下部叶开始,叶面发生褐色斑点,但上部叶生长不受影响。适当增施磷肥,可增强烟株的抗病力与抗逆力,能有效减少气候型斑点病和花叶病的发生,对烟叶质量的改善有重要意义。

(3)对化学成分的影响。

烟叶内各种化学成分的含量关系着烟叶内在质量的好坏,只有各化学成分比例协调,烟叶才能具有充足的香气和醇和的吃味。对中上部烟叶来说,适量施磷有利于氮磷钾的吸收与积累以及烟碱的合成,可协调化学成分,改善烟叶品质。施磷有利于钾和钙的吸收,提高烟叶中钾和钙的含量;施磷不利于镁在上、下部烟叶中的积累,但中部烟叶镁含量有所提高;施磷有利于中部和下部烟叶对磷的吸收和积累,而上部烟叶磷含量变化不大。烟叶中硝酸盐和氯的含量随土壤速效磷含量的增加而增加,烟叶的燃烧性随氯含量的增加而降低;烟叶中烟碱的含量随土壤速效磷含量的降低而增加,烟叶的刺激性随烟碱的增多而增强。只有当土壤速效磷保持在适宜范围内,才能生产出化学成分协调、工业可利用性高的优质烟叶。磷肥对中下部烟叶中总糖和还原糖含量的积累有抑制作用,能够降低烟叶的淀粉含量,促进中下部烟叶中总氮含量的积累。磷还能协调氮与碳的比例,增加烟叶中总糖含量,减少总氮含量、总烟碱含量和蛋白质含量,从而提高施木克值,提高烟叶的品质。

(4)对感官质量的影响。

衡量烟叶内在质量的核心指标是烟叶香气。黄色素的降解产物巨豆三烯酮是一种香气很好的中性香味物质,在烟草中的含量较为丰富。当磷肥施用量保持在 $120\,\mathrm{kg/hm^2}$ 时,烟叶中巨豆三烯酮、新植二烯等主要香气物质的含量显著提高,施磷范围适宜,有利于烟叶香气质成分含量的协调及香气量的产生。合理施用磷肥可改善烟叶香吃味,保持适宜的烟叶劲头,而烟叶的燃烧性和灰色与施磷关系不大。

2.影响烟草磷素积累的主要因素

(1)烟草品种。

高家合等对 17 个烟草基因型进行了土壤盆栽试验和培养基栽培试验,结果表明,作物磷效率具有极显著的基因型差异。K326、红花大金元、云烟 85、云烟 2 号和 RG11 这些品种体内磷积累量较高,属于磷高效基因型,对磷敏感;而另一些磷低效基因型,例如云烟 87、许金 1 号、辽烟 15 号、贵烟 11 号、G28、TN90、K358、NC82、Navata,对磷不敏感。不同品种的烟草,在正常供磷或缺磷胁迫的情况下,其根系分泌物对 Ca-P 都没有明显的活化能力,但对 Fe-P 和 Al-P 的活化作用都表现明显,而以香料烟根系分泌物的活化能力最高,烤烟低于白肋烟。

(2)植烟土壤性质。

①土壤供磷水平。

土壤中各种形态磷的总和称为土壤全磷。全磷中能被作物直接吸收利用的有效磷含量很低,大部分磷以难溶性化合物形式存在,需经分解和矿化后才能被植物吸收。土壤全磷含量的高低是反映土壤磷素潜在肥力的一项指标,而土壤有效磷的数量是标志土壤磷供应水平的重要指标。全磷含量较高的土壤,不一定说明它有足够的有效磷供应水平。在黄淮烟区的土壤中,当速效磷含量小于 20 mg/kg 时,不同生育期烟草根、茎、叶中磷的含量远远低于优质烟叶中磷的含量要求,土壤中有效磷含量的高低关系着烟叶含磷量的多少。

②土壤质地。

烟叶磷含量的多少与土壤供磷能力有着重要联系,而土壤供磷能力又与土壤质地密切相关。湖南烤烟区各种土壤类型中,鸭屎泥中的速效磷含量最高,黄泥田次之,红黄泥和黄壤土较低,黄灰土最低;当土壤速效磷含量较低时,随着土壤速效磷含量增加,烟叶磷含量随之增加较快;当土壤速效磷含量适中时,随着土壤速效磷含量增加,烟叶磷含量呈缓慢增加的趋势;当土壤速效磷含量较高时,随着土壤速效磷含量增加,烟叶磷含量在一定范围内上下波动。

(3)肥料用量与种类。

①氮肥用量。

氮肥用量对根系磷的积累影响不明显,过量的氮肥会阻碍磷在烟株根部的吸收和积累;适量的氮肥有利于烟株茎的生长,可提高烟株总磷积累量;增加氮肥用量可提高叶片中磷的积累量。

②生物有机肥。

在移栽 50 d 内施用 50% 有机氮配比的生物有机肥,可以增加磷在根、叶中的积累量,有利于前期烟草对磷的吸收利用。施用生物有机肥还可提高根、茎中磷的含量,降低叶中磷的含量,烟叶后期磷的含量有所减少。当施用 25% 有机氮配比的生物有机肥时,烟株总磷积累量达到最高。

(4)栽培措施。

烟草的磷含量在打顶当天达到最高,在打顶后的生长过程中表现为不同程度的下降。打顶后,上部烟叶中的叶绿素和类胡萝卜素都发生了大量的降解,磷的含量与烟叶中质体色素的含量呈正相关关系,随烟叶中质体色素含量的下降而下降。

3.提高烟草磷素利用率的技术途径

(1)施肥技术。

磷肥易被土壤固定,在土壤中移动性差,不能表施,应适当深施,以保证根系在生长中、后期能有效吸收;为增加磷肥与根系接触的机会,还应提倡将磷肥集中施用于作物根系附近。磷素在作物体内移动性强,再利用率可达吸收量的 70% ~ 80%,磷肥做基肥比做追肥的效果好。施足基肥不仅可以满足苗期作物的正常生长,还可以避免后期脱肥,且能真正达到深施的目的。基肥的施用方法可采用条施或穴施。磷肥在施用时如果有结块应予打碎或制成颗粒,以增加肥料与根系的接触面积。当土壤缺磷时,应增施磷肥,因为在土壤速效磷含量较低时,烟叶磷含量随着土壤速效磷含量的增加而增加,从而满足烟草生长对磷素的需求,大田长势趋好,烟叶色泽、香气和吃味得到进一步改善。当土壤供磷不足时,可适量施用磷肥,维持土壤磷素水平;而在土壤速效磷含量较高时,烟叶磷含量不随土壤速效磷含量的增加而变化,只是在一定范围内上下波动。李晓举等的研究表明,施用解磷菌肥有利于烤烟植株对磷的吸收。解磷菌肥是一种植物根际促生细菌菌肥,它通过解磷菌的生理活动,使得难溶性磷酸盐溶解,释放出可供植物吸收利用的磷素营养。在减施磷肥的条件下施用解磷菌肥,可显著提高各生育期烟草叶片的磷含量。

（2）栽培措施。

双行凹型垄全生育期盖膜并遇旱灌溉措施有利于烟草中磷的积累,增大磷在土壤中的移动性,促进速效磷向土壤表层富集,而灌溉能缓解这种富集现象。

（3）基因工程。

改变植物体内有机酸代谢的水平,增加有机酸的分泌量,是增强植物利用难溶磷酸盐的一种内在机制。同时,植物对低浓度土壤磷素的吸收也可以通过增加根部高亲和性磷酸转运蛋白的含量来实现。通过遗传操作在烟草体内过量表达有机酸代谢途径关键酶——柠檬酸合成酶、苹果酸脱氢酶及能够增强根部磷素吸收能力的高亲和性磷酸转运蛋白基因,可以提高烟草吸收磷素营养的能力。

（三）钾

钾是烟草吸收量最多的营养元素之一。钾在植物体中以溶解的无机盐形式存在,它不参与植物体内有机质的组成,通常被吸附在原生质的表面,对参与碳水化合物代谢的多种酶起激活作用,与碳水化合物的合成和转化密切相关。钾能提高蛋白质分解酶类的活性,从而影响氮素的代谢过程;钾离子能提高细胞的渗透压,从而增加植物的抗旱性和耐寒性;钾也能促进机械组织的形成,从而提高植株的抗病力。钾在植物体内移动性较强,能被反复利用。在植物的组织内,钾很容易从老化的组织中转移到幼嫩的部分而再度被利用。

烟草是喜钾作物,对钾的吸收量比任何一种元素都多,吸钾量为吸氮量的 2~3 倍。钾是烟叶重要的品质元素之一,不仅对烟草的可燃性有明显作用,而且与烟叶香吃味和卷烟制品安全性密切相关。钾是烟株体内 60 多种酶的活化剂,可维持细胞膨压和调节水分关系,促进光合作用和同化产物的运输,促进植物生长;钾素参与烟株的碳、氮代谢,减少淀粉积累,对烟株中蛋白质、脂肪的合成和各种代谢的运输都起到十分重要的作用;钾素还可以调节烟草内源激素含量,促进根系生长,对抵抗非生物逆境胁迫也具有良好的作用。当缺钾时,烟叶含钾量会低至某种程度,氮钾比例失调,烟株生长不良,就会出现缺钾症状,首先在叶尖部出现黄色晕斑,随缺钾症加重,黄斑扩大,并由尖部向中部扩展,叶尖、叶缘出现向下卷曲现象,严重时枯斑连片,叶尖、叶缘破碎。如果生育前期缺钾,则生长严重不良,下部叶片出现缺钾症状,即使中后期追施钾肥,也不能弥补缺钾对产量、质量造成的损失。若钾素充足,则可以促进烟株茎、叶的生长,表现为茎秆粗壮,叶片长度和宽度明显增加。

当钾肥的施用量达到一定程度时,烟叶产量和含钾量就不再随施钾量的增加而升高。低钾处理不能满足烟叶对钾素的需要,而高钾处理会使烟株营养失调,说明过量施用钾肥是无效和不经济的。钾素对烟叶外观质量、化学成分和燃烧性都有影响。钾素充足时,烟叶组织细致,光泽好,香味足,燃烧性和阴燃持火力强,同时能促进烟株体内干物质的积累,增加叶片厚度和扩大单叶面积,有利于提高烟叶的产量和品质。因此增施钾肥能够改善烟叶的等级结构,提高上等烟比例。钾对烟叶质量最显著的作用是提高烟叶的燃烧性和阴燃持火力。大量研究证明,钾与烟叶燃烧性呈显著正相关,烟叶中过量的钾可以与有机酸结合形成有机酸盐,有利于烟叶燃烧。烟叶含钾量与着火温度呈负相关,燃烧温度的差异会使烟叶燃烧过程中的热解产物在种类和数量上发生改变。烟叶在低温下燃烧能减少烟气中焦油、尼古丁和一氧化碳的释放量,提高烟叶的安全性。总之,钾可以改善烟叶的燃烧性,提高烟叶的安全性。随着钾肥用量的增加,还原糖、总糖、全氮都有增加,尼古丁含量减少。钾是公认的品质元素,单施氮肥对烟叶品质所产生的不良影响,常可以通过施钾肥而得到不同程度的克服。有研究表明,施用钾肥提高了烟叶的酸性和中性香气成分含量,钾肥分次施用可以使烟叶中性致香物质总量增加,烟叶中类胡萝卜素类、苯丙氨酸类、棕色化产物、新植二烯等致香物质含量均有很大提高。

1.烟草钾素营养

钾在烟草体内不会形成任何稳定的化学物质,但能促进烟草植株的光合作用,对烟株的物质和能量代谢起着十分重要的作用。钾能增加烟叶中糖类、色素类、芳香类等与品质有关的物质合成与积累,并影响烟株体内的各种生物化学过程,对烟碱、蛋白质、氨基酸、有机酸和糖类等化学成分具有重要影响,从而改善烟叶的品质。Chaplin 和 Miner 报道,施钾后烤烟型香烟中,尼古丁含量、抽吸次数、静态燃烧、微粒物质含量都明显降低。

(1)钾的生理功能。

钾是烟草体内 60 多种酶的活化剂,可促进氮的吸收和蛋白质的合成,维持烟株体内细胞膨压,促进烟株生长,促进线粒体内的氧化磷酸化和能量代谢;还能提高烟草的根系活力与养分吸收、运输效率,提高烟株叶绿素的含量,保持叶绿体的片层结构,促进蛋白质(酶)的生物合成。钾对烟株抵抗环境胁迫有良好的作用,从而能提高烟草的抗逆性。钾素能够促进烟株体内碳水化合物的代谢,增加烟株体内糖的储备,提高细胞渗透势,提高烟草的抗寒性,还能够提高感花叶病毒烟叶中内源保护酶的活性,有效控制烟叶细胞内丙二醛积累和细胞膜透性增大,从而增强烟草细胞膜稳定性,降低病毒侵染对细胞膜脂的过氧化伤害。钾可以促进烟草的光合、同化产物的合成与运输,提高烟株的呼吸效率,减少体内物质和能量的消耗,调节细胞膨压和渗透压,增强烟草的保水和吸水能力。钾素还可以调节气孔开放,提高烟草抗旱和抗寒能力。钾在烟株体内属易移动元素,再分配速度很快,有随着生长中心转移而转移的特点。当烟株体内钾不足时,钾优先分配到代谢更旺盛的组织中,因此烟株缺钾首先表现在老叶上。

(2)烟株对钾的吸收机制。

烟株对钾的吸收、运输过程,是一个逆浓度梯度的主动吸收、运输过程。钾离子从土壤溶液进入根毛表皮细胞,再进入小叶脉,最终到达叶肉细胞。该过程需要具备两个基本条件,一是要有足够的能量提供给烟株,以完成克服化学势差的跨膜吸收和运输;二是需要提供足够的有机酸和 H_2CO_3。在不同的生长阶段,由于烟草根系活力变化较大,因此

烟草对 K^+ 的吸收活力和亲和力也会发生改变。胡国松等报道,在烤烟移栽后的前 3 周,烤烟吸收 K^+ 的速率极慢,从第 4 周开始,烟株吸收 K^+ 的速率增加极快,到第 6~8 周时吸收速率达到最大值,然后随着时间推移急剧下降。国外学者 Sims 研究发现,烤烟移栽后 K^+ 的积累速度远远大于干物质的积累速度,在 7 周内完成了 70%~80% 积累;进入成熟期后 K^+ 积累速度变缓,K^+ 积累量呈下降趋势。有研究报道,在缺钾条件下,烟叶含钾量以团棵期和打顶期为生理缺钾转折点,并随着生育进程的推移呈现阶梯状逐级下降;在正常施钾条件下,叶片中含钾的突变期在打顶期。关于钾在烟株各个器官中分配的研究也有很多。供钾充足时,烟叶含钾量由上至下逐渐增高;当供钾不足时,下部烟叶中的钾离子会向上迁移,因此钾含量随叶位的上升而上升。方智勇研究认为,钾在烟株中的分配比例为茎最多,叶次之,根最少。程辉斗在云南 3 个烟区进行了不同生育期烟株的吸钾量及其在各器官中分配的研究,结果表明:烟草进入成熟期后,烟叶中钾含量下降极为明显,而根、茎及权中的钾含量则呈现上升的趋势。由此可见,烟草进入成熟期后钾从根、茎向烟叶的运输能力减弱,经济器官中钾的分配比例较低,而非经济器官中钾的分配比例较高,致使钾素在烟株中的分配不够合理,这可能与后期烟株根系活力下降和体内钾的转移有关。

(3)钾素营养对烟草品质和产量的影响。

钾能提高烟叶外观和内在品质。充足的钾素供应,不仅可保证烟株生理代谢的正常进行和健壮生长,而且可以改善烟叶品质,使烟叶身份适中,弹性和柔软性增加,烟叶焦油量降低,能提高烟叶的酸性致香成分含量。含钾高的烟叶呈现深橘黄色,香吃味好,弹性和韧性好,填充性强,燃烧性和阴燃持火力好。随着含钾量的提高,烟叶的耐熟性也得以提升,使完熟采收期延长,降低了下部叶片假熟率。钾素与烟叶燃烧性密切相关,含钾量与着火温度呈负相关,$K/(Ca+Mg)$ 则与燃烧时间呈正相关。钾素还通过影响烟草的生物化学过程来改善烟叶的品质,而生物化学过程影响了烟碱、有机酸、氨基酸和糖等化学成分。烟叶的酸性香气成分含量、中性香气成分含量与钾肥施用量和烤后烟叶钾含量都呈正相关关系,烤后烟叶钾含量与酸性香气成分含量和中性香气成分含量达到了显著相关。烟草是嗜钾作物,烟草产量与施钾量呈正比,因为钾素可以促进烟草根系生长,有利于吸收更多的土壤养分,进而加速地上部分的生长及叶面积和生物量的增加。但钾肥用量超过最适水平后,再继续增加钾肥施用量就对提高烟叶产量没有太明显的效果了。在一定的施钾量范围内,增加施钾量能提高烟叶的含钾量,且烟叶的含钾量与烟叶每公顷产值呈正相关。

2.影响烟叶含钾量的因素

(1)烟草品种。

周冀衡等人就 NC82、NC89、K326 三个品种对钾素营养的响应能力做过研究,结果表明三个烤烟品种中以 NC82 对钾素营养的响应能力最强,其次为 NC89,最后为 K326。另外,牛佩兰等人对 26 个烟草基因型间钾积累效率进行了研究,结果表明钾高效基因型吸钾效率是钾低基因型的 3 倍多,并且这种基因型间的钾效率差异在不同土壤、气候条件下表现一致。

(2)植烟土壤特性。

植烟土壤特性是影响烟草钾素营养的首要环境因子,我国土壤含钾量偏低,大部分烟田有效钾含量在 100 ~ 150 mg/kg。再加上我国耕地面积少,复种指数高,大多数烟区实行烟稻水旱轮作或实行烟草与其他经济作物轮作,钾肥施用量本来就不足,当种植烟草时上季施用的钾肥早已被上季作物耗尽,导致烟草缺钾日趋严重。当土壤全钾含量在低水平时,即使土壤速效钾含量处于极高水平,烟叶含钾量仍然会随着土壤全钾含量的增加而升高。土壤水分能影响土壤溶液中钾离子的运输能力,25 ~ 35 kPa 的土壤水分张力对烟叶中钾的积累最有利。烟草在伸根期若存在低度或中度水分胁迫,会增加烟叶含钾量。土壤 pH 值也能影响土壤养分的形态转化及有效性,酸性土壤环境有利于有效钾的释放。过高或过低的 pH 值都会影响烟草对钾的吸收,从而影响烟叶品质。由于土壤胶体吸附位上 H^+,Al^{3+} 较多,抑制了土壤中 Ca^{2+} 和 Mg^{2+} 的活性,促使 K^+ 进入土壤溶液,从而使植物对 K^+ 更易吸收。弱碱性土壤环境也有利于烟草对钾的吸收。因此,在一定 pH 值范围内,烟叶含钾量与土壤 pH 值呈正相关关系。在土壤平均 pH 值为 5.33 时烟叶含钾量最高, pH 值低于 5.0 或高于 6.1 对烟株的钾素营养都有不利影响,特别是 pH 值低于 5.0 的影响更大。烟叶含钾量与土壤钙镁含量呈显著负相关,镁对钾有拮抗作用,钾对钙镁有拮抗作用。

(3)生态条件的限制。

不同的烟草品种在不同的生态条件下种植,烟叶品质变化较为显著。烟叶含钾量会随着海拔的增高而增加。国外的高钾烟草品种引种到我国后不能表现其高钾潜力,这说明了我国的生态气候条件对烟叶含钾量有不利影响。

(4)栽培措施。

大量的研究结果表明,栽培技术措施对烟叶的品质影响相当大,而且栽培因素和气候因素交互影响烟叶品质,因此针对烟草的不同生育期要采用不同的栽培技术措施。在烟草栽培中采用深栽培土结合追肥可以使烟叶钾素含量提高 26.7% ~ 81.1%。减少烟叶采收次数也可以提高上部烟叶含钾量,提高烟叶品质。烟叶中的钾素主要靠烟株根系供给,要增加烟叶含钾量,可以通过增加烟株根系数量来增强烟株对钾素的吸收能力。比如,移栽时切断烟苗根系的主根,利用顶端优势促进烟苗侧根快速生长,生根期采取措施促进根系的生长,利用 VA 菌肥、生根粉等一些生物方法增加根的吸收面积。另外,在烟苗移栽时可采用低垄移栽,当烟苗长到一定时期后再追肥、培土,有利于形成强大、深展、高活力的根系,从而提高烟株吸肥、吸水、抗旱能力。通过增加具有较强吸收活性的不定根量,可使烟株的总根量大幅度增加,进而提高烟株对钾的吸收效率,从而使烟叶含钾量得到提高。

3.提高烟叶含钾量的途径

(1)合理施用钾肥。

烟草上部叶和中部叶含钾量与生育中、后期钾肥供给量呈极显著正相关,特别是中部叶与前、中、后期钾肥供应量均呈现极显著正相关。烟草移栽后60 d 或90 d 施用钾肥可以提高烟叶的钾素含量。我国大部分烟区耕层比较浅,导致施肥不深,采用穴施可以大幅度提高钾肥施用后的有效性,就是移栽时每株穴施钾肥,先在底部施肥,之后再移栽烟苗,这样可以使肥料集中,减少土壤对肥料的固定,有利于根系吸收,从而提高烟叶含钾量。由于烟草对钾肥的吸收量在成熟期最大,再加上淋溶作用的影响,因此烟叶成熟期一般表现为钾肥供应不足,可以考虑在移栽55 d 前后或在打顶时追施总施钾量的1/3,达到提高烟叶含钾量的作用。改革施钾技术也能提高烟叶钾含量,在起垄前将基肥量的60% ~ 70% 条施于垄底烟株种植行上,然后起垄;移栽前,再将基肥量的其余 30% ~ 40%施于定植穴底部,与土壤充分混合,覆以薄土后移栽烟苗,这样有利于烟株生长后期的钾肥供应,促进烟草后期吸钾,提高烟叶含钾量。采用基肥加分次追肥的施肥方式可以提高烟株对钾素的吸收利用率,采用垄作深耕和土壤分层施肥技术也可以提高烟叶含钾量。钾肥分两次施用,不仅可以促进烟株对钾素的吸收,而且烟叶成熟时烟株吸收的钾能更多地分配到烟叶中,从而提高烟叶含钾量和烟叶品质。烟叶含钾量与土壤速效钾、缓效钾含量关系不大,单纯通过增施钾肥来提高烟叶含钾量是不可取的。大量硫酸钾施入土壤后,一部分离子态的钾会被土壤中 2:1 型的黏土矿物固定为非交换性钾。合理施用硫酸钾可以提高烟草光系统Ⅱ(PSⅡ)反应中心的活性,提高叶绿素含量。硫酸钾的供钾浓度超过 15 mmol/L 时,烟株生长受到明显的抑制,可能是 SO_4^{2-} 的富集对烟株产生了毒害作用。

(2)新型钾肥的使用。

①生物钾肥。

生物钾肥是一种新型细菌肥料,即硅酸盐菌剂,它能够将土壤中的矿物钾分解成有效钾,能够促进土壤自然钾素的释放,以及难溶性钾向速效性钾的转换,从而增加烟草根系周围的 K^+ 浓度,尤其在作物根际,它可以像豆科植物的根瘤菌一样产生生物活性物质,促进根系生长,提高钾肥利用率。施用生物钾肥可改善烟株根际微生态环境,促进烟株主根的生长和侧根的发生,有利于根系对养分的吸收。施用生物钾肥可以使土壤速效钾含量增加 30.2 ~ 48.6 mg/ kg,使烟叶含钾量从 1.08% 提高到 1.61%。生物钾施入土壤后,作物对钾肥的利用率可达到 60% ~ 70%,保证烟株正常落黄,改善烟叶成熟度和内在品质。施用生物钾肥的烟株分层落黄好,层次分明。

②有机钾肥。

植物对有机络合态的肥料的吸收率要比无机态肥料高出 10% ~ 20%。有机肥和无机肥配施可以提高钾素在烟叶中的分配比例,从而提高烟叶钾含量,进而提高烟叶品质。施用有机钾肥可显著提高烟叶含钾量,使烟叶内在化学成分更加协调,经济效益明显提升,这可能与增施有机钾后土壤生物菌的固氮、降磷、结钾作用有关。有机钾肥和生物钾肥均可提高烟株硝酸还原酶(NR)、超氧化物酶(SOD)、蔗糖酶(INV)、根系 ATP 酶活性,增强烟草生长后期根系活力。有机钾肥和钾硅矿物肥配合施用,可延缓叶片衰老,保证烟叶有充分时间成熟。

③包膜控释钾肥。

控释钾肥养分的释放时期与烟草生长需钾期同步,后期仍有充足的钾素供应,保证供钾充足。控释钾肥可以显著提高烟叶的含钾量,施用控释钾肥的烟叶采烤后的含钾量是相同施钾水平下常规钾肥处理的 1.8 ~ 2.3 倍,提高了烟叶品质。

(3)使用物理调控措施。

地膜覆盖有利于中前期烟叶含钾量的积累,而打顶后揭膜有利于后期烟叶含钾量的提高。打顶时在距茎 20 cm 处从一侧断根能减少钾素外溢,有利于烟叶含钾量的提高;在适当断根的同时补施钾肥,可能有利于叶片含钾量的进一步提高。因为烟株内的钾素存在外排现象,所以可以采用断根来减少钾素的外排。从相对钾含量和绝对钾含量的降低程度来看,断根处理的钾含量的减少量(0.52%)要小于未断根处理的减少量(1.4%),说明断根处理可以减少根系外排面积,从而提高了烟叶的钾含量。在圆顶期采用沿茎基部环剥韧皮部 5 cm 左右的环剥,能在一定程度上有效阻止钾素由茎韧皮部向根部回流,有利于提高烟叶钾含量。

(4)使用生长调节剂。

植物生长物质是一大类能够控制植物生长、发育、生殖和衰老的物质,包括内源激素和外源激素,外源激素也叫植物生长调节剂。利用植物生长调节剂来维持烟株体内激素平衡,不仅有利于烟草的生长发育,也有利于提高烟叶含钾量,改善烟叶品质。在烟草生产上一般用打顶来保证光合产物及矿质养分更多地留在叶片内,以获得更好的经济效益。打顶后烟株库源关系发生剧烈变化,烟株体内有大量钾离子沿韧皮部由地上部回流到根中,造成根的钾含量提高而叶的钾含量降低。现蕾打顶时,用生长素处理茎断面,人为制造顶端优势,协调烟株钾素库源关系,配合补施钾肥,促进了钾素在烟株体内的积累,从而提高不同叶位的含钾量,说明外源生长素的活性比内源生长素强,能有效提高烟叶的含钾量。烟草施用生长素能增加叶重,抑制烟草侧芽生长,从而减少烟叶中的钾素向侧芽转移,提高烟叶钾含量。

(5)水肥调控技术。

土壤含水量和孔隙密度与钾肥肥效发挥率有着密切的关系,运用好水肥调控技术可以为烟草根系生长创造出良好的环境,同时有利于土壤中其他养分的迁移。在烟草生产中保持良好、稳定的水分供应和通气条件对钾素的吸收和积累是有利的。土壤的阻抗因素决定了钾素迁移路径的长短,同时也影响扩散系数。土壤的阻抗因素与土壤水分含量、粒径、孔径分布和土壤容重等因素有关。这 4 个因素中,土壤水分和土壤容重是可以调控的,调控土壤水分的措施有适时适量灌溉。当土壤容重为 1.1 ~ 1.3 g/cm³ 时,随着土壤紧实度的增加,土壤气体孔隙数量降低,土壤水分连续性增加,养分的扩散速率增加。但是土壤容重大于 1.3 g/cm³ 时,养分迁移数量反而下降。

柴家荣通过正交试验研究了氮、磷、钾营养对云南宾川白肋烟叶绿体色素、化学成分的影响,结果表明,施氮水平及氮、磷、钾比例与白肋烟叶绿体色素、内在化学成分关系密切。叶绿体色素含量与施氮量、N∶P_2O_5、N∶K_2O 呈正相关,三要素对叶绿素、叶绿素 a、叶绿素 b 及类胡萝卜素的影响作用为 N>K>P。施氮量、N∶P_2O_5、N∶K_2O 与总氮、烟碱、蛋白质含量呈正相关,而与总糖、还原糖、施木克值、糖/碱、氮/碱呈负相关,三要素对总糖的影响为 N>P>K,而对还原糖、烟碱、总氮、蛋白质的影响是 N>K>P。叶绿体各色素的变化不仅与叶片部位、生长发育期有关,与氮素营养及磷、钾配比关系也较密切,适宜的氮素供给和磷、钾配比能保证烟叶正常发育和落黄成熟。从有利于白肋烟品质形成的角度分析,以施氮量 300 kg/hm²、N：P₂O₅=1：1、N：K₂O=1：3 最佳,其次是施氮量 300 kg/hm²、N：P₂O₅=1：1.5、N：K₂O=1：2 和施氮量 360 kg/hm²、N：P₂O₅=1：1、N：K₂O=1：1。

在湖北恩施,以白肋烟品种鄂烟 1 号为材料,探究氮、磷、钾肥对白肋烟产量及肥料利用率的影响,结果表明,氮对白肋烟产量的肥料贡献率最高为 56.23%,地力贡献率最低为 43.77%,农学利用率最高为 4.85 kg/kg;磷对白肋烟产量的肥料贡献率最低为 2.33%,地力贡献率最高为 97.67%,农学利用率最低为 0.20 kg/kg;钾的肥料贡献率、地力贡献率和农学利用率分别为 8.30%、91.70% 和 0.36 kg/kg;氮磷钾全量的肥料贡献率、地力贡献率和农学利用率分别为 51.98%、48.02% 和 1.12 kg/kg。因此,在土壤养分含量较充足时,氮肥按标准施用,磷肥应少量施用,钾肥可适当减少施用。

（四）中微量元素

中微量元素是烟草生长发育所必需的营养元素,虽然它们被烟株吸收的数量没有氮磷钾多,但其在烟株生长发育过程中起着不可替代的作用,营养不足或过量均会导致烟株生理机能失调和生长发育受阻,影响烟叶化学成分协调性及香味成分的含量,从而影响烟叶的质量。

镁(Mg)、锌(Zn)、硼(B)、钼(Mo)等是植物必需的营养元素,摄入不足或过量都会导致植物生理代谢失调和生长发育受阻,它们可以通过生理功能对烟叶质量产生影响。据柴家荣(2002)研究表明,叶面喷施镁、硼、钼肥,烟叶的总氮、蛋白质、氯含量有增加趋势,烟碱量有下降趋势;施硼肥,总糖、还原糖有降低趋势,而施镁肥还原糖有增加趋势;施镁、硼、钼肥化学成分比例较对照协调,香气量有所增加,香气质有所增进,余味有所改善;施锌肥烟叶各化学成分含量略低于对照,但对香气质、杂气改善有利。生产实践中,根据土壤及烟株生长情况,适量补施中微量营养元素对提高烟叶质量具有积极的促进作用。

柴家荣(2008)通过研究中微肥营养元素对云南宾川白肋烟致香物及吸味品质的影响发现,叶面施用中微肥与对照(未施用)的致香物成分含量有明显差异,检测出的 56 种致香物成分中,共有成分 39 种,异有成分 17 种;镁(Mg)、硼(B)处理比对照多 11 种成分,总成分 56 种,钼(Mo)处理比对照多 10 种成分,总成分 55 种,锌(Zn)处理比对照多 5 种成分,总成分 50 种;各处理检出挥发性致香物的总量比对照多 13.36%～29.73%,大小顺序为 Mg(29.73%)>Mo(28.69%)>B(26.37%)>Zn(13.36%)。综合各处烟叶的致香物成分含量、常规化学成分及评吸结果,在当地土壤养分及施肥状态下,施用镁肥效果最好,其次是施用钼、硼肥,施用锌肥与对照差异不明显。

秦艳青(2012)对四川达州白肋烟植烟土壤中、微量元素含量进行了分析,结果表明:四川达州白肋烟植烟土壤中交换性钙、交换性镁和有效硫的平均含量分别为 278.88 mg/kg、27.56 mg/kg 和 37.08 mg/kg;有效铁、锰、铜、锌、硼和氯的平均含量分别为 63.72 mg/kg、55.96 mg/kg、0.19 mg/kg、2.11 mg/kg、0.15 mg/kg 和 91.81 mg/kg。该区植烟土壤交换性钙、交换性镁、有效铜及有效硼含量不足,有效硫、锌、铁、锰的含量总体上较丰富,氯含量偏高。四川达州白肋烟植烟土壤中交换性钙、交换性镁含量均处于极度缺乏或缺乏水平。因此,在烟草生产中必须注意对这两种元素的补充,增施钙镁磷肥、石灰和碳酸镁等肥料。土壤交换性钙与交换性镁的比值应为 6.5∶1 左右,当这个比值大于 20 时,易造成镁的缺乏。另外,石灰用量应根据土壤酸度合理确定,施用过多会降低硼、锌等微量营养元素的有效性,并造成土壤板结;石灰一般用作基肥,有绿肥作物的产区可与绿肥同时翻耕入土。达州白肋烟植烟土壤有效硫含量总体上较丰富,但空间变异大,在生产上要因地制宜,对有效硫含量丰富的土壤,应严格控制硫酸钾等含硫肥料的使用,可选择硝酸钾作为烟用钾肥。达州白肋烟植烟土壤有效铁、锌的含量总体上较丰富,但空间变异较大,有 4.8% 的土壤缺铁,14.3% 的土壤有效锌含量处于缺乏和临界缺乏水平。对铁、锌缺乏或潜在缺乏的土壤,在生产中要注意合理补充,促进烟株营养平衡。此外,土壤有效锰的含量丰富,有效锰含量超过 30 mg/kg 的土壤占 85.7%。因此,对锰含量丰富且 pH 值低于 5 的土壤,应合理施用生石灰调节土壤的酸碱度,以防锰中毒。达州白肋烟植烟土壤氯含量偏高,生产上要严禁施用含氯肥料,对前茬作物也要谨慎施用氯化铵、氯化钾等含氯肥料。另外,土壤有效硼和有效铜普遍缺乏,生产上必须充分重视这两种元素的补充。硼可在烟草专用基肥中统一添加,或者在烟叶团棵和旺长期进行叶面喷施。

1. 镁(Mg)

镁是植物生长必需的营养元素,国外学者把镁素列为仅次于氮、磷、钾之后的第四大必需营养元素。镁素对烟草生长、生理代谢、产量和品质的形成均起到重要的作用。镁是维持叶绿素结构的重要元素之一,还是烟叶品质形成的重要影响因子之一。镁素能促进烟草叶片光合作用和生理代谢的进行,从而促进烟株生长、改善烟叶品质,缺镁将导致叶片光合作用和生理代谢受阻,对烟株生长和烟叶品质产生不利影响。缺镁时,植物叶片叶绿素合成受阻,表现为失绿现象。首先是叶尖、叶缘的脉间失绿,叶肉由淡绿转为黄绿或白色,但叶脉仍呈绿色,失绿部分逐渐扩展到整叶,使叶片形成清晰的网状脉纹。在光照较强时,叶片上的失绿、坏死等缺镁症状更易出现。由于镁是植物体内可再利用元素,因此缺镁症一般先出现于下部老叶。烟株缺镁时,底部叶片先失绿,首先是叶尖及叶缘处发黄,然后扩至整个叶脉间,严重时叶片呈白色,叶片少而小,茎缩短,植株矮小,生长发育缓慢,根系发育不良。烟株严重缺镁时,下部叶几乎变成黄色和白色,叶间、叶缘枯萎,向下翻卷。缺镁烟叶难以烘烤,烤后呈暗灰色、无光泽或变成浅棕色,油分差,无弹性。烟叶缺镁时,烟叶灰分含量增加,淀粉含量降低。随供镁水平的提高,烟叶糖含量下降,总氮和蛋白质含量增加,施木克值和糖碱比下降,各指标与镁肥用量之间存在着显著或极显著线性相关关系。

(1)镁与光合作用。

镁是叶绿素的中心金属离子,占叶绿素分子量的 2.7% 左右,是维持叶绿素结构的重要元素之一。作物生长缺镁时,叶绿体结构受到破坏,基粒数下降,被膜损伤,类囊体数目降低。叶绿体类囊体膜系统中维持一定的镁离子浓度可高效诱导类囊体膜垛叠形成更多的基粒。基粒数的增加和集中有利于光合膜色素间的能量传递,高效利用所吸收的光量子并迅速地把它们转化为化学能。同时在逆境或老化过程中,光合膜上的亚麻酸易游离出来,对光合膜造成损伤。而适当的 Mg^{2+} 供应能逆转亚麻酸对光核膜造成的伤害,使叶绿体中重新出现基粒。

镁在提高植物光合效能方面也起着重要作用。在饱和光强下,镁能明显提高阴生和阳生植物的 PS Ⅱ 电子传递速率。镁能明显提高叶绿体的 Fv 及 Fv 与 Fm 的比值,提高 PS Ⅱ 活性和原初光能转化效率,促使植物把更多的光能转化为化学能。镁还能调节叶绿体 PS Ⅱ 和 PS Ⅰ 之间激发能的分配,提高 PS Ⅱ 和 PS Ⅰ 相对荧光产量的比值,使激发能分配有利于 PS Ⅱ。研究表明,在缺镁胁迫下,大豆叶片叶绿素含量显著降低,质膜透性明显升高。缺镁不仅导致作物叶片叶绿素含量降低,而且会使光合电子传递速率、Fv/Fm、ΦPS Ⅱ 等下降,净光合速率降低,加重了叶片受到光抑制的程度。而适量供镁有利于改善叶片光合性能。水培条件下,烟草叶片叶绿素 a、叶绿素 b 和类胡萝卜素含量均随供镁水平的提高而显著增加。崔国明等研究发现,烟田施用镁肥后烟叶叶绿素、类胡萝卜素含量和光合强度分别较对照提高了 57%、29% 和 37%,叶绿素和类胡萝卜素含量与供镁水平之间呈显著和极显著正相关关系。

(2)镁与生理代谢。

作物生长过程中发生着一系列的生理生化变化,镁在生理代谢过程中也扮演着重要的角色。生理生化反应过程中,许多参与光合作用、糖酵解、三羧酸循环、呼吸作用、硫酸盐还原等的酶都需要 Mg^{2+} 来激活。镁还参与 ATP 酶的激活,是 ATP 合成过程中 ADP 和酶间必需的桥接组分。几乎所有的磷酸化酶、磷酸激酶、二磷酸核酮糖羧化酶(RuBP)都是在镁的参与下得到了激活或活化,从而加强了 CO_2 的固定,促进了光合作用的进行。

缺镁会引起光合同化能力的下降和光合同化产物受阻,水稻叶片糖和淀粉含量较正常供镁处理下降 70% 左右。与缺镁处理相比,供镁处理龙眼叶片羧化效率提高了 100%,缺镁处理中叶片还原糖、非还原糖(蔗糖)含量略低于供镁处理,但淀粉含量高于供镁处理,而茎秆、根系的淀粉含量明显低于供镁处理。镁还参与蛋白质和核酸的合成,它是蛋白质合成过程中核糖亚单位联合作用时的一个桥接元素,还对 RNA 聚合酶起专性激活作用。当缺镁时,蛋白质和核酸合成立即停止。

(3)镁与烟草生长。

由于镁素在光合作用和生理代谢过程中起着重要作用,因此镁素与烟草生长状况也有着密切关系。据研究,单株镁累积量与根系活力和单株根系总活力均呈正相关关系。方红等对湖南烟田施用镁肥与镁素累积量之间的关系进行研究,结果表明,烟叶含镁量和单株镁累积量均显著高于未施用镁肥处理。施用镁肥后烟叶镁含量可提高 73.5% ~ 89.4%。烟田施用镁肥有利于根系生长,根深和根幅分别提高了 70% 和 50% 左右。缺镁可导致作物根系输导组织畸形,叶片栅栏组织和海绵组织细胞排列紊乱,降低植株吸收养分的能力。缺镁土壤上施用镁肥能分别提高氮、磷、钾肥料利用率 27.6%、18.0%、118.7%。适量施用镁肥还能促进烟株对硼、铜等元素的吸收。适量的镁素供应能促进烟株根系发育,有效提高烟株对矿质营养的吸收利用,有利于烟株生长发育。施用镁肥能提高烟草有效叶片数,增加株高,明显改善各部位叶片大小和单叶重。韦翔华等研究表明,烟田施用镁肥可使最大叶面积较对照增加24%～27%,有效叶数增加1.5片左右,叶片厚度也有所增加。镁肥施用效果在烟草生长前期表现不明显,生长中后期差异逐渐明显,施镁处理有效叶片数较对照增加17.2%～25.8%。在烟草生长不同时期喷施叶面镁肥可促进叶片的落黄成熟。

烟叶中K/Mg值和Ca/Mg值也能反映烟草镁素营养状况。烟叶的K/Mg值在4～5较合适,在5～10缺镁不显著,在15～20则出现缺镁症状。当烟叶中Ca/Mg值大于8时亦会出现缺镁症状。土壤的供镁能力与土壤交换性镁含量高低密切相关,因此土壤交换性镁含量也是衡量土壤中镁素丰缺程度的重要指标,但各地研究结果不一。多数研究认为,土壤交换性镁的临界值为50 mg/kg,当土壤交换性镁含量低于50 mg/kg时,表明土壤镁素缺乏,施用镁肥效果较明显。

土壤镁形态中交换态镁和水溶态镁对植物是有效的,二者合称有效镁,其中交换态镁占绝大部分。植物对镁素的吸收利用主要取决于土壤有效镁的供应状况和介质环境条件。土壤的全镁量、土壤质地和代换量、土壤酸度和阳离子交换量、土壤胶体的种类及土壤中的其他元素(如Al、Ca、K、Na、F、N、P、Fe)与镁之间的相互作用对镁素的吸收利用影响较大,其中土壤酸度、交换性钙、铝的影响最大。土壤pH值在4.6～7.5范围内,土壤pH值与交换态镁含量之间有极显著的相关性,土壤pH值过低,对镁的释放有明显的抑制作用,同时由于土壤pH值低,镁淋失严重,土壤交换态镁平均含量低于临界水平,造成镁营养供应不足。NH_4^+也对镁的吸收产生拮抗作用,可能原因是植物吸收NH_4^+后,根际pH值降低,H^+拮抗了镁的吸收。因此肥料形态中NH_4^+比例过大也容易导致镁素的缺乏。在南方多雨地区,土壤有效镁容易淋失,尤其在土壤pH值较低的地方,淋失现象较为严重,土壤容易缺镁。长期种植喜镁作物(如甘蔗、芝麻、咖啡、橡胶树、烟草、玉米等)的土壤也容易出现镁素的匮乏。

烟草上常用的镁肥种类主要有硫酸镁、氧化镁、白云石粉、菱镁矿、蛇纹石粉和硫酸钾镁等。一些新型含镁肥料也在生产上得到了应用,并表现出增产效果。镁还可作为一些肥料的副成分,如钙镁磷肥、硅镁钾肥、农家肥等。镁肥的施用应根据不同的土壤状况合理选择。硫酸镁、硫酸钾镁等都是水溶性肥料,容易被作物吸收,在中性或碱性土壤施用效果较好。白云石、菱镁矿、蛇纹石等含镁肥料较难溶于水,肥效较慢。这些镁肥适合在酸性土壤中施用,不仅能改善土壤酸碱状况,同时土壤酸又可促进难溶性镁肥溶解,增加土壤有效镁含量。钙镁磷肥是烟叶生产中常用的肥料品种,它除了能供应磷素外,还能补充红黄壤中镁、钙等元素的不足,利于改善作物的营养条件。不同镁肥施用于土壤后,土壤交换性镁含量显著提高,土壤交换性镁含量大小顺序是硫酸镁＞氧化镁＞白云石粉＞钙镁磷肥;在相同的供镁水平下,氧化镁处理烟株长势最好,烟草镁含量和吸收量最高,总生物量和烟叶产量也最高。李永忠等研究了蛇纹石、氯化镁、磷酸铵镁和硫酸镁对烟草产量和质量的影响,结果表明,不同镁肥对产量和质量的改善效果为磷酸铵镁优于硫酸镁和氯化镁,蛇纹石由于肥效较为缓慢,当季效果较差。新型钾镁肥中钾和镁以氧化物形态存在于玻璃状晶体内,施入土壤后靠土壤中微生物和根际分泌出的弱酸降解后才被植物吸收,因此不易被土壤胶体固定,肥效较为稳定,烟田施用效果优于硫酸镁。

镁肥施用方法分为土壤施用和叶面喷施。水溶性较差的镁肥一般做土壤施用效果较好。叶面喷施水溶性镁肥也是常用的一种纠正作物缺镁的有效措施。叶面喷施常用水溶性镁肥,如硫酸镁、硝酸镁、醋酸镁等。在镁素比较缺乏的烟田土壤上,镁肥用作基肥比叶面喷施的效果好,基肥施镁结合叶面喷镁的效果最佳。

2. 硫(S)

在作物体内,硫既是氨基酸、蛋白质的结构组分,又是许多酶与辅酶的活性物质,参与细胞内许多重要的代谢过程;硫的不足和过量都将引起植株体内一系列复杂的生理生化变化,如代谢产物的累积减少,影响烟株的生长发育、烟叶产量和品质等。

硫素缺乏或过量都会对烟草品质造成不利的影响,缺硫时,烟叶中的烟碱、还原糖、有机酸等的含量都与正常烟叶存在较大差异。对于硫含量较低的土壤,适当施用硫肥能促进烟草的生长发育,改善烟叶品质。但施硫量过多也会产生危害。由于烟草需要的钾素大部分由硫酸钾提供,因此,缺硫对烟叶品质的影响目前在生产中尚不多见;相反,由于施硫过多,造成烟叶硫含量过多,品质降低的现象却时有发生。烟叶硫含量高会对燃烧性造成较大的不良影响。这是由于叶片中硫酸根的过量累积使钾与有机酸的结合减少,有机钾的含量降低甚至出现负值;而草酸钾、柠檬酸钾等有机酸钾与卷烟的燃烧性和焦油产生量关系密切,如果烟草的有机钾值很低,即使钾含量高,烟叶的燃烧性也不好。

硫在土壤中可分为无机硫和有机硫两类。无机硫在土壤中的存在形态有 S^{2-}、$S_2O_3^{2-}$、SO_3^{2-}、SO_4^{2-} 及连多硫酸盐(如 $S_3O_6^{2-}$)等,可分成水溶性硫、吸附性硫和难溶性硫等类别;有机硫主要存在于动植物残体和腐殖质中,以及经微生物分解形成的简单有机化合物中,多为碳键硫和酯键硫,其中碳键硫明显高于酯键硫的含量。植物从土壤中吸收的硫主要是水溶性硫和吸附性硫,以及少部分低分子有机硫,它们合称土壤有效硫。生产上对土壤有效硫含量的测定较为重视。

(1)硫素的吸收。

和其他作物一样,烟草从土壤中吸收硫素主要通过两个途径,一是根系从土壤中吸收 SO_4^{2-},二是烟草叶片通过气孔吸收大气中的 SO_2。此外,根系和叶片还可吸收 S^{2-}、HSO_3^-、SO_3^{2-} 以及简单的含硫有机化合物,从而满足烟株生长需要。但植物从土壤中吸收的硫占主导地位,一般为需硫总量的 2/3。从大气中吸收的量取决于土壤供硫量和大气 SO_2 的浓度。当土壤缺硫时,从大气吸收的硫可高达 50%。

(2)硫素的运输。

根系吸收的硫可通过蒸腾流向上部输送。硫酸盐主要在成熟叶片的光合作用下还原同化为有机物,根系蛋白质合成所需的还原硫依赖于地上部向根系的运输。烟草中韧皮部长距离运输的有机硫主要是谷胱甘肽,占 67%;除此之外,甲硫氨酸占 27%,半胱氨酸占 2%~4%。另外,运输来的谷胱甘肽也作为根系硫营养的一种信号,调节根系硫的吸收。

(3) 硫素的分配。

作物对硫素的需求受自身合成蛋白质数量和质量要求的控制,不同的作物、不同部位以及不同的发育时期对硫素的需求各不相同。一般情况下,蛋白质合成活跃的部位需硫量多,合成的蛋白质中富硫氨基酸含量多的部位需硫量多。植株营养生长时期,根系吸收的硫素大部分流向正在发育的叶片;生殖生长时期,硫素主要保证生殖器官的需求,供应充足的情况下才会在叶片中积累,此时根系和叶片细胞液泡中的无机硫、叶片中的谷胱甘肽(GSH)以及其他部位中的有机蛋白都是硫素的积累形式。硫胁迫时,根系积累更多的硫素供自身扩展,所以对根系的影响比较小,使得植株的冠根比变小。

硫在植物体内可以移动,但是这种移动十分有限,所以缺硫症状首先表现在植物的幼嫩器官。硫在植株体内的移动称为再分配,通常是以无机硫即硫酸根的形式输出,在叶片成熟时,没有合成为有机硫的无机硫通过一定的循环通道进入正发育的部位被再次利用。但是在硫胁迫严重的情况下,有机硫也可以通过蛋白质水解转化为无机硫输送到幼嫩部位被再次利用。硫素进入根系细胞后,在液泡、细胞质和外部空间之间的转移与数学模型吻合程度较好;由于中皮层和表皮细胞的结构差异,在叶片中的运动模式比较混乱,中皮层的存在严重阻碍了硫素的转移,使硫素的再分配受到限制。另外,无论哪一种细胞,硫素的运转都受到液泡中硫素浓度的影响。硫素的运转取决于该部位细胞组织的硫素供应以及其他部位对硫素的需求状况,一般情况下,硫素不发生移动,在代谢加强或者是硫胁迫时才会出现硫的转移。伸展到最大长度 60%~70% 的叶片是硫素再分配的主要来源;在硫素营养供应正常的条件下,这种叶片中的硫素有 90% 左右被再次利用;硫供应充足时,叶片中还会有硫素积累的现象,输出和积累的形式主要是硫酸根;硫胁迫条件下,叶片中的可溶性硫化合成为有机硫固定在叶片中,不再输出。谷胱甘肽是有机硫转运的重要形式,同时也是缺硫的传导信号;缺硫时,谷胱甘肽的含量迅速下降,促进硫素的吸收和再分配。

3. 锌(Zn)

国内烟叶锌含量一般为 20~80 mg/kg,烟草对锌的反应较敏感,适应范围窄,一旦超出适应范围将造成微量元素中毒或元素之间互相拮抗,影响烟草的正常生长发育。锌在烟草的生长发育过程中起着重要的作用,对烟草体内的众多酶起着调节、稳定和催化作用,是许多酶的重要组成成分,因此锌对烟株的代谢有着较大的影响。锌肥的适量施用可显著促进烟株的氮代谢,通过影响 RNA、DNA 聚合酶来影响烟株体内核酸与蛋白质的合成过程。另外,锌还参与烟叶叶绿素的合成,进而增强烟株的光合作用能力,促进烟株的生长发育。锌是合成生长素前体色氨酸的必需元素,缺锌必然导致烟叶中的生长素含量随之减少,生长发育减缓,烟株矮小。研究表明,缺锌时烟草生长素含量大量降低,锌素的供应恢复后,2 天内生长素的含量基本恢复。

植烟土壤锌含量是决定烟叶锌含量多少的关键因素,土壤缺锌的临界值为 0.8 mg/kg。研究发现,当土壤锌含量小于 0.50 mg/kg 时,烟草对锌的吸收和利用效率降低,进而影响烟草的正常生长发育过程和烟叶品质的最终形成;当植烟土壤锌含量高于

4.00 mg/kg 时,会抑制烟株对土壤锌素的吸收利用效率,造成土壤锌素的累积。研究还发现,烟叶锌含量的变化与植烟土壤的类型有关,其中以鸭屎泥土壤锌含量最高,其次是黄泥田、黄灰土,黄壤土锌含量最低。杨波等研究显示,植烟土壤有效锌含量与烟株生长发育之间的关系为低浓度可促进烟株生长,高浓度则会抑制烟株生长发育并产生毒害作用。当植烟土壤锌含量在 1.96 mg/kg 左右时有利于烟株的生长发育,对烟叶产量和质量的提高有促进作用,植烟土壤锌含量在 4.69 mg/kg 以下时不会对烟株产生毒害作用,而当植烟土壤锌含量大于 9.75 mg/kg 时,烟株会因为对锌素营养的吸收积累增多而出现中毒现象。赵传良研究表明,当土壤锌肥施用量为 30～37.5 kg/hm^2 时,烟株可获得较高的产量和质量。此时烟株生长发育良好,中上等烟比例提高,烟株体内碳、氮代谢处于平衡状态,化学成分协调。

国内烟草烟叶的锌含量通常在 60 mg/kg 左右,整体上处于较低水平,锌一般以有机酸的结合态、离子态和酶的螯合状态存在。调查研究发现,烟草团棵期对锌素营养的吸收利用效率在 0.67%～1.65%,随着烟株的生长发育,烟草对锌素的吸收利用效率会逐渐提高。研究还发现,烟株对肥料中的锌吸收较快,随着烟株的生长发育,吸收利用率也呈现缓慢增加的趋势,由移栽后第 10 天的吸收量 0.066 mg 逐渐增加到第 85 天(成熟期)的吸收量 7.36 mg,吸收利用效率为 3.45%。烟草对锌元素的吸收虽然很快,但最终的吸收量比较少,大部分锌元素仍然残留在植烟土壤中,可被农作物继续吸收利用。

烟株不同器官锌含量差异也较大,一般分布规律是叶>茎>根。锌素主要集中积累于烟草的叶片中,以上部叶和中部叶含量最多,中部叶片最高锌含量可达到 0.288 mg。烟区生态环境不同,植烟区域气候、土壤和地理位置等的情况也不尽相同,因此烟草对锌素的吸收利用效率也不同,高海拔烟区比低海拔烟区烟株对锌的吸收利用率高。

锌肥的合理施用可显著促进烟草的生长发育,改善烟株的生物学性状和经济性状,增加烟草中部叶的叶面积和单叶重,提高中上等烟比例和烟叶均价,进而使烟叶产量及产值有显著提升。适量施用锌肥,可促进烟株腋芽的生长,促进烟株生长发育,使烟株株高和干物质的积累增加,叶片生长旺盛。对烟草苗期施锌处理发现,与对照相比,烟苗生长量增大,施锌处理的单株茎干重均高于对照,且在成苗期表现最明显。锌肥可增强烟株对钾素营养的吸收积累率,提高烟叶的阴燃持火性,协调烟叶香吃味。合理施用锌肥可显著改善烟叶的香气质、香气量、杂气和余味。

用不同浓度的锌处理烟草幼苗时,对烟草幼苗的生长发育和生理特性都会产生极大的影响,且在大十字期时处理效果最显著。施用锌肥处理可提高烟叶的叶绿素含量,同时可增强烟苗的根系活力,扩大根系营养吸收面积。施锌处理可提高烟苗叶片中的硝酸还原酶活性,提高烟株的氮代谢。采用水培法研究发现,当烟苗水培溶液中锌离子处于适宜浓度时,烟苗生长发育最好,并且外渗电导率、游离脯氨酸和丙二醛含量都处于较低水平,而可溶性糖、可溶性蛋白含量和根系活力都较高,说明溶液中锌浓度适宜可明显提高烟株自身的抗性指标。锌营养可以促进烟株协调生理生化代谢过程,提高烟株的抗逆性,进而减少不良刺激对烟株可能造成的伤害。锌能增加烟草叶片中超氧化物歧化酶的活性,减缓烟株受活性氧自由基的危害,减少烟叶内的丙二醛(MDA)含量,提高烟株对外界不良环境刺激的抗逆性。锌是植物体内 Cu/Zn-SOD 酶的组分,可提高植株体内 Cu/Zn-SOD 酶的活性,消除过多的活性氧自由基,保护膜、叶绿素、核酸等免受外界不良刺激的危害,而缺锌会影响超氧化物歧化酶(SOD)的活性,使植物体内自由基积累。

4.氯（Cl）

氯是烟草必需的重要营养元素之一。在实际生产中,烟草对氯素营养非常敏感,中国大多数烟区土壤不缺氯,烟草又很容易吸收土壤中的氯而在烟叶中累积,过量的氯会影响烟株的生长、烟叶质量、烟叶的燃烧性和香吃味等。缺氯时,烟株生长点附近氯的含量较高。同一烟株中的含氯量为叶梗 > 叶肉 > 茎 > 根;从不同部位烟叶的含氯量来看,下二棚叶 > 腰叶 > 上二棚叶,顶叶含氯量则与上二棚叶的含氯量相近。叶含氯量分别比根、茎高 32.00% 和 28.00%。根、茎、叶吸收总氯量分别占全株总氯量的 9.02%、19.12% 和 71.86%,并且随施氯量的增加,烟叶的含氯量增加。烟草氯利用率随施氯量的增加而下降,干物重随施氯量的增加而增加。

氯在植物体中主要以 Cl^- 形态行使其营养功能。在短距离和长距离运输中,氯的移动性大,易从成熟叶片向其他部位转移。土壤、水体中的 Cl^- 易被植物吸收,而且大多数植物吸收 Cl^- 的速度很快。研究表明,植物吸收氯受代谢影响,属逆化学梯度的主动过程。光照有利于植物对氯的吸收,植物吸收氯的速度在很大程度上也取决于介质中氯的浓度。由于陪伴离子效应,氯能促进 K^+、NH_4^+ 的吸收,而在氯浓度高时,会抑制 NO_3^-、$H_2PO_4^-$ 的吸收。这表明氯对阴阳离子态养分吸收的促进或抑制作用也取决于氯的浓度和比例。

植株对氯的吸收有根部吸收和叶面吸收两种,以根部吸收为主。根部吸收分为两个阶段。首先是氯离子通过扩散作用从土壤溶液的高浓度区向低浓度区扩散进入根系;然后消耗能量通过共质体逆化学势进入植株体内,分布到细胞的液泡、叶绿体及保卫细胞等组织去执行一定的生理功能。氯的吸收、运输受温度、土壤通气状况、pH 值、离子间的相互作用、光照及同化作用抑制剂等因素的影响。氯是叶绿体的组成成分,同时是光合反应的辅酶成分,在光合作用中是光系统 II 的催化剂。植物光合作用中水的光解反应(即 Hill 反应)需要氯离子参加,氯可促进光合磷酸化和 ATP 的合成,直接参与光系统 II 氧化位上的水裂解。光解反应所产生的氢离子和电子是绿色植物进行光合作用时所必需的,因而氯能促进和保证光合作用的正常进行。

适量施氯有利于提高烟叶叶绿素含量,增强烟叶光合强度和烟草根系活力,过量的氯对烟草叶绿素含量和根系活力会产生明显的不良影响。在原生质小泡及液泡的膜上存在的一种质子泵(H^+-ATP 酶)要靠氯(Cl^-)来激活,激活后的酶在液泡膜上起着质子泵的作用,将 H^+ 从原生质转运到液泡中,以维持细胞的正常代谢活动,促进天门冬酰胺的形成。因此,在可溶性氮的长距离运输中,氯发挥着重要作用。植物体内 Cl^- 积累达到一定浓度时,也会对植株体内的硝酸还原酶活性产生较大的限制作用,使体内氮代谢受到干扰,从而影响植物对 NO_3^- 的吸收。

氯在植物体内具有渗透调节功能。Cl^- 是植物内化学性质较稳定的阴离子,能与阳离子保持电荷平衡,维持细胞渗透压和膨压,增强细胞的吸水能力,并提高植物细胞和组织对水分的束缚能力,从而有利于植物从环境中吸收更多的水分。植物在生长发育过程中,不断从土壤中吸收大量的阳离子,为了维持植物体内的电荷平衡,需要有一定数量的阴离子来中和,才能保持其电中性。Cl^- 是常见的中和电性的伴随阴离子,随着植物对土壤阳离子吸收利用量的增加,Cl^- 在植物体内也被不断地积累,从而增加茎叶与外界的水势梯度,增强植物的渗透调节功能,有利于植株从外界环境中吸收水分,提高植株的抗旱能力,抑制某些植物病害发生。氯对植物气孔调节功能的影响主要是指 Cl^- 能通过调节气孔开闭来间接影响植物光合作用和生长,促进作物增产。

氯作为必要的营养元素对烟草的生长发育必不可少,但氯在烟株体内积累过多会产生毒害作用。施氯过量导致烟草的发育受到抑制甚至中毒的原因:一是氯主要通过破坏细胞超微结构而危害植株生长发育。高氯处理植株的叶片内线粒体基质和脊结构易被破坏,线粒体内膜变模糊并呈液化泡状形式,基质变浓,内膜和细胞壁肿胀,细胞壁变粗,细胞壁和质膜间出现稠密物,细胞的膜系统遭到破坏。高氯积累还使细胞质呈网状变化,细胞质局部浓缩,颗粒性毒素出现,大部分细胞结构崩溃,被严重破坏;细胞壁基质质地不均匀,有质壁分离现象出现。二是氯能抑制植物对 NO_3^- 和 $H_2PO_4^-$ 的吸收,而这些离子竞争性结合于膜上阴离子的敏感部位。随 Cl^- 浓度的增加,这两种养分与载体的结合明显下降。高氯可抑制脱氢酶活性,使植物代谢紊乱。氯也能抑制硝酸还原酶的活性,提高过氧化物酶的活性,硝酸还原酶是植物利用氮素的限速酶,因而高氯使氮代谢受阻,过氧化物酶使植物内激素发生分解,影响细胞分裂,限制了细胞的伸长,从而抑制了作物的发育。三是高含量的氯能降低植物体内的叶绿素含量和光合强度,使植物的生长速度减慢。烟株缺氯时表现明显的症状为烟叶向下翻转,叶色不正常,生长缓慢,叶小,易萎蔫,植株矮小,烘烤后烟叶弹性差、易破碎、颜色淡黄。

适宜的烟叶含氯量使烟叶质地柔软,吸湿性较好,具有良好的油润和弹性;膨胀性好,切丝率高,破损小,填充力强;燃烧性好,香气质佳,香气量充足,余味舒适,焦油少,对人体健康危害较小。烟叶 K_2O/Cl 值可用来衡量烟叶品质和燃烧性,比值越高,烟叶燃烧性越好,一般认为 $K_2O/Cl>4$ 较为适宜。烟叶中的氯含量最好在 0.4% ~ 0.8%,K_2O 含量为 2% ~ 4%,K_2O/Cl 值保持在 5∶1 ~ 10∶1,有利于烤烟的优质适产。Cl^- 浓度 > 4.0 mmol/L 使烟株生育后期叶绿素含量居高不下,NR 活性整个生育期都低于其他处理,氮代谢受阻,相对于其他处理烟株生育期延长,Cl^- 浓度 <0.5 mmol/ L 则使营养阶段叶绿素合成受阻,后期降解明显,不利于烟株光合碳的合成,从而降低烟株产量,叶片干物质积累不充分,对品质形成不利。适量 Cl^-(0.5 ~ 4.0 mmol/L)能改善烟株的整体生理机能,使烟株氧化还原酶催化反应和碳氮代谢朝着有利于烟草产量和品质的方向发展。刘洪斌的盆栽试验表明,在一定范围内施氯可促进烟叶对氮的吸收,但不利于烟叶对磷的吸收,施氯可以促进烟叶钾含量的提高,但促进烟叶氯含量增加的幅度更大,从而导致烟叶 K_2O/Cl 值下降,影响烟叶的燃烧性;施氯能提高烟叶烟碱含量(这与施氯促进烟叶对氮的吸收有关),能促进烟叶中水溶性总糖含量的提高。石孝均对重庆烤烟氯素进行研究

指出,施氯降低了上部和下部烟叶烟碱和总氮含量,对中部烟叶影响较小,随施氯量的增加,烟叶总糖和还原性糖提高。也有研究表明,氯含量对烟叶中尼古丁含量影响不大,但含糖量与其呈正相关,同时与淀粉积累也有正相关性。

含氯化肥是指含有氯离子的化肥,主要有氯化铵、氯化钾、系列混肥和专用肥,在烟草生产上使用的一般有氯化铵、氯化钾等。李贵宝认为,含氯化肥施用时必须遵循"合理安全"的原则,要在作物的中后期施用;要重点在中性、石灰性土壤和降雨较多的地区与季节施用,配合施用有机肥及磷肥,因为氯、磷离子间有拮抗作用,配合施用适量磷肥可降低氯的毒害;要讲究施用方法,根据氯离子的水溶性特点,含氯化肥不宜用作种肥或面层肥(秧田基肥),应作为基肥深施,通过翻耕施入土层;提倡均匀施用,做追肥时宜采取穴施或条施,切忌撒施。李廷轩指出,含氯化肥的施用,原则上应深施盖土,集中施用,不宜作为种肥直接施于种子;含氯化肥宜提早施用,让雨水或灌溉水淋失一部分氯离子,以避免氯过多对作物产量、品质的不利影响。长期合理地施用含氯化肥,土壤表层容重较对照增加幅度不大,土壤田间持水量和土壤孔隙度与对照基本保持平衡,土壤三相比稳定协调,还会促进土壤微团聚体(小于 0.05 mm 粒级)形成。长期施用含氯化肥,并未使土壤 pH 显著下降,也不会对土壤性质有很大影响,不会导致盐田整体土壤酸化。Cl^- 通过硝化抑制作用,使作物吸收较多的铵态氮而吸收较少的硝态氮。在吸收利用过程中,作物根系释放出较多的 H^+,从而增加了根际土壤的酸度,导致根际范围的土壤酸化,特别是耕层部分。施入不同数量的含氯化肥,0～60 cm 土层中土壤含氯量及残留率均有差异。低氯处理的平均残留率为 14.5%,高氯处理的平均残留率为 3.6%,且上层土壤中的残留率明显低于下层土层,说明 Cl^- 在土壤中移动性较强,Cl^- 可经降水而被淋溶,氯的残留少。长期施用含氯化肥,土壤中氯离子的积累与淋溶处于一种动态平衡中,投入越多,淋溶也就越多。因此,无论施用低氯或高氯化肥,土层中氯的含量一般稳定在 28.0～35.0 mg/kg,这种浓度不会对作物的生长发育产生毒害作用。

二、常用肥料种类

常用于白肋烟的肥料包括有机肥料和无机肥料两大类。

(一)有机肥料

有机肥(包括饼肥、堆肥、厩肥等)中有机质和氮、磷、钾及各种微量元素齐全,不仅可以为白肋烟生长提供全面的营养,提高烟叶产量和内外在品质,而且可以改良土壤结构,提高土壤肥力,在烟草生产上被普遍施用。

有机肥的施用可降低土壤容重,增加土壤孔隙度,改善土壤通气状况,有利于烟株根系下扎,吸收营养物质。有机肥还能够增加烟株根际土壤细菌、真菌、放线菌等微生物的数量,从而促进肥料的转化和根系对肥料的吸收,增加根系干质量。根吸收和运输水分的能力不仅仅取决于水势梯度,还受液压阻力和渗透阻力的影响,二者产生的液压输导力和渗透输力对根的运输功能起重要作用,饼肥和腐殖酸与化肥配施能够使烟草各级侧根的轴向液压输导力增强,从而促进根系对水分的吸收和运输。生物有机肥能使烟株根系质量和根系体积增大,对烟株根系体积扩增影响最大。腐熟有机肥可使烟草1级侧根和2级侧根的长度、数量、体积及干质量都有所增加。饼肥降解中产生的核苷酸、小肽和氨基酸等是生物活性调节剂,能够刺激烟草根系生长。饼肥可促进烟株根系活力和根系干质量的提高,而且可以使根冠比更协调,根系烟碱含量降低,根中可溶性糖含量增加。

有机肥能够保证烟株后期的营养供应,配施生物有机肥可使烟株生长速度加快,株高和有效叶数增多;但是有机肥比例过高时,烟株早期生长迟缓,后期落黄较慢,成熟期延长。有机肥含有多种微量元素,且有机质在分解时产生的中间产物含有一定的活性基团,能够络合或螯合土壤中的微量元素,提高微量元素的有效性。微量元素可以使氧化物酶同工酶的酶带数减少,活性降低,从而减少烟株病害的发生。有机肥在分解时还能产生抗生素类物质,使烟株的抗病力增强。有机肥还可以通过改善植株钾素营养状况,来提高其对病原菌侵染的抵御能力,并促进某些抗病化合物的生成,减轻病害。

饼肥能够增加叶肉细胞的密度,饼肥和腐殖酸与化肥配施,能使烟草中下部叶片栅栏组织厚度增加,叶片空隙度减小,叶肉细胞密度增加,在解剖结构上下部叶的特征更接近于中部叶,而且能够使烟草上部叶片的厚度降低、组织疏松度适宜、内含物较为充实。有机肥可以提高烤后烟叶的单叶质量、叶厚、叶质重和平衡含水率,降低其含梗率,填充值有所增加,但差异不显著。对烟草增施有机物质可以提高平衡含水率,增加叶片厚度,促进叶质重、拉力和抗张强度增加,而使填充值下降。说明有机肥对烟草填充值的提高贡献不大。施用微生物有机肥的烟叶成熟期延长,烟叶不仅生理成熟,而且内含物转化充分,烟叶成熟度提高。豆饼可以增大烟叶腺毛密度、改善烟叶油分,从而提高烟叶品质。饼肥与化肥配施可使烟草上部叶面积增大、厚度降低,同时改善烟叶的色泽、油分和弹性。

有机肥能够提高烟株根际土壤中的蛋白酶和脲酶活性,促进烟株对氮素的吸收、利用和分配。增施有机肥能够提高烤后烟叶中的氨基酸含量,改善烟叶质量。有机肥可以使烟草中、下部烟叶的烟碱含量降低,上部叶烟碱含量不增加,还能降低中、上部叶的蛋白质含量。饼肥可以降低上部叶的蛋白质含量,而中、下部叶蛋白质含量先升高后降低,这有利于下部叶增厚和上部叶充分开片。有机肥可以提高根际土壤中碳酸酶和转化酶的活性,碳酸酶可水解有机碳化合物,转化酶能裂解二糖,这两种酶活性的提高可促进土壤碳素营养,从而促进糖类等碳水化合物的生成。而且有机肥施入土壤中所产生的有机酸、维生素、植物激素、氨基酸等小分子物质和多肽、酶类等大分子化合物被烟株吸收,有利于烟株生成香气物质。生物有机肥可提高烤后烟叶中的类胡萝卜素、类西柏烷类、苯丙氨酸、新植二烯等中性香气成分。微生物有机肥能显著提高烟株圆顶时叶片的蔗糖转化酶活性,从而提高叶片碳代谢强度,促进后期烟叶中的同化产物向有机酸、醛类、酮类等小分子致香物质转换。饼肥不仅可以显著提高烟株上部叶和中部叶的石油醚提取物含量,而且能提高豆蔻酸、月桂酸等饱和脂肪酸含量,降低亚麻酸、亚油酸等不饱和脂肪酸含量,对中下部叶还原糖含量的提升也较明显。有机肥在分解时可产生草酸、酒石酸、乳酸、苹果酸、乙酸、柠檬酸和琥珀酸等,这些酸对不同形态的磷有活化作用,从而显著提高土壤中速效磷的含量。施用有机肥的烟株前期对磷素的吸收速率较大,后期较小,这就促进了烟株前期对磷的吸收利用,降低了后期烟叶对磷的吸收量,避免烟株由后期吸磷量过多而导致的上部叶偏厚。有机肥既能在土壤中分解有机酸,溶解土壤中的难溶性钾,又能使土壤的保肥性增加,减少钾离子淋失量,从而增加烟叶中的钾含量。有机肥还可以提高烟叶中磷、镁、锌、锰、钙、铁、铜的含量,但是对氯离子含量的影响不显著。

配施有机肥可以提高烟叶的香气质、香气量、劲头和刺激性,而基本不影响燃烧性、灰色、余味、浓度。饼肥可以增加烟叶的香气量,使香气质纯净、杂气减少,还能提高燃烧性,使刺激性适中、余味舒适。生物有机肥可以使烟叶的香气质提高、杂气减少,同时改善吃味。施用有机肥可以提高烟叶安全性,因为有机肥的非水溶性分解产物会产生络合作用并能够提高土壤 pH 值,从而促进重金属沉淀、吸附,降低其有效性。有机肥能够减少烟草对 Pb 和 Cd 的吸收,降低烟叶中的 Pb、Cd 含量。此外,有机肥还能提高烟叶中硝酸还原酶的活性,促进烟草叶片中 NO_3^- 的还原和同化,降低叶片中的硝酸盐和亚硝酸盐含量,从而降低叶片中烟草特有亚硝胺(TSNAs)的含量。

可用于烟草的有机肥料主要有饼肥和草木灰等。饼肥是烟草较好的有机肥料,除含有丰富的氮、磷、钾外,还含有其他烟草必需的大量元素和微量元素。合理施用饼肥,对改进烟草品质、改善土壤特性、增加土壤有机质含量具有良好的效果。草木灰含有丰富的钾,同时含有部分烟草必需的矿质元素。在酸性土壤上施用草木灰,可降低根际的土壤酸度,为烟草提供丰富的钾素营养。但目前由于生态保护等原因,草木灰的获得比较困难。

在白肋烟生产中,为获得品质好、化学成分协调,特别是烟碱含量适宜的烟叶,烟草种植的当年不提倡使用其他的有机肥料,如圈肥、堆肥等。

湖北恩施产区白肋烟施用沼肥后产量、亩产值、上等烟率均有提高的趋势。施沼液和既施沼渣又施沼液的烟叶亩产量增加幅度都达到 6% 以上,亩产值均增加 100 元以上,施沼渣的烟叶亩产值增加 70 元;施沼液、既施沼渣又施沼液、施沼渣三种处理的上等烟率分别提高 5.9、7.8、9.7 个百分点;施沼液处理的成熟期烟叶(整株)烟碱含量与对照相比下降了 0.69 个百分点;白肋烟香气物质含量显著增加,与对照相比,施沼渣、沼液处理和施沼渣处理的烟叶 21 种主要香气物质的总量增加了 55.5% ~ 105.3%,新植二烯增加了 57.5% ~ 109.3%,二氢猕猴桃内酯、吲哚、醇类总量、巨豆三烯酮、吡啶类总量、吡嗪类总量均有不同程度增加,但醛类总量、酮类总量略有下降或持平;烟叶的香气质、香气量得到较大改善,施沼液处理中部叶和既施沼渣又施沼液处理中部叶的香气质评价均由"中等 +"档次提高到较好档次。

施用饼肥对白肋烟亩产量、亩产值、上等烟比例无显著影响,但不施或者少施有机肥的处理上等烟比例略高于完全使用有机肥的处理。施用饼肥有降低烟叶烟碱含量的趋势,上部叶烟碱含量下降了 0.08 ~ 0.3 个百分点,中部叶烟碱含量下降了 0.27 ~ 0.77 个百分点。30% 饼肥 +70% 无机肥产出的烟叶评吸结果最好,上部叶评吸质量达到较好的档次,中部叶达到中偏好档次。烟叶香气质、香气量、刺激性、燃烧性方面均得到一定程度的改善。

(二)无机肥料

无机肥料(化学肥料)具有养分含量高、肥效快、易被烟草吸收利用的特点,但长期单一使用化学肥料,会使土壤物理特性恶化,土壤板结、酸碱度改变。因此,化学肥料只有与有机肥料配合施用才能产生最大的效益。无机肥料包括的种类如下。

氮肥:硫酸铵、硝酸铵、硝酸钾、硝酸钠等。

磷肥:过磷酸钙、重过磷酸钙、钙镁磷肥、磷矿粉、磷酸二铵等。

钾肥:硫酸钾、硝酸钾、磷酸二氢钾等。

其他肥料:硫酸镁、硫酸锰、硫酸锌、钼酸铵等。

目前在烟草生产中主要使用的是烟草专用肥,即氮磷钾三元复合肥,用硝酸钾或硝铵磷等做追肥或提苗肥。

三、施肥技术

氮素在白肋烟的生长发育过程中起着重要作用,特别是对烟草产量、品质影响很大。氮素可直接影响烟叶内在化学成分的积累,氮素积累与烟碱合成呈显著的正相关关系。氮肥用量过少,烟株生长中后期会出现脱肥现象,造成叶片营养不良,发育不全,产量减少,品质降低;而过多施用氮肥,不仅增加生产成本,造成浪费,而且会导致叶片偏厚,成熟推迟,烟碱含量偏高,降低烟叶品质和工业可用性。施氮量适宜可获得较高的烟叶产量和好的烟叶品质。

确定白肋烟的施肥量和施肥方法时,要考虑品种特性及其需肥规律、土壤化学性质和物理特征、土壤的供肥能力、烟草大田生长季节的降雨量,以及肥料的化学特性等因素。

(一)肥料用量的确定

白肋烟的施氮量受当地气候条件、种植密度、烟草品种、需肥特性、土壤肥力、前茬作物、肥料品种及利用率和肥料施用方法等诸多因素的影响。要对上述因素进行综合分析,全面考虑,因地制宜地确定白肋烟的适宜施氮量。随施氮量增加,白肋烟产量、产值增加,烟碱含量和评吸质量也有所提高,综合结果以 10.5~12.5 kg/666.7 ㎡ 为宜;硝态氮比例增加,烟碱降低,氮碱比和评吸质量提高,产量、产值以 50% 硝态氮处理最高。

多年的生产实践和研究结果证明,湖北、四川、重庆白肋烟生产区的气候条件、土壤条件基本相同,氮肥施用量基本相似,只是根据地块的地力状况进行调节,一般适宜的施氮量为 12.5 kg/666.7 m² 左右。云南宾川则是另一个气候、土壤类型的白肋烟产区,氮肥施用量也有所区别,适宜的施氮量为 18 kg/666.7 m² 左右。磷、钾的用量,通常是在确定氮用量之后,根据土壤状况,按一定的比例进行推算。

烟草对磷的吸收量较少,但由于磷在土壤中的移动性较差,利用率较低,因此在生产中磷的应用量往往与氮相当或更多一些。

烟草为喜钾作物,对钾的吸收量非常大,白肋烟的吸钾量相当于氮量的 2～3 倍。一般来说,白肋烟施肥中, $N : P_2O_5 : K_2O$ 为 1：(1～1.5)：(2～3),但应根据不同田块中有效氮、磷、钾的含量,以及不同年份的气候特征做相应的调整。

施用 50% 的铵态氮和 50% 的硝态氮,更有利于烟草产量和品质的形成。根据烟区土壤养分供应状况,酌情补充中、微量元素。饼肥的施用量应以其总施氮量的 30% 左右为宜,饼肥中的含氮量应计入总施氮量计划中,饼肥中的磷、钾则可忽略不计。

(二)肥料施用方法

不同气候条件,不同土壤特性,土壤养分的释放与流失不同,植株的吸收状况也不同,应采用不同的施肥方法,充分发挥肥料的效应,调节土壤对烟草植株的养分供应。

白肋烟长势强、成熟集中、需肥量大。从移栽期至团棵期,烟株处于前期生长阶段,生长缓慢,对营养元素的吸收量较小;团棵期之后,烟草植株进入旺长阶段,需要吸收大量的养分,以保证植株的正常生长发育;成熟期则需要适当控制植株吸收养分,保证烟叶能适时成熟而不早衰。因此,白肋烟的施肥一般采用基肥与追肥相结合的方法,以基肥为主、追肥为辅,保证前期足、中期适、后期弱。

1.基肥

在移栽前,结合起垄施用基肥,或在移栽时施用。在施用量上,磷肥的全部、氮肥和钾肥的三分之二作为基肥使用,所需要补充的中、微量元素也应全部作为基肥使用。在施肥种类上,饼肥、复合肥、各类磷肥均应作为基肥使用。基肥的施用一般是拉线条施或在移栽时穴施。为控制烟叶的烟碱含量,以及烟碱与其他化学成分的协调性,在烟草生产的当季禁止使用农家肥。施用 50%～70% 基肥的产量、产值较高,施用 70% 基肥的烟碱含量最低。综合考虑,在生产中宜采用施纯氮 10.5～12.5 kg/亩、50%～100% 硝态氮、70% 氮肥作为基肥的施用措施。

2.追肥

追肥是在烟草植株移栽之后,根据烟株营养需要所施用的肥料。一般只用氮肥和钾肥作为追肥,磷肥和其他从土壤中施入的中、微量元素均不作为追肥使用。追肥的作用是根据烟株的营养特征,持续不断地供给烟株所需要的养分;另外,追肥具有很强的调节作用,是对烟草施肥计划的一种补充,可以根据烟草生长季节的降雨量状况、植株营养状况来调整追肥量。一般总施氮量、总施钾量的三分之一留作追肥使用。追肥的施用时期对白肋烟生长发育及烟叶质量的影响非常大,施用时期过晚,会推迟烟叶的成熟期,使其大田期过长,增加烟叶的烟碱含量,降低烟叶的工业可用性。因此,追肥一定要在规定的时期内施用,一般在移栽后 15～20 天内分 1～2 次追施完;追肥的施用形式是在植株的两侧开沟条施或打孔穴施,无论是使用条施或穴施,均不能离烟株根系太近,以免肥料伤根。追肥的施用以距烟株 10 cm 左右、深度 10~15 cm 为宜,打孔化水追施为最佳方法。

3.根外追肥(叶面追肥)

根据烟株生长情况,若在完成施肥计划后发现烟株有明显的缺素症状,可采用根外追肥措施进行补救。根外追肥的主要种类有磷酸二氢钾及锌、钼、硼、锰等微量元素。植株对一些微量元素的需要量极少,根外追肥需要特别注意施用量及喷施浓度,以免造成对植株的伤害。

(三)施肥关键保障措施

1.严格控制种植密度和单株供氮量

肥料的供给必须与种植密度相协调,总体上要求高山区(海拔 1200 m 以上)亩栽株数不得低于 930 株,即移栽密度不得低于 1.3 m×0.55 m;二高山、低山(海拔 1200 m 以下)亩栽株数不得低于 1000 株,即移栽密度不得低于 1.2 m×0.50 m。原则上控氮量以 1000 株/亩为基础,如果密度不同于 1000 株/亩,则按比例调整施氮量,确保单株控氮措施的落实。

2.严格把握施肥时间和方法

追肥必须在烟苗移栽后 25 天之内完成,否则易导致烟株尤其是上部叶贪青晚熟。追肥方法上,提苗肥和追肥都要兑水溶解后再进行施用,追肥孔位于两株烟苗之间且距烟株茎基部 15 cm 以上,施肥深度不低于 10 cm,追肥后要及时封口,严禁追肥干施。要特别强调的是,应确保饼肥、农家肥充分腐熟,原则上应在施入烟田之前 3 个月启动田外发酵或田内入土发酵;腐熟的生物类肥料不会导致后期养分供给失控,能有效防治烟叶过度吸收养分。

第四节　优质白肋烟水分生理及水分管理技术

白肋烟是以叶片作为收获器官的作物,对水分尤为敏感,在干旱条件下,叶片萎蔫,变小增厚,开片受阻,水分再分配导致底烘,有效叶数减小,烟株生育期推迟,成熟落黄不良,且易加重花叶病、赤星病等病害的发生,严重影响烟叶产量和品质。水既是烟草生长发育的基本条件之一,又是土壤肥力的一个重要因素。只有土壤水分适宜,烟株才能吸收土壤中的有机和无机营养元素,从而获得更高的产量和更好的品质,水分过多或过少都会影响烟草的生长和烟叶品质的形成。为了生产优质烟叶,必须根据烟草的需水规律合理供水,并在降雨过多时及时排水防涝,充分发挥水分对烟草的有利作用,避免水分不足和过多对烟草的不良影响,为烟草生长发育创造良好的环境条件。

我国烟区灌溉面积只有总种烟面积的 65% 左右,许多烟区的灌溉条件较差,烟叶生产几乎完全依赖自然降雨,制约着烟叶生产水平的提高。我国北方烟区降雨量偏少,季节间、年季间变异大,在烟草生长季节频繁发生不同程度的干旱,使烟叶产量和质量很不稳定。南方烟区虽然雨量充沛,但降雨不均,阶段性干旱时常发生,严重影响上部叶的质量和可用性。生产实践证明,烟田土壤水分不适是造成白肋烟烟叶生产不稳定、品质无保证、持续发展能力不强的主要因素。

"烟水"工程设施为烟叶生产提供稳定发展的物质硬件保障,优化灌水技术的研究应用则为"烟水"工程充分发挥效益提供技术支撑。我国大部分烟区不仅灌溉条件较差,灌水技术也极为落后,灌水方法主要是大水漫灌,这不仅浪费资源,增加成本,降低资源利用率,也与烟叶生长发育和优质稳产的要求不相符,不利于烟叶产质潜力的发挥。水分和肥料是影响烟草生长发育以及烟叶产量与质量的两大生态因素,也是人们用来调控烟叶产量和质量的主要手段。在烟草水分关系研究方面,国外的研究表明,土壤水分状况对烟草的生长发育以及烟叶的产量和品质都有显著的影响。在干旱条件下灌水可以促进烟株生长,提高烟叶的产量和品质。不同灌水方法相比较,以滴灌效果最好,喷灌次之,沟灌效果较差。

为了有效降低阶段性干旱对白肋烟生产的影响,稳定和提高烟叶产量、质量,在前人对烟草灌溉研究的基础上,自2002年开始,湖北省烟草科学研究院以国家烟草专卖局"优化灌溉理论和技术的研究与应用"项目为依托,针对白肋烟发育的具体特点,进行了深入系统的研究,对抗旱栽培和节水灌溉技术进行了创新改进。

一、土壤水分条件与白肋烟产量和品质的关系

烟草与水分的关系十分密切,水既是烟草生长发育的基本条件之一,又是土壤肥力的一个重要因素。

(一)土壤水分对白肋烟生长发育的影响

1.土壤水分对白肋烟生理及长势影响

白肋烟植株高大、叶阔,水分是其重要的生态因子和组成成分,白肋烟的生命活动只有在水分适宜的状态下才能顺利进行。在白肋烟的大田生长阶段,烟株体内含水量高达80%以上,但不同组织和器官的含水量有一定差异。一般根尖、嫩芽、幼苗和旺长期的叶片含水量较高,可达88%~90%甚至更高,而茎和成熟的叶片含水量为80%~85%。在不同环境条件下烟株的含水量也会发生变化,如在土壤含水量低的条件下烟株叶片组织含水量显著下降,叶片失水6%~8%即可发生萎蔫现象。因此,要维持烟株体内水分平衡,必须保证土壤含水量在适宜范围内。

合理的烟田土壤水分能促进烟株生长发育,提高肥料的利用效率。李进平、陈振国等(2002)研究表明,在设置的土壤含水量范围内,随着土壤含水量的增加,烟株生长稳健,株高、茎粗和叶面积增加(表4-1)。Haws等(1983)指出,烟田灌溉可以促进烟株早期生长,特别是在施肥量过大,烟株存在潜在肥料伤害时,高的土壤水分含量对消除肥害具有十分重要的作用;同时,可以防止下部烟叶"旱烘"和成熟期烟叶贪青晚熟,改善烟叶的烘烤特性,减少烟草花叶病、根结线虫病和黑胫病的发生。

表4-1　不同土壤含水量对白肋烟生长的影响

各生育时期土壤含水量 / (%)			株高 /cm	茎粗 /cm	有效叶数 / 片	最大叶长 /cm	最大叶宽 /cm
伸根期	旺长期	成熟期					
48	64	56	125	10.5	21	67	32
57	72	64	141	11.8	22	71	35
66	80	75	165	12.5	26	76	36

2.土壤含水量对烟叶产量及品质的影响

在烟草的生长发育过程中,保证烟田土壤的含水量在适宜范围内,可以促进烟草生长,提高烟叶的产量和品质。若土壤含水量不适宜,则会降低烟叶的产量和品质,并会加重烟草病害的发生。湖北省烟草科学研究院(2002—2005)对白肋烟的研究表明:基于自然降雨条件下的生育期内,加强灌溉(即充足墒情下)的烟叶产量比不灌溉提高了10.49 ~ 22.68 kg/ 亩,增幅达 7.38% ~ 19.85%;亩产值增加了 196.97 ~ 280.88 元,增幅达14.32% ~ 32.07%。细化指标检测显示,适量灌水能使土壤含水量保持在适宜的范围内,烟叶叶片较大,厚薄适中,油分足,弹性强,烟叶内各种化学成分含量适宜,比例协调,香气充足,吃味醇和,品质优良。如果灌水量过大,土壤含水量过高,则烟叶叶片大而薄,颜色浅,油分少,弹性差,叶内含糖量高而蛋白质、烟碱等含氮化合物含量低,化学成分比例失调,香气不足,吃味平淡,内在品质变差;反之,如果土壤含水量不足,则烟株生长发育受阻,叶片小而厚,颜色深,叶内含氮化合物增多,含糖量减少,吃味辛辣,品质不良。因此,只有合理灌水才能达到增产提质的目的。

(二)干旱对白肋烟的影响

1.干旱对白肋烟生长发育的影响

烟株体内的水分状况受大气湿度和土壤含水量的制约,其中土壤含水量起主导作用。当烟田缺水,烟株的吸水量小于水分消耗量时,就会引起植株体内水分亏缺,代谢活动受影响,生长受抑制。湖北省烟草科学研究院 2002—2006 年的研究表明:在土壤含水量不足条件下,烟株生长缓慢,植株矮小,根系发育不良,叶片小而厚,叶数减少,烟叶成熟延迟。

烟草大田不同生育时期,对干旱胁迫的反应是不同的。李进平、陈振国等(2004 年)采用盆栽试验,在白肋烟不同生育时期进行不同土壤水分处理,研究了干旱胁迫对白肋烟生长发育的影响。结果表明,在伸根期轻度土壤干旱(土壤相对含水量 57.5% 左右)时,烟株根系体积增长迅速,干物质积累最大,根系活力强;土壤湿度大(土壤相对含水量80% 左右)对根系发育不利,根系体积变小,干物质积累下降,根系活力小;土壤严重干旱(土壤相对含水量 45% 左右)则严重影响根系发育和根系活力。旺长初期烟株根系发育对干旱的反应最为敏感,即使是轻度土壤干旱,根干重以及根系活力都明显降低。旺长后期和成熟期土壤相对含水量在 67% ~ 85%,对根系生长和根系活力都无明显影响。在白肋烟的整个生育期内,伸根期、旺长期和成熟期分别保持57.5%、79.8%和76%左右的土壤相对湿度,对烟株根系的发育和根系活力的提高最为有利。不同生育期白肋烟烟株根系干重的变化如图4-13所示。

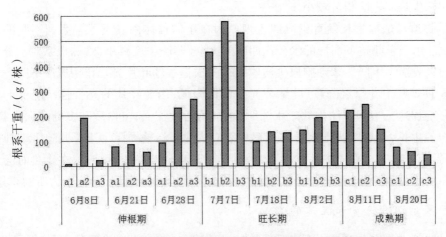

图4-13　不同生育期干旱对白肋烟烟株根系干重的影响

注：各处理的土壤相对含水量为 a1——48.5%；a2——58%；a3——66.5%；b1、c1——67.5%；b2、c2——76%；b3、c3——84.5%。

不同生育期白肋烟烟株根、茎、叶总干重的变化如图4-14所示。由图可知,不同生育期干旱烟株总干重的变化趋势为伸根期以66.5%处理总干重最大,48.5%处理最小;旺长期土壤水分充足(84.5%处理)总干重最大,土壤干旱(76%和67.5%处理)总干重小;成熟期以76%处理总干重最大,84.5%处理次之,67.5%处理最小。表明干旱胁迫显著影响烟株总干物质的积累,特别是旺长期,干旱对总干物质积累的影响最大,会导致烟株矮化,降低总干物质量,从而影响烟草的单产。

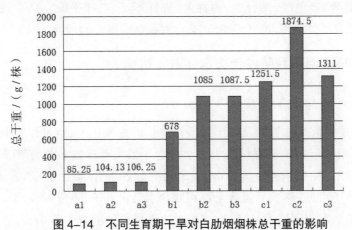

图4-14　不同生育期干旱对白肋烟烟株总干重的影响

注：各处理的土壤相对含水量为 a1——48.5%；a2——58%；a3——66.5%；b1、c1——67.5%；b2、c2——76%；b3、c3——84.5%。

从不同干旱程度对烟株根、茎、叶生长的影响情况来看,80%左右的土壤相对含水量对烟株茎、叶生长有利,但会影响根系的生长;58%左右的土壤相对含水量对烟株根系发育有利,可使茎、叶稳健生长,但在旺长期会影响烟株正常生长;48%左右的土壤相对含水量对烟株根、茎、叶生长的影响都是十分显著的,对总生物重的影响相对较大。不同生育时期烟株生长对干旱胁迫的反应,以旺长初期及旺长期最为敏感,成熟期次之,伸根期干旱对烟株生长的影响相对较小。

干旱胁迫对烟株生长发育影响的生理原因在于烟株体内发生了一系列不利的生理生化变化。①干旱胁迫下烟株的水分代谢减弱,烟叶蒸腾强度减小,烟株根系对水分和矿质营养的吸收能力下降。②细胞原生质膜结构受损伤。③叶片光合作用速度下降。干旱胁迫会导致烟叶中叶绿素降解,叶绿体光合活性降低,因此叶片的光合速率降低。④有机物质分解加速。当烟株体内缺乏水分时,水解酶活性加强,蛋白质和多糖趋向水解,抑制了烟株的生长,严重影响干物质的积累。⑤有机物质运输受阻。干旱胁迫下烟叶蒸腾强度减弱,使体内有机物质的运输受阻,特别是生长点幼叶渗透压较高,在干旱时会从下部老叶夺取水分和养分,引起老叶发黄底烘,减少了光合作用面积,影响干物质的积累。

2.干旱对烟叶产量和品质的影响

干旱胁迫对烟草生理生化特性和烟株生长发育的影响表现为烟叶产量的下降和品质的降低。据湖北省烟草科学研究院(2005年)测定,在白肋烟生长发育过程中,伸根期、旺长期、成熟期任一时期土壤干旱,都会降低烟叶的产量和上中等烟比例,尤其以旺长期土壤干旱对烟叶产量的影响较大,成熟期土壤干旱对烟叶上中等烟比例及内在化学成分的协调性影响较为显著。而且,在烟草大田生育期,干旱时间越长,对烟叶产量和品质的影响越大。

烟叶的化学成分与土壤水分状况密切相关。土壤缺水,叶片变小增厚,组织紧密,叶脉粗糙,单位叶面积重量增大,烟叶内含氮量和含氮化合物如蛋白质、烟碱等增高,糖类物质含量降低,烟味辛辣,吃味不良,品质欠佳。相反,在土壤湿度过高的条件下,烟叶组织疏松,叶片大而薄,颜色浅,油分少,弹性差,香气不足,吃味平淡。只有在适宜的土壤湿度条件下,才能获得外观品质、内在化学成分和香吃味俱佳的烟叶。

(三)白肋烟不同生育阶段土壤水分适宜指标

1.土壤水分对白肋烟干物质积累影响

植株的干重是衡量烟株长势及其干物质积累量的重要标准,也是作物最终产量和质量的基础,因此,根据干物质积累量与土壤水分含量的关系确定各生育期最佳土壤水分条件是合理的。以干物质积累量为标准,确定白肋烟各生育期最佳土壤含水量,结果如图4-15所示。由图可见,移栽后最佳土壤相对含水量由68%降到66%,平均67%;进入团棵期后,烟株需水量急剧增大,最佳土壤相对含水量也急剧增大到78%,之后达到84%的高峰,旺长后期又降至79%,旺长期最佳土壤相对含水量平均为80%;打顶后烟株进入成熟期,需水量较旺长后期稍有减少,最佳土壤相对含水量也随时间延长分别降到78%、76%和76%,平均为77%。由此可见,白肋烟各生育期需水量都较大,团棵至打顶期和成熟期需水量几乎相等。这一结果相对以前在烤烟上的研究结果(分别为移栽至团棵期60%,团棵至打顶期80%,成熟期70%)高出0～7个百分点。

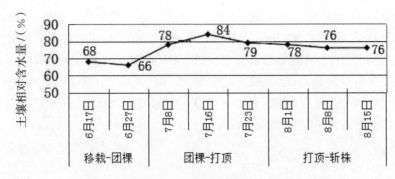

图4-15　白肋烟各生育期最佳土壤相对含水量

2.土壤水分对白肋烟叶片叶绿素的影响

烟草叶片叶绿素含量的高低是反映叶片光合性能强弱的指标之一,它直接关系到光合碳的形成。研究表明,在白肋烟的生长发育过程中,在移栽至团棵期,土壤相对含水量为64%的烟叶叶绿素含量最高,在团棵至打顶期,土壤相对含水量为76%的烟叶叶绿素含量最高。在白肋烟生长前期(即移栽–团棵、团棵–打顶),土壤相对含水量分别为64%、76%时,最有利于烟叶叶绿素的合成,从而有利于烟株的光合碳循环,为烟叶的丰产打下了基础;在白肋烟生长后期(即打顶–采收),土壤相对含水量为76%时,其叶绿素含量最高,随着烟株逐渐成熟,其叶绿素含量迅速下降,采收时的叶绿素含量在本试验的处理水平内为最低,说明白肋烟在打顶至采收时土壤相对含水量为76%左右最有利于烟叶的成熟(叶绿素的降低是烟叶成熟的重要标志之一)。这和以干物质积累量为指标所确定的白肋烟各生育期最佳土壤相对含水量分别为67%、80%和77%是一致的。

二、白肋烟的灌溉指标

(一)根据烟草的生育特点和需水规律适时灌溉

1.还苗期（移栽至成活）

还苗期烟株营养体小,烟草叶面蒸腾量少,烟田耗水以地表蒸发为主,耗水量不大。但由于移栽时烟苗根系受到损伤,吸收能力下降,而地上部分的蒸腾作用仍继续进行,烟株体内水分易失去平衡,因此在还苗期要有充足的土壤水分供应,塌实土壤,增加底墒,促使烟苗早生根、早还苗,提高成活率。此外,还苗期灌水还是防止施肥过多或施肥不匀对烟苗根系产生伤害的主要措施。还苗期土壤含水量应达最大田间持水量的70%～80%。

2.伸根期（还苗至团棵）

在伸根期,烟株根系迅速生长的同时,茎叶也逐渐伸长,蒸腾作用逐渐增强,地表蒸发逐渐减弱,耗水形式逐渐由以地表蒸发为主转向以叶面蒸腾为主,耗水量逐渐增大。如果土壤水分不足(土壤相对含水量在40%以下),则地上部分生长受阻,干物质积累小,根系不能充分伸展。如果供水过多(土壤相对含水量在80%以上),地上部虽然生长良好,干物质积累也多,但由于土壤通透条件变差,根系不能吸收更多的水分和养分,地上部制造的干物质多为自身所利用,运到根系的很少,根系生长不良,造成地上部和地下部生长不协调,对中、后期生长发育不利。湖北省烟草科学研究院2002—2005年研究结果表明,白肋烟以保持土壤最大田间持水量的66%为宜。

3.旺长期（团棵至现蕾）

旺长期是烟草生长最旺盛和干物质积累最多的时期,烟株茎秆迅速增高变粗,叶片迅速增厚扩大,根系向深度和宽度两个方向进一步发展,烟株生理活动旺盛,蒸腾量急增,耗水形式以叶面蒸腾为主,耗水量急剧增加。如果此期供水不足,则烟株生长受阻,干物质积累量减少,叶片小,品质差,后期即使有充足的水分供应也难以挽回此期缺水所造成的损失。湖北省烟草科学研究院(2004年)指出,在团棵期后,烟株旺长的初期(大田移栽后的35天左右)为烟草的需水临界期,此期的土壤水分不足会严重影响烟株的留叶数,从而降低其产量。因此,旺长期必须加强灌溉,充分供水,此时期,应保持土壤田间最大持水量的80%,以满足烟株对水分的需要,使烟株体内各种生理活动旺盛进行,促进烟株生长发育。

4.成熟期（现蕾至采收）

现蕾打顶之后,烟株叶片自下而上陆续成熟,烟株的生理活动主要是干物质的合成、转化和积累。随着采收次数的增加,田间总叶面积逐渐减少,蒸腾强度相应下降,烟田耗水形式由旺长期的以叶面蒸腾为主逐渐转向以地表蒸发为主,耗水量减少。但为了促进烟叶优良品质的形成,据李进平、陈振国等(2002—2004)指出,此期白肋烟以保持土壤相对含水量在77%左右为宜。如果此期水分过低,则烟叶厚而粗糙,氮和烟碱含量高,糖含量低,内在品质不良。成熟期保持适宜的土壤含水量,可以促进烟株后期生长,改善烟株的农艺性状,使烟株的株高增加,上部叶片长度和宽度增大;烟叶中还原糖含量升高,而烟碱、总氮含量降低,糖碱比和氮碱比趋于协调平衡,这与以往的研究结果是一致的。

总之,在白肋烟的生长发育过程中,根据大田期烟草的生长发育特点和需水规律,移栽时水分要充足,保持最大田间持水量的70%~80%,促使烟苗还苗成活。伸根期要适当控制水分,白肋烟应保持最大田间持水量的66%左右,促使烟株根系向纵深处发展。旺长期要有充足的水分,应保持最大田间持水量的80%左右,满足烟草旺盛生长对水分的需要。成熟期也应适当控制水分,保持田间最大持水量的77%左右,促使烟叶成熟和优良品质的形成。整个烟草生育期内的土壤水分管理应遵循"控""促""稳"的原则。

（二）根据土壤水分状况进行灌水

根据土壤水分状况进行灌水在目前来说是一个较为可靠、简单易行的方法。有人曾提出，表土 6 cm 以下干燥，早晨地面不回潮便应浇水。烟草能良好生长的土壤，每周平均需 2.5 cm 左右的水量，而大多数壤砂土或砂壤土上，烟草根系区域的有效持水量都在 2.0～3.0 cm。从烟根延伸区取得的土壤样品，若显示出暗灰色，无光泽，则需灌溉。不同土壤根系区域有效持水量见表 4–2。

表 4–2　不同土壤根系区域有效持水量

土壤	有效持水量 / cm
砂土	1.78～2.29
壤砂土	2.03～3.05
砂壤土	2.79～3.55
砂黏壤土	3.05～3.81
细砂壤土	3.30～4.31
黏土，黏壤土	4.06～6.35

根据伸根期、旺长期、成熟期白肋烟的叶绿素含量、氮代谢强度、总生物量的积累与土壤湿度的关系，确定不同生育期白肋烟的土壤水分指标和干旱指标，如表 4–3 所示，当土壤水分含量低于干旱指标时便应灌水。可以建立土壤墒情预报网点，根据检测结果适时进行田间水分管理。

表 4–3　白肋烟的土壤水分指标 *

生育期	白肋烟	
	适宜水分指标 / （%）	干旱指标 / （%）
伸根期	68～72	55～60
旺长期	80～82	69～73
成熟期	75～77	67～71

注：* 土壤含水量占田间最大持水量的百分数。

（三）根据烟株形态特征灌溉

烟株水分亏缺常从植株形态上反映出来，因此烟株的形态特征可作为是否灌水的依据。如果烟株叶片白天萎蔫，傍晚还不能恢复，而到夜间才能恢复，说明土壤水分已经不能满足烟株正常生长的需要，应当及时灌水。若烟株叶片次日早晨还不能恢复正常，则说明缺水严重，烟株生长已明显受到影响，必须立即灌水抢救。相反，如果上午 10 时以前烟草叶片未显示任何萎蔫迹象，表明土壤含水充足，不需灌水。如果在中午时刻，叶片有短时间轻度萎蔫,而到下午5时前能恢复正常,这可能是由于炎热的夏季中午叶片蒸腾作用特别强烈,根系吸收的水分满足不了蒸腾消耗的需要而造成的一种暂时性生理缺水,不一定是土壤缺水。当然,根据烟草的形态特征来灌水也是有缺陷的,因为当形态上表现萎蔫时,烟株的生理生化过程已受到影响,这时灌水已稍迟。

(四)根据烟株生理指标灌溉

根据烟株的水分生理、光合特性、冠层结构和干物质积累与土壤水分的关系确定烟草的关键需水期、土壤水分指标、节水灌溉制度和定额以及适宜的调亏灌溉时期和指标,可以为烟草的合理灌溉提供较好的依据,因为它能更准确地反映烟株内部的水分状况和需水特点。生理指标中对水分反应最敏感的指标是叶片的水势(细胞吸水力),当烟株缺水时叶片水势很快降低,但不同部位叶片在不同时间的水势常不相同,故应在上午9时左右测定一定部位叶片的水势,以确定烟株是否缺水。据中国农业科学院烟草研究所测定,在烟叶成熟阶段,叶片水势低于 -10×10^5 Pa 表明烟株缺水,应及时灌溉;低于 -14.5×10^5 Pa 表明烟株严重缺水,应立即灌溉;水势大于 -9×10^5 Pa 说明组织水分充足,宜适当控制水分。此外,可以用细胞汁液浓度、渗透压、气孔开张度和叶片脯氨酸含量等作为灌水的生理指标。但是,由于烟草的类型不同、品种不同,其各种生理指标对水分的反应也不尽相同,因此,在实际生产中应用时,尚需要进一步研究。

我国烟农有丰富的种烟经验,他们从常年的生产实践中总结出了"看天、看地、看烟"的"三看"灌水经验。"看天"指依据当年的气候特点和当时的天气变化确定灌水次数和灌水量。气候干旱,有效降雨量小时,灌水效果显著,应加强灌溉;气候湿润,有效降雨量大时,灌水次数要少,灌水量要小,甚至不需要灌溉。在气温低的季节烟株生长缓慢,烟田耗水量较小,因此在烟草大田生长的前期灌水量不宜过大。相反,在气温高的季节烟株生长迅速,烟田耗水量大,因此,在旺长期烟田灌水的次数和灌水量宜适当增加。"看地"就是指根据土壤条件,即土壤墒情、土壤质地与结构、肥力和坡度等确定灌水次数和灌水量。如前所述,土壤含水量是决定是否灌水的重要依据。就土壤质地而言,一般砂性土壤保水力较差,渗透较快,容易受到干旱的威胁,应少量多次灌水;黏性土的保水力强,水分渗透较慢,灌水次数和灌水量宜少。"看烟"是指根据烟株的生长发育时期和当时烟株的形态特征来确定灌水时间和灌水量。总之,烟田灌水要根据天、地、烟三方面的情况综合考虑,灵活掌握,以满足不同生育时期烟株对水分的需要。

为获得优质适产的烟叶,按照烟草大田生育期,通常把灌水分为移栽水、还苗水、伸根水、旺长水和圆顶水。

(1)移栽水:除供给烟株充足的水分之外,还可使土壤塌实,根土紧密接触。浇水的方法、数量因移栽方法不同而异,有先栽烟后浇水和先浇水后栽烟之分。移栽时穴浇水量宜大,以利还苗成活,消除因施窝肥而对根系产生的伤害。

(2)还苗水:其目的在于促进烟苗迅速发根,提早成活,恢复正常的生命活动。在水源充足的地区,移栽后如天气干旱可浇水1~2次。

(3)伸根水:除在追肥后或严重干旱的情况下可轻浇一次外,一般烟田土壤相对含水量在50%~60%时可以不浇水,以利蹲苗,促进烟株根系发育。

(4)旺长水:烟株旺长期需水量大,是烟草一生中需水最多的时期,旺长初期以水调肥,肥水促长。如果墒情不足要适量浇水,遵循"到头流尽不积水,不使烟垄水浸透"的要求;旺长中期浇大水,而且连续进行,保持地表不干,但要注意促中有控,防止个体与群体矛盾激化;旺长后期对水分可适当控制,保持土壤相对含水量在70%~80%。

(5)圆顶水:烟叶成熟期需水不多,但在打顶后,如果土壤干旱,应适当浇水,促进上部烟叶充分伸展,并利于中下部烟叶成熟烘烤。

三、抗旱栽培模式及节水灌溉技术

(一)烟草抗旱栽培模式

烟草作为一种耐旱作物,对水分缺乏适应性较强,但当供水满足不了烟草生长发育需求时,烟叶产量、质量会出现下降。因而我国烟草生产、科研部门开展了节水灌溉技术,如地膜覆盖、秸秆覆盖、绿肥翻压、抑制蒸腾、施用保水剂等的研究推广工作,并取得了较好的效果。下面就地膜覆盖、秸秆覆盖、改变垄形、施用保水剂以及绿肥翻压、深耕的方法及特点做简要介绍:

1.地膜覆盖

在移栽前3周左右进行施肥起垄,如果墒情不好,可待降雨后进行覆膜,达到足墒覆膜的目的;在移栽后的30天左右,结合土壤墒情及时进行揭膜并培土。地膜覆盖是一种经济、有效的抗旱保水技术,具有提温、聚水、保墒作用,其保墒作用较为明显。据湖北省烟草科学研究院研究表明:在烟草的大田生育期中,采用地膜覆盖的烟草垄体与未覆盖地膜的烟草垄体相比,其土壤相对含水量平均提高了10个百分点左右。但地膜覆盖也带来了土壤有机质分解加快,肥力急剧下降,后期氮素供应不足,地温偏高伤根等问题;不揭地膜则地温过高,易造成早衰,水温矛盾较为突出。

2.秸秆覆盖

用秸秆对垄体进行覆盖,最好用麦草或稻草,也可用玉米秆,秸秆须切成20cm左右的长度,每亩秸秆用量为麦草或稻草350kg(干重),玉米秆400kg(干重)。该技术可有效降低烟草垄体土壤水分的无效蒸发,提高土壤水分利用效率;还可使秸秆还田,改善土壤的理化指标,达到土壤改良的目的。据湖北省烟草科学研究院研究表明:对垄体进行秸秆覆盖与不覆盖相比,其土壤相对含水量可提高4~10个百分点。但全生育期采用秸秆覆盖,前期的地温较低,影响了烟株的前期生长,故采用前期覆膜,后期覆盖秸秆的方法是效果较好的一种抗旱栽培措施。

3.双行结合垄

起大垄可有效提高地温,但起垄越高,土壤10~30cm处含水量越低,另外,高起垄盖地膜,在干旱时灌水难以迅速到达垄体。低起垄可减少垄面蒸发面积,但容易受到涝灾的影响。结合湖北省烟区的特点,湖北省烟草科学研究院自 2003 年开始进行烟草双行结合垄栽培试验,经过几年的试验示范,结果表明:双行结合垄栽培是一种有效的抗旱栽培模式,采用双行结合垄栽培与常规的单垄栽培相比,烟草大田生育期内垄体的土壤相对含水量平均提高了 5 ~ 15 个百分点。双行结合垄降低了垄体的表面积,加之在结合垄中覆盖地膜,可有效降低垄体土壤水分的无效散失;在降雨量小的时候,有利于雨水汇集进入垄体,增加了垄体的蓄水能力,在降雨量大的时候,可以从操作行进行排水,有效降低了涝灾对烟草生长的影响。

4.施用保水剂

保水剂又称 SAP(super absorbent polymer),是一种具有高吸水特性的高分子材料,它能迅速吸收比自身重数百倍甚至上千倍的纯水,而且有反复吸水功能,吸水后的水凝胶可缓慢释放水分供作物利用。近些年来,在全国大部分地区做了保水剂的试验示范,特别是在我国北方干旱地区,保水剂使用效果良好,能增强土壤保水性,改良土壤结构,提高水肥利用率,在农业生产等诸多方面具有较广泛的应用发展前景。在保水剂的应用试验结果表明:保水剂在 0.05% ~ 1% 范围内,使用效果较好,移栽还苗期均为 1 d,比对照提前 2 d;无论是株高还是植株干质量均高于对照,其中株高提高 19.08% ~ 23.28%,植株干质量提高 27.27% ~ 39.81%。

5.绿肥翻压、深耕

土壤中有机质含量和土壤持水能力呈正相关,通过增施有机肥、绿肥翻压、秸秆还田并结合深耕,可有效改善土壤理化性状,提高土壤的团粒结构和孔隙度,并使其容重降低,使土壤保水性能提高,而透气性能也有所增强,保持根际土壤相对较高的含水量,提高 30 ~ 60 cm 耕层蓄水能力,提高土壤的供水供肥能力。

(二)白肋烟控制性分根交替灌溉

研究表明,作物本身具有生理节水与抗旱能力,根系在局部受旱时可以通过其形态和功能的调整及时对土壤水分分布状况做出反应,如增加湿润区的根系长度、根系数量和根系密度以及产生根源信号"ABA"来控制气孔开度,以减少蒸腾作用等,从而满足作物的水分需求,同时,在复水后产生明显的形态和功能的补偿效应,使作物在整个生育期的产量和水分利用效率无明显下降。

控制性分根交替灌溉(control root-splited alternative irrigation 简称 CRAI)是一种在局部根系受旱时既能满足作物的水分需求,又能控制作物的蒸腾耗水和降低田间水分蒸发的节水灌溉新思路,其基本操作就是人为保持根系活动层土壤在水平或垂直剖面的干燥区域交替出现,即始终保持作物根系的一部分生长在干燥或较为干燥的土壤区域中,作物根系的另一部分生长在较为湿润的土壤区域中的一种节水灌溉方法。其节水机理是:处于干燥区域的根系会产生水分胁迫信号传递到叶气孔,从而调节气孔关闭,抑制蒸腾,而处于湿润区的根系从土壤中吸收水分,以满足作物的最小生命需要,使干旱对作物的伤害保持在临界限度以内,同时光合作用不因气孔关闭而明显降低,即光合作用相对气孔关闭表现出滞后效应,这是分根交替灌溉提出的主要生理学依据之一。控制性分根交替灌溉技术已在果树、玉米等作物上进行过研究,均表现出较好的效果。

　　湖北省烟草科学研究院对白肋烟进行了控制性分根交替节水灌溉模式试验研究,其结果表明,在两种控制性分根节水灌溉模式的处理下,白肋烟的产量均有显著的提高,其中围灌模式的效果较好,其产量高出对照 8.65%,亩产值高出对照 187.09 元;交替边灌模式的产量、产值与对照相比,其产量高出 6.69%,亩产值高出 149.01 元,但低于围灌模式。在烟叶的内在化学成分上,两种控制性节水灌溉模式均能有效降低烟叶内总氮和烟碱的含量,提高烟叶内钾的含量,很好地改善了烟叶的内在品质。

　　1.控制性分根交替灌溉对白肋烟主要农艺性状的影响

　　烟株在打顶后的最大叶面积、株高是烟株生长状况的重要指标,和有效叶数一起对烟叶的产量产生重大的影响。从表 4-4 可以明显看出,处理 A(即围灌模式)和处理 B(即交替边灌模式)的株高、最大叶长、最大叶宽、有效叶片数均明显高于处理 C(即对照),这说明在烟株干旱时,对其进行灌溉能显著改善烟株的生长环境,促进烟株生长,有利于叶片细胞的分裂和伸长,即有利于烟叶的开片,这就为烟叶的丰产奠定了基础。处理 A 的株高明显高于处理 B,处理 A 的最大叶长、最大叶宽及有效叶片数均略高于处理 B。

表 4-4　各处理打顶后的主要农艺性状

处理（代号）	株高 /cm	最大叶长 /cm	最大叶宽 /cm	有效叶片数 / 片
围灌（A）	124.2	85.0	42.8	24.2
交替边灌（B）	114.6	83.4	42.5	23.8
对照（C）	104.0	78.6	40.6	22.2

　　2.控制性分根交替灌溉对白肋烟产量、产值的影响

　　从表 4-5 可以看出,处理 A 的亩产量为 194.48 kg,略高于处理 B 的亩产量 191.02 kg,处理 A 和处理 B 的亩产量都明显高于处理 C(对照)的亩产量 179.05 kg。处理 A 的产量高出对照 8.62%,处理 B 的产量高出对照 6.69%,说明灌水处理相对于不灌水能明显提高白肋烟的产量,在相同的灌水量基础上,围灌模式比交替边灌模式更有利于烟叶产量的形成。处理 A 和处理 B 的均价、亩产值明显高于不灌水的处理 C,处理 A 的均价比处理 C 的均价高出 0.50 元,处理 A 的亩产值比处理 C 的亩产值高出 187.09 元,处理 B 的均价低于处理 A,但仍高出处理 C 0.41 元,处理 B 的亩产值低于处理 A,但仍高出处理 C 149.01 元。说明灌水对烟叶质量的形成起到了很好的促进作用,从而使烟叶的产值有了大幅度的提高。也可以看出,在相同的灌水量的基础上,围灌模式比交替边灌模式更有利于提高烟叶的质量。

表 4-5　不同处理的产量、产值及均价

处理（代号）	均价 /（元 /kg）	亩产量 /kg	亩产值 / 元
围灌（A）	6.38	194.48	1239.82
交替边灌（B）	6.29	191.02	1201.74
对照（C）	5.88	179.05	1052.73

3.控制性分根交替灌溉对白肋烟烟叶主要化学成分的影响

由表 4-6 可以看出，在总氮含量上，处理 A 和处理 B 的中部叶无差异，但都明显低于对照，上部叶的总氮含量表现为处理 A ＜处理 B ＜处理 C，说明灌水有助于烟叶内总氮含量的降低，从而降低了烟叶的刺激性，这与 Richard 的结论（随着水分供应的减少，植物体内氮的浓度增加）相符。在烟碱含量上，中部叶和上部叶均表现为处理 A ＜处理 B ＜处理 C，处理 A 与处理 C 相比，中部叶的烟碱含量低了 1.05 个百分点，上部叶低了 0.8 个百分点，说明灌水有利于烟碱含量的降低，使烟叶的可用性得以有效提高。从试验中的两种节水灌溉模式来看，围灌对降低烟叶烟碱含量的效果更好。在钾的含量上，中部叶和上部叶均表现为处理 A 和处理 B 无明显差异，但都高于处理 C，说明灌水有利于烟叶钾含量的提高，围灌模式和交替边灌模式对烟叶的钾含量无影响。

表 4-6　不同处理中、上部烟叶的主要化学成分

部位	处理（代号）	烟碱含量 /（%）	总氮含量 /（%）	氮碱比	钾含量 /（%）
中部	围灌（A）	4.91	5.64	1.14	4.51
	交替边灌（B）	5.12	5.65	1.10	4.49
	对照（C）	5.96	6.96	1.16	4.23
上部	围灌（A）	5.68	5.86	1.03	4.15
	交替边灌（B）	6.13	6.34	1.03	4.15
	对照（C）	6.48	7.19	1.11	4.06

注：由中国白肋烟试验站中心化验室提供。

（三）节水灌溉技术

白肋烟烟区大多在山区，烟水工程的蓄水量有限。因此，合理利用水分，优化水分管理，采用节水灌溉技术对稳定和提高我国白肋烟烟叶的产量和质量显得尤为重要。

1.穴灌

穴灌是大多数烟区采用的灌溉方法，即将水运至烟田，顺烟株根系每株灌水 1～2 kg，然后用干细土封盖，以免水分散失。这种灌水方法用水量少，地温稳定，有利于烟株早期发根，尤其在地膜覆盖栽培条件下，这种方法更为适宜。据李进平等(2002)报道，

在干旱时,每次灌水量 1.5 kg/ 株,如灌后 3 天无降雨,可再灌,这样可以显著促进烟草生长,提高烟叶产量和品质。

2.沟灌

沟灌是我国烟区最早使用的灌水方法,在湖北省的襄阳、老河口等平原、丘陵烟区易用此法,山地不平坦的烟田,不易用此法灌溉。采用沟灌时,水分沿水沟通过毛细管作用渗透两侧,仅沟底部分以重力作用浸润土壤,因此大部分土壤不板结,能保持良好的结构。沟灌使土壤中的水分、空气和养分协调,且比用水较大的漫灌经济。过去一般多采用单沟灌水,即一沟挨一沟顺次浇灌,使全田浸水均匀。特别是单行垄作,更有利于沟灌的进行。但近年来研究表明,隔行灌溉对烟叶内在质量没有显著影响,在产量、产值、均价、上等烟比例上,与全量灌溉也无显著差异,节水效果却达到 50%,这样进度快,地温变化较小。

沟灌时水沟的长度及沟中水量的大小应依地面坡度、土壤类型和耕作方法而定。土壤较紧实而透水性差的黏壤土和坡度较小的田块,灌水沟可较长一些;渗透性强的砂土和坡度较大的田块,水沟可短一些。沟灌时水量大小除旺长期要满沟灌水外,其他时期灌水时都要控制水量,做到均匀灌水,不能使局部积水或局部灌不到水,要使水分恰好流到垄沟的另一端为宜。此外,灌水时应不使烟株根系浸水时间过长,避免烟株倒伏,或因水流冲刷而使根系裸露。一日内灌水的时间,应以早晨、傍晚和夜间为好。中午,尤其是炎热的中午不宜灌水,因为中午灌水,土温与水温相差太大,烟株生长会受到影响。如地温低,土温与水温相差不大时,可在中午前后灌水。有条件的地区可设置晒水池以提高灌溉水温度,防止灌水而导致的地温大幅度波动。

3.滴灌

滴灌是利用动力把水加压,使之从干管进入支管,支管上按照烟株株距插入毛管作为点水源,水滴连续不断地进入土壤,根区水分饱和时灌溉结束,是烟田较好的节水灌溉方法。我国不少烟区正在进行滴灌的尝试,效果良好。但滴灌的成本较高,管道系统的铺设和安装费工费时。

4.喷灌

喷灌是利用喷灌设备,将井水或池塘水在高压下从喷枪中喷出,形成人工模拟降雨以均匀灌溉烟田的灌水方式。喷灌具有省工、节水的优点,可减轻土壤板结和烟草病虫害,防止烟叶日灼伤害、提高烟叶产量和品质,是烟田较好的灌水方法。研究表明,喷灌与沟灌相比土壤板结轻,容重小,空隙度大;土壤温度高,含水量增加;烟株根系发达,茎秆粗壮,叶片数多,叶面积大;黑胫病发病率降低 55%,烟蚜数量减少 82%;烟叶日灼伤害减轻 44%;用工减少 66%,节水 59.5%。喷灌设备有固定式、半固定式和移动式三种类型,以移动式喷灌系统对烟区的水源利用较为便利,适宜于我国户均种烟面积较小的生产现状。

喷灌的技术要点是:第一,喷灌强度(即单位时间内喷洒在单位面积上的水量,以 mm/min 或 mm/h 表示)应与土壤的透水性相适应,以灌溉水能及时渗入土壤,不产生径流,不破坏土壤团粒结构为宜。第二,水滴大小要依烟草不同生育期和土壤质地而定,水滴过大易破坏土壤团粒结构,造成地表板结,或将土壤溅到叶面上影响光合作用,且易传播病害;水滴过小会在空中飘散,增加蒸发损失,浪费用水。第三,喷灌必须均匀一致。喷灌的均匀度与喷头结构、工作压力、喷头组合形式、喷头间距、喷头转速、竖管的倾斜度、风向、风力等因素有关。第四,喷灌不宜在炎热的中午或大风天气进行,一般夜晚喷灌效果优于白天。

5.膜上灌溉

膜上灌溉由湖北省烟草科学研究院于 2004 年在烟草上首先应用成功,是在双行结合垄的基础上,在灌溉行上覆盖地膜,水在膜上流动,从预留的渗水孔进入垄体,不破坏土壤团粒结构,因采取隔行膜上灌,土壤温度变化小,同时显著减少土壤水分无效蒸发。与常规的沟灌相比,膜上灌溉的灌水量仅为常规垄型灌溉方式的 50.4%,水分利用效率大大提高,节水效果明显。同时,烟叶的产量、产值显著提高,烟碱、总氮含量有所降低,钾含量升高,烟叶化学成分更加协调。

四、保水节水相结合的灌溉方法

湖北省烟草科学研究院结合白肋烟烟区的具体情况,于 2002—2007 年进行了大量的抗旱栽培和节水灌溉技术的试验示范研究。研究结果表明:采用秸秆覆盖技术、双行结合垄(凹型结合垄)栽培模式可有效降低地表土壤水分的无效蒸发,提高土壤水分的利用率,效果明显;结合双行结合垄进行膜上节水灌溉,可使灌溉水的利用率提高一倍以上。故推荐湖北省烟区的大田水分管理采用以下两种模式:①前膜后秸秆覆盖技术 + 穴灌、注罐、隔沟灌溉、喷灌;②双行结合垄覆膜 + 膜上灌溉、喷灌。

双行结合垄操作方法:采用双行结合垄保水、节水灌溉技术栽培,示意图如图 4-16 所示。

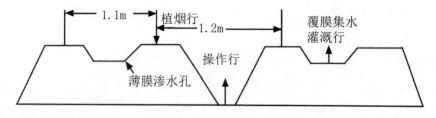

图 4-16 双行结合垄操作方法

垄体规格:采用宽窄行设计,即覆膜集水灌溉行宽 1.1 m,操作行宽 1.2 m,操作行垄体高度要求在 30 cm 左右,覆膜灌溉行的垄体高度应在 8 ~ 10 cm。

操作要求如下。

(1)整地:施肥前应把烟田杂草清除,将土地进行深翻,并整理平整,确保无大的土壤结块。

(2)施肥:施基肥应在移栽前 20 天左右进行,应结合土壤墒情进行,以 0 ~ 40 cm 的土壤含水量在 70% 以上(用手握土可以成团,落地可散)为最好。施肥方式采用条施,条施的位置在植烟行的正下方,距垄面 25 cm 左右,条施宽度应在 15 cm 以内,保证条施均匀。追肥方式采用穴施,应在偏灌溉行(窄行)距烟株 15~20 cm 为宜,施肥深度为 15 cm,施肥后应用土封严施肥孔。

(3)起垄:采用边施肥、边起垄的方式。按照双行垄规格进行操作,应保证垄体高低均匀、平直,覆膜灌溉行垄面平整。

(4)覆膜:用宽膜一次进行一个双行结合垄整体覆膜效果较好,要求薄膜紧贴灌溉行垄面;也可用窄膜,先进行灌溉行覆膜,再分别对垄体进行覆膜,要求覆膜稳固,移栽时要对应烟株在灌溉行内挖渗水孔,渗水孔的大小应在 0.8 cm × 0.8 cm 以内。

(5)揭膜:在移栽后 30 天左右,应结合当时的天气情况,即气温、地温、降雨情况确定具体揭膜时间,揭膜时只揭去操作行的垄体膜。

前膜后秸秆覆盖方法:采用常规栽培,前期覆膜,团棵期揭膜后,对垄体进行秸秆覆盖,最好用麦草或稻草,也可用玉米秆,秸秆须切成 20 cm 左右的长度,每亩秸秆用量为麦草或稻草 350 kg(干重),玉米秆 400 kg(干重)。

灌溉方法:①膜上灌溉,适用于结合垄栽培模式。只对覆膜灌溉行进行灌溉,每亩每次的灌溉量在 8 m³ 左右,可根据水源条件进行调节,水源量小时,应加快灌溉时的流速,或采用分节灌溉,降低灌溉量。②穴灌或隔沟灌,适用于前膜后草栽培模式。有沟灌条件的采用隔沟灌,没有沟灌条件的采用穴灌或注灌方式,穴灌时,每次每株烟的灌溉量在 1.5~2.0 kg,灌水后用土封盖,避免水分无效散失。③喷灌,适用于所有栽培模式,每次每亩的灌溉量在 10~15 m³。

第五节　优质白肋烟光合代谢生理及光热调控技术

光不仅是作物光合作用的能量来源,也是叶绿素形成的必要条件,还影响着气孔的开闭;此外,光照还影响到大气的温度和湿度等小环境的变化。烟草是喜光作物,光照强度、光照时间以及光质条件的不同都对其生长和品质形成有较大影响。烟叶吸收光谱范围较宽,从烟叶吸收光谱的偏好看,从 380 nm 左右的紫光区到 650 nm 左右的红光区均有 40% 以上的吸收率。其中对波长 461 nm 为主峰的蓝光吸收最强,吸收率达到 89.20%;其次是波长 521~563 nm 的绿光,吸收率达到 75.60%~79.31%;再次是波长 656 nm 为主峰的红光,平均吸收率为 69.65%;吸收最少的是波长 380~420 nm 的紫光,平均吸收率为 46.32%,可见烟草对各光质的吸收强弱顺序为蓝光>绿光>红光>紫光(图 4-17)。

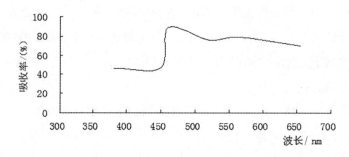

图4-17　烟草叶片对380～660 mm波长光谱的吸收率

从光照强度看,光照不足时,叶片生长发育不良,不能达到真正的成熟要求,进而影响烟叶品质;当光照充足并且有适度的高温条件,有利于烟叶干物质的形成和积累。光照因素与烟叶还原糖积累呈显著负相关关系,当光照相对弱少时,糖类含量减少,而含氮化合物有增加的趋势。光照不足,表现在叶片形态上为细胞分裂慢,倾向于细胞延长和细胞间隙加大,特别是机械组织发育较差,植株生长纤弱,生长速度缓慢,干物质积累也相应减慢,致使叶片大而薄,内在品质差。在强烈日光照射下的烟叶,叶片形态上有较多的栅栏组织细胞,且较大而长,同时栅栏组织和海绵组织的细胞壁均加厚,机械组织发达,主脉突出,叶肉变厚,称为"粗筋暴叶"。过分强烈的日光还会引起日灼病,使叶尖、叶缘和叶脉产生褐色的枯死斑。此外,强烈的光照条件还会使烟叶烟碱含量过高,影响品质。作为叶类作物的烟草,单株叶片容易达到光饱和点,而群体内层的光照强度仍在光饱和点以下,中、下层叶片仍能进一步利用群体中的透射光和反射光,随光照强度的增加,群体的光合速率继续增加,因此,群体的光饱和点比单株的高得多,甚至看不到光饱和点。烟草的需光量因烟叶着生部位不同而不同,光饱和点由下部叶片向上部叶片逐渐增加,同时需光量又随生育期的变化而变化。

从光照时长看,烟草对日照长短的反应因品种而异。大多烟草品种对日照长短的反应为中性,即不敏感,只有多叶型品种是明显的短日性,它们要在日照较短的条件下才能现蕾开花。日照时间的长短不仅影响烟草的发育特性,而且与其生长有着密切关系。在一定范围内,光照时间长,延长光合作用,可以增加有机物质的合成。当光照条件减少到每天8小时以下时,烟株生长缓慢,茎的伸长延迟,叶数减少,植株矮小,叶色黄绿,甚至发生畸形。

温度作为光照的耦合因子,也会影响烟叶的光合特性,试验结果表明,在16 ℃、8 ℃、3 ℃条件下,净光合速率、表观量子效率、羧化效率、RuBP最大再生能力随温度的降低显著下降,在8 ℃、3 ℃条件下发生了低温光抑制现象;低光强下,温度对净光合速率的影响小,温度对净光合速率的效应随光强的增大而增大,当光强达到400 $\mu mol \cdot m^{-2} \cdot s^{-1}$后,净光合速率基本由温度决定。经3 ℃低温处理72 h,其后续影响表现为叶片RuBP最大再生能力、羧化效率、气孔导度、胞间CO_2浓度显著下降,量子效率略有下降,净光合速率表现为可逆下降。经8 ℃处理72 h,其后续作用对叶片净光合速率影响不大。

湖北白肋烟主产区主要在西南山区,光热自然条件相对美国优质产区稍差,而传统栽培技术对光热资源的利用不够,严重影响了烟株正常生长发育。湖北省烟草科学研究院于 2008—2012 年成功研发了烟草高光效栽培技术,即通过设置不同的起垄方式和移栽方式提高烟株光截获能力的一种栽培模式。起垄时,使高低垄穿插排列(即成横波浪),高垄垄高 25 cm±2 cm,低垄垄高 10 cm±2 cm,每条垄的垄面宽度为 40 cm,垄底宽度为 80 cm;烟株移栽时偏离垄面轴线 10 cm 并呈品字形(即成纵波浪),每相邻两株烟的轴线距离保持 45～55 cm 不变。技术实现效果示意图如图 4-18 所示。

（a）双波浪栽培　　　　　　　　　　　　　（b）横波浪栽培

（c）纵波浪栽培　　　　　　　　　　　　　（d）常规栽培（CK）

图 4-18　双波浪、横波浪和纵波浪的起垄和移栽实施示意图

高光效栽培模式筛选试验表明,双波浪栽培模式、横波浪栽培模式、纵波浪栽培模式均可改善烟株光截获能力,其中以双波浪栽培模式的改善效果最为显著:与对照相比,该模式光合效率提高 15%,干物质积累提高 11%,亩产量和亩产值增幅达 10%,上等烟率提高 5 个百分点,内在化学成分协调性和感官评吸质量显著改善。从烟碱、总氮、钾的含量看,高光效栽培模式均有不同程度的改善作用,尤其以双波浪栽培和纵波浪栽培模式的改善效应较明显,其中双波浪栽培效果更佳,具体表现为烟碱和总氮含量较适宜,钾含量较高;从烟叶感官评吸质量看,各种高光效栽培模式对白肋烟上部叶和中部叶的评吸质量有不同程度的改善作用,尤其以双波浪栽培模式的改善作用较佳,具体在香气特征、丰满度、杂气、劲头、香气浓度、刺激性、细腻度等指标上有显著表现;从对烟草种子产量的影响看,双波浪栽培模式中的高垄可使蒴果数增加 13.64%,高低垄可使蒴果数增加 7.72%。

(1)不同高光效栽培模式对田间农艺性状表现的影响。

三种高光效栽培模式的烟株株高在团棵期可以提高 2.3 ~ 4.7 cm,尤其以双波浪栽培最为明显,叶数上平均可以增加 0.6 ~ 0.8 片 / 株,双波浪栽培和纵波浪栽培能使叶宽增加 0.6 ~ 1.5 cm,叶长改善不明显。初花期打顶后,三种高光效栽培模式的烟株株高可以提高 2.1 ~ 6.4 cm,其中横波浪栽培略占优势;在茎围上,三种高光效栽培模式可以使茎围增粗 0.5 ~ 0.7 cm,其中双波浪栽培略占优势;叶数上基本相当;叶片大小上,双波浪栽培和纵波浪栽培能使叶宽增加 0.1 ~ 0.9 cm,可见双波浪栽培在农艺性状综合表现上占明显优势。成熟期,三种高光效栽培模式的烟株株高可以提高 0.4 ~ 4.4 cm,其中双波浪栽培略占优势;在茎围上,高光效栽培模式可以使茎围增粗 0.2 ~ 0.7 cm,其中双波浪栽培略占优势;叶片大小上,高光效栽培模式能使叶宽增加 0.2 ~ 0.9 cm,其中双波浪栽培占明显优势,可见双波浪栽培在农艺性状综合表现上仍占明显优势。

(2)不同高光效栽培模式对白肋烟产值、产量的影响。

由测产结果可见(见表 4-7),各高光效栽培模式均有增产趋势,尤其以双波浪栽培模式的增产效果最为显著。与对照相比,双波浪栽培模式、横波浪栽培模式、纵波浪栽培模式分别增产 17.81kg/ 亩、4.49 kg/ 亩、12.73 kg/ 亩,增幅分别为 10.78%、2.72%、7.71%,亩产值分别增加 304.11 元 / 亩、115.67 元 / 亩、199.47 元 / 亩,增幅分别为 12.59%、4.79%、8.26%,均价略有提高。从烟叶等级上看,双波浪栽培模式、横波浪栽培模式、纵波浪栽培模式的上等烟率分别比对照提高了 8.16 个百分点、8.43 个百分点、1.99 个百分点,上中等烟率略有增加,可见高光效栽培模式对产量、产值及上等烟率有较好的改善效果。

表 4-7 高光效栽培模式对烟叶产值、产量的影响

处理	亩产量 / (kg/ 亩)	亩产值 / (元 / 亩)	均价 / (元 /kg)	上等烟率 / (%)	中等烟率 / (%)	上中等烟率 / (%)
双波浪栽培	182.98	2719.48	14.85	50.15	23.50	73.66
横波浪栽培	169.66	2531.04	14.91	50.42	23.83	74.25
纵波浪栽培	177.90	2614.84	14.70	43.98	29.70	73.68
CK- 常规栽培	165.17	2415.37	14.62	41.99	31.30	73.30

(3)不同高光效栽培模式对白肋烟感官评吸质量的影响。

从总分看,各种高光效栽培模式对白肋烟上部叶的感官评吸质量有明显的改善作用,其中双波浪栽培模式和纵波浪栽培模式的改善作用较佳,具体在香气特征、丰满度、杂气、劲头、浓度、细腻度和干燥感等指标上有不同程度的表现。从中部叶评吸总得分看,除横波浪栽培模式外,均有明显的改善作用,同样以双波浪栽培模式和纵波浪栽培模式的改善作用较佳,具体在杂气、劲头、浓度、刺激性、余味和细腻度等指标上有不同程度的表现。(见表 4-8)

表 4-8　不同高光效栽培模式对白肋烟烟叶感官评吸质量的影响

叶位	处理	香气特征	丰满度	浓劲比	杂气	劲头	浓度	刺激性	余味	细腻度	干燥感	总分
上部叶	双波浪栽培	5.0	4.5	5.0	6.0	5.0	4.5	6.0	5.0	6.0	6.0	53.0
	纵波浪栽培	5.0	4.5	5.0	6.0	4.5	4.5	6.0	6.0	6.0	6.0	53.5
	横波浪栽培	4.5	4.5	5.0	5.5	4.5	4.5	6.0	5.5	6.0	6.0	52.0
	CK-常规栽培	4.0	4.0	5.0	4.5	4.0	4.0	6.0	5.0	5.0	5.0	46.5
中部叶	双波浪栽培	6.0	5.5	5.5	5.5	6.5	5.5	5.5	5.0	5.5	5.0	55.5
	纵波浪栽培	5.0	4.5	4.5	5.0	6.0	5.0	6.0	5.5	6.0	5.5	54.0
	横波浪栽培	5.5	5.0	5.0	5.0	6.5	5.5	5.0	5.0	5.0	5.0	52.5
	CK-常规栽培	6.0	5.5	5.0	5.0	6.0	5.0	5.0	5.0	5.0	5.5	53.0

注：本评吸结果由安徽中烟工业公司提供。

第五章　国产白肋烟病虫害绿色防控技术

湖北是我国烟叶生产的主要省份之一,烟叶种植历史悠久。目前,全省种植的烟草类型有烤烟、雪茄烟、白肋烟、马里兰烟等,可为卷烟工业企业提供多种配方原料;年种植面积3万多公顷,白肋烟产量曾占全国白肋烟总产量的50%以上,居全国之首。自从有了烟草种植,病虫害的危害即相伴而生,如1976年白肋烟KY14引进之时,由于对黑胫病缺乏抗性,试种处于困境,而鄂烟1号的选育成功,为湖北成为中国白肋烟基地奠定了良好的基础。10年后,随着品种抗性的逐步下降和病原基数的不断扩大,黑胫病对白肋烟的威胁再次显现,技术人员在加强品种选育的同时,注重综合防治的应用,通过轮作换茬、甲霜灵系列药剂防治示范,2000年黑胫病已能受到人为控制,到2021年,黑胫病已下降为次要病害,对生产安全已无威胁。

2012年至2014年进行了烟草有害生物调查研究,发现主要侵染性病害16种,其中真菌病害8种、病毒病害3种、细菌病害4种、线虫病害1种,分别是烟草炭疽病、立枯病、猝倒病、赤星病、黑胫病、根黑腐病、镰刀菌根腐病、靶斑病、普通花叶病、黄瓜花叶病、马铃薯Y病毒病、空茎病、青枯病、烟草野火病、角斑病等。非侵染性病害包括气候性斑点病、缺素症、肥害、旱灾、冻害等。

湖北省烟田发生的害虫有2纲8目25科90余种,苗床期及大田期均有不同种类的害虫发生。主要种类有地下害虫类(地老虎、金针虫、蝼蛄等),以及烟蚜、烟青虫、斜纹夜蛾、斑须蝽、马铃薯二十八星瓢虫、蛞蝓、蜗牛等。烟田发生的各种害虫都有其天敌昆虫,湖北烟草害虫天敌种类有100余种,主要种类有蚜茧蜂、环斑猛猎蝽等。

根据湖北省烟草病虫测报网调查,烟草病虫害发生总的趋势表现为:①病害种类逐年增多,危害逐年加重。尤其是靶斑病上升势头迅猛,给烟叶生产造成较大威胁。②根茎部病害混合侵染,危害加重,防治困难,是造成烟叶产量、质量下降的主要原因之一。③病毒病种类增多,复合侵染,症状复杂,防治和诊断都比较困难。④地下害虫局部发生猖獗,常造成缺苗断垄,已严重影响烟株田间整齐度。

第一节　主要病虫害及其发生规律

　　烟草病害是指烟草在生长和运输、储藏的过程中,由于受到生物和非生物因素的影响(病原生物和不良环境条件的侵害),从生理到组织再到形态发生病理变化并最终导致经济损失的现象。由生物因素引起的病害称为侵染性病害、传染性病害,如烟草黑胫病、烟草青枯病等;由非生物因素引起的病害称为非侵染性病害、非传染性病害,如气候性斑点病、旱灾、涝灾等。

一、烟草病害的病原

　　引起烟草病害的常见病原主要有真菌、细菌、病毒、线虫、肥害、缺素、冻害、旱灾和涝灾。

（一）真菌

　　引起烟草病害的真菌,都是从烟株体内吸取养分的寄生菌。这些寄生真菌通过它们的营养器官——菌丝,从烟株体内吸取养分。当真菌生长发育到一定的时候,大多数真菌会产生繁殖体。孢子是繁殖体的基本单位,相当于烟草的种子。真菌的孢子分为两类,一类是无性孢子,另一类是有性孢子。无性孢子是直接从真菌营养体(即菌丝)上产生的,在烟株生长期间大量繁殖。病害发生期间,烟地上空弥漫着大量的孢子,当孢子下降到烟株感病部位,而环境条件又适宜发病时,病害就会不断发展蔓延。有性孢子一般产生于烟株生长后期,它对恶劣的环境适应性强,当年一般不萌芽,以休眠状态过冬,到次年春季遇合适环境条件时便侵染烟株,称为初侵染。

（二）细菌

　　细菌是单细胞微生物,比真菌小,比病毒大。每一个细菌就是一个菌体。为害烟株的病原细菌大都呈标杆状,菌体周围通常有鞭毛。鞭毛是运动器官,能使菌体在水中游动。此外,细菌能分泌一种黏液,使它们相互聚集在一起形成菌脓(内含大量的细菌),菌脓不易被风吹走,但易溶于水。在烟地里,菌脓主要靠雨水传播。一般细菌病害雨后转晴状况下发生严重。

（三）病毒

　　病毒的个体在一般显微镜下是看不到的(真菌、细菌在一般显微镜下可见到),但在放大几万倍到十几万倍的电子显微镜下可以见到。病毒的个体单位称为粒体。粒体呈球状、杆状、螺旋状等多种形状。病毒粒体利用寄主体内养分迅速繁殖自己的个体。病毒只能在活的烟株体内生活,当烟株组织死亡后,它也随之失去生活能力。因此,病毒一般不杀死寄主组织,烟株感染病毒后也并不死亡,但它能引起花叶、畸形、矮化等症状,如烟草普通花叶病。有些病毒可以通过蚜、蝉等昆虫传播,如黄瓜花叶病毒(CMV)。还有一些病毒通过接触摩擦的伤口传播,如普通花叶病(TMV)。此外,含有病毒的种子或烟株残体不仅是病毒的初次侵染来源,也是病毒远距离传播的一种主要途径。

（四）线虫

烟草根结线虫病为烟草根部病害,在苗期和大田期均可发生。发病时,首先是根部形成大小不等的根瘤,须根上初生根瘤为白色。严重时整个根系肿胀变粗呈鸡爪状,病根后期中空腐烂,仅存留根皮和木质部,其中包含大量不同发育时期的病原线虫。烟草根结线虫病分布于安徽、河南、山东等烟区,安徽凤阳、定远的一些老烟地发病普遍。

剥开根结,内有乳白色小粒,即雌虫。雌虫洋梨形,卵包在雌虫阴门外的卵囊内,每卵囊有卵300～500粒。卵长椭圆形,一龄幼虫蜷缩在卵壳内,二龄幼虫破壳而出,脱皮三次后,雌虫成腊肠状,渐成洋梨形,体表覆被一层有弹性的角质膜。雄线虫细长,尾端钝圆,交合刺成对、针状,硬而弯曲。引带一对,呈三角形。根结线虫寄生范围很广,能危害多种双子叶植物。

根结线虫在土壤中的烟草残根或其他寄主的残根中越冬。春季地温达10 ℃以上时,陆续孵化为一龄幼虫,12 ℃时,蜕皮为二龄幼虫,13～15 ℃开始侵染。大田烟株5月下旬肿瘤增多,6月中旬至7月上旬,进入侵染危害的盛期。一般干旱年份发病重,多雨年份发病轻。白肋烟品种间抗性差异不显著。

二、烟草病害发生的三要素（病原、寄主和环境条件）

烟草病害发生和发展需要满足三个基本条件:大量具有侵染力的病原,处于感病状态的烟草寄主组织和适宜病害发生的外界环境条件(见图5-1)。

任何侵染性病害的发生都必须具备这三方面的条件。在烟地里,具有侵染力的病原菌是否大量存在,烟株生长是否正常,栽培的烟草品种是容易感病还是具有抗病性,外界气温、湿度、土壤条件是有利于烟株正常生长,还是有利于病菌繁殖和侵入,都直接影响烟草病害的发生和蔓延。针对某一种具体病害,更为重要的是根据具体情况分析它们的主次关系,找出病害发生和蔓延的关键因子。如烟草炭疽病,烟苗对病菌没有明显的抗性,炭疽病的发生和蔓延由降雨量的大小和次数决定。而烟叶成熟期发生的赤星病,烟叶的抗性都是极低的,秋季温暖湿润的气候一般也有利于病害发生,赤星病发生的严重程度取决于田间越冬病菌的数量和烟田病菌的累积量。总之,病原、寄主、环境条件三个因素对病害的发生都非常必要,当其中一个因素受到人为抑制的影响,病害就会减轻,甚至极少发生。

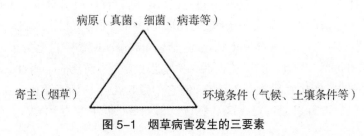

图5-1　烟草病害发生的三要素

三、烟草病害发生的症状

（一）病状

烟草病害的常见症状归纳起来有五大类，即变色、坏死、腐烂、萎蔫和畸形。

1.变色

变色是指作物患病后局部或全株失去正常的绿色，如叶绿素受抑制或破坏，出现褪绿和黄化；花青素形成过盛，叶片变红或紫红，呈现红叶；有的叶片黄绿相间，呈现花叶等。

2.坏死

坏死是指作物的细胞组织或器官受到破坏而死亡。作物发病后最常见的坏死是病斑，病斑可以发生在作物的根、茎、果实等多个部位，有褐斑、黑斑、灰斑、白斑、紫斑等，以褐斑居多，形状有圆形、椭圆形、梭形、多角形及不规则形等。

3.腐烂

腐烂是指烟株组织细胞受到破坏和消解，通常有水分流出，如根腐、茎腐等。

4.萎蔫

萎蔫是指烟株全部或部分出现失水状态而凋萎下垂，可分为生理性萎蔫和病理性萎蔫。生理性萎蔫是由于土壤中缺水或高温时过强的蒸腾作用，烟株叶片、顶部嫩茎失去膨压而表现萎垂，若及时供水，烟株可以恢复正常；病理性萎蔫是烟株的根或茎的维管束组织受病原物侵害，大量菌体堵塞导管或产生毒素，阻碍和影响水分输送，引起叶片凋萎、发黄，造成烟株黄萎、枯萎，或烟株迅速萎蔫而叶片仍呈绿色，这种萎蔫大多不能恢复，甚至可能导致烟株死亡。

5.畸形

畸形是指作物组织或细胞生长受阻或过度增生而造成形态异常。常见的有：全株节间缩短、分蘖增多，病株比健株矮小，称矮缩，如水稻普通矮缩病等；病株与健株相比生长得特别细长，称徒长，如水稻恶苗病等；局部组织细胞发育不平衡，常见于叶面上高低不平，称皱缩；作物根、茎或叶片上形成突起的增生组织，称疣肿，如玉米疣黑粉病等。

（二）病征

1.霉状物

植物发病部位生出各种颜色的霉状物，如灰霉、青霉、赤霉、黑霉等。霉状物由病原真菌的菌丝体、分生孢子梗和分生孢子构成。霜霉病病株多在叶片背面产生白色、灰色或紫色的霜霉层。

2.粉状物

病原真菌可在发病部位生成各种颜色的粉状物,如白色粉状物、黄色粉状物、黑色粉状物、红色粉状物等。白粉病产生白色粉状物,后期粉斑中可能出现黑色点状物,即病原菌的子囊壳。白锈属卵菌在病叶上生成扁平而稍隆起的孢子囊堆,有黏质感,破裂后也散出白色粉状物(孢子囊)。锈菌在病部产生的黄色、黄褐色粉状物(夏孢子、锈孢子),似铁锈,所引起的病害称为锈病。黑粉菌产生黑色粉状物(冬孢子),有些种类的孢子团外有包被或形成坚硬的菌瘿。

3.点状物、块状物

植物罹病部位可出现微小的点状物,借助放大镜才能看清楚。最常见的是小黑点,即病原真菌的分生孢子器、分生孢子盘、子囊壳或子座等。有的病害小黑点散生,有的则排列成线条状或轮纹状。

块状物突破病植物叶片表皮而外露,比点状物大而突起,形状多样,有块状、枕状、垫状、半球形、不规则形等,为子囊座或分生孢子座。多种子囊菌还形成黄色、红色等颜色鲜明的块状物,是其子座或假子座。

4.线状物、颗粒状物

有些病原真菌的菌丝集结成束,形成肉眼可辨的线状物,如禾草红丝病病原菌产生的毛发状红丝等。紫卷担菌引起紫纹羽病,该菌产生紫红色网络状菌丝束,覆盖在病株附近的地面上。有些真菌形成大小、形状、颜色不同的大型颗粒状物,即菌核。产生菌核的真菌较多,例如核盘菌属、麦角菌属、绿核菌属、小核菌属、葡萄孢属、丝核菌属等。

5.真菌的大型子实体

罹病树木枝干上可生出大型伞状物、马蹄状物等,为高等担子菌的担子果。病草地上可有许多蘑菇呈圆圈状排列,俗称"蘑菇圈"或"仙人圈"。隔担菌属的担子果平伏在树皮上,很像贴上了膏药,引起的病害就叫"膏药病"。子囊菌中,盘菌目生成盘状、杯状、碗状子囊盘,炭角菌属生成大型黑色鹿角状子座。

6.脓状物

细菌的病斑可泌出淡黄色或污白色的菌脓,称为"细菌溢脓"。菌脓干燥后成为近球形的颗粒或一层菌膜。细菌引起的维管束病害,由病茎横切面,或病块茎、病块根的切面都可以看到溢脓。因而菌脓是识别细菌病害的重要病征。

四、昆虫

(一)昆虫的概念

昆虫是动物的一种。昆虫的分类地位是动物界节肢动物门昆虫纲。昆虫具有节肢动物门的特征:体躯分节,具有外骨骼,有成对的分节附肢,体腔即为血腔,有腹神经索。昆虫的特征:身体分为头、胸、腹3个部分,头部具有口器、1对触角、1对复眼和2~3个单眼,胸部具有3对足,常具有2对翅,腹部外有生殖器,有时还有1对尾须。

(二)危害烟草的昆虫类别

1.鞘翅目

鞘翅目是昆虫纲中的第一大目,通称"甲虫",种类有33万种以上,占昆虫总数的40%,在中国已记载7000余种。它们的前翅呈角质化,坚硬,无翅脉,称为"鞘翅",因此而得名。其外骨骼发达,身体坚硬,因此能够保护内脏器官,且体型的变化甚大。此类昆虫的适应性很强,有咀嚼式口器,食性很广,分为植食性——各种叶甲、花金龟,肉食性——步甲、虎甲,腐食性——阎甲,尸食性——葬甲,粪食性——粪金龟。常见的害虫有金龟子、金针虫。

2.鳞翅目

鳞翅目是昆虫纲中仅次于鞘翅目的第二大目,由于身体和翅膀上被有大量鳞片而得名。鳞翅目主要分为蛾类和蝶类,共同识别特征是:虹吸式口器,由下颚的外颚叶特化形成,上颚退化或消失;完全变态;体和翅密被鳞片和毛;翅2对,膜质,各有1个封闭的中室,翅上被有鳞毛,组成特殊的斑纹,在分类上常用到;跗节6节;无尾须。幼虫多足型,除3对胸足外,一般在第3~6及第10腹节各有腹足1对,但有减少及特化情况,腹足端部有趾钩。幼虫体上条纹在分类上很重要,蛹为被蛹。成虫一般取食花蜜、水等物,不为害植物(除少数外,如吸果夜蛾类为害近成熟的果实)。幼虫绝大多数陆生,植食性,为害各种植物;少数水生。常见的害虫有烟青虫、斜纹夜蛾、地老虎。

3.半翅目

半翅目由异翅亚目和同翅亚目两个亚目所组成,有133科,超过6万种。异翅亚目即蝽象,是昆虫纲中的主要类群之一。半翅目昆虫的前翅在静止时覆盖在身体背面,后翅藏于其下。由于一些类群前翅基部骨化加厚,成为"半鞘翅状"而得名。半翅目昆虫有刺吸式口器,以植物或其他动物的体内汁液为食,属不完全变态昆虫。其腹部有臭腺,遇到敌害会喷射出挥发性臭液。同翅亚目包括蝉、蚜虫等。半翅目的分类仍有争议,同翅目原先被视为独立的目,许多地方也仍将半翅目和同翅目视为不同目。常见的害虫有斑须蝽、烟盲蝽等。

4.直翅目

直翅目是一类较常见的昆虫,包括螽斯、蟋蟀、蝼蛄、蝗虫等,全世界已知2万种以上,分布很广。成虫前翅稍硬化,称为"覆翅",后翅膜质。本类群为不完全变态,若虫和成虫多以植物为食,对农、林、经济作物都有为害;少数种类为杂食性或肉食性。直翅目是较原始的昆虫类群,起源于原直翅目,在上石炭时期已经分成了触角较长的螽斯类和触角较短的蝗虫类。其中很多种类由于具有鸣叫或争斗的习性,成为传统的观赏昆虫,比如斗蟋和螽斯。常见的害虫有蝗虫、蝼蛄等。

第二节　主要病害绿色防控技术

一、真菌病害

(一)烟草炭疽病

1. 症状

烟草炭疽病在烟草苗期至成熟采收期均可发生(见图5-2)。幼苗发病初期,烟苗叶片上产生暗绿色水渍状小斑点,逐渐扩大成边缘稍隆起并呈赤褐色,中间凹陷且呈白、灰白或黄褐色的圆形病斑。叶片幼嫩或天气多雨时,病斑呈褐色或黄褐色,有时有轮纹。气候潮湿时,病斑上产生小黑点,即病菌的分生孢子盘;天气干燥时,病斑呈白色或黄白色,无轮纹和小黑点。发病严重时,病斑密集,常互相合并,使叶片扭缩或枯焦。叶脉、叶柄和茎上的病斑多呈梭形,褐色,稍凹陷,易开裂。成株期烟株脚叶先发病,逐渐向上方叶片蔓延,病斑同苗期发生的病斑基本相似,但主脉、叶柄和茎部的病斑一般比叶上的病斑大,呈网状纵裂条斑,凹陷开裂,黑褐色,天气潮湿时,病部产生黑色小点。

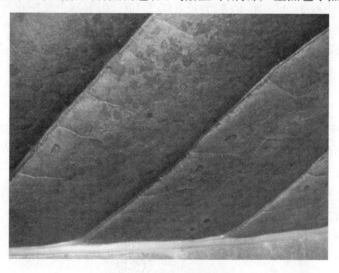

图5-2　炭疽病叶面症状

2. 病原

烟草炭疽病由半知菌亚门炭疽菌属(*Colletotrichum*)真菌侵染引起,目前鉴定的病原主要为烟草炭疽菌(*Colletotrichum nicotianae*);*C. fructicola* 也可以引起烟草炭疽病。菌丝体有分枝和隔膜,初为无色,随着菌龄的增长,菌丝渐粗、变暗,内含大量原生质体,并在寄主表皮上形成子座,子座上着生分生孢子盘。分生孢子盘上密生分生孢子梗,分生孢子梗短棍棒形,无色,单胞,顶生分生孢子。分生孢子长筒形,无色,单胞,两端钝圆。

各有一近透明油球。分生孢子盘上着生刚毛,刚毛粗刺状,暗褐色,具 1~3 个隔膜,外状稍弯。

3.发病规律

烟草炭疽病菌主要以菌丝体和分生孢子盘及孢子随病残体在土壤或肥料中越冬,或以菌丝潜伏在种子内或以分生孢子附着在种子表面越冬,成为翌年苗床病害初侵染源。病组织上产生的分生孢子,借助风、雨等传播方式引起再侵染。在 25~30 ℃下,该病菌的潜育期仅 2~3 d;超过 35 ℃则很少发病。水分对病菌的繁殖和传播起着决定性作用,分生孢子只有在潮湿情况下才产生,并且有水膜存在时,才能萌发侵染。苗床温度高、湿度大、通风不良,病害发生重;移栽后雨日多、雨量大,病害易发生流行。

4.防控措施

(1)培育无病壮苗。

控制苗床发病是防病的关键,具体可采用以下措施:

①建立无病苗床和采用无病种子及种子消毒。用甲醛溶液稀释 50~100 倍液喷施苗床,密封 4~5 d 后,揭去薄膜,挥发掉甲醛后播种;也可用 75% 甲基硫菌灵可湿性粉剂 1 g/m² 拌干细土,于苗床上分层撒施。

②育苗设施消毒。育苗前,应使用无残留消毒剂对育苗设施进行消毒,并设置 200 cm×200 cm 规格消毒池。可选用的消毒剂有 16% 高效二氧化氯 500 倍液、3% 二氧化氯 100 倍液、20% 辛菌胺水剂 1000 倍液。也可使用烟雾机对育苗大棚及育苗浮盘等育苗物资进行封闭消毒。

③加强苗床管理。避免苗床渍水,控制出床温湿度。

(2)农业防治。

一是合理间、轮作。合理实行间/轮作,种植烟草 2~3 年后换种禾本科作物或其他非寄主作物,或与非寄主作物间作或套作,避免与茄科作物轮作、间作或套种。二是清除残体,减少病原菌。烟叶生产过程中及时清除废弃底脚老叶或病底脚叶,保持烟田通风透光,减少病原数量;烟叶采收后及时清除田间病残体和周边其他作物及杂草残体,带出田间地头,并集中灭菌处理,以减小田间病原菌基数。三是土壤保育与修复。采用冬耕冻土、生石灰调酸、有机肥料施用等技术进行土壤保育与修复。四是烟田水分管理。针对有积水田块,开挖好边沟、腰沟,排水沟深度不低于 50 cm,确保田间无积水和水串灌,降低田间湿度,加强土壤通透性,减少病原菌随水传播,降低烟株感染概率。五是平衡施肥。合理施用氮磷钾肥,根据土壤中微量元素含量补充微量元素。六是科学打顶、适时采收。进行适时适度的打顶,以免植株生长过于密蔽,降低抗病能力。早期发现少量病叶,应及早摘去或提早采收脚叶。

(3)生物防治。

田间有零星病株时可采用 8% 井冈霉素可溶性液剂进行叶面均匀喷雾。

(4)化学防治。

烟株发病后可采用 70% 甲基硫菌灵可湿性粉剂、24% 噻呋酰胺悬浮剂、30% 苯甲·丙环唑乳油等药剂进行叶面均匀喷雾;每种药剂施用 1~2 次,间隔期 10 d,上部叶采烤前 10 d 停止使用。

(二)烟草猝倒病

1.症状

烟草猝倒病在幼苗生长的任何时期都可发生,也可对大田烟株产生危害。烟苗自出土至大十字期最容易受害。被侵染的幼苗接近土壤表面部分先发病,发病初期,茎基部呈湿腐状,后发展为褐色水渍状腐烂,环绕茎后,幼苗倒伏,子叶暂时保持暗绿色。湿度大时,病部周围密生一层白色絮状物。幼苗 5~6 片真叶时被侵染,植株停止生长,叶片萎蔫变黄,病苗根部水渍状腐烂,皮层极易从中柱上脱落。当病菌从地面以上侵染时,病苗茎基部常缢缩变细,地上部倒折,根部不变褐色。移栽至大田的发病幼苗,遇到适宜环境条件时,病症会继续蔓延到叶部,茎秆全部软腐,病株很快死亡。发病轻的植株可继续生长,但遇到潮湿天气时,茎基部出现褐色或黑色水渍状斑块,皱缩下陷。茎的木质部呈褐色,髓部呈褐色或黑色,常分裂呈碟片状。

2.病原

烟草猝倒病病原主要为腐霉属瓜果腐霉(*Pythium aphanidermatum*),属鞭毛菌亚门真菌。此外,德巴利腐霉(*P. debaryanum*)、终极腐霉(*P. ultimum*)也可引起烟草猝倒病。菌丝白色,发达,无隔膜,可产生厚垣孢子。有性繁殖产生藏精器和藏卵器,二者交配形成卵孢子,无性繁殖产生孢子囊及游动孢子。瓜果腐霉,孢子囊粗短扁平分叉或不分叉,萌发产生球形泡囊,内生 8~50 个甚至形成 100 个游动孢子。游动孢子肾形,侧生,双鞭毛。藏卵器圆形,顶生或生在菌丝中间,直径 22~25 μm。藏精器球形,常 1 或 2 个挤压于藏卵器上,并通过授精丝进行性结合,产生一个卵孢子。卵孢子球形,壁厚光滑,直径 17~19 μm,萌发产生芽管,再生孢子囊及游动孢子。病菌生长适温为 29 ℃,产生孢子囊最适温度为 20 ℃,孢子囊萌发适温为 24~26 ℃。

3.发病规律

该病菌常以厚垣孢子和卵孢子在土壤中越冬。在适宜条件下,萌发产生芽管或游动孢子,游动孢子或菌丝在植株近地面的部位侵染根茎部。在潮湿天气下,借助于地表水或灌溉水传播。病菌在寄主中形成卵孢子,组织腐烂时,卵孢子释放到土壤中成为再侵染源。一般中温、高湿条件有利于病害流行,但温度高于 30 ℃时发病会受到抑制。而一旦持续几天温度低于 24 ℃,且遇降水过多,也会导致猝倒病的发生。此外,苗床排水不良、烟苗过密、土壤潮湿、空气湿度大时,猝倒病发生严重。

4.防控措施

(1)培育无病壮苗。控制苗床发病是防病的关键。壮苗培育技术参照"烟草炭疽病"。

(2)药剂防治。烟苗大十字期喷 1∶1∶(160~200)倍波尔多液进行保护。病初用 25% 甲霜灵可湿性粉剂 500 倍液,或 72.2% 霜霉威水剂 400 倍液等药剂,每隔 7~10 天喷 1 次,连续 2 ~ 3 次。

(三)烟草立枯病

1.症状

烟草立枯病多发生在苗期,主要在 3 叶期以前,为害烟苗的茎基部。典型症状是首先在患病茎基部出现褐色斑点,逐渐扩大成暗褐色椭圆形病斑,环绕茎部,接近地面的茎基部呈显著的凹陷收缩状,病部及周围土壤上常有蜘蛛网状菌丝黏附,在重病株旁可见黄褐色或黑褐色菌核。

2.病原

病原菌为立枯丝核菌(*Rhizoctonia solani* Kuhn),属于半知菌亚门无孢目丝核菌属。菌丝粗壮,有隔膜,多核,直径为 5 ~ 14 μm,幼嫩菌丝无色,老熟菌丝呈浅褐色至黄褐色。菌丝有分枝,分枝与母枝呈锐角,并在其基部有缢缩,近分枝处有分隔,后期部分菌丝细胞膨大,呈椭圆体至筒状,细胞多核。菌核则由菌丝体交织而成,初为白色,发育成熟时为黄褐至暗褐色,扁球形,表面粗糙。菌核间常有菌丝相连,抗逆力强,是病菌越冬的重要器官。菌丝生长最适温度一般为 28 ~ 32 ℃,低于 5 ℃或高于 35 ℃菌丝很少生长,也难形成菌核。菌核萌发的温度为 8 ~ 30 ℃,最适温度为 23 ℃,在相对湿度低于 95% 时菌核萌发极少,高于 98% 时则有利于萌发。菌丝生长的最适 pH 值为 4.5 ~ 7.0。

3.发病规律

病菌主要以菌核和休眠菌丝在土壤和病残体中长期存活,或以菌丝和菌核在病组织或其他寄主上存活,成为第 2 年初侵染源。在适宜的条件下,病菌随菌核、菌丝通过雨水、流水、带菌肥料、农具等传播蔓延。病菌侵染寄主的方式有 3 种:一是直接侵入,越冬后的菌丝或菌核萌发产生的菌丝可直接侵入寄主内;二是在根上形成菌丝层,使根变色和细胞死亡后,随即自死亡的细胞处侵入;三是从自然孔口或伤口侵入。

4.防控措施

(1)培育无病壮苗。壮苗培育技术参照"烟草炭疽病"。
(2)农业防治。农业防治措施参照"烟草炭疽病"。
(3)生物防治。田间有零星病株时可选用 10% 井冈霉素水剂 600 倍液。
(4)化学药剂。发病后可选用 65% 代森锌可湿性粉剂 500 倍液或 70% 甲基硫菌灵可湿性粉剂 1000 倍液等。

(四)烟草根黑腐病

1.症状

烟草根黑腐病在烟草幼苗期至成株期均可发生,主要发生在烟株根部,烟根呈特异性的黑色坏死而导致烟株死亡或地上部分生长不良。幼苗很小时,病菌从根茎部侵入,病斑环绕茎部一周,向上侵至子叶,向下侵至侧根,使整株幼苗枯死。较大幼苗感病后侧根根尖变黑,病苗移栽至大田后生长迟缓,植株矮小,叶色黄褐,易萎蔫。重病株拔起可见整株根系变黑褐、坏死。

2.病原

病原菌是根串株霉(*Thielaviopsis basicola*),属半知菌根串株霉属(*Thielaviopsis*)。病菌孢子有两种,一种为分生孢子,从孢子梗内产生,单细胞、圆柱形或偶尔桶形,两端平截或钝,透明、半透明或淡褐色,成熟后依次排除,大小$(7.5 \sim 30.0)\mu m \times (3.0 \sim 5.0)\mu m$。另一种为厚垣孢子,通常由 $5 \sim 7$ 个孢子串生于孢子梗顶端或侧面,基部 $1 \sim 3$ 个细胞无色透明,钝圆;其余为褐色,圆柱形,壁厚、光滑,大小为$(6.5 \sim 14.0)\mu m \times (9.0 \sim 13.0)\mu m$,最后可断裂为单个,一端产生一横裂,伸出芽管。

3.发病规律

根黑腐病主要以分生孢子和厚垣孢子在土壤、病残体和粪肥中越冬,成为初侵染源。条件适宜时分生孢子和厚垣孢子萌发产生侵入丝,由伤口侵入寄主表皮细胞,侵入后菌丝在表皮细胞间分枝蔓延,形成大量分生孢子和厚垣孢子,进行再侵染。该病发病适温 $17 \sim 23 \ ℃$,$15 \ ℃$ 以下或 $26 \ ℃$ 以上发病较轻,相对湿度在 80% 以上时发病重。低温多雨或连阴雨天容易造成流行。

4.防控措施

(1)农业防治。农业防治措施同"烟草炭疽病"

(2)合理移栽。合理移栽技术同"烟草炭疽病"。

(3)药剂防治。田间出现零星病株时,灌根施用 50% 甲基硫菌灵可湿性粉剂或 50% 多菌灵可湿性粉剂 $600 \sim 800$ 倍液、50% 福美双可湿性粉剂 500 倍液,每株灌根药液 $100 \sim 200 \ mL$。

二、卵菌病害(烟草黑胫病)

1.症状

黑胫病(见图 5-3)主要对大田期烟株产生危害,苗床期较少发生。苗期受害呈猝倒状。大田期烟草黑胫病主要呈现以下症状:①茎基部出现黑斑,并环绕全茎向上部延伸,有时病斑可达病株高度的 1/3 ~ 1/2,即出现"黑胫"症状。②烟株茎基部受害后向髓部扩展,叶片自下而上依次变黄,大雨后遇烈日、高温,则全株叶片突然凋萎,形似"穿大褂"。③在多雨潮湿条件下,中下部叶片常发生圆形大斑,直径可达 4 ~ 5 cm。病斑初期多无明显边缘,呈水渍状、暗绿色,然后迅速扩大,中央呈褐色,形如膏药状,即出现"黑膏药"症状。④茎部发病后期,剖开病茎,髓部干缩呈"碟片状"。⑤烟株中部叶片发病后,病斑可通过主脉、叶基蔓延到茎部,造成茎中部出现黑褐色坏死,俗称"腰烂"。

图 5-3　黑胫病

2.病原

病原是寄生疫霉烟草致病型(*Phytophtora parasitica* var. *nicotianae* Tucker),为卵菌纲真菌。菌丝无色透明,粗细不一致,直径 3 ~ 11 μm,内含泡沫状颗粒,有分枝,孢囊梗从病组织气孔中伸出,无色透明,无隔膜,单生或 2 ~ 3 根在一起。孢子囊顶生或侧生,梨形或椭圆形,顶端有一乳头状突起,大小为 35 μm×28 μm,无色透明,内含有颗粒。孢子囊成熟脱落后在足够的湿度条件下萌发,生出 5 ~ 30 个 7 ~ 11 μm 的游动孢子,呈圆形、不整圆形或肾形,内含许多颗粒,有侧生鞭毛两根,能在水中游动。经过一个短时期后或遇适宜寄主,鞭毛收缩进入静止状态,然后萌发抽生芽管,侵入寄主,在高温等不适宜条件下,孢子囊也能直接萌发产生芽管,由气孔、伤口或穿透幼嫩表皮细胞的角质层侵入寄主。病菌在病组织中尚能形成卵孢子和厚垣孢子,卵孢子球形,黄色,直径 27 ~ 37 μm,膜很厚,萌发时在芽管先端产生孢子囊。厚垣孢子的形态与藏卵器相似,萌发时产生芽管形成菌丝。

3.发病规律

病菌主要以菌丝体、卵孢子及厚垣孢子在土壤或混杂堆肥中的植株残余组织上越冬。苗床期初侵染源主要是带菌的土杂肥及灌溉水等。大田初侵染源主要是带菌土壤和被病菌污染的土杂肥,其次是带病烟苗和流经烟田的灌溉水或雨水。在田间,烟草黑胫病菌一般通过流水进行传播。病菌的孢子囊可借流水传播到所流经的田块,使病害蔓延扩大。风雨也是传病媒介,如叶部受害和茎部的"腰烂",大多是病原经风雨传播后所致。人、畜、农具等也可以传播病菌。

4.防控措施

(1)培育无病壮苗。

壮苗培育技术参照"烟草炭疽病"。

(2)农业防治。

①合理间/轮作。实行间/轮作,种植烟草 2 ~ 3 年后换种禾本科作物、万寿菊或其他

非寄主作物,或与万寿菊等非寄主作物间作或套作,避免与茄科作物轮作、间作或套种。

②清除残体,减少病原菌。烟叶生产过程中及时清除废弃底脚老叶或病底脚叶,保持烟田通风透光,减少病原菌;烟叶采收后及时清除田间病残体和周边其他作物及杂草残体,带出田间地头,并集中灭菌处理,以减小田间病原菌基数。

③土壤保育与修复。采用冬耕冻土、生石灰调酸、有机肥料施用等技术进行土壤调理。

④烟田水分管理。针对有积水田块,开挖边沟、腰沟,排水沟深度不低于 50 cm,确保田间无积水和水串灌,降低田间湿度,加强土壤通透性,减少病原菌随水传播,降低烟株感染概率。

⑤平衡施肥。合理施用氮磷钾肥,根据土壤中微量元素含量补充微量元素。

⑥科学打顶、适时采收。进行适时适度的打顶,以免植株生长过于密蔽,降低抗病能力。

(3)合理移栽。

选择整齐一致的健苗、壮苗适时移栽,杜绝选择根茎部受伤的烟苗进行移栽。在烟草移栽环节,带水、带肥、带杀虫剂进行移栽。杀虫剂应选择高效、绿色、低残留的药剂,可选用但不限于高效氯氰菊酯(15 mL/亩)防治虫害,每孔用量 80~200 mL(垄体墒情好 80~100 mL、中等 100~150 mL、较差 150~200 mL)。

(4)生物防治。

烟草移栽后 25~30 d、40~45 d 分两次进行生物防治,生防菌剂可选用 10 亿/g 枯草芽孢杆菌粉剂 100~125 g/亩、1000 亿活芽孢/g 枯草芽孢杆菌可湿性粉剂 45~60 g/亩、10 亿孢子/g 木霉菌可湿性粉剂 20~50 g/亩。

(5)化学药剂。

发病初期及时进行化学药剂防治。可选用 66.5% 霜霉威盐酸盐水剂、722 g/L 霜霉威盐酸盐水剂、25% 甲霜·霜霉威可湿性粉剂、68% 丙森·甲霜灵可湿性粉剂、72% 甲霜·锰锌可湿性粉剂、68% 精甲霜·锰锌水分散粒剂、20% 恶霉·稻瘟灵微乳剂等药剂。施药间隔期为 7~10 天,采收前 20 天禁止用药,采收要严格执行农药安全间隔期。

三、细菌病害

(一)烟草空茎病

1.症状

不论是苗期或大田期,烟草空茎病均可发生。烟苗发病后首先在接触地面的叶片上表现出水渍状症状,随后逐渐蔓延至茎部,导致茎基部腐烂开裂,腐烂部位变黑(见图 5-4)。在大田期,空茎病一般发生于生长后期,盛发于打顶和抹杈前后。病原菌从茎的伤口侵入,经常是从烟株抹杈或打顶所造成的伤口侵入,并沿髓部向下扩展蔓延,使病株整个髓部完全腐烂消解。发病后若遇干燥气候条件,髓部组织因迅速失水而干枯消失,呈典型"空茎"症状。随着病情的发展,病株叶片凋萎,叶肉失绿并出现大片褐色斑块。病株髓部腐烂后常伴有恶臭。

图5-4　空茎病症状

2.病原

病原为胡萝卜软腐果胶杆菌胡萝卜软腐亚种(*Pectobacterium carotovorum* subsp. *carotovorum*)和胡萝卜软腐果胶杆菌巴西亚种(*P. carotovorum* subsp. *brasiliense*),属于果胶杆菌属。烟草空茎病菌可合成并分泌大量果胶酶和纤维素酶等细胞壁降解酶,降解寄主的胞间层和细胞壁;还可以分泌效应子扰乱寄主细胞的抗病信号传导和新陈代谢,进而成功寄生并表现症状。空茎病菌菌体呈直杆状,大小为$(0.5 \sim 1.0)\,\mu m \times (1.0 \sim 3.0)\,\mu m$,不形成芽孢,革兰氏染色阴性。多根周生鞭毛,兼性厌氧。菌落为灰白至乳白色,呈圆形,表面光滑略隆起。适宜生长pH值为$5.3 \sim 9.3$,最适pH值为7.2;最适生长温度为$27 \sim 30\,℃$。

3.发病规律

空茎病菌的越冬场所为大田寄主、带菌土壤和腐烂的病组织等。病菌可通过带病种苗进行长距离传播,短距离传播媒介主要有带菌土壤、水体、空气和昆虫等。病菌可从气孔、水孔和皮孔等自然孔口和伤口侵入,以伤口侵入为主。温度和降雨是影响该病害流行的重要因素,高湿及阴雨天气利于病害蔓延和流行。

4.防控措施

(1)农业防治。农业防治措施同"烟草炭疽病"。同时,还应注意在晴天、露水干后进行打顶、抹杈和采收。染病的烟株,可在发病初期剖茎风干髓部。

(2)合理移栽。合理移栽技术同"烟草炭疽病"。

(3)药剂防治。发病初期,可通过在抑芽剂中加20%噻菌铜悬浮剂来防治。施药间隔期为$7 \sim 10$天,采收前20天禁止用药,采收要严格执行农药安全间隔期。

（二）烟草野火病

烟草野火病在世界大部分烟区均有分布；中国各烟区均有发生，其中北方烟区发生较重，南方烟区仅晒烟发生较重，烤烟有零星发生。烟草野火病不仅在田间危害烟叶，而且在烟叶采收后至烘干前仍可继续为害；具有爆发性和破坏性，在烟草整个生育期均可发生。据不完全统计，该病每年在全国烟区造成的经济损失超过 2 亿元，白肋烟的损失程度高于其他烟草类型，成为阻碍各地白肋烟产业发展的重要病害之一。

1.症状

烟草野火病在苗期和大田期均可发生，主要危害叶片，也可危害幼茎、蒴果、萼片等器官（见图 5-5 至图 5-7）。病叶初期产生褐色水渍状小圆点，周围被病原菌分泌物的毒素毒害而形成较宽的黄色晕圈，几天后黄色晕圈变褐，形成一个较宽的圆形或近圆形的褐色斑，直径可达 1～2 cm，遇到气温较高、多雨高湿的天气，病斑会迅速扩展增大，相邻的病斑遇合成不规则的大斑，上有不规则轮纹，呈多角形。天气潮湿时病部表面有薄层菌脓，天气干燥时，变成枯焦状，病斑破裂脱落，叶片破碎，穿孔脱落，失去使用价值。茎、蒴果、萼片发病后，上面生有形状不规则的小斑，初呈水渍状，以后变褐枯死。

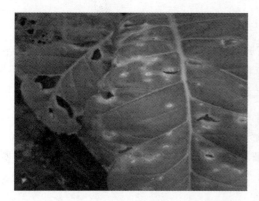

图 5-5　烟草野火病大田前期危害症状

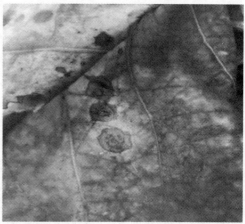

图 5-6　烟草野火病大田中期危害症状

图 5-7　烟草野火病大田后期危害症状

2.病原

(1)形态。

野火病菌(*Pseudomonas tabaci* (Wolf et Foster) Stevens)为短杆状,无荚膜,不产生内胞,革兰氏染色阴性,大小为(0.5~0.75)μm×(1.5~2.5)μm,单极鞭毛 1~6 根,长4~5 μm;在培养基上产生的灰白色圆形菌落具有荧光物质;在牛肉汁培养基上的典型菌落初呈透明,后混白色,微突起,边缘透明,中心不透明。菌落均匀无颗粒,中心暗黄色。

(2)生理特性。

革兰氏染色反应阴性,在 PDA 培养基上生长良好,菌落圆形,灰白至乳白色。病菌好气性,最适发育温度为 24~28 ℃,最高 38 ℃,最低 4 ℃,致死温度为 49~50 ℃ 10 分钟。在马铃薯琼脂培养基上只能存活 12 大,而在牛肉汁培养基上可活 300 天(室温),在 5 ℃的温度下可存活 0.5~3 年,在灭菌水及纯琼脂上,亦可活 0.5~3 年。野火菌培养短期后常失去侵染力,能产生毒素(野火毒素,一种特殊的氨基酸)。

(3)寄主范围。

烟草野火病的寄主较广,除侵染烟草外,还能侵染豇豆、大豆、西红柿、辣椒、白菜、黄瓜及田间杂草。

3.发病规律

(1)越冬:烟草野火病病原菌可在病株残体上越冬(存活 9~10 个月),还能在种子表面以及许多作物(如小麦、白菜)和杂草根系附近存活(不引起侵染和病变),该病原菌的这种习性扩大了越冬范围,增加了侵染机会。

(2)初侵染与再侵染:越冬的病株残体和被病株残体污染的水源、粪肥是次年初侵染主要来源。寄主发病后,可在病组织上产生大量的菌脓,菌脓借助于风、雨或昆虫进行传播,引起再侵染。

(3)侵染过程:病菌主要借风、雨或昆虫传播,从自然孔口及伤口侵入,但必须叶片湿润,气孔中有水时才易于侵入内部。病部溢脓也需要雨水冲溅方能传播,特别是暴风雨后发病最严重,侵入后 3~5 天即现症状。

(4)发生流行的条件：烟草野火病的发生流行与品种抗病性、施肥水平、温湿度条件有密切关系。目前生产上推广的白肋烟品种，大都不可抗野火病或抗性较低，这是野火病发生流行的主要因素之一。在一定施肥量范围内，随施 N 量增加，野火病扩展速度相应加快，而随 P、K 肥用量增加，野火病扩展速度相应放慢；烟草野火病在 15～37 ℃的温度范围内均可发生，适宜温度为 28～32 ℃，在烟株大田期内，温度对野火病发生影响并不大；湿度是影响野火病发生的关键因素，气候干燥，相对湿度小，野火病不发生或发病很少，若降雨多，田间湿度大，病原菌可以迅速侵入并繁殖扩展，导致该病大流行。一般在烟株生育后期，生长过旺的植株感病性高。在施肥较多的烟田，如植株打顶过早或过低，也都会促使发病严重。

4.综合防治措施

按照"预防为主，综合防治"的植保方针，以农业防治、生物防治为主，科学、合理、安全使用高效低毒低残留农药，将烟草叶部真菌病害的危害损失控制在经济允许水平之下，确保烟叶生产安全、烟叶质量安全和烟田生态安全。

(1)农业防治措施。

①合理间、轮作。按照基本烟田规划及保护的要求，实行间、轮作，种植烟草 2～3 年后换种禾本科作物、万寿菊或其他非寄主作物，或与万寿菊等非寄主作物间作或套作，避免与茄科作物轮作、间作或套种。

②清除残体，减少病原菌。烟叶采收后及时清除田间病残体和周边其他作物及杂草残体，带出田间地头，并集中灭菌处理，以减小田间病原菌基数。

③土壤保育与修复。采用冬耕冻土、生石灰调酸、有机肥料施用等技术进行土壤保育与修复。

④烟田水分管理。针对有积水田块，开挖边沟、腰沟，排水沟深度不低于 50 cm，确保田间无积水和水串灌，降低田间湿度，加强土壤通透性，减少病原菌随水传播，降低烟株感染概率。

⑤平衡施肥。根据烟田土地肥力、施肥和植株生育情况合理配施氮磷钾肥比例及用量，根据土壤中微量元素含量补充微量元素。

⑥科学打顶、适时采收。进行适时适度的打顶，以免植株生长过于密蔽，降低抗病能力。早期发现少量病叶，应及早摘去或提早采收脚叶。

(2)药剂防治。

早期点片发生时，应及时摘除病叶，并喷施 1∶1∶160 倍的波尔多液，控制发病中心向周围扩展。烟株团棵至封顶前后发病时，可用 77% 硫酸铜钙可湿性粉剂 400～600 倍液或 57.6% 氢氧化铜水分散粒剂 1000～1400 倍液或 6% 春雷霉素可湿性粉剂 1200～1500 倍液喷雾防治，每 7～10 天一次，连续 2～3 次。也可用 50% 氯溴异氰尿酸可溶粉剂 60～80 g/亩或 20% 噻菌铜悬浮剂 100～130 g/亩，兑水喷施，每 7～10 天一次，连续 2～3 次。容易发病的烟区，应避免长期使用某个单一品种的化学药剂。最佳的方法是多种药剂交叉使用，以减缓病菌抗药性的产生。

（三）烟草角斑病

烟草角斑病又名黑火病,是烟叶生产上常见的一种细菌性病害,最早发生于美国北卡罗来纳州,目前已遍布亚洲、非洲、欧洲及南北美洲各地的主产烟区。在我国,以河南、浙江、陕西、广西、山东、四川、安徽、辽宁、吉林、黑龙江等地的部分烟区发生为主。其中,河南、陕西、山东、四川、重庆、辽宁、吉林、黑龙江等地发生严重,并常常与野火病混合危害。随着我国农业种植结构的调整和烟叶基地单元的推进,烟草单一品种种植面积在不断扩大,烟株的抗病能力出现逐年减弱的趋势,常常导致局部烟区的角斑病暴发流行,并成为烟草的主要病害之一。据不完全统计,每年该病造成的产值损失为2643万元至5782万元,给我国的烟叶生产带来了巨大的经济损失。

1.症状

烟草角斑病在烟草各生育期均可发生,以大田中后期发生较多(见图5-8、图5-9)。烟株的叶、茎、花、蒴果等部位均可感病,以叶部为主。在苗床期,幼苗上的病斑多在叶脉两侧形成不规则角状斑,暗褐色、很小,以后症状逐渐明显。湿度大时病斑迅速扩大,几个病斑融合成大片坏死,最后造成叶片腐烂,幼苗倒伏。成株期发病时叶片病斑受叶脉限制呈多角状或不规则形,深褐色至黑色,边缘明显,但无明显晕圈,在病斑中可以看到颜色深浅不同的云状轮纹,数个病斑可融合成一片。在雨后或空气湿度大时病斑呈水浸状,在叶背有菌脓溢出,呈水膜状,干后成一层膜。茎秆发病时形成不规则褐斑,茎部病斑多凹陷,无黄色圈。

在烟株大田生长的中后期,发病初期,叶片上的病斑为黑褐色、水渍状小点,直径1~8mm;有时病斑中间颜色不均匀,常呈灰褐色云状纹。发病中期,病斑呈多角形或不规则形,深褐色至黑褐色,病斑在扩展过程中常常受到叶脉的限制,有的病斑直径可达到1~2cm,病斑周围无黄色晕圈。相邻的病斑可相互遇合,形成更大的病斑;叶脉受害,常沿叶脉形成条纹状。田间空气湿度大时,病斑的背面常有菌脓溢出,几天后变为一层薄膜,在阳光下发亮。发病后期,大田受害严重,叶片上的病斑逐渐干燥开裂、脱落,叶片破碎,整个烟株变为红褐色,烟叶失去使用价值。留种烟田的植株发病,其花萼和花冠变黑畸形,果实表面形成黑褐色凹陷斑。

图5-8 烟草角斑病大田前期危害症状

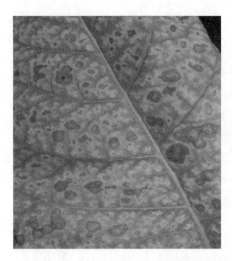

图 5-9　烟草角斑病大田中后期危害症状

2.病原

(1)形态。

烟草角斑病病原菌为丁香假单胞菌烟草致病变种(*Pseudomonas syringae* pv. *tabaci*),该菌属于薄壁细菌门暗细菌纲假单胞科假单胞杆菌属,菌体短杆状,无荚膜,不产生内胞,单生,两端钝圆,大小为(0.5 ~ 0.75)μm ×(1.5 ~ 2.5)μm,单极鞭毛 1 ~ 6 根,长 4 ~ 5 μm。在培养基上产生的灰白色圆形菌落具有荧光物质;在牛肉汁培养基上的典型菌落初呈透明,后混白色,微突起,边缘透明,中心不透明。菌落均匀无颗粒,中心暗黄色。

(2)生理特性。

革兰氏染色反应阴性,在 NA 培养基上初呈透明状,后为乳白色,微突起菌落,边缘透明,中心不透明。在 KB 上黄乳白色隆起菌落,边缘整齐,产生绿色荧光色素。在 PDA 培养基上生长良好,菌落圆形隆起,灰白至白色。该菌能从蔗糖产生果聚糖、水解明胶,产生烟草枯斑反应。过氧化氢酶反应阳性,氧化酶反应、精氨酸双水解酶、甲基红试验阴性。能利用蔗糖、甘露醇、D-木糖等作为唯一碳源,不能利用果糖、乳糖、酒石酸钠等作为碳源。不能水解淀粉,不能软腐马铃薯。该菌最适发育温度为 24 ~ 28 ℃,最高温度为 38 ℃,最低温度为 4 ℃,致死温度为 49 ~ 51 ℃ 10 分钟。

(3)寄主范围。

烟草角斑病的寄主范围较广,除侵染烟草外,还能侵染豇豆、大豆、西红柿、辣椒、白菜、黄瓜及田间杂草。

3.发病规律

(1)越冬。

烟草种子带菌是角斑病菌的主要越冬场所,病菌也可以在病株残体上越冬(在病残体上存活 9 ~ 10 个月)。翌春,在烟田苗床上由苗床及周围病株残体、受病菌污染的水源及病种子出苗造成的病苗,引起角斑病在苗床的初侵染。在南方烟区,角斑病在苗床上就可以成片发病,造成死苗。

(2)初侵染与再侵染。

病菌在病残体或种子上越冬,也能在一些作物和杂草根系附近存活,成为翌年该病的初侵染源。田间的病菌主要靠风雨及昆虫传播。苗期即可染病,造成大片死苗。烟苗栽到大田后,随气温上升或6—8月雨量大、湿度大,该病易流行。尤其是暴风雨,造成烟株及叶片相互碰撞或摩擦,产生大量伤口,病菌就会通过伤口或从气孔、水孔侵入烟叶,引起发病。条件适宜时进行多次再侵染。

(3)侵染过程。

角斑病发病的适宜温度为 25~30 ℃,借助风、雨或昆虫传播,病菌从伤口或自然孔口侵入,病害潜育期 3~4 天,病害流行快。仅仅湿度大还不足以造成角斑病病害流行,只有在叶片保持有相当长时间的水膜时,才能保证病原菌游动到气孔和伤口侵入,又能保证有水分湿润病斑中的病菌而使其溢出,再经风雨及昆虫传播到其他叶片上,从而满足病害流行的条件。

(4)发病条件。

烟草角斑病的发生流行与品种抗病性、施肥水平、温湿度条件有密切关系。

目前生产上推广的白肋烟品种,大都不可抗角斑病或抗性较低,这是角斑病流行发生的主要因素之一。在一定施肥量范围内,随施 N 量增加,角斑病扩展速度相应加快,而随 P、K 肥用量增加,角斑病扩展速度相应放慢;角斑病在 15~37 ℃的温度范围内均可发生,适宜温度为 25~30 ℃,在烟株大田期内,温度对角斑病发生影响并不大;湿度是影响角斑病发生的关键因素,气候干燥,相对湿度小,角斑病不发生或发病很少,若降雨多,田间湿度大,病原菌可以迅速侵入并繁殖扩展,导致该病大流行。一般在烟株生育后期,生长过旺的植株感病性高。栽植过密、植株郁蔽、湿气滞留及施用氮肥过多易发病,长期连作的烟田或田间大水漫灌,雨多造成积水田块发病重。

4.综合防治措施

按照"预防为主,综合防治"的植保方针,以农业防治、生物防治为主,科学、合理、安全使用高效低毒低残留农药,将烟草叶部真菌病害的危害损失控制在经济允许水平之下,确保烟叶生产安全、烟叶质量安全和烟田生态安全。

1)农业防治措施

(1)合理间、轮作。

按照基本烟田规划及保护的要求,实行间、轮作,种植烟草 2~3 年后换种禾本科作物、万寿菊或其他非寄主作物,或与万寿菊等非寄主作物间作或套作,避免与茄科作物轮作、间作或套种。

(2)清除残体,减少病原菌。

烟叶采收后及时清除田间病残体和周边其他作物及杂草残体,带出田间地头,并集中灭菌处理,以减小田间病原菌基数。

(3)土壤保育与修复。

采用冬耕冻土、生石灰调酸、有机肥料施用等技术进行土壤保育与修复。

(4)烟田水分管理。

针对有积水田块,开挖边沟、腰沟,排水沟深度不低于50 cm,确保田间无积水和水串灌,降低田间湿度,加强土壤通透性,减少病原菌随水传播,降低烟株感染概率。

(5)平衡施肥。

根据烟田土地肥力、施肥和植株生育情况合理确定氮、磷、钾肥比例及用量,根据土壤中微量元素含量补充微量元素。

(6)科学打顶、适时采收。

进行适时适度的打顶,以免植株生长过于密蔽,降低抗病能力。早期发现少量病叶,应及早摘去或提早采收脚叶。

2)药剂防治

早期点片发生时,应及时摘除病叶,并喷1∶1∶160倍的波尔多液,控制发病中心向周围扩展。烟株团棵至封顶前后发病时,可用77%硫酸铜钙可湿性粉剂400~600倍液或57.6%氢氧化铜水分散粒剂1000~1400倍液或6%春雷霉素可湿性粉剂1200~1500倍液喷雾防治,每7~10天一次,连续2~3次。也可用50%氯溴异氰尿酸可溶粉剂60~80 g/亩或20%噻菌酮悬浮剂100~130 g/亩,兑水喷施,每7~10天一次,连续2~3次。

容易发病的烟区,应避免长期使用某个单一品种的化学药剂。最佳的方法是多种药剂交叉使用,以减缓病菌抗药性的产生。

四、病毒病害

(一)烟草普通花叶病毒病

烟草普通花叶病毒(tobacco mosaic virus, TMV)是一种单链RNA病毒,属于 *Tobamovirus* 群,专门感染植物,尤其是烟草及其他茄科植物,能使这些受感染的叶片看起来斑驳污损,因此而得名(mosaic为马赛克的意思),是湖北烟区主要病毒之一。

1.症状

烟草普通花叶病毒侵染烟草植株后,会破坏植株的组织结构,对嫩叶的破坏力度最大,使嫩叶出现明脉症状,即叶片侧脉及支脉组织出现半透明的现象(见图5-10)。病毒在烟草细胞中大量繁殖,病毒RNA会严重影响烟草细胞的正常分裂,导致烟草叶肉细胞畸形裂变,部分烟草叶片大量繁殖或者受抑制,出现叶片厚度不均匀的症状,叶片出现斑点,呈现黄绿相间的不同区域。随着花叶病毒的进一步侵染,叶片组织逐步坏死,烟草叶片出现大面积的褐色坏死斑,叶片形状扭曲、皱缩,这种现象在老叶片上尤为明显,重病的叶片凸起形成泡状,边缘向内弯曲。早期发病的烟草植株严重矮化,烟草植株不能正常生长,在成熟期不能正常开花结果,抵抗能力很差,容易受到外界的干扰,叶片和花果容易脱落,种子量少,一般不能正常发芽生长。

图 5-10　TMV 侵染症状

2.病原

烟草普通花叶病毒病是一种病毒病害,寄主植物多达 350 余种。其病毒粒体为直杆状,大小 300 nm × 18 nm,有极强的致病力和抗逆性(见图 5-11),病毒在干烟叶中能存活 52 年,稀释 100 万倍后仍具有侵染活性;钝化温度 90 ~ 93 ℃经 10 分钟,稀释限点 100 万倍,体外保毒期 72 ~ 96 小时;在无菌条件下致病力达数年,在干燥病组织内可存活 30 年以上。该病毒有不同株系,我国主要有普通株系、番茄株系、黄斑株系和珠斑等 4 个株系,因致病力差异及与其他病毒的复合侵染而造成症状的多样性。

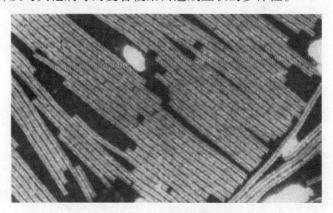

图 5-11　TMV 病毒形态特征

3.传播途径

TMV 能在多种植物上越冬。初侵染源为带病残体和其他寄主植物,另外,未充分腐熟的带毒肥料也可引起初侵染,主要通过汁液传播。病、健叶轻微摩擦造成微伤口,病毒即可侵入,不从大伤口和自然孔口侵入。病毒侵入后在薄壁细胞内繁殖,后进入维管束组织传染整株。在 22 ~ 28 ℃条件下,染病植株 7 ~ 14 天后开始显症。田间通过病苗与健苗摩擦或农事操作进行再侵染。此外,烟田中的蝗虫、烟青虫等具有咀嚼式口器的昆虫也可传播 TMV 病毒。TMV 发生的适宜温度为 25 ~ 27 ℃,高于 40 ℃侵入受抑制,高于 27 ℃或低于 10 ℃病症消失。

4.发病规律

烟草普通花叶病毒病在烟草苗期和大田生长初期最易发病,主要发生在苗床期至大田现蕾期。温度和光照在很大程度上影响病情扩散和流行速度,高温和强光可缩短潜育期。连作或与茄科作物套种使毒源增多,发病率和发病程度明显增加。不卫生栽培是该病流行的重要原因,在病、健株间往来触摸,施用未腐熟有机肥,培带有病毒的土壤都可加重病毒传染。土壤板结、气候干旱、田间线虫危害较重的地块发病重。

（二）烟草黄瓜花叶病毒病

黄瓜花叶病毒(cucumber mosaic virus,CMV)病是一种非常严重的病毒病害,病毒可以到达除生长点以外的任何部位。黄瓜花叶病毒是寄主范围最多、分布最广、最具经济重要性的植物病毒之一。全世界所有烟草种植区均有该病毒的分布和危害,该病毒也是湖北烟区主要病毒之一。其主要表现症状为畸形,严重抑制烟株生长,造成减产绝收,因此对烟叶生产危害极大。

1.症状

多全株发病,苗期发病子叶变黄枯萎,幼叶呈现浓绿与淡绿相间花叶状;成株期发病新叶呈黄绿相嵌状花叶,病叶小,略皱缩,严重的叶反卷,病株下部叶片逐渐黄枯(见图5-12)。发病初期表现"明脉"症状,逐渐在新叶上表现为花叶,病叶变窄,伸直呈拉紧状,叶表面茸毛稀少。叶尖细长,有些病叶边缘向上翻卷。黄瓜花叶病毒也能引起叶面形成黄绿相间的斑驳,但不如烟草普通花叶病毒多而典型。在中下部叶上常沿主侧脉出现褐色坏死斑,或沿叶脉出现对称的深褐色的闪电状坏死斑纹。病害的发生流行与寄主、环境和有翅蚜数量关系密切。烟株团棵和旺长期为易感病期,在与辣椒、黄瓜、番茄等蔬菜地相邻的烟田蚜虫较多时,发病较重。若冬季及早春气温低,降雨雪量大,发病就轻;反之,发病较重。作物间作,苗床及大田管理水平也会对黄瓜花叶病毒病的流行及病情严重程度有影响。

图5-12 CMV侵染症状

2.病原

黄瓜花叶病毒的病毒粒体为球状正二十面体,直径 28～30 nm(见图 5-13)。CMV 大部分株系在 65～70 ℃时 10 分钟失活,稀释限点 100000 倍,室温下体外存活期 72～96 小时。烟草上 CMV 株系有典型症状系(D 系)、轻症系(G 系)、黄斑系(Y1 和 Y2 系)、扭曲系(SD 系)、坏死株系(TN 系)。

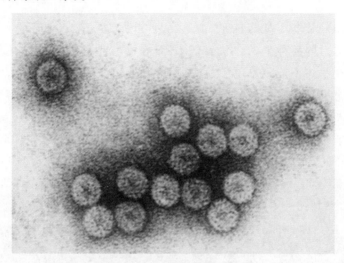

图 5-13　CMV 病毒形态特征

3.传播途径

黄瓜花叶病毒不能在病残体上越冬,但其寄生范围极广,可侵染 36 科双子叶植物和 4 科单子叶植物的 124 种植物。CMV 可在越冬蔬菜、多年生树木及农田杂草上越冬,成为来年侵染烟草的初侵染源。在烟田,CMV 主要靠蚜虫(烟蚜、棉蚜)传播,于翌春通过有翅蚜迁飞传到烟株上,其次是汁液擦伤传病。蚜虫以非持久性传毒方式传播该病毒,在病株上吸食 2 分钟即可获毒,在健株上吸食 15～120 秒就完成接毒过程。CMV 在烟株内增殖和转移很快,侵染后 24 ℃条件下,6 小时在叶肉细胞内出现,48 小时可再侵染,4 天后即可显症。

4.发病规律

该病属于蚜传病毒病,在烟株苗期和大田期均可发病,最易感病期是苗期和大田移栽至旺长期,烟株在现蕾前旺长阶段较易发病,现蕾后抗病力增强。系统侵染,全株发病,症状因品种、生育期不同而有差异。蚜虫在病害流行中起决定性作用。蚜虫数量多,发病重。冬季及早春气温低,降雪量大,越冬蚜虫数量少,发病轻。在杂草较多、距菜园近、蚜虫发生多的烟田,发病时间早,受害也较重。越冬蚜虫基数的多少直接影响烟田蚜虫高峰期出现的早晚,从而影响该病发生的时间。

(三)烟草马铃薯Y病毒病

烟草马铃薯 Y 病毒(PVY)病又称烟草脉带病、烟草脉斑病毒病,由于病毒株系不同而表现出不同症状,主要有脉带花叶型、脉斑型和褪绿斑点型。烟草马铃薯 Y 病毒危害烟草等 34 属 163 种以上植物,其中茄科、藜科和豆科植物受害严重,发病率为 10% 左右,重者达 35% 以上。烟草马铃薯 Y 病毒病广泛分布世界各地,我国各产烟区均有发生;在湖北烟区有逐年加重的趋势,已成为湖北省烟草上的主要病毒病。

1.症状

PVY 病的田间症状因病毒株系、烟草品种、叶龄及气候条件等的不同而有很大差异。同一株系在不同品种上的症状表现不同,在同一品种上的症状表现也不尽相同,这可能与同一株系内不同毒株的致病力不同有关。PVY 单一侵染时的症状一般表现为:在发病初期出现“明脉”症状,后形成系统斑驳,小叶脉间颜色变淡,叶脉两侧的组织呈绿色带状斑,即脉带(见图 5-14)。如果是坏死株系,在感病品种上,叶部小叶脉变成褐色或黑色,坏死斑有时达主脉或茎秆上,坏死症状也常深入髓部,甚至引起根系坏死。有些株系形成白色至褐色小斑点,数目、大小不一。在烟田,PVY 若与 CMV、TMV 等其他病毒复合侵染会产生更严重的坏死症状。在安徽烟田,PVY 病的症状主要有花叶、畸形、脉带、叶脉坏死、茎坏死及闪电状蚀纹等。

图 5-14 PVY 发病症状

2.病原

PVY 属于马铃薯 Y 病毒组,病毒粒体呈线状,长 730～790 nm(见图 5-15)。由于株系不同,适应性也不同,一般钝化温度为 55～65 ℃ 10 分钟,稀释限点 10000～1000000 倍,体外保毒期 2～6 天(室温),个别株系可达 17 天,干燥烟叶 4 ℃下可保毒 16 个月。马铃薯 Y 病毒有很多株系,我国鉴定在烟草上发生的 PVY 有 4 个株系,即普通株系(PVY-

0)、茎坏死株系(PVY–NS)、坏死株系(PVY–N)和褪绿株系(PVY–Chl)。我国大多烟区为普通株系。马铃薯Y病毒在细胞质内产生风轮状内含体,而细胞核内没有内含体,有别于蚀纹病毒。

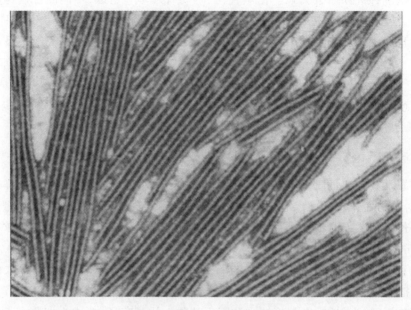

图 5-15 PVY 病毒形态特征

3.传播途径

马铃薯Y病毒可通过蚜虫、汁液摩擦、嫁接等方式传播。自然条件下仍以蚜虫传毒为主。介体蚜虫主要有棉蚜、烟蚜、马铃薯长管蚜等,以非持久性方式传播。该病毒可侵染34属163种以上植物,其中茄科、藜科和豆科植物受害严重。PVY 主要在农田杂草、马铃薯种薯和其他茄科植物上越冬。在亚热带地区,PVY 可在多年生植物上连续侵染,通过蚜虫迁飞向烟田转移,大田汁液摩擦传毒也是重要的侵染方式。染病植株在 25 ℃时体内病毒浓度最高,温度达 30 ℃时浓度最低,出现隐症现象。

4.发病规律

该病属于蚜传病毒病,幼嫩烟株较老株更容易发病。蚜虫为害重的烟田发病重。在烟草、马铃薯和蔬菜混种的地区发生较重,尤其在马铃薯和烟草间作的地块为害更为严重。天气干旱易发病,多与 CMV 为混合发生。

(四)烟草病毒病综合治理策略和措施

烟草病毒病是我国烟草的重要病害之一,不同烟草产区普遍发生,严重影响烟草的产量和品质。病毒病在湖北省各烟草产区均有不同程度的危害,且毒源种类趋于复杂,不同毒源传播途径不尽相同,防治的侧重点有所差异。但烟草病毒病综合治理策略和总体措施是一致的。采取"预防为主,综合治理"策略,协调运用多种措施,是控制烟草病毒病的有效手段。

1.重视抗病品种选育和利用

利用抗病品种防治农作物病害是最经济、安全的有效措施。烟草病毒病的发生危害与品种的抗病性关系十分密切。据调查,在湖北省烟草种植区,不同品种病毒病的发生危害存在明显差异,有些抗病品种不发病或发病轻微,而感病品种发病十分严重。

在选育和利用抗病品种时,应加强三个方面的工作:一是注重研究筛选及鉴定抗病技术方法,制定烟草品种抗感病毒的评价标准;二是重视培植和建立本系统烟草抗病育种专家和研究团队;三是加强前瞻性基础研究,探索分析抗性基因在育种中的应用,解决由毒株导致的抗性丧失等问题。这些工作对湖北省烟草产业的发展和科技进步具有战略意义。

2.清除烟草病毒侵染源

目前湖北省鉴定的烟草病毒病,其毒源种类不尽相同,传播途径也不一样。总体而言,除栽培植物之外的田间产生的自然寄主或"桥梁"寄主、带毒种子或材料、带毒介体等是自然条件下的主要毒源。因此,采取清除相应毒源的有效措施,是控制和减轻田间病毒病危害的重要环节。

湖北省不同烟草种植区,虽然病毒病毒源种类和分布有所不同,但所采取的消除毒源的相关措施是一致的。TMV、CMV、PVX 和 PVY 是不同烟草产区的共同毒源,这四种病毒"毒源库"较为丰富,在栽培植物和野生植物上均可存活,并成为烟草病毒病的侵染源。此外,TMV 可随病残体在土壤中存活,CMV 也可通过种子传播。

根据烟草病毒病主要毒源的传病特点,在清除毒源时采取的措施重点包括:

①清除野生毒源寄主。由于烟草主要病毒可以侵染某些杂草和野生植物,这些野生毒源又可通过不同途径侵染烟草。因此,结合烟草栽培管理技术,及时清除烟田和周围的野生毒源植物,对控制烟草病毒病的发生具有积极意义。

②清除烟田病残体。遗留在田间的病残体是烟草很多病害的初侵染源,TMV 是一种十分顽固的病毒,可随病残体在土壤中存活,成为下年的侵染来源。烟叶采收后,将烟田的病残体清除并带出田外集中处理,对减少 TMV 的发生危害可起到事半功倍的效果;同时,对减轻烟草根基部病害,尤其是黑胫病、青枯病、枯萎病的发生危害也是一项重要措施。

③清除烟草种子携带毒源。在烟草病毒病中,少数病毒可以通过种子传播。2011 年,对湖北省不同烟草产区采集的病毒病标样进行了血清学检测,在鉴定的 6 种病毒中,烟草环斑病毒(TRSV)和烟草蚀纹病毒(TEV)属首次检出。烟草环斑病毒远距离传播是通过种子带毒。对此,加强种子检疫是减少本病发生危害和防止病区扩大的重要措施,此外,烟草花叶病毒(CMV)附着在种子上也是传病途径之一。在烟草育苗前,采取必要的种子消毒处理措施,清除种子携带毒源,在控制烟草生长期病毒病发生危害方面可收到较好效果。

3.加强烟草生产农业管理措施

在有害生物综合治理中,加强农业管理技术是控制病(虫)害发生危害的重要措施。

良好的栽培管理,有利于寄主健壮生长,增强抗病性,具有明显的防病增产效果。

烟草病毒病发生危害与农业技术措施关系十分密切。针对病毒病发生危害的基本规律和特点,可采取以下农业管理措施:

①"桥梁"寄主的合理布局。与烟草相邻的某些栽培植物也是烟草的重要毒源,田间前后作物和相邻作物之间可以构成某种病毒的生存链,也就是说,当一种作物收获后,病毒可以过渡到另一种作物上生存,或在相邻的不同作物之间相互传染,从而使病毒不断延存、不断扩大,前茬作物为后茬作物毒源,相邻作物互为毒源。例如 TMV、PVX 和 PVY 既是烟草的重要毒源,也是侵染十字花科蔬菜和茄科植物的主要病毒。因此,在烟草种植区如果前茬作物为马铃薯,或烟田相邻作物为十字花科蔬菜和茄科植物等,往往会加重烟草病毒病的发生危害。由此可见,在烟草病毒病防治中,除注意作物茬口的合理安排外,也应重视"桥梁"寄主的合理布局。

②加强烟田水肥管理。合理的水肥管理不仅是作物增产的重要农业措施,而且对控制病毒病的发生危害也具有重要意义。合理用肥,科学管水,促进烟草健壮生长,提高烟株对病毒或介体的抗性,从而达到控制病情、减少损失的效果。此外,在利用农业技术措施防治烟草病毒病中,对于某些休闲田,有条件的地方可进行淹水,以加速消灭病残体或携毒介体,结合翻耕也可加速病残体的分解。这些辅助措施对减轻病情均可起到一定作用。

③改进耕作制度。湖北省不同烟草产区,耕作制度有所不同,病毒病发生危害也存在一定差异。如上所述,由于烟草病毒病毒源寄主较广,不同的耕作制度在一定程度上会直接或间接影响烟草病毒病的发生危害。例如,TMV 可随病残体在土壤中存活,在发病地区,长期连作通常会加重病情,合理轮作则有助于减轻病害。由于烟草病毒病在田间主要通过蚜虫介体传毒,烟田周围毒源寄主上的蚜虫迁飞烟田,并反复吸毒和传毒是导致病毒病加重的重要因素。因此,在烟田一定范围内种植屏障作物以阻隔蚜虫的迁飞,对控制和减轻烟草病毒病的发生也具有明显效果。

4.烟草病毒病的化学防治

关于烟草病毒病的化学防治,目前尚无十分有效的化学药剂,市场上销售的一些药剂,在发病初期施用后,虽然对症状可起到一定缓解作用,但均达不到治疗效果。病毒病发病后一般不会导致植株死亡,症状表现主要为花叶,感病植株生长发育受阻,严重时植株矮缩。就烟草病毒病而言,其危害主要是烟叶,发病后直接影响烟草的品质和商品价值。因此,化学药剂作为一种防治病毒病的辅助措施仍是必不可少的。在利用化学药剂防治烟草病毒病时,要注意掌握施药适期,通常应在发病初期用药,常用的药剂主要有病毒抑制素、吗啉胍、增抗剂等。这类药剂可调节植物生长,提高植物抗性,施药后可使症状在一定程度上得到控制,对提高烟叶品质、降低经济损失具有一定作用。

此外,烟草病毒病在大田扩散蔓延,主要是通过蚜虫介体传毒,蚜虫与病毒病的发生直接相关,因此,利用化学药剂防治蚜虫,对控制烟草病毒病的发生危害显得尤为重要。在防治蚜虫时,应注意三个问题。一是注意早期治蚜防病。由于蚜虫介体多属非持久性传毒,即蚜虫吸毒后可以立即传毒,少量蚜虫在烟草上反复吸毒传毒,可使病情逐渐加重。二是注意烟叶周围毒源寄主蚜虫防治。在烟田周围的栽培植物和野生植物上的蚜虫,尤其是十字花科蔬菜和茄科植物上的蚜虫,迁飞到烟田吸毒传毒,会进一步加重烟草病毒病的发生危害。三是注意连遍治蚜。在施药防治蚜虫时,由于蚜虫有迁飞习性,用药过程中,蚜虫受侵扰后往往会迁飞至其他场所,因此对毒源寄主或烟田治蚜,应尽可能做到连遍防治。

综上所述,烟草病毒病的防治应采取以消除毒源为基础,选用抗(耐)病品种为重点,加强农业技术为核心,适时药剂防治为辅助的综合防治策略。

五、线虫病害（烟草根结线虫病）

根结线虫病是我国烟草生产中的主要土传病害之一,根结线虫是当前在我国烟草发生范围最广、为害较重、防治难度大的线虫。1989—1991 年全国烟草侵染性病害调查表明,我国烟草根结线虫病每年发生 5.2 万公顷以上,损失约 5890 万元,而且有加重的趋势。据 2002 年我国烟草业统计,全国根结线虫病发生面积为 10.83 万公顷,直接危害所造成的烟叶经济损失达 7917.84 万元,占侵染性病害所致损失的 5.7%。同时,根结线虫能使细菌和真菌等病原物更易于感染植物,加重了真菌病害的发生(如 *Thielaviopsis basicola*, *Rhizoctonia solani*, *Verticillium dahlia*, *Fusarium oxysporum* 等病原真菌引起的病害),尤其使烟草根腐病更容易发生,从而使产量损失更加惨重。近年来,随着复种指数增加,加之重茬严重,根结线虫危害日益严重,严重影响烟株生长发育和烟叶质量,一般可造成减产 10% ~ 20%,严重时减产 30% ~ 40%,甚至绝产。当前烟区存在烟田长期连作、化学肥料大量使用、化学农药和除草剂滥用等现象,导致植烟土壤严重退化、土壤酸化、有机质缺失、各种营养元素失衡、土壤结构遭到破坏,并引起微生物活性降低、土壤微生物区系失衡,伴随着根结线虫对药剂的抗性增加,土壤中根结线虫量呈逐年上升趋势,已成为目前制约烟叶质量提高的重要因素。

1.症状

烟草根结线虫病在苗期和大田期均可发生,根结线虫侵染烟草根部,以口针刺吸烟株汁液,并分泌激素类物质刺激根部组织细胞分裂,首先在侧根或须根上形成大小不等的根瘤,须根上初生根瘤为白色,严重时整个根系肿胀变粗呈鸡爪状,病根后期中空腐烂,仅存留根皮和木质部(见图 5-16、图 5-17)。根结的形成阻断了烟株对水分和养分的正常运输与吸收,导致烟株生长不良,地上部表面症状因发病的轻重程度不同而有所差异,一般轻病株症状不明显,重病株则生长发育不良,伴有严重矮化现象。病株叶片从叶尖和边缘开始干枯内卷,叶色变淡,生长不良,似缺肥状,整体较为干枯和萎蔫。烟草多在大田成株期发病,高温时尤为明显。

图 5-16 根结线虫病大田前期危害症状

图 5-17 根结线虫病大田中后期危害症状

2.病原

1)种类及形态

采用 SCAR-PCR 特异性鉴定技术进行根结线虫种类鉴定,危害白肋烟的根结线虫为南方根结线虫 1 号生理小种。此线虫属线形动物门线虫纲垫刃目垫刃总科异皮科根结线虫属。剥开根结,内有乳白色小粒,即雌虫。雌虫洋梨形,卵包在雌虫阴门外的卵囊内,每卵有 300~500 粒。卵长椭圆形,一龄幼虫蜷缩在卵壳内,二龄幼虫破壳而出,脱皮三次后,雌虫呈腊肠状,渐成洋梨形,体表覆被一层有弹性的角质膜。雄线虫细长,尾端钝圆,交合刺成对、针状,硬而弯曲,引带一对,呈三角形。根结线虫寄主范围很广,能危害多种双子叶植物。烟草根结线虫病是由根结线虫侵入烟株根部而引起的。

2)寄主范围

根结线虫的寄主范围较广,除侵染烟草外,还能侵染甘薯、豇豆、大豆、西红柿、辣椒、白菜、油菜、黄瓜及田间杂草。

3.发病规律

1)侵染循环

根结线虫在土壤中的烟草残根或其他寄主的残根中越冬。春季地温达 10 ℃以上时，陆续孵化为一龄幼虫，12 ℃时，蜕皮为二龄幼虫，13~15 ℃开始侵染。5 月 30 日为初始发病期，6 月 10 日后发病率和病情指数逐步增加，8 月 20 日发病率达到高峰，发病率和病情指数与土壤含水量呈显著负相关关系，与土壤温度呈极显著正相关关系。大田烟株 5 月下旬肿瘤增多，6 月中旬至 7 月上旬进入侵染危害盛期。一般干旱年份发病重，多雨年份发病轻。不同品种间抗性差异显著。

2)发病条件

烟草根结线虫病的发生与土壤理化性状、环境条件有密切关系。根结线虫在黏土、壤土中发病轻，在砂土、砂壤土中发病十分严重，烟株受害较重；烟草根结线虫病与土壤团粒结构、含水量、毛管持水量、交换性钙以及有效铁、锰、铜和锌 8 个指标呈极显著负相关，与容重和速效钾含量呈极显著正相关；与土壤中雷尔氏菌属、鞘脂单胞菌属、疣微菌属、慢生根瘤菌的数量呈正相关关系；与链霉菌、马赛菌和细链孢菌数量呈负相关关系。

4.综合防治措施

按照"预防为主、综合防治"的植保方针，遵循病害综合治理(IPM)原则，以生态调控、生物防治、保健栽培、理化诱控和精准施药等为基础，控制病害的发生，最大限度地减少化学农药的使用。

1)农业防治措施

(1)休耕养土技术。

发病较重的区域休耕 1~2 年，在休耕季种植绿肥还田，采用冬耕冻土、生石灰调酸、有机肥料施用等技术进行土壤保育与修复。

(2)降低土壤虫口密度技术。

烟叶采烤结束后及时清除烟株残体，种植萝卜或油菜，于第二年 3 月份将萝卜或油菜拔出并带出田间，降低植烟土壤中根结线虫虫口密度。

(3)补锰元素技术。

坚持"控氮、稳磷、稳钾、补微"的施肥原则，根据植烟土壤中锰元素含量来补充锰元素，保持土壤养分平衡。

(4)清除残体，减少病原菌。

烟叶采收后及时清除田间病残体和周边其他作物及杂草残体，带出田间地头并集中进行灭菌处理，以减小田间病原菌基数。

2)药剂防治

(1)生物防控：蜡质芽孢杆菌可湿性粉剂 100 g/亩或 100 亿芽孢/g 坚强芽孢杆菌可湿性粉剂 1200 g/亩稀释 1500~2000 倍液，同时添加 1.5~2 kg/亩黄腐酸，于移栽后 25 天进行灌根，每株 150~200 mL。

（2）化学防治。25% 阿维·丁硫水乳剂、10% 噻唑膦颗粒剂或 25% 丁硫·甲维盐水乳剂 1200～2000 g/ 亩结合基肥使用。

六、非侵染性病害

非侵染性病害是由非生物因子引起的病害，如营养、水分、温度、光照和有毒物质等，阻碍烟株的正常生长发育而呈现不同的病症，这类病害是不能传染的。常见的非侵染性病害有多种，包括气候斑点病、低温冻害或冷害、日灼、旱害、雨斑、雹害等，其中发生较为普遍、对烟叶品质造成较大影响的以前三种病害居多。

（一）烟草气候斑点病

烟草气候斑点病在我国各烟区均有发生，是全国性的主要烟草病害之一。烟草气候斑点病（tabacco weather fleck）由安德森（Anderson P. J.）于 1920 年首次报道在美国发生，目前世界上各烟叶种植国都有发生。我国于 1970 年开始有该病的报道。随着烟叶种植病害防治研究的进展，烟草气候斑点病已为大家所熟知。

1.症状

烟草气候斑点病田间以白斑症状最为普遍，但常常因烟草品种、发生时间、气候因素等条件的不同，症状表现复杂而多样，会出现白斑、褐斑、环斑、尘灰、坏死褐斑等多种类型（见图 5-18）。受气候斑点病侵染的烟株的初期症状是在靠近地面的下部叶上呈现直径 1～2 mm 的暗绿色斑点，形状为圆形、近圆形或不规则形状，数小时后成褐色水浸状病斑，除少数维持褐色症状外，大多数在 48 小时之内又转为白色。病斑外缘组织稍稍褪绿变黄，病斑中央不透明，也无黑点或者黑色霉状物，病斑常集中在主脉和支脉两侧及叶尖的位置。随着病程进展，病斑中心坏死、凹陷；严重时穿孔、脱落，叶表皮组织损坏，直至死亡；特别严重时多个病斑联合穿孔，导致病叶破烂不堪。

图 5-18　烟草气候斑点病

2.发生原因

气候斑点病主要由大气中的臭氧(O_3)引起,其次是其他空气污染物(如 SO_2)等。臭氧是大气组成成分之一,平流层中的臭氧每年进入地球表面的对流层,一年中春季最多。人类活动排放的废气以及森林火灾和闪电释放物中的氮氧化合物和碳氢化合物等初级污染物在日光紫外线下相互作用也会产生臭氧。臭氧伤害烟株的临界剂量与臭氧浓度及接触烟株的时间有关。一般来说,大气中的臭氧含量达到 0.06~0.08 ppm 就有破坏作用,过此量 24 小时就形成病害。大气中有臭氧存在时,如有 SO_2 等其他污染物存在,将引发更为严重的气候斑点病。王学德等的试验结果表明,大气中 SO_2 含量达到 0.0001~0.01 ppm 就可产生危害,在这一范围内,随 SO_2 浓度增大,危害加重。

3.发病规律

臭氧通过气孔进入烟株或者直接渗入烟叶表面角质层,引起烟株内一系列生理生化反应。烟草团棵期至旺长中后期是叶片处于快速生长并进入成熟期的阶段,该阶段最容易感病。一般来说,老叶比新叶、中下部叶比上部叶更易受到气候斑点病的危害。

烟草气候斑点病的发生,除与烟草品种的感病性有关外,还与烟株的生育时期和营养状况有关,其中温度和湿度是影响发病的重要因素。如果团棵至旺长阶段低温、多雨、土壤水分含量高,叶片细胞间隙内充满水分,寡照或者持续降雨骤停,病害容易大发生。这是由于低温多雨、雷鸣闪电可形成臭氧,地面逆温层又有利于对流层的臭氧及地面工业、生活废气等污染物产生的臭氧在地面聚集,地面上臭氧浓度较高,加之低温寡照导致烟株生理失调,给臭氧侵袭创造了条件。

4.防治措施

气候斑点病受环境因素影响很大,在局部小范围烟田内进行防治的效果比较有限,生产上多以种植抗性强的品种、加强水肥管理以及结合短期及中长期天气预报,辅以药剂进行防治。

(1)选用抗性强的品种。当前生产上白肋烟主栽品种为鄂烟1号,近年来鄂烟3号、鄂烟209等在恩施等地区亦有小范围种植。

(2)加强田间栽培管理。主要通过培育壮苗、适时移栽、合理密植、科学施肥和灌溉等措施,提高烟株长势,增强抗病性。

(3)常用药剂。市面上常用的防止臭氧伤害的药剂有抗氧化剂、生长调节剂、保护剂、矿物营养和叶面覆盖剂等。白肋烟生产中常用80%波尔多液可湿性粉剂、70%代森锰锌可湿性粉剂或80%多菌灵可湿性粉剂来进行预防和保护。特别是雨后骤停或者阴雨天气的间隙,应结合天气预报抢抓时机进行药剂喷雾防治,可同时添加农用增效剂,如橙皮精油、农用植物油或者有机硅,增强药液的延展性和附着性,提高防治效果。

(二) 冻害或冷害

烟草是喜温作物,烤烟在无霜期少于 120 d 或者稳定通过 10 ℃的活动积温少于

2600 ℃的地区,难以完成正常的生长发育过程。白肋烟对气温的要求没有烤烟那么严格,只要温度不导致生长缓慢和成熟停滞即可,日平均气温>18 ℃,持续 90 天以上,就能基本满足白肋烟生长需求。白肋烟移栽后生长发育最适宜温度为 18 ~ 25 ℃,遇到 10 ℃以下低温天气会造成冷害,遇到 0 ℃以下低温天气会造成冻害。

1.症状

冻害或冷害大多出现在春季苗期及秋后昼夜温差大的成熟后期。

苗期的烟草遭受冻害或冷害,叶片呈绿色水渍状,逐渐干枯,甚至死亡,叶片边缘内卷或舌状伸展,导致畸形。受冷害较轻的烟苗 4 ~ 5 天后可恢复正常生长,但移栽后易出现早花现象,烟叶产量和质量下降;受冷害严重的烟苗畸形、矮化,生长停止。

成熟后期的烟草遭受冷害多是昼夜温差大,夜间冷露侵害所致,受冷害后叶缘萎缩,叶色变深,叶面呈现开水烫过的水渍状,叶片失去晾制价值。

2.发生原因

当烟草生长的环境温度在 0 ℃以上、10 ℃以下时,低温造成烟草生理的机能障碍,形成冷害;当烟草生长的环境温度在 0 ℃以下时,烟株细胞内水分冻结,原生质遭到破坏,细胞脱水死亡,形成冻害,这种破坏是不可逆的,即使温度回升,已造成的叶片损伤或死亡依旧会导致烟叶品质的下降。

3.防治措施

苗期遇低温天气可采取三个措施,一是关闭通风窗口,加强大棚的密封性和保温性;二是根据天气预报,在降温前把池水加满到 8 cm 以上,以缓冲低温影响;三是根据年度气候情况适当推迟移栽期,避开不适宜移栽的天气。

成熟后期易遇低温冷害天气的地区,应根据地区气候特征合理安排育苗与移栽时间,适时移栽,尽量在霜期到来前完成田间成熟采收工作。

(三)日灼

日灼是烟草叶片短时间受到烈日高温直接伤害。一般来说,烟草生长的适宜温度是 18 ~ 25 ℃,最高温度为 35 ℃,高于 35 ℃将造成伤害,受到 35 ~ 40 ℃的高温和烈日直射,就会产生日灼,如果加上严重的干旱,无灌溉条件时,日灼更为严重。叶片发生日灼后,其受害严重的部分在采收、晾制前就失去利用价值。受害较轻的部分晾制后完整度大为降低,品质变劣,一般要降低 1 ~ 2 个等级。

1.症状

日灼首先发生在正对太阳的部位,被灼伤的叶片表现萎蔫,出现褐变坏死斑。当日灼发生严重时,叶片焦枯破碎,呈孔洞状。烟叶生产中日灼常发生在叶缘、叶尖,有的叶片受害严重,病斑扩展到整个叶片,形成大面积的枯死区,干枯凋萎,导致叶片死亡。有的叶片则从叶尖卷缩,然后扩展到整个叶缘,使叶片大面积受害。

2.发生原因

日灼的发生与气候因素、水肥管理、烟叶长势、生育期、烟草品种有关,常发生于烟株近成熟期,在光照差、长期阴霾、降水多后遇烈日干旱的特殊天气发生严重。在强烈的日光照射下,烟草叶片的海绵组织和栅栏组织加厚,叶脉凸出,叶片粗糙,烟碱含量过高,刺激性增强,吃味辛辣,烟叶品质下降。

(1)高温干旱。气温高、光照强、相对湿度小易使烟株根系所吸收的水量不能保持烟株膨胀度,从而诱导日灼的发生。

(2)烟株生育期。正在成熟的叶片易发生日灼。

(3)营养条件。低肥小区,烟株生长势较弱,日灼发生严重,尤其是低钾和无钾的小区,日灼发生率最高,受害叶片可占总叶片的80%,损失也最为严重;反之,氮、磷、钾配比恰当,肥料充足的小区,则日灼很轻或不会发生日灼伤害。

(4)品种的差异。不同品种之间对日灼的抵抗力差异很大。

3.防治措施

日灼一旦形成,挽救是很困难的,当发现少数烟株出现日灼现象时,应及时采取挽救措施。

(1)加强水分管理。最有效的方法是及时进行烟田灌溉,提高土壤湿度,增加烟田小气候的空气湿度,缓和大气温度和干燥程度。灌水宜在早晨或傍晚进行。

(2)合理施肥。增施有机肥,合理使用氮肥。在生产中施用氮肥过多、有机肥偏少的烟草,植株幼嫩,叶片薄,抗日灼病的能力较低;而施用有机肥,特别是饼肥多的烟草,叶片厚实,叶面细胞组织紧实,抗日灼病的能力增强。

第三节　主要害虫种类与防治

（一）地下害虫

地下害虫是指为害期或主要为害虫态生活在土壤中,主要危害植物的地下部分(种子、根、茎等)和近地面部分的一类害虫,亦称土壤害虫或土栖害虫。地下害虫的发生遍及全国各地,寄主植物种类广泛,可危害粮食作物、油料作物、蔬菜、麻类、中草药、牧草、花卉和草坪草等多种植物,也是果树和林木苗圃的重要害虫。烟田地下害虫主要危害移栽至团棵期的烟苗,取食烟株根系或近地面嫩茎,破坏根系组织,影响生长发育,常造成缺苗断垄等。

地下害虫生活在土壤中,受环境条件的影响,在长期进化的过程中,形成了其独特的发生和危害特点,如寄主范围广、生活周期长、具有隐蔽性等,不易被及时发现,因而增加了防治上的困难,防治不当时会给烟叶生产造成严重损失。

地下害虫种类很多,我国农作物大田中常见的地下害虫有蛴螬(金龟子幼虫)、金针虫、蝼蛄、地老虎、拟地甲和根蚜等近 20 类、320 余种,分属于昆虫纲 8 目 38 科。烟田地下害虫常见的种类包括地老虎(小地老虎、黄地老虎、大地老虎、白边地老虎等)、蝼蛄(东方蝼蛄、华北蝼蛄等)、金针虫(沟金针虫、细胸金针虫、褐纹金针虫等)和金龟子(大黑鳃金龟、暗黑鳃金龟、铜绿异丽金龟等)四大类,其中为害较重的有地老虎、金针虫等种类,尤以地老虎发生最普遍、为害最重。

2011 年在湖北烟区地下害虫调查中发现,在 4 类主要地下害虫中,地老虎和蝼蛄为外源性害虫,其发生与当地气候和作物结构密切相关,而蛴螬和金针虫大多为部化性昆虫,是烟田的内源性害虫,其危害性具有累积效应,随烟草生长而密度增加,取食并危害生长期烟草根系。烟草移栽前后的地下害虫结构有明显差异,烟苗定植期的地下害虫密度低于移栽前,说明移栽前的烟田翻耕对地下害虫种群有明显的控制作用。烟田海拔高度对烟草地下害虫的影响最大,海拔 1000～1300 m 烟田更应注意地下害虫的防治。

1.地老虎

地老虎是节肢动物门昆虫纲鳞翅目(Lepidoptera)夜蛾科(Noctuidae)昆虫总称,俗称土蚕、地蚕、切根虫、截虫等,为多食性害虫,其中小地老虎的食性尤为广泛,寄主植物多达 100 多种,除危害烟草外,还危害棉花、玉米、高粱、麻类、薯类、蔬菜、中草药、牧草以及多种果树、林木的幼苗。我国烟田常见的种类主要有小地老虎(*Agrotis ipsilon*)、黄地老虎(*Agrotis segetum*)、大地老虎(*Agrotis tokionis*)、三叉地老虎(*Agrotis trifurca*)和白边地老虎(*Euxoa oberthuri*)等。各烟区地老虎常混合发生,但主要种类不尽相同。一般黄淮烟区、长江流域各烟区以及西南烟区以小地老虎为主,混发有黄地老虎及大地老虎。东北烟区除小地老虎外,白边地老虎和三叉地老虎也是主要种类。湖北烟区以小地老虎为害最重。

1)分布与危害

小地老虎(*Agrotis ipsilon*)是一种世界性害虫,其分布最北达丹麦法罗群岛,最南达新西兰坎贝尔岛,在我国各烟区均有分布,云南、贵州和四川等烟区发生较重。除危害烟草外,小地老虎还可危害多种粮食作物、蔬菜和林木幼苗等,主要以第 1 代幼虫危害移栽至团棵期的幼苗,造成缺苗断垄。幼虫共 6 龄,初孵幼虫取食嫩烟叶成小孔或缺刻,3 龄前群集在叶或茎上为害,3 龄后昼伏夜出,在近地面处咬断嫩茎拖入土穴中取食,同时能爬到幼苗上部咬食嫩茎和幼芽,常把大量幼苗咬死,5 龄后为暴食期。

2)形态特征

成虫:体长 16～23 mm,翅展 42～54 mm,暗褐色。雌虫触角丝状,雄虫触角双栉齿状,栉齿仅达触角 1/2 处,端部 1/2 为丝状。前翅暗褐色,翅前缘颜色较深;亚基线、内横线与外横线均为暗色双线夹一白线所成的波状线;楔状纹黑色,肾状纹与环状纹暗褐色,有黑色轮廓线,肾状纹外侧有一尖端向外的楔状纹,亚缘线内侧有二尖端向内的黑色楔状纹与之相对。后翅灰白色,前缘附近黄褐色。

卵:半球形,直径 0.6 mm,表面有纵横相交的隆线,初产时乳白色,孵化前呈棕褐色。

幼虫(见图 5-19):老熟幼虫体长 37～50 mm,黄褐至黑褐色,体表密布黑色颗粒状小突起。腹部 1～8 节,背面各节上均有 4 个毛片,后两个比前两个大 1 倍以上。腹末臀板黄褐色,有 2 条深褐色纵带。

蛹:体长 18~40 mm,红褐至黑褐色。腹部第 4~7 节基部有 1 圈刻点,背面的大而色深,腹末具 1 对臀棘。

图 5-19　地老虎幼虫

3)生活习性

冬季以蛹或老熟幼虫在土中越冬。成虫昼伏夜出,飞翔能力强;白天潜伏于杂物及缝隙等处,夜间 19 至 23 时最为活跃,觅食并交配、产卵;喜食带酸、甜、酒味的食物汁液,具有很强的趋光性和趋化性。卵多产在低矮叶密的杂草和作物幼苗上,以近地表的叶子上最多;少数产于枯叶、土缝中,近地面处落卵最多,每雌产卵 800~1000 粒,多可达 2000 粒。幼虫 6 龄,个别 7~8 龄。1~2 龄幼虫昼夜群集于幼苗顶心嫩叶处取食为害;3 龄后分散,白天入土潜伏,晚上出来为害。有假死习性,受到惊扰即蜷缩成团。幼虫老熟后在深约 5 cm 土室中化蛹。

4)发生规律

小地老虎是一种典型的季节性迁飞害虫,在湖北烟区属于外源性害虫,其发生与当地气候和作物结构密切相关。小地老虎一年发生的世代数因地区而异,我国年发生代数 1~7 代不等,自北向南逐渐增多。长城以北一年发生 2~3 代,长城以南黄河以北一年发生 3 代,黄河以南至长江沿岸一年发生 4 代,长江以南一年发生 4~5 代,南亚热带地区一年发生 6~7 代。在湖北烟区烟叶生产上造成严重危害的为第 1 代幼虫,4 月中旬至 5 月上旬是小地老虎幼虫的主要为害时期。

迁飞规律:春季越冬代成虫从越冬区逐步由南向北迁移,秋季再由北向南迁回越冬区过冬,从而构成一年内大区间的世代循环。在我国北方,小地老虎越冬代成虫都是由南方迁入的,属越冬代成虫与 1 代幼虫多发型。小地老虎不仅存在南北方向或东西方向的水平迁飞,而且存在不同海拔地区的垂直迁飞现象。

越冬特点:小地老虎无滞育现象,条件适宜时可终年繁殖。南方越冬代成虫一般于 2

月份出现,全国大部分地区越冬代成虫出现盛期在 3 月下旬至 4 月上、中旬。小地老虎在我国的越冬北界位于 1 月 0 ℃等温线或北纬 33°一线,可分为 4 类越冬区。

(1)主要越冬区:10 ℃等温线以南。夏季高温很难见到小地老虎,秋季虫源来自北方。小地老虎冬季生长发育正常,形成较大种群,翌年 3 月份越冬代成虫大量迁出,为我国春季主要迁出虫源基地。

(2)次要越冬区:4 ℃等温线至 10 ℃等温线之间。夏季虫量较少,秋季迁入虫量也少。1—2 月份气温低于幼虫发育起点温度,幼虫发育缓慢,越冬代成虫到 4 月份才出现迁出峰,且迁出量较少。春季有大量北迁成虫过境。

(3)零星越冬区:0 ℃等温线至 4 ℃等温线之间。夏季和秋季种群密度较低,秋季迁入虫量少,冬季 0 ℃低温持续时间长,小地老虎极少存活,春季虫源来自南方,并有部分过境。

(4)非越冬区:0 ℃等温线以北。冬前虫量极少,冬季全部死亡。春季越冬代成虫全部由南方迁入,第 1 代成虫大量外迁。

2.金龟子

金龟子是鞘翅目金龟总科(Scarabaeoidea)的通称,也有大头虫、白土蚕、老母虫、瞎碰、金克郎等别称。其幼虫(蛴螬)是主要地下害虫之一,为害严重,常将植物的幼苗咬断,使其枯黄死亡。多种成虫又是农作物、林木、果树的大害虫。金龟子的种类繁多,形态多样,是鞘翅目中大类群之一,全世界已记载 20000 余种,我国目前已记录约 1800 种。在我国烟区,常见种类有黑绒金龟(*Maladera orientalis*)、黄褐丽金龟(*Anomala exoleta*)、华北大黑鳃金龟(*Holotrichia oblita*)、暗黑鳃金龟(*Holotrichia parallela*)、铜绿丽金龟(*Anomala corpulenta*)等。由于金龟子种类繁多,不能一一列举,故选择常见的暗黑鳃金龟为例,来阐述金龟子在湖北烟区的发生与危害。

1)分布与危害

暗黑鳃金龟属鞘翅目(Coleoptera)鳃金龟科(Melolonthidae),在我国分布于黑龙江、吉林、辽宁、甘肃、青海、河北、山西、陕西、山东、河南、江苏、安徽、浙江、湖北、湖南和四川等 20 多个省(区),国外分布于朝鲜、日本和俄罗斯远东地区。除危害烟草外,暗黑鳃金龟还可危害粮食作物、蔬菜、林木幼苗等。在烟区以幼虫(蛴螬)取食烟苗根系、地下部嫩茎,造成较为平整的伤口,导致烟苗枯黄死亡。其成虫也可取食叶片,造成缺刻或孔洞,发生量极大时甚至能将烟叶食光。

2)形态特征

成虫(见图 5-20):体长 17 ~ 22 mm,宽 9.0 ~ 11.5 mm。暗黑色或黑褐色,无光泽。前胸背板前缘具有成列的褐色长毛。鞘翅两侧缘几乎平行,每侧 4 条纵肋不明显。前足胫节有外齿 3 个,较钝,中齿明显靠近顶齿。腹部臀节背板不向腹面包卷,与肛腹板相会于腹末,形成一棱边。

卵:初产长椭圆形,后期近圆球形,长约 2.7 mm,宽约 2.2 mm。

幼虫(见图 5-21):3 龄幼虫体长 35 ~ 45 mm,头部前顶毛每侧 1 根,位于冠缝旁。肛门孔呈三射裂缝状。肛腹板后部覆毛区无刺毛列,只有钩状毛散乱排列,共 70~80 根。

蛹:体长 20~25 mm,臀节三角形,两尾角呈钝角岔开。

图 5-20　金龟子成虫

图 5-21　金龟子幼虫

3)生活习性

成虫昼伏夜出,趋光性强,飞翔速度快,有群集性,晚上 20—22 时为交配高峰,之后飞向高大的乔木上取食叶片,黎明前飞向附近花生、大豆和甘薯田里潜伏、产卵。成虫具有隔日出土习性,一天多一天少。

4)发生规律

暗黑鳃金龟具有累积效应,是烟田的内源性害虫,其危害性具有累积效应。1 年 1 代,多以 3 龄老熟幼虫在土下 15~40 cm 处筑土室越冬。

3.防治技术

1)农业防治

(1)早春铲除田园杂草,减少产卵场所和食料来源,春耕多耙,消灭土面上的卵粒,秋冬深翻烤土冻垡,破坏其越冬场所。

(2)合理轮作,如水旱轮作或与油菜、麻类作物轮作,可降低虫源基数。

2)物理防治

(1)诱杀成虫。利用成虫的趋光性、趋化性开展诱杀。推广应用频振式诱蛾杀虫灯。利用糖醋液诱杀成虫,糖、醋、酒、水的比例为 6∶3∶1∶10,再加入少量敌百虫配成诱液,将诱液放进盆内,傍晚时置入田间,盆离地面约 1 米,第二天上午收回。

(2)诱捕幼虫。用泡桐叶或莴苣叶诱捕幼虫,于每日清晨到田间捕捉;对于高龄幼虫,也可在清晨到田间检查,如果发现有断苗,拨开附近的土块,进行捕杀。

3)生物防治

对于地老虎等地下害虫,可在大田移栽前拌土施用白僵菌、绿僵菌等生防产品进行生物防治,用法和用量依据不同药剂类型确定。

4)化学防治

对不同龄期的幼虫,应采用不同的施药方法。幼虫 3 龄前用喷雾、喷粉或撒毒土进行防治;3 龄后,田间出现断苗,可用毒饵或毒草诱杀。 防治指标各地不完全相同,下列指标可供参考。棉花、甘薯每平方米有虫（卵）0.5头（粒）；玉米、高粱每平方米有虫（卵）1头（粒）或百株有虫2~3头；大豆穴害率达10%。

（1）喷雾。每公顷可选用50%辛硫磷乳油750mL（或2.5%溴氰菊酯乳油或40%氯氰菊酯乳油300~450mL）、90%晶体敌百虫750g，兑水750L，均匀喷雾。喷药适期应在有虫3龄盛发前。

（2）毒土或毒砂。可选用2.5%溴氰菊酯乳油90~100mL（或50%辛硫磷乳油或40%甲基异柳磷乳油500mL）加水适量，喷拌细土50kg配成毒土，每公顷300~375kg顺垄撒施于幼苗根际附近。

（3）毒饵或毒草。一般虫龄较大时可采用毒饵诱杀。可选用90%晶体敌百虫0.5kg或50%辛硫磷乳油500mL，加水2.5~5L，喷在50kg碾碎炒香的棉籽饼、豆饼或麦麸上，于傍晚在受害作物田间每隔一定距离撒一小堆，或在作物根际附近围施，每公顷用75kg。毒草可用90%晶体敌百虫0.5kg，拌砸碎的鲜草75~100kg，每公顷225~300kg。

（二）刺吸类害虫

1.烟蚜

烟蚜是世界上分布最广的蚜虫之一，在我国各烟区均有发生，并为害严重。烟蚜个体有有翅型和无翅型两种类型。烟蚜对550~600nm的黄色光有正趋性，有趋嫩性，多在嫩叶背面取食。烟蚜虫口密度过大时，还会引起煤污病等病害。烟蚜的防治方法除选用杀虫剂外，还可采用蚜茧蜂、瓢虫、草蛉等天敌来进行防治，同时与烟田周边桃树、油菜和蔬菜进行统防统治，减少迁入烟田的烟蚜种群数量。

1）分布与危害

烟蚜 [*Myzus persicae*(Sulzer)] 属半翅目蚜科，又名桃蚜。烟蚜是世界上分布最广的蚜虫之一，亚洲、北美、欧洲和非洲均有分布，中国各省均有分布。烟蚜除危害烟草外，还取食十字花科、蔷薇科、豆科、茄科、锦葵科、菊科、旋花科、伞形科、葫芦科等50科400余种植物，是典型的多食性害虫。烟蚜以成、若蚜危害烟株，刺吸叶片、嫩茎、花等，现蕾前危害最重，严重受害的烟株，顶叶卷曲，不仅产量降低，且易诱发煤污病，导致调制后的烟叶品质下降（见图5-22、图5-23）。烟蚜还可传播多种病毒病，如黄瓜花叶病毒病、马铃薯Y病毒病等，造成的损失往往大于直接危害。

2）形态特征

无翅孤雌烟蚜（见图5-24）：体长约2.2mm，宽约1.1mm。体色多变，有黄绿色、绿色、红褐色等。体表粗糙，有粒状结构，但背中部光滑。额瘤显著，内缘向内倾斜。触角黑色，6节，长约2.1mm；第三节长约0.5mm，第三节有毛16~22根；第五节端部、第六节基部各有一圆形感觉圈。喙部颜色较深，长度可达中足基节；腹管长筒形，向端部渐细，其上有瓦状纹，端部黑色并有缘突。尾片黑褐色，圆锥形，近端部2/3处收缩，有曲毛6或7根。

有翅孤雌烟蚜（见图5-25）：体长约2.2mm。头、胸部黑色，腹部淡绿色或绿色。额瘤显著，内缘向内倾。触角6节，黑色，为体长的0.78~0.95倍，第三节有9~11个圆形感觉圈,沿外缘排成一行。腹部第一至第八节腹节背面各具宽窄不一的横带,其中第三至第六节各横带融合成近似方形的大斑。腹管圆筒形,向端部渐细,有瓦状纹,端部有缘突。尾片圆锥形,有曲毛6根。

有翅雄烟蚜:体长约1.5 mm。体形较小,腹背黑斑较大。触角第三至第五节感觉圈数量较多。足跗节黑色,后足胫节较宽大。腹管端部略收缢。

无翅有性雌烟蚜:体长1.5~2.0 mm,赤褐色、灰褐色、暗绿色或橘红色。触角6节,较短,末端色暗,第五、第六各有一个感觉圈。腹部背面黑斑较小。后足胫节较宽大。腹管圆筒形,稍弯曲。

卵:长椭圆形,长径约0.44 mm,短径约0.33 mm。初产时黄绿色至绿色,后变黑色,有光泽。

干母:体色多为红色、粉红色或绿色。触角5节,为体长的一半。无翅。

图5-22　烟蚜危害叶片

图5-23　烟蚜蜜露诱发煤污病

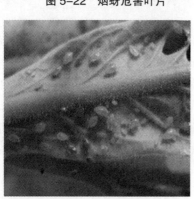

图5-24　无翅孤雌烟蚜

图5-25　有翅孤雌烟蚜

3)生活习性

烟蚜一年发生的世代数因地区而异,在我国自北向南逐渐增多。黄淮烟区每年发生24~30代,西南烟区30~40代,南方烟区及北方温室、塑料大棚可终年繁殖。其生活史具全周期及不全周期两种类型。在自然条件下,北方烟区烟蚜生活周期主要为全周期型,南方烟区则主要为不全周期型。

全周期(一般一年内有孤雌生殖及两性生殖世代交替):以卵在桃树上越冬,卵多产在桃枝嫩芽眼处或树干裂缝中。桃树上的卵最早于 2 月下旬开始孵化,出现干母,3 月上、中旬为孵化盛期,在桃树上共繁殖 3 代。4 月份相继出现干雌,发育成熟后,4 月下旬至 5 月上旬开始向烟草等寄主迁飞。

不全周期(全年孤雌生殖,不发生性蚜世代):生活在秋菜等寄主上的一部分无翅孤雌蚜,继续在越冬蔬菜(油菜、白菜等)及杂草上越冬,其中有些寄主是蚜传病毒病的寄主。翌年春天,在这些寄主上产生的有翅孤雌胎生蚜飞向苗床、烟田,即成为烟草最早的传毒介体。

4)发生规律

(1)虫源基数。

20 世纪 60 年代初期,山东、河南的研究结果表明,烟蚜除以卵在桃、李、杏等果树上越冬外,尚有部分孤雌胎生蚜在蔬菜上越冬,但翌年春天大都不能转移至烟草上成活。据 1975 年赵万源对云南烟蚜的研究,烟蚜全年均以有翅和无翅孤雌胎生蚜在烟草、油菜或十字花科蔬菜上交替为害。20 世纪 70 年代以来,山东烟区种植越冬的菠菜、苔菜、油菜等也越来越多,发现有大量孤雌胎生烟蚜在这些越冬蔬菜和油菜上越冬;另外,北方烟区冬季温室大棚中种植的蔬菜也为烟蚜提供了较好的越冬场所。越冬范围的扩大,增大了烟蚜的虫口基数,增加了烟蚜大发生的可能性。

(2)气候条件。

田间烟蚜的发生、危害受多种环境因素的影响,其中起主导作用的有温度、湿度、天敌、寄主及农业管理措施等。温度对烟蚜的存活、生长发育及繁殖影响显著,温度过高或过低均抑制其生长发育及产仔。在适温范围内,随着温度的上升,烟蚜发育历期和世代历期缩短,存活率和繁殖力增大。烟蚜的发育起点温度为 4.3 ℃,有效积温为 137 ℃。在 9.9 ℃下发育历期为 24.5 d,25 ℃为 8 d;发育最适温为 25 ℃,高于 28 ℃则不利其发育。越冬卵孵化期的早晚,也主要受早春温度的影响,孵化率的高低则与相对湿度关系密切。早春温度高,孵化期早,湿度大,孵化率低。据河南许昌试验,当 5 d 平均温度高于 30 ℃或低于 6 ℃,相对湿度小于 40% 时,烟田蚜量迅速下降;5 d 平均相对湿度高于 80%,温度超过 26 ℃,蚜量亦表现下降,如果温度不超过 26 ℃,相对湿度达 90%,蚜量仍继续上升。由此说明,低温低湿对烟蚜的生长繁殖不利,高温高湿对烟蚜的消长亦影响很大。

(3)寄主植物。

寄主植物释放的气味物质、植物的表面形状或植株内含的物质可调节烟蚜的行为,间接影响烟蚜的生长发育、个体大小、生殖情况等。如某些寄主植物的挥发性物质可吸引烟蚜在其上着落,使烟蚜选择适宜的产卵场所。寄主植物对烟蚜生长发育和繁殖的影响不仅存在于不同寄主间,还存在于同一寄主的不同品种间。烟蚜在不同的烟草品种上生殖力存在差异。烟蚜长期取食不同植物会引起种群分化,产生不同的生物型。

(4)天敌昆虫。

①捕食性天敌。

瓢虫是烟蚜的主要捕食性天敌,常见种类有异色瓢虫 [*Harmonia axyridis*(Pallas)]、龟纹瓢虫 [*Propylea japonica*(Thunberg)]、七星瓢虫(*Coccinella septempunctata Linnaeus*)、

六斑月瓢虫 [*Menochilus sexmaculatus*(Fabricius)] 等。异色瓢虫是烟田烟蚜的优势天敌种类之一,在烟草整个生长期对烟蚜均有显著的抑制作用。七星瓢虫在烟草生长前期发生量较大,对烟蚜有一定的控制作用。龟纹瓢虫则对烟田中后期烟蚜的种群有良好的自然控制作用。黑带食蚜蝇(*Episyrphus balteata* De Geer)和狭带贝食蚜蝇(*Betasyrphus serarius*)是烟田常见的食蚜蝇,在一定烟蚜密度范围内,其幼虫的捕食量随烟蚜密度的增加而增加。

捕食烟蚜的蝽类主要有烟盲蝽 [*Cyrtopeltis tenuis*(Reuter)]、南方小花蝽 [*Orius strigicollis*(Poppius)] 等。烟盲蝽成虫对烟蚜的低龄若蚜有一定的控制作用。南方小花蝽是南方烟田烟蚜的一种重要捕食性天敌,对烟蚜种群有显著的抑制作用,在一定猎物密度范围内,南方小花蝽成虫或若虫的捕食量随猎物密度的增加而增加,但当猎物密度增加到一定程度后,其捕食量在一定范围内波动。

②寄生性天敌。

烟蚜茧蜂(*Aphidius gifuensis Ashmead*)属膜翅目蚜茧蜂科,是烟蚜的主要寄生性天敌,主要分布在亚洲东部及夏威夷,我国南北均有分布,是专门寄生蚜虫的一种内寄生蜂,对寄主蚜虫的自然控制力较强。在烟田,烟蚜茧蜂对烟蚜的寄生率通常为20%~60%,高的可达89.16%。在山东、河南烟区,烟蚜茧蜂对烟草生长前期的烟蚜种群有较强的控制作用。

③真菌和细菌。

对烟蚜起控制作用的真菌有白僵菌 [*Beauveria bassiana* (Bals) Vuill]、玫烟色拟青霉 [*Paecilomyces fumosoroseus*(Wize)]、粉质拟青霉(*Paecilomyces farinosus*)和新蚜虫疠霉(*Pandora neoaphidis*) 等。白僵菌现已能工厂化生产,试验表明,白僵菌制剂对烟蚜5 d后的防治效果达92.2%,接近化学杀虫剂2.5%功夫水乳剂防治效果(97.4%)。玫烟色拟青霉和粉质拟青霉的代谢产物对烟蚜乙酰胆碱酯酶有强烈抑制作用,其中,玫烟色拟青霉代谢产物对烟蚜有高的活性,从而能很好地控制烟蚜的发生,两种拟青霉本身也对烟蚜有很强的侵染力。李正跃等(2005)在云南发现了一种新蚜虫疠霉菌株,对烟蚜进行生物测定后认为其对不同地区的烟蚜均有较强的侵染力。

5)防治技术

(1)农业防治。

在烟草育苗阶段,苗床选址应远离村庄、蔬菜大棚、果园,以减少迁入烟田的烟蚜种群数量。育苗棚的门窗和周围通风口用40目尼龙网覆盖,这样不仅可以防止苗期蚜虫为害,而且大大降低了烟苗感染蚜传病毒的概率。烟田铺设银灰色地膜对蚜虫有驱避作用,设置黄板可诱捕迁入烟田的有翅蚜。

麦烟套种可以丰富烟蚜天敌资源,有效控制烟蚜对烟株的为害,而且小麦与烟草共同性病害较少,能从土壤吸收较多的氮肥,对提高烟草品质有利。

在烟株现蕾开花期,及时打顶以促进上部叶片成熟,恶化烟蚜的食物条件,促进蚜群产生更多的有翅蚜外迁。打顶后,不断地抹杈可以连续减少烟蚜数量,使烟蚜数量在较低水平上波动。

另外,选用优质抗蚜品种也是主要的农业防治措施。

（2）生物防治。

利用有利于天敌繁衍的耕作栽培措施,选择对天敌安全的选择性农药。保护利用捕食性天敌和寄生性天敌昆虫来控制烟蚜种群。

我国烟草行业已形成一套较为完善的烟蚜茧蜂大量繁殖、释放工艺,并已在全国烟区大面积推广。

（3）化学防治。

烟蚜的繁殖力强,因此药剂应在蚜虫初发期及时使用。目前防治效果较好的药剂有:5%吡虫啉乳油(有效成分)27～37.5 g/hm^2,每公顷兑水 750 kg;25%吡虫啉可湿性粉剂(有效成分)18～37.5 g/hm^2,每公顷兑水 750 kg;3%啶虫脒乳油 1200～1800 倍液;3%啶虫脒微乳剂(有效成分)45～75 g/hm^2,每公顷兑水 750 kg。以上药剂对烟蚜具有良好的防治效果,均可在烟蚜发生期根据需要使用。

在烟草的病虫害防治过程中,化学防治迄今仍是最有效的防治方法之一。随着农药的广泛使用,烟蚜的抗药性已成为当前烟蚜防治中所面临的一场严峻挑战。不同地方的烟蚜种群对有机磷、氨基甲酸酯、拟除虫菊酯三大类农药均产生了不同程度的抗性。在山东主要烟区,昌乐县的烟蚜种群对氰戊菊酯的抗性高达 23.85 倍,对氧乐果、灭多威、吡虫啉的抗性分别为敏感种群的 16.35 倍、2.91 倍和 2.17 倍。诸城、沂南和莒县 3 地的烟蚜种群对氰戊菊酯的抗性分别达 16.59 倍、15.18 倍和 12.27 倍,抗性水平也较高,但对氧乐果、灭多威和吡虫啉仍较为敏感。云南楚雄的烟蚜种群对氰戊菊酯的抗性高达 26.87 倍,对氧乐果、灭多威、吡虫啉的抗性分别为敏感种群的 10.02 倍、6.00 倍和 5.83 倍。云南大理、丽江、石林和曲靖 4 地的烟蚜种群对氰戊菊酯的抗性分别达 24.98 倍、14.94 倍、11.11 倍和 10.33 倍,抗性水平也较高,但对氧乐果、灭多威和吡虫啉仍较为敏感。河南禹州的烟蚜种群对氰戊菊酯抗性为敏感种群的 14.68 倍,对氧乐果、灭多威和吡虫啉的抗性分别为敏感种群的 5.50 倍、2.18 倍和 2.20 倍。河南襄县、河南泌阳、湖北株归、湖北宜恩、湖北长阳的烟蚜种群对氰戊菊酯的抗性分别达 12.75 倍、12.04 倍、11.24 倍、9.36 倍和 7.93 倍。

2.斑须蝽

斑须蝽在国内各省区均有发生,是蝽科分布最广的种类之一,食性极杂,寄主较多,以成虫或若虫危害烟草,刺吸烟株上部嫩叶主脉、侧脉和嫩茎及果实的汁液,导致烟株顶部叶片萎蔫,生长停滞。斑须蝽的防治方法除选用杀虫剂外,还可以采用及时打顶减少虫口数量和人工捕捉的农业防治方法。

1)分布与危害

斑须蝽 [*Dolycoris baccarum* (Linnaeus)] 属半翅目蝽科,别名细毛蝽、臭大姐。斑须蝽在我国广泛分布,主要分布在北京、黑龙江、吉林、辽宁、河北、河南、山东、山西、陕西、四川、云南、贵州、湖北、湖南、安徽、江苏、江西、浙江及广州等省。斑须蝽除为害烟草外,还取食大豆、棉花、花生、绿豆、小麦、水稻、高粱、玉米、谷子、白菜、甘蓝等作物,并为害泡桐、苹果、梨等苗木,是典型的多食性害虫。斑须蝽以成虫和若虫刺吸植物嫩叶、嫩茎及果、穗汁液,造成落花。茎叶被害后,出现黄褐色斑点,严重时叶片卷曲,嫩茎凋萎,影响生长,减产减收(见图 5-26)。

2)形态特征

成虫(见图 5-27):体长 8~13.5 mm,宽 5.5~6.5 mm,椭圆形,体色黄褐或紫色,密被白绒毛和黑色小刻点;触角黑白相间;喙细长,紧贴于头部腹面。小盾片近三角形,末端钝而光滑,黄白色。前翅革片红褐色,膜片黄褐色,透明,超过腹部末端。胸腹部的腹面淡褐色,散布零星小黑点,足黄褐色,腿节和胫节密布黑色刻点。

卵粒:圆筒形,初产浅黄色,后灰黄色,卵壳有网纹,生白色短绒毛。卵排列整齐,成块。

若虫(见图 5-28):初孵若虫,头、胸部呈黑色,腹部呈淡黄色,各节中央及两侧呈黑色。老熟若虫呈灰褐色,全身有白色绒毛和黑色刻点。触角 4 节,黑色,节间黄白色,翅芽明显,腹部有 3 对黄黑色边的臭腺孔。腹侧绿荧光色,节间黑色。足黄褐色,胫节末端与跗节均黑色。

图 5-26 斑须蝽危害状

图 5-27 斑须蝽成虫

图 5-28 斑须蝽若虫

3)生活习性

斑须蝽一年发生代数因地区生态条件而异,一般为 1~4 代。成虫行动敏捷,能飞善爬。在强日照下,多栖于叶背面和嫩头,阴天或弱日照下则多在叶面和花蕾、幼果上。斑须蝽遇低温常停止活动,潜伏在植株下部或地面土缝中,天气晴朗温暖时,则爬向植株顶部,并频繁飞翔、交尾与产卵。夏季中午炎热时,成虫也往往潜伏于植株下部、叶背、地面土缝中以躲避高温,而在早晚较凉爽时进行取食、交尾、产卵。降雨和高温不利于斑须蝽生存。长势好的烟田,斑须蝽迁入越早,发生量也越大。

成虫多将卵产在植物上部叶片正面或花蕾或果实的包片上,呈多行整齐排列。初孵若虫群集在卵壳上,不食不动,经 2～3 天蜕皮一次,进入 2 龄后分散为害,若虫喜食花蕾、嫩果,有群居性。斑须蝽以成虫在植物根际、枯枝落叶下、树皮裂缝中或屋檐底下等隐蔽处越冬。

4) 发生规律

(1) 发生世代。斑须蝽每年发生代数因地理纬度而异,东北一般发生 1～2 代,黄淮及以南地区发生 3～4 代。

(2) 越冬与虫源:斑须蝽以成虫在麦苗、冬菜、杂草根际、枯枝落叶、土缝、屋檐下等处越冬。

(3) 发生因素。①气候因素。冬季低温干旱不利于成虫越冬,春季当月平均气温达到 15 ℃时成虫开始大量活动,一般日均温 24～26 ℃、相对湿度 80%～85% 的情况最适于其生长和发育,长期阴雨不利于该虫发生与繁殖。②栽培因素。麦烟套种的烟田内发生较早。③天敌。斑须蝽的天敌主要有稻蝽小黑卵蜂、斑须蝽沟卵蜂、稻蝽沟卵蜂、华姬猎蝽、大草蛉等。

5) 防治技术

(1) 农业防治。在烟田捕杀成虫,同时采摘卵块和捕杀若虫,及时打顶和保护天敌,均可减轻斑须蝽的危害。

(2) 药剂防治。在低龄若虫盛发期喷洒 2.5% 高效氯氟氰菊酯乳油 1500～3000 倍液,或 2.5% 溴氰菊酯乳油 1500～3000 倍液喷雾。在成虫产卵前连片防治效果更好。

（三）食叶害虫

食叶害虫是以叶片为食的害虫,主要危害健康植物,常以幼虫取食叶片,咬成缺口或仅留叶脉,甚至全吃光。少数种群潜入叶内,取食叶肉组织,或在叶面形成虫瘿,如黏虫、叶蜂、松毛虫等。由于多营裸露生活,其数量的消长常受气候与天敌等因素直接制约。这类害虫的成虫多数不需补充营养,寿命也短,幼虫期成为它主要摄取养分和造成危害的虫期,一旦发生则虫口密度大而集中。此外,成虫能做远距离飞迁也是这类害虫经常猖獗为害的主因之一。幼虫也有短距离主动迁移为害的能力。某些种类常呈周期性大发生。

食叶害虫具咀嚼式口器,生有坚硬的上颚,能咬碎花卉组织,以固体食物为食。这类害虫种类多,数量大,包括蛾、蝶类幼虫和甲虫等。在湖北烟区,对烟叶生产危害较大的种类有烟青虫、棉铃虫、斜纹夜蛾、蝗虫、野蛞蝓、蜗牛等。

1.烟青虫

烟青虫(*Helicoverpa assulta*) 又名烟夜蛾,属鳞翅目(Lepidoptera)夜蛾科(Noctuidae),田间多与棉铃虫混合发生。烟青虫的寄主植物多达 70 余种,主要危害烟草、辣椒等作物。

1)分布与危害

烟青虫在全国各烟区均有发生,以黄淮烟区、华中烟区和西南烟区的四川、贵州等地发生与为害较重。烟青虫在烟草现蕾以前危害新芽与嫩叶,被害烟叶呈现大小不等的孔洞,受害严重的叶片仅剩叶脉。幼虫在生长点或嫩茎上蛀食,造成上部叶和茎萎蔫或烟株无顶芽。烟草现蕾后,幼虫多取食花蕾及果实,蕾、果常被蛀空。

2)形态特征

成虫:体长 15～18 mm,翅展 27～35 mm。体黄褐至灰褐色。雌蛾前翅为棕黄色,雄蛾为淡灰带黄绿色。腹部黄绿色,少数个体腹部背面有黑色鳞片,腹部腹面无黑色鳞片。复眼暗绿色。前翅斑纹清晰,基线较短,内横线、中横线、外横线和亚外缘线均呈波浪状,其中内横线和外横线为双曲线,环形纹内有一褐色斑点,肾形纹中央有一新月形褐纹,亚外缘线形成暗色宽带,宽带外缘波浪程度大,缘毛黄色。后翅淡黄色,近外缘有一黑色宽带,其内缘平直,内有一条黄褐色至黑褐色的斜纹与之平行。

卵:扁球形,底部较平,高 0.4～0.55 mm。卵壳表面具有长短相间排列的纵棱 20 余条,不伸达底部,纵棱间有横纹,但不明显。卵顶花冠有 11～15 个花瓣形纹。卵初产时乳白色,后变成灰黄色,孵化前变为淡紫灰色。

幼虫(见图 5-29):初孵幼虫体长约 2.0 mm,老熟幼虫体长 31～41 mm。体色多变化,常见绿色、青绿色、红褐色、黄褐色和深褐色等。头部黄褐色,有深色不规则网纹。体背常散生有白色小点,体表密布不规则的小斑块,且密生短而钝的圆锥形小刺;胸部每节有黑色毛片 12 个,腹部每节有黑色毛片 6 个(除末节);前胸气门前毛片有 1 对刚毛,其基部连线不穿过气门。

蛹:纺锤形,长 17～21 mm。初期深绿色,后变成深红褐色。腹部第 5～7 节背、腹面前缘密生小刻点,排列呈圆形或半圆形,腹部末端有 1 对平行且直伸的臀刺,着生在 2 个较接近的突起上。

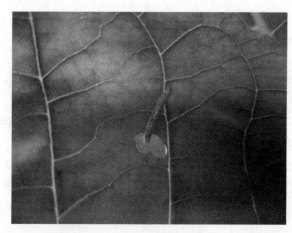

图 5-29　烟青虫幼虫

3)生活习性

烟青虫一年发生的世代数因地而异,在湖北烟区每年发生 4～6 代,东北烟区每年发生 2 代,山东、河南和陕西等地 3~4 代,安徽、云南、贵州、四川等地 4~6 代。在各地均以蛹在土下 7~13 cm 处越冬,一般在 4 月底至 6 月中旬越冬蛹羽化为成虫,在各地经不同世代后于 9—10 月化蛹入土越冬。棉铃虫发生规律与烟青虫相似,在烟田两种害虫常混合发生,不同地区、不同发生世代两者的发生比例有所差异。两种害虫的成虫多集中在夜晚活动。卵多散产在烟株中上部叶片正、反面茸毛较多的部位,现蕾后多产于花瓣、萼片或蒴果上。成虫对糖蜜气味、半萎蔫的杨树枝把趋性较强,并有一定的趋光性。

烟青虫冬季以蛹在土中越冬。幼虫孵化后先取食卵壳,然后分散活动。初孵幼虫昼夜活动,可吐丝下垂转移为害。低龄幼虫取食烟叶叶肉,或在叶片上蛀食成小孔。3 龄后幼虫食量增大,为害严重,白天潜伏在烟叶下,夜晚活动为害,取食叶片或嫩茎。幼虫一般为 5 龄,少数 6 龄,也有极少数为 7 龄。幼虫具有明显的假死性和相互残杀习性,在田间随机分布。幼虫老熟后不食不动,身体皱缩,背面微显红色,臀板呈现黄褐色,1~2 d 后入土化蛹。入土深度 3~5 cm,越冬蛹入土 7~13 cm。

4)发生规律

湖北烟区在 5 月上中旬开始诱集到烟青虫雄成虫,7 月下旬至 8 月上旬达到成虫高峰,虫量受海拔高度影响不明显。烟青虫幼虫在湖北烟区表现出双峰型为害。第一个发生高峰期在 6 月中下旬,第二个发生高峰期在 7 月底至 8 月上旬,主要危害期为 7 月至 8 月。

5)防治技术

(1)农业防治。

①冬季翻耕灭蛹,减少来年的虫口基数。烟青虫在各地均以蛹在土壤耕作层内越冬,冬耕可通过机械杀伤、暴露失水、恶化越冬环境、增加天敌取食机会等,收到灭蛹效果。

②人工捕杀幼虫。在烟苗移栽后,于清晨 5 至 9 时到烟地巡查,当发现烟株顶部嫩叶上有新虫孔或叶腋内有鲜虫粪时,找出幼虫杀死。

(2)物理防治。

性诱控制成虫。大田移栽时,在田间设置锥型诱捕器,搭配烟青虫性信息素诱芯,每亩设置 1 个,诱捕器之间间距不小于 15 m,诱捕器底部高于烟株 20 cm,定时更换诱芯、清理集虫袋内虫体,直至烟叶采收结束。同时可在烟田设置频振式太阳能杀虫灯,每 50 亩设置 1 个,控制成虫。

(3)生物防治。

①蜂毒卡。利用寄生性天敌螟黄赤眼蜂搭载棉核多角体病毒制成的蜂毒卡,可有效控制烟青虫的卵和幼虫。于每年 6 月至 8 月在田间挂放蜂毒卡 2 次,每亩挂放 6 枚(约 10000 头赤眼蜂)。

②蠋蝽释放。每年 6 月至 8 月,可在烟田释放捕食性天敌蠋蝽,每亩释放 20~50 头。

③生物药剂。烟株大田期间,可采用苏云金杆菌悬浮剂、阿维菌素、棉铃虫核型多角体病毒等生物药剂来防治斜纹夜蛾幼虫。

(4)化学防治。

低龄期(3 龄前)可选用 25 g/L 高效氟氯氰菊酯喷施,超过 3 龄用 20% 氯虫苯甲酰胺悬浮剂(康宽)10 mL/亩效果更好。

2.斜纹夜蛾

斜纹夜蛾(*Spodoptera litura*)也称莲纹夜蛾,属于鳞翅目(Lepidoptera)夜蛾科(Noctuidae)。斜纹夜蛾是一种多食性和暴食性害虫,是全世界重要的间歇爆发性害虫,具有寄主广泛(其寄主已知有99科300多种植物)、季节性迁飞、高龄幼虫暴食和世代重叠严重等生物学特性,常造成局部地区烟叶绝收。

1)分布与危害

该虫广泛分布于亚洲热带和亚热带地区以及欧洲地中海地区和非洲。我国除青海和新疆没有发现外,其他地区均有发生,尤以淮河以南发生较多,长江中下游和华南地区虫口数量较大。据调查,湖北烟区斜纹夜蛾密度很高,并在6月底和7月底前后出现2个成虫高峰期,并且危害程度呈逐年加大趋势,发生面积不下10万亩,为害严重的烟田亩损失可高达30%以上。该虫主要以幼虫咬食寄主的叶、蕾、花和果实。初孵幼虫群集在叶背为害,残留上表皮,使叶片成透明的纱窗状;3龄开始分散为害,取食叶片造成小孔洞或缺刻;4龄开始进入暴食期。虫口密度高时,将叶片食光,仅留主脉。

2)形态特征

成虫:体长14~21 mm,体宽4~5 mm,翅展30~46 mm。头部、胸部和腹部褐色。前翅黑褐色,在环纹和肾纹之间有3条白线组成较宽的灰白斜纹,故名斜纹夜蛾。后翅灰白色,外缘及近外缘的翅脉黑褐色。与雌蛾比较,雄蛾胸部背面和腹部末端有较多和较长的毛。雄蛾抱器瓣宽,腹缘外拱,抱钩刺形,阳茎细长,有一刺形角状器。

卵:数十至上百粒集成卵块,外覆黄白色鳞毛。卵粒近半球形,顶部圆平。高0.3~0.4 mm,直径0.4~0.5 mm。卵壳表面有菊花瓣状饰纹。

幼虫(见图5-30):一般6龄,体色随龄期增大和种群数量的增加而变深。从第3龄开始,可见灰白色或橙黄色的背线、亚背线和气门下线。从第4龄开始,中胸至第9腹节亚背线内侧各有1对黑褐色三角形斑纹。

蛹:红褐色。雌蛹长15.2~20.0 mm,宽5.0~6.5 mm。雄蛹长15.0~19.1 mm,宽4.8~5.9 mm。腹部第4~7节背面前缘有黑色刻点,第5~7节腹面前缘有黑色刻点。腹部末端有1对臀刺。

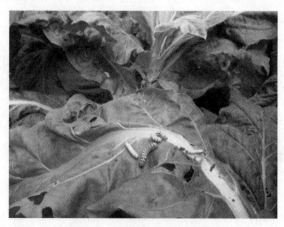

图5-30 斜纹夜蛾幼虫及危害状

3）生活习性

斜纹夜蛾具有间歇暴发性。斜纹夜蛾的高适应能力是其在烟田暴发成灾的主要原因，寄主作物的分布特征是斜纹夜蛾间歇性暴发的另一重要机制。斜纹夜蛾的间歇性暴发现象在我国十分普遍，但同一个地理区域连续暴发的可能性较小。在湖北监利县，斜纹夜蛾大暴发发生在 1958、1963、1972 和 1996 年，一般年份仅发生在嗜食寄主莲藕和棉花上，大暴发年份可在油菜和荞麦上发展为 35 头 /m² 和 47 头 /m² 的高密度种群。

斜纹夜蛾的成虫飞翔力强，有趋光性。幼虫具有转移为害和暴食的习性，3 龄后分散取食叶肉，白天躲在心叶中或寄主附近的土块下，傍晚至次日早晨日出前或阴雨天，爬到叶上取食呈不规则的孔洞；5～6 龄，食量增大，叶片被咬成缺刻，甚至吃光，田间虫口密度大时，会造成毁灭性灾害。在湖北烟区，斜纹夜蛾一年发生 5～6 代，整个生育周期约为 24 天，每年 7 月至 9 月世代重叠严重。

4）发生规律

在湖北烟区，斜纹夜蛾成虫发生整体表现为多峰型变化，但不同区域峰值时间有所差异。发生时间上，各区域、各种烟叶类型斜纹夜蛾发生趋势基本一致，即 5 月中旬开始在田间发生，6 月中下旬数量开始增加，7-9 月进入持续发生期，10 月发生数量下降为零；发生数量上，各区域、各烟叶类型发生数量明显不同，7-9 月具体发生高峰期及高峰数量也不尽相同。比如在白肋烟区，斜纹夜蛾成虫自 5 月中旬开始发生，6 月中旬发生数量达到最高峰（侯诱集量大于 160 头），7 月中旬达到第二个发生高峰（侯诱集量大于 20 头），8 月初达到第三个发生高峰（侯诱集量大于 60 头），9 月诱集量显著下降，直至为 0；在雪茄烟区，斜纹夜蛾成虫自 5 月中旬开始发生，6 月底发生数量达到高峰（侯诱集量大于 50 头），7 月下旬达到第二个发生高峰（侯诱集量大于 50 头），8 月中旬达到第三个发生高峰（侯诱集量大于 200 头），9 月上旬达到第四个发生高峰（侯诱集量 250 头），7 月下旬至 10 月中旬持续发生（侯诱集量大于 20 头），10 月下旬下降至 0。

5）暴发因素分析

斜纹夜蛾为害大，与其间歇爆发性和高龄幼虫暴食性密切相关。斜纹夜蛾频繁暴发成灾的原因主要有四个方面：①高温干旱有利于斜纹夜蛾发生。沿淮地区每年 7-8 月均有 30 ℃以上的高温天气出现，如持续时间长，斜纹夜蛾将暴发。②斜纹夜蛾繁殖能力强，在适宜条件下只要有少量虫源就可能暴发。③寄主作物种类多，除稻麦外，玉米、花生、大豆、棉花等作物有较大种植面积，近年来随着农业结构的调整，蔬菜等经济作物种植面积不断扩大，斜纹夜蛾的食料充足，产卵量多，发生与为害加重。④由于缺乏了解，农户喷药防治时斜纹夜蛾往往已进入高龄暴食期，此时幼虫抗药性强，一般药剂防效差，从而引起农户盲目加大施药浓度，不仅会导致害虫抗药性增强，而且会破坏农田生态平衡，天敌数量减少，自然控制作用下降，害虫种群数量失控。

寄主多样性是斜纹夜蛾暴发成灾的主要原因。在我国，斜纹夜蛾的寄主植物涉及蕨类植物、裸子植物、双子叶植物和单子叶植物，计 109 科 389 种（包括变种）（秦厚国等，2006），可取食甘薯、棉花、大豆、烟草、十字花科、茄科、葫芦科等 99 科 290 多种农作物（朱凤生等，2001）。20 世纪 80 年代中期以来，种植业结构的大幅度调整和优化，斜纹夜蛾嗜食的蔬菜、经济作物、牧草、绿肥种植和设施栽培面积的不断扩大，以及 Bt 抗虫棉的大面积推广、气候条件的变化,都为斜纹夜蛾的生长发育、繁殖和种群数量持续增长提供了良好的生态条件和丰富的营养物质,使得该虫的发生和为害与日俱增,由过去的间歇性、偶发性、次要性害虫迅速上升为常发性、暴发性的农业大害虫。

寄主营养是影响斜纹夜蛾种群发展的关键因素。秦厚国研究表明,取食莲藕叶片的斜纹夜蛾幼虫存活率最高,达 87.36%,其次为取食水蕹菜和棉花叶片的幼虫,取食甘薯和大豆叶片的幼虫存活率较低(秦厚国等,2004)。取食玉米叶的幼虫死亡率为 59.3%,多出现在 1 龄期;而取食芝麻叶的幼虫死亡率为 65%,多出现在 3 龄以后的高龄幼虫期(李巧丝等,1999;陆永跃等,1998)。姚晓明(2009)在江苏扬州比较了斜纹夜蛾取食 6 种植物后的生殖力差异及其生理基础,并证实其生殖力与食物中的相对含水量、可溶性糖含量和总氮量呈正相关关系。

斜纹夜蛾的高适应能力是其在烟田暴发成灾的主要原因。薛明等(2010)以甘薯、豇豆、甘蓝和烟草饲养斜纹夜蛾后发现,烟草并不是斜纹夜蛾最适食物,幼虫发育历期最长,幼虫存活率最低,羽化率最低,单雌产卵量(即繁殖力)最低,但斜纹夜蛾连续几代取食烟草后其生命表参数均有大幅提高,推测斜纹夜蛾在烟田暴发成灾是以烟叶为食形成的取食适应性所致。

寄主作物的分布特征是斜纹夜蛾间歇性暴发的另一重要机制。斜纹夜蛾的间歇性暴发现象在我国十分普遍,但同一个地理区域连续暴发的可能性较小。监利县斜纹夜蛾间歇性暴发的原因就是洪水改变了斜纹夜蛾寄主作物的分布特征,棉花等嗜食寄主的面积锐减,整个区域内的斜纹夜蛾便转移至单一作物上取食,导致斜纹夜蛾成灾。

6)防治技术

在湖北烟区,可采取"以性诱防治成虫为主、生物药剂防治幼虫为辅"的绿色防控策略来防治烟田斜纹夜蛾。

(1)农业防治。

①深耕晒垡,清除田间杂草,减少虫源,可减轻危害。

②人工捕杀幼虫。在烟田斜纹夜蛾发生初期或是发现高龄幼虫、施药效果不明显时,可利用其聚集性、假死性和生态位趋下性,于清晨 5~9 时到烟地巡查,当发现烟株下部叶上有虫孔时,找出幼虫杀死。

(2)物理防治。

性诱控制成虫。大田移栽时,在田间设置诱捕器,每亩设置 1 个,诱捕器之间间距不小于 15 m,集虫袋底部高于烟株 20 cm,定时更换诱芯、清理集虫袋内虫体,直至烟叶采收结束。同时可在烟田设置频振式太阳能杀虫灯,每 50 亩设置 1 个,控制成虫。

(3)生物防治。

①蠋蝽释放。每年 6 月至 8 月,可在烟田释放捕食性天敌蠋蝽,每亩释放 20~50 头。

②生物药剂。烟株大田期间,可采用苏云金杆菌悬浮剂、阿维菌素、棉铃虫核型多角体病毒等生物药剂来防治斜纹夜蛾幼虫。

(4)化学防治。

同烟青虫。

3.野蛞蝓

野蛞蝓(*Agriolimax agrestis*)属软体动物门(Mollusca)柄眼目(Stylommatophora)蛞蝓科(Limacidae),世界广布种,在我国各地均有分布。寄主植物有烟草、棉花、麻、豆类、花生、油菜、薯类、蔬菜、茶、果、花卉、多种药物植物,也可危害部分食用菌。

1)分布与危害

野蛞蝓在湖北各烟区均有发生,常以幼体、成体危害苗床和烟田幼苗。轻者将苗床烟苗叶片食成缺刻和孔洞,影响烟苗移栽成活率,重者整株叶片被吃光。有时将烟苗生长点和心叶吃尽,形成多头苗,造成大面积缺苗、断苗,严重影响烟苗生长和烟叶生产。

2)形态特征

成体:伸直时体长30~60 mm,体宽4~6 mm;内壳长4 mm,宽2.3 mm。长梭形,柔软、光滑而无外壳,体表暗黑色或暗灰色、黄白色或灰红色。触角2对,暗黑色,上边1对长,约4 mm,称后触角,端部具眼;下边1对短,约1 mm,称前触角,有感觉作用。口腔内有角质齿舌。体背前端具外套膜,为体长的1/3,边缘卷起,其内有退化的贝壳(即盾板),上有明显的同心圆线,即生长线。同心圆线中心在外套膜后端偏右。呼吸孔在体右侧前方,其上有细小的色线环绕。黏液无色。在右触角后方约2 mm处有生殖孔。

卵:椭圆形,直径2~2.5 mm,白色透明,可见卵核,近孵化时色变深。

幼体(见图5-31):初孵幼体长2~2.5 mm,淡褐色,体形同成体。

图5-31　蛞蝓幼体

3)生活习性

野蛞蝓喜欢在潮湿和低洼烟田为害。完成1个世代约250 d,5-7月产卵,卵期16~17 d,从孵化至成体性成熟约55 d。成体产卵期可长达160 d。雌雄同体,异体受精,亦可同体受精繁殖。成体性成熟后即可交配,交配后2~3 d产卵,卵产于湿度大且能隐蔽的土缝中,每隔1~2 d产卵1次,1~32粒,每处产卵10粒左右,每个成体平均产卵量为400余粒。刚孵出的幼体1~2 d内不活动,3 d后即可爬出地面觅食。成、幼体均畏光怕热,喜阴暗、潮湿和多腐殖质的环境,故靠近沟、塘、河边以及前茬为绿肥的烟田受害比较重。地势高,砂质壤土的烟田,发生量则少。强光下 2~3 h 即死亡。夜间活动,从傍晚开始出动,晚上 10-11 时达高峰,清晨之前又陆续潜入土中或隐蔽处。耐饥力强,在食物缺乏或不良条件下不吃不动,耐饥长达 130 d。气温 11.5~18.5 ℃和土壤含水量为 20%~0% 时,对其生长发育最为有利,阴暗潮湿的环境易于大发生。气温高于 25 ℃时,迁移至土缝或土块下,停止活动。

4) 发生规律

野蛞蝓在湖北烟区 1 年发生 2~6 代。以成体或幼体在作物根部湿土下越冬。每年 4-6 月烟区育苗移栽时是其活动高峰期,取食烟苗嫩芽和嫩叶,造成叶片孔洞,影响烟株生长。

5) 防治技术

(1) 选择向阳、排水良好的砂质壤土做苗床。采用斯美地等消毒剂进行苗床土壤消毒。

(2) 利用绿肥或菜叶诱捕。

(3) 苗床周围撒施生石灰、草木灰等,阻止蛞蝓侵入为害。

(4) 蜗牛敌 300 克、砂糖 100 克,拌磨碎豆饼 4 kg,加适量水,制成毒饵,傍晚撒于烟株附近。

(5) 用 80% 四聚乙醛可湿性粉剂喷施烟穴防治。

(四) 贮烟害虫

1.烟草甲

烟草甲是最主要的贮烟害虫之一,世界各地均有分布。烟草甲的防治除采用熏蒸进行灭杀外,还可采用气调、性诱、灯诱、物理隔离、苏云金杆菌等病原微生物,以及利用天敌如象虫金小蜂等进行综合防治,同时应加强仓库环境卫生管理和入仓烟叶的检疫,减少外源害虫的迁入。

1) 分布与危害

烟草甲(*Lasioderma serricorne*)属鞘翅目窃蠹科,分布于世界各地,中国各产烟省均有分布,是我国烟草仓储的重要害虫。烟草甲主要以幼虫危害烟叶、烟草种子、卷烟、雪茄烟,还危害贮藏的谷物、红枣、干辣椒、油料及籽饼、干动物制片等,特别喜食储存 1~2 年的正在醇化的上中等烟叶。烟草甲不仅蛀食烟叶,造成直接重量损失,使被害后的烟叶、烟支千疮百孔,而且其排泄物和虫尸还造成严重污染,严重影响烟叶的可用性和卷烟质量,经济损失巨大。

2) 形态特征

成虫(见图 5-32):卵圆形,红褐色,体密布白色茸毛,头隐藏于下方,复眼圆形,黑色,触角 11 节,第 3~10 节锯齿状。鞘翅表面密布刻点。雌虫体长、体宽明显较雄虫长。

卵:椭圆形,表面光滑,一端有微小突起,初产时乳白色,孵化前 1~2 d 颜色变为淡黄色至褐黄色。

幼虫(见图 5-33):老熟幼虫长 3~4 mm,呈黄白色,C 字形弯曲,密被浅黄色细长毛,头呈褐色,身体弯曲,密生细毛。有胸足 3 对。

蛹(见图 5-34):初蛹乳白色,复眼白色半透明,后转为深褐色,羽化前转为黑色。羽化时体色变黄,从头部开始羽化自上到下。雌蛹体长、体宽明显大于雄蛹体长、体宽。

图 5-32 烟草甲成虫

图 5-33 烟草甲幼虫

图 5-34 烟草甲蛹

3)生活习性

烟草甲幼虫孵出后取食卵壳,有群集性,耐饥力较强。幼虫喜欢隐蔽在蔽光处或贮藏物里取食或蛀食烟梗、烟把等。老熟幼虫行动迟缓,同时停止取食,在包装物、寄主食物内或缝隙中做半透明白色坚韧薄茧,在茧内化蛹。成虫羽化后需在蛹室内静伏一段时间,其静伏期随温度不同而异。待性成熟后外出交配,交尾主要发生在羽化后的 3 天内,可多次交尾。交尾后 1~2 天产卵,产卵方式多为散产,多产在烟叶主脉凹陷处、叶片皱褶处或烟屑中。在冬季不适宜生长发育的低温条件下,能以幼虫或蛹过冬。烟草甲具有产卵选择性,在不同烟叶上的卵量分布数差异显著,在烤烟和白肋烟之间,更倾向于在烤烟上产卵。烟草甲雌虫产卵时会分泌某种化学物质来标记产卵位置,同种其他雌虫能识别这些化学物质,避免在同一位置或附近产卵,以保证后代有充足的食物及活动空间。烟草甲侵染烟垛主要从顶层开始,在一定的储存时间内,烟叶虫口密度随时间延长而增大,并逐渐向下层扩展,当虫口密度增大到一定程度时,烟垛各层间的虫口密度并无显著性差异。

烟草甲每年发生代数因地而异,低温地区年发 1~2 代,高温地区 7~8 代,一般年发 3~6 代;贵州贵阳、河南、安徽年发 2~3 代,福建 4 代,湖南长沙 3~4 代。其主要以幼虫越冬,少数以蛹越冬。成虫寿命与幼虫龄期与营养、温度、湿度密切相关,成虫寿命一般 14~50 天,幼虫一般 5 或 6 龄,少数 4 或 7 龄。温度越高,湿度越低,成虫寿命越短。

4)成灾因子

(1)虫源基数。

烟仓中烟草甲主要源于越冬虫源和烤后烟叶流通过程中上一环节携带侵染。经检测,烟草甲在烟农仓库的发生数量较少,但在复烤厂仓库的发生数量很多。仓库及周边环境中的堆储原料和烟草废弃物等是主要虫源。

(2)气候条件。

仓库烟草甲的发生、危害受多种环境因素的影响,其中起主导作用的有温度、湿度等。2000 年武志山等报道,烟草甲的卵、幼虫、蛹及产卵前的发育起点温度和有效积温分别为 15.49 ℃、10.36 ℃、15.42 ℃、14.70 ℃ 和 35.99 日度、422.05 日度、72.38 日度、20.84 日度。在 20~32.5 ℃范围内,烟草甲各虫态和全世代的发育历期均随温度的升高而缩短;但在 35 ℃时,其发育历期反而延长,可见高温对其生长发育具有抑制作用。2006 年 Thsihior Imia 等报道了烟草甲卵、幼虫、蛹、成虫在 −20 ℃、−15 ℃、−10 ℃、−5 ℃、0 ℃、5 ℃的存活时间,发现烟草甲对低温具有一定的耐受力,幼虫的耐低温能力较其他虫态强。2018 年杨绍佳等报道,在 50%RH 和 90%RH 条件下,烟草甲未能完成一个世代的发育,而在 60%RH、70%RH 和 80%RH 条件下烟草甲均可完成世代发育;卵期长短除 70%RH 和 90%RH 外,其余湿度条件下均无明显差异。幼虫发育期在 60%RH 和 70%RH 条件下无明显差异;而在 80%RH 下 1、2、3 龄发育时期均为最低,分别为 8.08 d、6.82 d 和 7.05 d;60%RH 条件下,烟草甲雌成虫寿命最长为 25.84 d。

(3)寄主植物。

烟叶的品质和营养成分会对烟草甲产生影响。2000 年陈茂华等报道,烟叶可溶性总糖及石油醚提取物含量越高,越能吸引烟草甲产卵;可溶性总糖及石油醚提取物含量越高,纤维素含量越低,越能吸引烟草甲取食。2002 年陈茂华等报道,烟草甲对高档烤烟烟叶和中部中档烤烟烟叶选择性最强,其次为中、下部中、低档烟叶,再次为白肋烟叶。1964 年 Self 等报道,烟草甲幼虫依靠肠内似酵母菌的共生物的活动,将体内大部分烟碱分别代谢成其他三种生物碱,其中最主要的是代谢成对烟草甲无毒的可的宁(Ciotinen),这种代谢被认为是一种解毒机制。烟草甲通过解毒来适应在烟草中的生活。

(4)天敌。

烟草甲的天敌有象虫金小蜂、米象金小蜂、细角花蝽和病原微生物等。其中象虫金小蜂和米象金小蜂可寄生烟草甲幼虫和蛹,细角花蝽可捕食烟草甲成虫 1 头 / 天。2021年郭建华等报道,当蜂虫比大于 4(对)∶100(头)时,象虫金小蜂对烟草甲 5 龄幼虫的室内寄生防治效果大于 93.44%。2021 年王燕等报道,象虫金小蜂在 24 h 内对烟草甲幼虫、蛹的最大寄生量分别为 14.14 头、5.19 头。球孢白僵菌在 21 ~ 25 ℃时对烟草甲有较强致病力,但在较高或较低温度下不易萌发产生蚜管致害虫死亡。2006 年齐绪峰等报道,从全国 7 个卷烟厂贮烟仓库分离筛选到 18 株苏云金芽孢杆菌(Bt)分离株,对烟草甲幼虫具有较高的生物活性,药后 9 d 烟草甲幼虫的校正死亡率均达 73% 以上。国内目前还没有关于实仓应用天敌防控烟草甲的报道。

5)防治技术

(1)环境卫生管理。

做好仓库环境卫生管理是仓储害虫防治的重点工作。定期进行彻底的清洁卫生工作可大幅降低虫源基数,坚持烟叶入库时进行虫情检疫可有效阻止库外虫源随烟叶入侵。同时为了防止害虫交叉侵染,一些窗户应装纱窗,门上应装风幕机。

(2)物理防治。

利用防虫袋、套膜包装等可在一定程度上阻隔烟叶害虫的侵染,也可利用高温、低温或灯光诱杀,在我国北方地区可以利用冬季的自然低温来降低来年虫口基数,烟叶(卷烟)加工环节的高温处理也能杀死大部分的储烟害虫,微波辐照强度为 765 mW/cm^2、片烟流量不超过 800 kg/h 对烟草甲各虫态具有较好灭杀效果。人为改变仓内空气的气体成分能够抑制害虫的发生。在储烟仓库充 N$_2$ 6 d 后,烟草甲各虫态致死率达 100%,低氧浓度(1.5% ~ 2.0% O$_2$)环境下对 3 种虫态烟草甲综合致死效果较好。

(3)生物防治。

贮烟害虫的生物防治方法具有环保、安全和高效的特点,越来越受到国内外害虫控制工作者的青睐,已逐步成为防治贮烟害虫的重要手段之一。如利用性信息素监测预警烟草甲成虫的发生,保护和利用象虫金小蜂、米象金小蜂寄生烟草甲幼虫和蛹,利用苏云金杆菌、球孢白僵菌防治烟草甲等,在使用化学农药时选择对天敌安全的选择性农药。烟草甲的生物防治技术还有很大潜力可供挖掘。

(4)化学防治。

化学药剂防治具有见效快、防治较彻底的特点。若发现仓库内烟叶已经染虫,那么熏蒸几乎是当前控制虫害的必然选择。目前常用的熏蒸法为磷化铝熏蒸,由专业熏蒸服务公司的专业技术人员完成,其施药步骤按密封、投毒、散毒三步进行,一般情况下密封良好的仓库每吨烟叶用药 3 ~ 5 片,空仓 0.2 ~ 0.4 片 /m^3。磷化铝属高危剧毒品,常带来一些安全隐患和"三废"处理问题,同时磷化氢会严重腐蚀仓库中的铜及铜合金等,对仓库密闭性要求很高,在加工车间、高架库等场所的应用中具有局限性。此外,在实际操作中,由于烟垛密封不严、熏蒸时机选择不当、防治方法单一、长期使用产生抗药性等原因,往往并不能完全杀死烟草害虫。而溴氰菊酯(2.5% 的除敌悬浮剂以 1∶80 比例稀释,剂量 0.4 ~ 0.8 mL/m^2,喷雾使用;凯素灵可湿性粉剂以 1∶100 的比例配置悬浮液,剂量 0.4 ~ 0.8 mL/m^2,喷雾使用)、氯菊酯(10% 乳油按 0.01 g/m^2 表面滞留喷雾或直接喷洒于虫体)等杀虫剂主要用于地面、墙壁、仓库用具等的喷雾消毒,也易带来害虫抗药性和农药残留残等问题。防虫磷、杀虫松等可作为防护剂用于空仓、器材杀虫及布置防虫线等,但不能用于成品卷烟。防虫磷用药量为 $0.5 \sim 1.0 \, \text{g/m}^2$,杀虫松用药量为 $0.5 \, \text{g/m}^2$。2019 年《中共中央国务院关于深化改革加强食品安全工作的意见》中提出,要实施农药兽药使用减量和产地环境净化行动,开展高毒高风险农药淘汰工作,5 年内分期分批淘汰现存的 10 种高毒农药。而磷化铝就是现存 10 种高毒农药之一。对于烟草生产的整个物流过程来说,尚无十分有效的替代农药。

2.烟草粉螟

烟草粉螟是最主要的贮烟害虫之一,中国各地都有分布,主要以幼虫危害烟叶、卷烟等,喜取食含糖高、尼古丁低的烟叶,喜产卵在上等烟叶上。取食后在烟叶上留下许多烟叶碎屑及褐色虫粪,被害烟叶重量减少,出丝率下降,受虫尸、虫粪、丝状物污染,烟叶品质降低,且易产生霉变。烟草粉螟的防治除采用熏蒸进行灭杀外,还可采用气调、性诱、灯诱、物理防护、苏云金杆菌,以及利用天敌如麦蛾茧蜂等进行综合防治,同时加强仓库环境卫生管理和入仓烟叶的检疫,减少外源害虫的迁入。

1)分布与危害

烟草粉螟(*Ephestia elutella*)属鳞翅目螟蛾科,又名烟草粉斑螟,广泛分布于世界热带及温带地区,中国各地都有分布,是烟叶主要仓储害虫之一。烟草粉螟除危害烟叶、卷烟外,也取食小麦、燕麦、大豆、豌豆、蚕豆、花生仁、可可豆、面粉等。烟草粉螟初龄幼虫食叶肉留表皮,使烟叶出现许多半透明斑,2 龄以后吃成孔洞,严重时能将叶片食光仅留叶脉。喜于在柔软多糖的烟叶中吐丝缠连,潜伏取食,取食后在烟叶上留下许多烟叶碎屑及褐色虫粪,被害烟叶重量减少,出丝率下降,受虫尸、虫粪、丝状物污染,烟叶品质降低,且易产生霉变。

2)形态特征

成虫(见图 5-35):小型蛾类,体长 5 ~ 7 mm,翅展 12 ~ 19.5 mm。前翅灰黑色,近基部 1/3 处有一近直形淡色横纹,略斜向前缘基部,横纹外侧色较深,近端部有一略变曲的淡色横纹,横纹内外翅色较深,中室端部有时有 2 个小黑点做上下排列,沿翅的外缘有明显黑色斑点。

卵(见图 5-35):椭圆形,长约 0.5 mm,宽约 0.3 mm,乳白色,有光泽,卵壳上有花生壳似的网纹。

幼虫(见图 5-36):头部赤褐色,前胸盾片、臀板及毛片黑褐至深黑褐色;腹部黄或淡黄色,背面有时桃红色,初孵幼虫长 0.8 ~ 1.0 mm,老熟幼虫长 10 ~ 15 mm。

蛹:长 7.0 ~ 8.5 mm,宽 1.75 ~ 2 mm,足及触角端部与腹面其他部分同为淡黄褐色至黄褐色,极少呈黑褐色,后足外露部分的长约为宽的 2 倍。

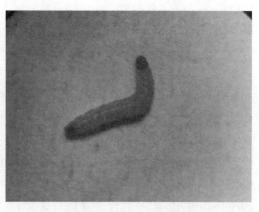

　　图 5-35　烟草粉螟成虫与卵　　　　　　图 5-36　烟草粉螟幼虫

3）生活习性

　　烟草粉螟成虫羽化在白天和晚上都可进行,但以白天为主。1995年杜艳丽报道,烟草粉螟雌雄一生均可多次交配,但以第一次交配产卵量最多,单雌产卵量平均约105粒,多散产于烟叶边缘和皱折处,偶有3~5粒堆产的。幼虫一般有6龄,初孵幼虫体小但行动敏捷,有假死习性,3龄时取食量开始暴增。烟草粉螟喜取食含水量较高的烟叶,以幼虫或蛹越冬,越冬场所随虫龄不同而有变化,老熟幼虫越冬前从烟包中爬出,在层柱、墙壁、垫板、包装物等的缝隙和褶皱处吐丝结薄茧越冬,未老熟幼虫仍在烟包中越冬。

　　烟草粉螟属烟叶初期侵染害虫,世代重叠严重,年发生代数和羽化高峰期随食料、环境温湿度不同而有差异。2012年张皓等报道,烟草粉螟在关中地区每年发生2~3代,主要以老熟幼虫在烟仓中越冬,越冬代、第1代和第2代成虫的羽化高峰期分别出现在5月中旬、8月上旬和9月上旬,老熟幼虫有3个明显的迁移活动期,分别出现在4月上中旬、7月上旬和10月中下旬。2006年周显升等报道,济南卷烟厂烟草粉螟越冬代成虫羽化起始时间在4月中下旬,室内库有3个羽化高峰期,室外库有3~4个羽化高峰期,且室内库始发期早于室外库。2003年任广伟等报道,烟草粉螟在湖北省每年发生3代,高峰期分别出现在5月中旬、7月中旬及9月上中旬。2012年彭秋等报道,烟草粉螟在昭通卷烟厂仓库一年发生3代,羽化高峰期分别发生在5月中旬、7月上旬和10月上旬,主要以第3代幼虫越冬。2018年邓红英等报道,烟草粉螟在贵阳市每年发生3代,各代成虫羽化的高峰依次在5月21日、7月23日和10月1日前后。2009年张钟煊等报道,烟草粉螟在福建龙岩每年发生3代,成虫高峰为4月下旬至5月上旬、7月中旬、9月下旬至10月上旬。

4）成灾因子

（1）虫源基数。

　　烟仓中的烟草粉螟主要源于越冬虫源和烤后烟叶流通过程中上一环节携带侵染。对于烟农仓库而言,烟叶储藏室及附近环境的清洁卫生对第一代烟草粉螟成虫发生数量有很大影响,特别是烟叶碎屑以及玉米、小麦等粮食为烟草粉螟提供了天然食物和栖息场所。

（2）气候条件。

仓库烟草粉螟的发生、危害受多种环境因素的影响,其中起主导作用的有温度、湿度等。温度对烟草粉螟的存活、生长发育及繁殖影响显著,温度过高或过低均抑制其生长发育。在适温范围内,随着温度的上升,烟草粉螟发育历期和世代历期缩短,存活率和繁殖力增大。烟草粉螟卵和幼虫的发育起点温度是 14.5 ℃,不耐干燥,喜潮湿。在 20～30 ℃自然变温、相对湿度 70%～80% 的条件下,卵历期 5～7 天,孵化率 95%;取食烟叶的幼虫,幼虫期一般 61 天;在温度为 25 ℃,相对湿度为 35.5% 的低湿条件下,幼虫生长很慢,到中龄时即全部死亡。老熟幼虫化蛹的最低温度是 16 ℃,在 16～18 ℃的变温条件下,蛹历期 24～28 天,20～22 ℃为 18 天,25～30 ℃为 10 天。在取食含水量为 13% 的烟叶时,幼虫生长发育快且健壮,在取食含水量低于 10% 的烟叶时,幼虫生长发育受阻,也不易成活。烟草粉螟幼虫不耐低温和高温,卵及幼虫在低温为 -3～-4 ℃时的致死时间为 7 天, -10～-11 ℃时为 18 h;高于 35 ℃,产卵前期无法完成。但该虫在低温和短光照状态下可能进入滞育状态,使其对不利环境有更强的耐受力。

一般认为,温度 28～32 ℃,相对湿度 75%～85% 是烟草粉螟生长发育、生存、繁殖的最适温度区和最适相对湿度范围。

（3）寄主植物。

不同种植食性昆虫的寄主范围各不相同,即便是两个很近缘的种,也存在寄主偏爱程度的差异。这与不同种植物具有特异成分的次生物质组成和不同种昆虫具有特异功能的化学感受器有着密切的关系。烟草粉螟喜取食含糖高、尼古丁低的烤烟和香料烟。烟草粉螟产卵对烟叶等级有选择性,喜产在上等烟叶上。2003 年胡涌等报道,烟草粉螟在中上等烟叶中发生较重,在下等烟叶中发生较少。

（4）天敌。

烟草粉螟的天敌有麦蛾茧蜂、细角花蝽、普通肉食螨、家隅蛛和病原微生物等。其中麦蛾茧蜂是一种优势寄生蜂,先麻痹烟草粉螟幼虫,然后将卵产于其上,卵孵化后的蜂幼虫以寄主幼虫体液为食。细角花蝽可捕食烟草粉螟幼虫 0.4 头 / 天。普通肉食螨可捕食烟草粉螟虫卵,平均捕食量为 10～11 粒 / 头。家隅蛛可捕食烟草粉螟成虫。

贮烟仓库中苏云金芽孢杆菌资源较为丰富。2006 年高家合报道,Bt33 菌株是从 736 株野生型 Bt 菌中筛选分离的 1 株对烟草粉螟具有高效杀虫活性的菌株。2019 年袁敏等报道,球孢白僵菌、绿僵菌和卵孢白僵菌 3 种微生物杀菌剂中对烟草粉螟 3 龄幼虫毒力最高的是球孢白僵菌,LC50 为 1.79×10^8 CFU/L。

5）防治技术

（1）环境卫生管理。

做好仓库环境卫生是仓储害虫防治的重点工作。定期进行彻底的清洁卫生工作可大幅降低虫源基数,坚持烟叶入库时进行虫情检疫可有效阻止库外虫源随烟叶入侵。同时为了防止害虫交叉侵染,一些窗户应装纱窗,门上应装风幕机。

（2）物理防治。

利用防虫袋、套膜包装等可在一定程度上阻隔烟叶害虫的侵染,我国北方地区可以利用冬季的自然低温来降低来年虫口基数,烟叶（卷烟）加工环节的高温处理也能杀死大部分的储烟害虫,微波辐照强度为 765 mW/cm²、片烟流量不超过 800 kg/h 对烟草粉螟各虫态具有较好灭杀效果。由于烟叶仓储自然醇化、流通环节和周期、仓储安全、经济成本等原因,低温、气调、灯诱等技术在大面积推广应用上受到不同程度的制约。

(3)生物防治。

可利用性信息素监测预警烟草粉螟成虫的发生,利用广赤眼蜂寄生烟草粉螟卵、麦蛾茧蜂寄生烟草粉螟幼虫,利用苏云金杆菌、球孢白僵菌防治烟草粉螟等。在使用化学农药时应选择对天敌安全的选择性农药。目前湖北省恩施州烟草公司已形成一套较为完善的麦蛾茧蜂人工大量繁殖、释放技术,并在部分烟叶仓库开展了试点应用,取得了较好的实仓防治效果。

(4)化学防治。

化学药剂防治具有见效快、防治较彻底的特点。若发现仓库内烟叶已经染虫,那么熏蒸几乎是当前控制虫害的必然选择。目前常用的熏蒸法为磷化铝熏蒸,由专业熏蒸服务公司的专业技术人员完成,其施药步骤按密封、投毒、散毒三步进行,一般情况下密封良好的仓库每吨烟叶用药 3~5 片,空仓 0.2~0.4 片/m³。磷化铝属高危剧毒品,常带来一些安全隐患和"三废"处理问题,同时磷化氢会严重腐蚀仓库中的铜及铜合金等,对仓库密闭性要求很高,在加工车间、高架库等场所的应用中具有局限性。此外,在实际操作中,由于烟垛密封不严、熏蒸时机选择不当、防治方法单一、长期使用产生抗药性等原因,往往并不能完全杀死烟草害虫。而溴氰菊酯(2.5% 的除敌悬浮剂以 1∶80 比例稀释,剂量 0.4~0.8 mL/m²,喷雾使用;凯素灵可湿性粉剂以 1∶100 的比例配置悬浮液,剂量 0.4~0.8 mL/m²,喷雾使用)、氯菊酯(10% 乳油按 0.01 g/m² 表面滞留喷雾或直接喷洒于虫体)等杀虫剂主要用于地面、墙壁、仓库用具等的喷雾消毒,也易带来害虫抗药性和农药残留残等问题。防虫磷、杀虫松等可作为防护剂用于空仓、器材杀虫及布置防虫线等,但不能用于成品卷烟。防虫磷用药量为 0.5~1.0 g/m²,杀虫松用药量为 0.5 g/m²。2019 年《中共中央国务院关于深化改革加强食品安全工作的意见》中提出,要实施农药兽药使用减量和产地环境净化行动,开展高毒高风险农药淘汰工作,5 年内分期分批淘汰现存的 10 种高毒农药。而磷化铝就是现存 10 种高毒农药之一。对于烟草生产的整个物流过程来说,尚无十分有效的替代农药。

3.赤拟谷盗

赤拟谷盗是一种重要的贮烟害虫,中国大部分省区都有出现。赤拟谷盗的食性相当复杂,可在稻谷、麦类、面粉、豆类、干果、油料、烟叶和中药材等储藏物中发现,有时也取食鱼干、肉干、蚕茧和昆虫标本等。该虫有臭腺分泌臭液,能使储藏物发霉变质。赤拟谷盗的防治除采用熏蒸等进行灭杀外,还可采用气调、低温、物理防护、球孢白僵菌,以及利用天敌如肉食螨等进行综合防治,同时应加强仓库环境卫生管理和入仓烟叶的检疫,减少外源害虫的迁入。

1)分布与危害

赤拟谷盗(*Tribolium castaneum*)属鞘翅目拟步甲科,又名拟谷盗,在世界热带与较温暖地区,中国大部分省区均有分布。赤拟谷盗可危害小麦、玉米、稻谷、高粱、油料、干果、豆类、中药材、生药材、生姜、干鱼、干肉、皮革、蚕茧、烟叶、昆虫标本等。该虫有臭腺分泌臭液,使面粉等发生霉腥味,其分泌物还含有致癌物苯醌。

2)形态特征

成虫(见图5-38):长椭圆形,体长 3.0 ~ 4.5 mm,全身赤褐色至褐色,体上密布小刻点,背面光滑,具光泽,头扁阔;触角 11 节,锤端 3 节膨大,复眼黑色,两复眼腹面距离约与复眼的横径等长,前胸背板呈矩形,两侧稍圆,前角钝圆,有刻点;小盾片小,略呈矩形,鞘翅长达腹末,与前胸背板同宽,上具 10 条纵刻点行。前、中、后足 5 R 节分别为 5、5、4 节。

卵:长约 0.6 mm,长椭圆形,乳白色,表面粗糙无光泽。产卵在粮堆表面或粮粒的缝隙内。

幼虫(见图5-37):老熟幼虫长 6 ~ 8 mm,细长圆筒形,有胸足 3 对,头浅褐色,口器黑褐色,触角 3 节,长为头长之半,胸、腹部12 节,各节前半部骨化区浅褐色,后半部黄白色。臀叉向上翘。腹末具 1 对伪足状突起。

蛹:长约 4 mm,全身淡黄白色,但复眼黑色。腹部 1 ~ 7 节两侧有突起,上面生有细毛。腹部末端有肉刺 1 对。

图5-37　赤拟谷盗成虫与幼虫

3)生活习性

赤拟谷盗 1 年繁殖 4 ~ 5 代,以成虫在包装物、苇席、杂物及各种缝隙中越冬,雄虫寿命约 540 d,雌虫 220 d,把卵产在仓库缝隙处,卵粒上附有粉末碎屑一般不易看清,每雌产卵 300 ~ 1000 粒。最适发育温度 27 ~ 30 ℃,相对湿度 70%,30 ℃完成一代需 27 天左右。在气温 44 ℃、相对湿度 77% 的条件下,幼虫 10 小时、成虫 7 小时即死亡;50 ℃时幼虫、成虫 1 小时即死亡;低于 –1.1 ℃各虫态 17 天即死亡;–6.7 ~ 3.9 ℃温度下 5 天全部死亡。

4)成灾因子

(1)虫源基数。

烟仓中赤拟谷盗主要源于越冬虫源和烤后烟叶流通过程中上一环节携带侵染。经监测,赤拟谷盗在烟农仓库的发生数量很少,但在复烤厂仓库的发生数量很多。仓库及周边环境中的堆储原料和烟草废弃物等是主要虫源。

(2)气候条件与食物。

赤拟谷盗的生长发育与温度、湿度有很大关系。一般来说,温度对发育期的影响较湿度明显。如 20 ~ 40 ℃时,卵的孵化率及卵期的长短不受湿度的影响。在 35 ℃时卵的孵化率最高,37.5 ℃时平均卵期最短;但卵在 40 ℃和 10%RH 或 15 ~ 17.5 ℃和 10%RH ~ 90%RH 时不孵化。食物的种类对赤拟谷盗成虫和幼虫的生存及幼虫期的长短影响较大。用小麦类饲喂幼虫,发育的最适温度为 35 ℃,在 100%RH 时幼虫期最短,平均为 11 d。在 20 ℃与 10%RH、30%RH、90%RH 时幼虫均不化蛹而死亡。用花生仁饲喂幼虫,即使在与用小麦饲喂时相同的温湿度下,幼虫发育较慢,死亡率也较高。在相同温湿度下,用全麦粉饲喂的幼虫比用玉米粉、米粉饲喂的幼虫发育快,死亡率较低,成虫产卵量也大。在 10 ℃时有部分幼虫能生存 20 周,在 0 ℃时各虫态 1 周内均死亡。

(3)天敌。

赤拟谷盗的天敌有肉食螨、肥螋、黄褐食虫花蝽等。保护和利用好天敌昆虫对控制赤拟谷盗种群具有重要作用,在使用化学农药时要选择对天敌毒害小的药剂。

5)防治技术

(1)环境卫生管理。

做好仓库环境卫生管理是仓储害虫防治的重点工作。定期进行彻底的清洁卫生工作可大幅降低虫源基数,坚持烟叶入库时进行虫情检疫可有效阻止库外虫源随烟叶入侵。同时为了防止害虫交叉侵染,一些窗户应装纱窗,门上应装风幕机。

(2)物理防治。

利用防虫袋、套膜包装等可在一定程度上阻隔烟叶害虫的侵染,我国北方地区可以利用冬季的自然低温来降低来年虫口基数,烟叶(卷烟)加工环节的高温处理也能杀死大部分的储烟害虫。2007 年王光春报道,针对赤拟谷盗喜黑暗、具负趋光性这一特点,可用麻袋、面袋铺在较黑暗的墙角、墙根处,定期搜集麻袋、面袋,然后集中除治;针对赤拟谷盗食性,可用具网眼的材料(如孔眼直径 1.5 mm 的塑料网)做成一个网袋(20 cm × 10 cm),袋内填充小麦粉、花生面和大米面混合制成的食物诱饵,进行捕捉。

(3)生物防治。

贮烟害虫的生物防治方法具有环保、安全和高效的特点。2017 年张涛报道,马六甲肉食螨和普通肉食螨均喜捕食 1 龄和 2 龄赤拟谷盗幼虫,马六甲肉食螨捕食赤拟谷盗卵,1 龄、2 龄、3 龄幼虫的能力优于普通肉食螨;单头马六甲肉食螨的捕食能力大于普通肉食螨,但由于赤拟谷盗的种群数量增长较快,营孤雌生殖的普通肉食螨在进行赤拟谷盗种群尺度控制时更具优势。2013 年 Hediyeh Golshan 等人评价了球孢白僵菌 9 个菌株对赤拟谷盗成虫的致病性,根据 LC50、LT50 和死亡率结果得出 IRAN 440 C 是防治这一害虫的理想菌株。

(4)化学防治。

同烟草甲与烟草粉螟。

第六章 优质白肋烟采收与晾制技术

第一节 优质白肋烟的成熟与采收

采收与晾制技术是生产优质白肋烟的核心技术,是把大田生长的潜在质量转变为期望的最终消费质量的关键环节,对白肋烟的质量与经济效益的影响至关重要。白肋烟晾制是在自然温湿度条件下,使烟叶内含物质发生分解和转化,形成其特有的品质,最后使烟叶干燥。烟叶晾制必须使用专用的晾制设备,再配合适当的温湿度条件和晾制方法,只有这样,才能晾制出品质好的烟叶。

一、成熟度与品质

(一)成熟过程

白肋烟各部位叶片的成熟相对集中,叶色由绿色转为黄色的进程较快。每片叶子的成熟过程大致可分为未熟期、始熟期、适熟期和过熟期。

1.未熟期

叶片出现初期,生长缓慢,细胞分裂旺盛。进入旺长期后,生长速度加快,叶面积迅速扩大,叶片光合作用所形成的有机物大部分用于促进叶片生长,仅有少部分在叶片中积累。因此,叶色淡绿,细胞排列紧密,水分、亲水性胶体、含氮化合物尤其是蛋白质含量高,而碳水化合物及干物质少。此期烟叶在晾制时脱水慢,不易变色,晾制后,色泽灰暗,叶片较薄,化学成分不协调,有较强的刺激性和杂气,吸湿性强,易发霉变质。

2.始熟期

叶片经过旺盛生长后,叶细胞伸长扩大速度减慢,叶片生长从缓慢到停止,叶面积基本定型。有机物逐渐储存于叶内,干物质积累达到最高峰,叶组织最充实,重量最重,叶绿素开始分解,含量下降,但烟叶质量没有达到最佳状态。此期烟叶晾制后叶片组织较密,内含成分失调,香气吃味不佳。

3.适熟期

此期叶片的合成能力迅速降低,分解能力增强,叶绿素、淀粉、蛋白质含量随之下降,叶色由绿变黄,叶组织逐渐疏松,化学成分趋于协调。晾制后,叶色均匀,光泽鲜明,叶面平展;香气足,燃烧性好,吃味醇和;内在、外在质量最佳,工业使用价值最高,是收获的最佳时期。

4.过熟期

适熟的烟叶若不及时收晾,任随其继续发展,则养分消耗增多,逐渐衰老枯黄,产量降低,晾制后叶色淡,光泽差,吸湿性弱,易破碎,不符合卷烟工业的要求。

(二)成熟期生理生化变化

白肋烟成熟期间,除外观特征发生变化(如叶色变黄、主脉变白发亮等)外,烟叶内还进行着复杂的生理生化变化,而各种物质的转化和积累与酶的活动有密切关系。

1.硝酸还原酶（NR）和过氧化物酶（POD）活性动态

NR 是硝酸盐同化的关键酶、限速酶,也是诱导酶,可以 NR 活性作为硝态氮同化的指标来研究白肋烟新陈代谢的变化。白肋烟在初花时早已从营养生长期转入生殖生长期,所以打顶后,随着烟叶成熟度的加深,NR 活性呈下降趋势,其中上部叶>中部叶>下部叶。这与白肋烟的生长发育进程相吻合。POD 分解代谢所产生的 H_2O_2 等过氧化物清除活性氧,也参与酚类物质的氧化,所以有人认为 POD、PPO、酚类可构成一个体系,表现出植物对逆境或成熟及衰老进程的反应。因此随着叶片进入成熟与衰老,细胞内活性氧含量增高,膜脂过氧化作用加剧,POD 活性也随之增高,打顶后第 4 周时达到峰值,且第 3 周到第 4 周时上升最快,这正是烟叶步入成熟最关键的时期,迅速增强的 POD 活性可促进其成熟。

田间成熟时期,白肋烟叶片硝酸还原酶活性随着叶片的衰老呈现明显的上升趋势,到采收时均有一个峰值出现(见图 6-1)。下部叶硝酸还原酶活性最高,中部叶次之,上部叶最低。随着叶片衰老,其过氧化物酶活性呈现明显的上升趋势,采收时上部叶片过氧化物酶活性最低(见图 6-2)。

2.多酚氧化酶（PPO）活性和总酚含量动态

PPO 参与多酚类物质的氧化,在烟株防御体系中起重要作用,所催化反应的许多产物及其衍生物与原烟的色泽和香吃味等密切相关。它还是酶促棕色化反应的主要参与者。PPO 活性随烟叶成熟度的增加而增加,随叶位升高而下降,适熟时达高峰。经证实,下、中、上各叶位的适熟期分别在打顶后的第 3、4、5 周,宜及时采收。酚类化合物对烟叶的颜色、烟气质量及生理强度也起着重要作用,是烟气产生香味的重要成分之一。白肋烟的总酚含量随烟叶成熟进程而增加,适熟时达到高峰,然后回落,变化规律与 PPO 活性动态近似,仅含量的高峰期比 PPO 活性的高峰期稍早,整个成熟期总酚含量为上部叶 > 中部叶 > 下部叶。

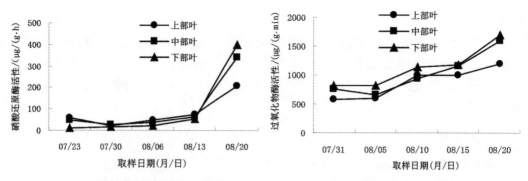

图 6-1　田间成熟时期白肋烟叶片硝酸
还原酶活性的变化趋势

图 6-2　田间成熟时期白肋烟叶片过
氧化物酶活性的变化趋势

3.可溶性蛋白质和总游离氨基酸含量动态

可溶性蛋白质多为未与膜系统特异结合的酶,其含量越高,该部位的生理生化反应与代谢活动就越旺盛。所以打顶后,烟叶中可溶性蛋白质的含量随成熟进程而增加,适熟时达到峰值,然后回落,其含量还随叶位升高而增加。游离氨基酸是蛋白质的组成成分,也是烟叶某些香气物质的前体物,在调制过程中可直接转化为挥发性碳基化合物,如苯丙氨酸就是烟叶中重要香气物苯甲醇、苯乙醇等的前体物。在烟株生命活动过程中,这些游离氨基酸可用于合成蛋白质或者及时参与各自的分解代谢。现蕾后,烟株已由营养生长期转为以生殖生长为主的时期,所以打顶后总游离氨基酸的含量随成熟与衰老进程而下降,随叶位升高而增加。

田间成熟前期,白肋烟各部位叶片可溶性蛋白质含量呈现明显的上升趋势,尤其在第一周内上升幅度较大,随后趋于平缓,到成熟后期各部位叶片可溶性蛋白质含量均有下降的趋势(见图 6-3)。

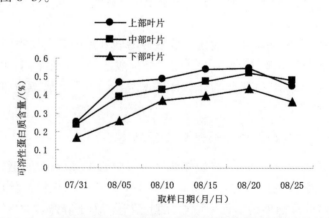

图 6-3　田间成熟期间不同部位叶片可溶性蛋白质含量的变化趋势

4.可溶性总糖、还原糖、淀粉含量和淀粉酶活性动态

现蕾后光合产物在叶片中大量合成与积累,所以可溶性总糖的含量随成熟进程而增加,下、中、上各叶位的可溶性总糖含量分别在第 2、4、5 周达到峰值,然后回落。各叶位

可溶性总糖含量最高时也正是它们的生理成熟期,此后及时采收才有利于烟叶品质的形成。因为叶位越高,接受光量越充分,所以可溶性总糖含量随叶位升高而增加。还原糖属于可溶性总糖的一部分,二者含量的动态相似,都随成熟进程而递增,随叶位升高而上升,其中还原糖含量在中、上部烟叶中的值很接近,上部叶略有增加,而下部叶的含量与它们相比就少得多。淀粉是光合产物在烟叶内积累与储存的主要形式,其含量与烟叶品质关系密切,打顶后光合产物主要用于积累,所以其含量随成熟进程而递增,适熟时达到峰值,淀粉含量高峰期也正是其生理成熟期,下、中、上叶位的淀粉含量分别在打顶后第3、4、5周达到峰值,应适时砍收,否则会影响品质。

田间成熟期间,白肋烟3个不同部位叶片可溶性总糖含量均出现1个峰值,成熟前期变化趋势较缓慢,之后呈现迅速上升趋势,然后又缓慢下降并趋于稳定(见图6-4)。田间成熟前期,白肋烟中部叶片还原糖含量有上升的趋势,随后呈现明显的下降趋势,上部叶片和下部叶片还原糖含量在成熟前期变化不大,随后有明显的下降趋势,在成熟后期3个不同部位叶片还原糖含量均有明显的上升趋势(见图6-5)。

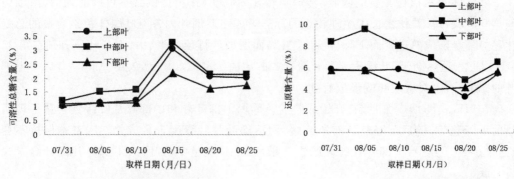

图 6-4　田间成熟时期白肋烟叶片可
溶性总糖含量的变化趋势

图 6-5　田间成熟时期白肋烟叶片
还原糖含量的变化趋势

田间成熟期间,白肋烟3个不同部位叶片的淀粉含量均出现一个最低值,成熟后期都呈现明显上升趋势,随后趋于平缓(见图6-6)。成熟前期,3个不同部位叶片淀粉酶活性呈现显著的下降趋势,下部叶片下降趋势最快,上部叶片次之,中部叶片最慢。随后变化趋势不是很明显(见图6-7)。

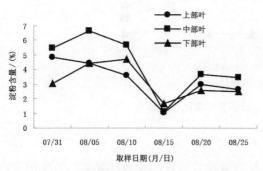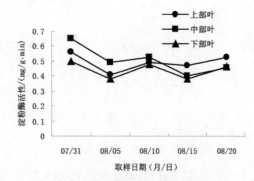

图 6-6　田间成熟时期白肋烟叶片淀粉
含量的变化趋势

图 6-7　田间成熟时期白肋烟叶片淀粉
酶活性的变化趋势

5.丙二醛（MDA）、脯氨酸（Pro）和电导率动态

烟叶在逆境伤害和衰老过程中发生膜质过氧化作用而产生 MDA，MDA 含量的高低可用来考查品种抗逆能力及叶片衰老程度,抗逆能力弱或衰老者 MDA 含量高。打顶后随成熟进程推进, MDA 的含量递增,过熟时也在升高。又由于叶龄随叶位升高而递减,因此同一时期的 MDA 含量也就随叶位下降而递增。脯氨酸(Pro)在烟株生理 pH 值范围内有明显缓冲容量,故与抗逆性有关。打顶后, Pro 含量随成熟进程或叶位升高而增加,适熟时达到峰值,然后大幅度回落。在白肋烟田间成熟时期,上部叶片丙二醛含量起初变化缓慢,直到 10 天以后才有明显上升趋势,随后变化趋于稳定。而中部和下部叶片从开始成熟起叶片丙二醛含量便呈明显上升的趋势,随后又逐渐下降并稳定在较高的水平上。白肋烟田间成熟期,随着 3 个不同部位叶片成熟度的增加,其电导率呈现缓慢上升的趋势。成熟后,下部叶片的电导率最大,中部叶片次之,上部叶片最小。

6.叶绿体色素动态

叶绿体色素执行光能的吸收、传递与转化,为光合作用提供必不可少的动力,所以田间烟叶的颜色被看作生长中生理状态的标志。成熟期烟叶内各类叶绿体色素含量的总变化趋势都是随成熟进程而下降,随叶位升高而增加。打顶后下、中、上各叶位分别在第 3、4、5 周进入适熟期,其叶绿素 a 和叶绿素 b 的比值(Chla/Chlb)为 2.25、2.66、2.76,中上部叶的比值较佳,对香吃味的形成有利。

在田间白肋烟成熟时期,开始成熟的一周内上部叶片和中部叶片叶绿素含量呈现明显的下降趋势,随后下降趋势有所减缓,而下部叶片叶绿素含量成熟期间基本保持不变(见图 6-8)。其中,上部叶片的叶绿素含量最高,其次是中部叶片,下部叶片的叶绿素含量最低。

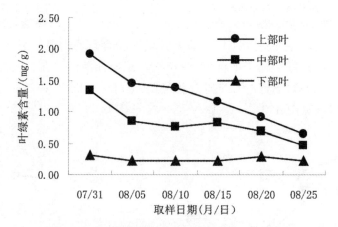

图 6-8　成熟期间白肋烟叶绿素含量的变化趋势

7.成熟时期K含量的变化

成熟期间,白肋烟 3 个不同部位叶片的 K 含量随着叶片的成熟及衰老均呈现明显的下降趋势, K 的"撒退"现象比较明显(见图 6-9)。成熟的烟叶以上部叶片 K 含量最高,下部叶片最低。整个成熟期间上部叶片的 K 含量均高于中部叶和下部叶。

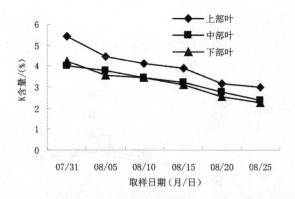

图 6-9　成熟期间白肋烟不同部位叶片 K 含量的变化趋势

8.成熟时期Cl含量的变化

成熟期间,在第 1 周内白肋烟 3 个不同部位叶片 Cl 含量变化不是很大,在第 2 周内,均有明显的下降趋势,随后变化趋于平缓(见图 6-10)。成熟的叶片以上部叶片含 Cl 量最高,中部叶片最低。

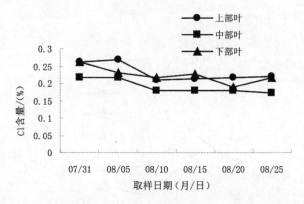

图 6-10　成熟期间白肋烟不同部位叶片 Cl 含量的变化趋势

9.成熟时期Ca含量的变化

田间成熟时期,随着白肋烟叶片的衰老,其 Ca 含量呈现明显的上升趋势,上部叶片 Ca 含量最低,下部叶片 Ca 含量最高(见图 6-11)。

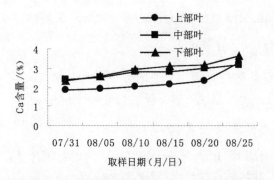

图 6-11　田间成熟时期白肋烟不同部位叶片 Ca 含量的变化趋势

10. 成熟时期Mg含量的变化

田间成熟时期,白肋烟 3 个不同部位叶片的 Mg 含量均呈现明显的上升趋势,成熟后期有微弱的下降趋势(见图 6-12)。

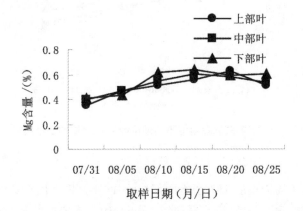

图 6-12　田间成熟时期白肋烟不同部位叶片 Mg 含量的变化趋势

11. 成熟时期S含量的变化

田间成熟时期,白肋烟叶片 S 含量的变化趋势不是很明显,到成熟后期 3 个不同部位叶片的 S 含量均有一个明显的上升趋势(见图 6-13)。

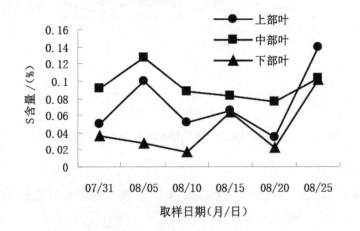

图 6-13　田间成熟时期白肋烟不同部位叶片 S 含量的变化趋势

12. 成熟时期总氮含量的变化

田间成熟时期,在前期白肋烟 3 个不同部位叶片总氮含量均有上升的趋势,成熟 2 周后随着叶片衰老,总氮含量呈现迅速下降的趋势(见图 6-14)。

13. 成熟时期硝态氮含量的变化

随着成熟度的增加,白肋烟 3 个不同部位叶片的硝态氮含量在成熟的第一周内呈明显的下降趋势,随后下降趋势逐渐减缓(见图 6-15)。

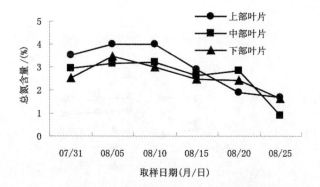

图 6-14　田间成熟时期白肋烟不同部位叶片总氮含量的变化趋势

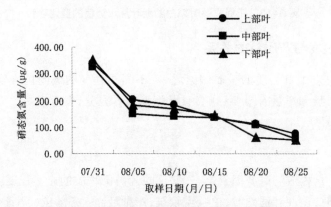

图 6-15　田间成熟时期白肋烟不同部位叶片硝态氮含量的变化趋势

14.成熟时期总含水量、自由水含量、水势的变化趋势

田间成熟时期,白肋烟各部位叶片总含水量随着叶片的衰老有下降的趋势,但差异不明显,不同叶片的含水量相比较,下部叶最高,中部叶次之,上部叶最低(见图 6-16)。在白肋烟田间成熟期,自由水含量的变化趋势与总含水量一致,下部叶片最高,其次是中部叶片,上部叶片最低(见图 6-17)。随着白肋烟叶片成熟度的增加,其水势呈现上升的趋势,到成熟后期又趋于平坦,其中以下部叶片的水势值最大,中部叶次之,上部叶最低(见图 6-18)。

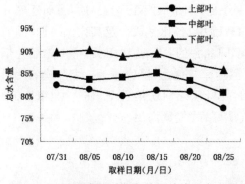

图 6-16　田间成熟时期白肋烟叶片总含水量的变化趋势

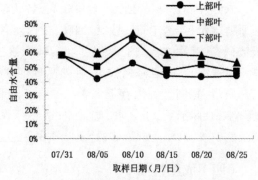

图 6-17　田间成熟时期白肋烟叶片自由水含量的变化趋势

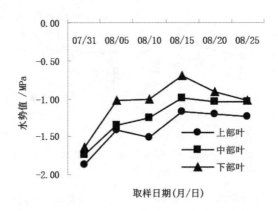

图 6-18　田间成熟时期白肋烟叶片水势值的变化趋势

（三）成熟度与产质量的关系

成熟度是决定烟草品质的主要因素之一,不同成熟度的烟叶内含物积累的多少,对调制后的原烟产量和质量有重要影响,只有烟株营养充分、发育良好,才能保证烟叶充分成熟。

1.单叶重

单叶重是产量构成的主要因素之一,并反映叶内干物质的充实程度。研究结果表明,中、下部叶始熟时,上部叶适熟时,单叶重较重,产量最高。各部位叶片上等烟比例、均价、级指、产量均以适熟最高,过熟叶产量、产值最低,未熟叶次之。

2.外观质量

过熟叶内含物消耗多,色泽暗,身份薄,结构松,叶面皱,外观质量最差;未熟叶发育不完全,内含物积累少,组织紧密,晾制过程中失水慢,褐变时间长,叶色最深,光泽较暗,身份较薄,外观质量也差;始熟叶和适熟叶,晾制期间失水速度适中,色泽好,身份稍薄至适中,结构稍松至疏松,叶面微皱至平展,外观质量最佳。

3.内在质量

未熟叶和过熟叶还原糖含量较高,各化学成分及其比例均不协调,品质差;而适熟叶还原糖含量在 1% 以下,总氮、烟碱、蛋白质含量较适中,各化学成分及其比例协调,品质最佳;始熟叶次之。白肋烟上部叶烟碱积累速率同品种的熟性密切相关,早中熟品种烟碱积累速率较高,且降幅较小;晚熟品种烟碱积累速率较低,且降幅显著。烟叶成熟度对吸食质量,特别是香气有很大影响。未熟叶和过熟叶缺乏白肋烟香型,香气少,浓度低,劲头小,余味滞舌,杂气重,质量差;适熟叶香气质好,香气量尚足,杂气较少,劲头适中,刺激性中等,总体质量最好;始熟叶质量次之。

（四）成熟特征

白肋烟成熟期由于内部化学成分和物理性状的改变,外部形态特征也发生相应的变化,可以作为判断烟叶成熟度的依据。白肋烟主要成熟特征有以下几个方面。

1.叶色变化

叶色变化是白肋烟成熟的重要特征之一。叶色由绿变黄,黄中透绿,呈柠檬黄色。下部叶变黄程度为 60%,即绿黄色;中部叶变黄程度为 90%,即淡黄色;上部叶变黄程度为 80%,即浅黄色,作为下部叶采叶和中上部叶半斩株时成熟叶片的颜色变化特征。

2.主脉变化

进入成熟期,随成熟过程的推进,主侧脉会变白发亮。下部叶叶尖部主脉变白发亮,中部叶主脉 1/3 变白发亮,细脉两侧带绿色,上部叶 1/2 左右主脉变白发亮,支脉两侧稍带绿色,作为下部叶采叶和中上部叶半斩株时成熟叶片的主脉变化特征。

3.茸毛减退

在叶片成熟期,茸毛慢慢衰老、退化、萎缩,俗称"茸毛脱落"。各部位叶片成熟时茸毛脱落的程度不同。下部叶叶面光亮,茸毛开始脱落,中部叶黏液减少,茸毛脱落 1/3 左右,上部叶茸毛脱落 1/2 左右,作为下部叶采叶和中上部叶半斩株时成熟叶片的茸毛变化特征。

4.其他特征

白肋烟的成熟特征主要有上述三方面,此外,茎叶角度增大、叶尖微干枯变褐、叶缘反卷等也可作为判断白肋烟成熟与否的依据。

（五）适宜采收成熟度判断

正确判断白肋烟的成熟度,是确保烟叶晾制质量的关键技术。判断白肋烟成熟与否的方法有三种:第一种,根据成熟特征,以叶色变化为主,主脉变化、茸毛减退、茎叶角度等变化为辅来进行判断;第二种,根据打顶时间推判,打顶后 2~3 周下部叶成熟,3~4 周中部叶成熟,4~5 周上部叶成熟;第三种,根据大田生育期推判,白肋烟大田生育期一般为 90~95 天,90 天左右上部叶已达尚熟,田间烟株远看一片黄,近看黄中带绿,标志着全田烟株成熟。但白肋烟成熟的表现随品种、气候、土壤条件及栽培措施不同而有所差异。品种不耐肥,成熟期光照弱、温度较低(低于 20 ℃),土壤持续供给氮素养分,或打顶过早、留叶过少,成熟期将延迟;反之,品种耐肥,成熟期光照强、温度高,土壤供给氮素养分受阻,或打顶过晚、留叶过多,成熟期将提前。因此,收获时应根据具体情况,灵活掌握。另外,下部叶在田间湿度大、通风透光差的条件下成熟,烟叶内含物质少,水分含量高,成熟后很快转入过熟,应适当提前抢收,既有利于下部叶片质量的提高,又有利于改善田间通透性。

下部烟叶成熟特征:烟叶呈黄绿色,叶尖下垂,茎叶角度增大,接近 90 度,茸毛脱落。中上部烟叶成熟标准:上部烟叶和中部烟叶呈柠檬黄色,沿烟叶主脉两侧略带青色,叶肉凸起,略现成熟斑。

二、采收技术

（一）采收方式

白肋烟的采收方式有三种，即逐叶采收、半整株砍收和整株砍收。我国白肋烟多采用整株砍收晾制方法，但由于下部叶过熟会影响烟叶品质，在有条件的地区也有采用半整株砍收和逐叶采收晾制的。与整株砍收相比，半整株砍收和逐叶采收晾制失水速度加快，晾制周期缩短。从外观质量、化学成分协调性和评吸结果来看，半整株砍收晾制优于整株砍收和逐叶采收晾制。采取整株砍收划主脉，逐叶采收划主脉，叶肉叶脉分离晾制均能降低烟叶中的去甲基烟碱、硝酸盐、亚硝酸盐和烟草特有的 N- 亚硝胺含量。整株晾制在某种意义上能够很大程度地提高烟叶质量。因其晾制时间较长，在长期的褐变过程中不断进行呼吸作用，因自我消化而将高分子营养物质大量分解消耗，只剩下基本结构物质，晾制后的烟叶内部空间及空隙多，形成微孔率高的烟叶，叶片薄，弹性强，填充性能好，燃烧时由于多孔，氧气供应充分，燃烧完全，燃烧性好，安全性提高，对香料、糖液的吸附性变强，是良好的填充材料。

1.逐叶采收

逐叶采收即按不同部位的成熟特征，自下而上，分 4～5 次摘叶采收晾制。白肋烟叶片大，易损伤，采叶时要轻采、轻拿、轻放，并叠放整齐，不粘泥，保持叶片清洁。注意遮阴，不使烟叶受强烈阳光曝晒，以防灼伤，当天采收的烟叶，当天晾制，不要堆放过久，避免烟叶发热烧坏。

雷永和等研究认为，逐叶采收晾制叶片失水速度快，晾后 8 天，平均每天失水率为 10.62%，晾制时间短（25～30 天），由于叶细胞死亡较早，叶片内含物质不能充分分解和转化，养分消耗少，叶片稍厚，颜色淡而不均匀，单叶重和产量高，上等烟比例、均价、产值低；还原糖、总氮、蛋白质含量较高，烟碱含量低，各化学成分协调性欠佳；香型缺乏，香气少，余味滞舌微苦，杂气较重，品质差，只能做填充料烟。若晾制期间的温度和湿度稍不适宜，烟叶就会急干或霉烂，且晾制期用工量多。

2.整株砍收

整株砍收是根据白肋烟成熟比较集中的特点，2～3 片脚叶采收后，当下部叶全部呈黄色，上部叶变为浅黄色，叶面凸起，有黄白成熟斑块时，从离地面 5～10 cm 处将烟株砍下。整株砍收晾制的下部几片叶片枯焦或过熟，无使用价值，产量降低；晾制过程失水速度较慢，晾后 8 天，平均每天失水率为 9.92%，晾制时间长（45～50 天），叶细胞生命延长 7～9 天，叶片内含物质能够充分分解和转化，在茎与叶之间还存在着物质的再分配过程，又有相互平衡水分的作用，即使晾制的温度和湿度不适宜，也有缓冲余地，较易控制。晾制烟叶还原糖、总氮和蛋白质含量相对较低，烟碱含量稍高，评吸白肋烟香型较显著，余味舒适，杂气有，灰色白，晾制期节省劳动力。

3.半整株砍收

下部叶 1～6 片按适熟特征采收后,待上二棚叶成熟,顶叶现成熟斑,主脉发亮,腺毛脱落时,从距地面 15～20 cm 处砍株。半整株砍收晾制,失水速度、晾制时间、用工量、全晾制周期及产量居于逐叶采收和整株砍收之间。晾制后叶色深而均匀,结构疏松,光泽好,化学成分协调,白肋烟香型较显著,香气浓,劲头适中,燃烧性好,填充力高,吸料力强,品质最佳。下部烟叶根据成熟标准,按部位由下而上逐叶采收,每次每株采 2～4 片,采 1～3 次,摘叶采收可达 4～10 片叶。一般在打顶后 7～15 天内完成。在完成下部烟叶逐叶采收后,根据成熟标准,剩下的中上部烟叶一次性半整株斩株采收,茎秆不剖开。

(二)采叶和砍株时期

烟叶成熟与土壤、气候、施肥等有密切的关系。种植在肥沃黏重的土壤上或施氮肥较多、稀植和留叶少的烟株,叶片宽大肥厚,成熟时由于蛋白质含量高,仍保持较深的颜色,并往往有皱褶,叶片含干物质多,成熟较慢,应到叶面表现出典型且充分的成熟特征时采收,否则调制时叶片变黄慢,晾制后颜色深、光泽暗、品质差。反之,种植在土壤肥力差、质地轻的土壤上,或施肥少、密植、打顶晚留叶过多的烟株,叶片较薄,成熟较快,当叶片略具成熟特征时就应及时采收。过分干旱年份,由于田间持水量降低,烟株缺水脱肥,烟叶生长所需要的养分输送及有机物积累较慢,叶片提前落黄,造成可逆性假熟,应适当推迟采收,以便提高品质。久雨后转天晴,烟叶成熟比较集中,应抓紧采收;已成熟的烟叶,如下雨后返青,应待 2～3 天退黄后再采收。在正常栽培条件下形成的良好烟叶,应适熟采收。

美国进行整株砍收的时期,以上部叶片变黄,下部 2～3 片脚叶枯焦后一周为标准,或以脚叶全黄、下二棚叶黄色、顶叶微带黄色时作为砍株的适宜时期,一般在打顶后 3～4 周。我国云南、湖北、四川进行半整株砍收的时期,以上部叶片为浅黄色时,再延长 5～7 天为最适宜。

采叶和砍株宜在晴天进行,不收露水烟。采叶晾制,于上午采收,边采边装筐。砍株收获可以在下午 4 时以后进行,将砍下的烟株均匀摆放在烟田畦沟上,让其凋萎,于当天傍晚或次日中午 12 时以前运至晾房。田间凋萎失水,降低烟株含水量,不仅可以减轻烟株进入晾房后的排水压力,增强对不良环境的缓冲性,保证各晾制阶段的顺利进行,而且能加快失水变色速度和干燥速度,缩短晾制时间。适宜的凋萎失水,对减少内含物消耗,增加单叶重,提高烟叶内外在质量具有良好的促成作用。最佳凋萎程度,应在避免阳光灼伤的前提下,失水率达到 15%～20%,下部叶主支脉变软、中部叶支脉发软、主脉稍软,上部叶叶肉变软、支脉稍软。

若抢时间集中砍收,也可以在上午露水干后或中午进行,但砍倒烟株后必须注意适时翻动,严防日光对叶片的灼伤,以免晾制后造成青片或青褐斑,影响烟叶品质。当烟株凋萎达到要求后及时装运到晾房。

第二节　白肋烟晾制基本原理

白肋烟的晾制原理及过程同烤烟调制一样,并非纯干燥过程。从鲜叶到晾制出干烟叶,既伴随着脱水过程,还进行着复杂的生理和生物化学变化,从而使烟叶的颜色、吃味达到良好程度,理化性状得以固定,成为卷烟工业需要的原料。晾制是白肋烟生产的一个重要环节。要晾制好白肋烟,取决于修建理想的晾制设施、成熟采收、恰当的装棚、正确的晾制技术。

我国白肋烟引进时及生产初期,没有建造专用的晾制设施,一般是在房前屋后的屋檐下、树荫下进行晾制,无法调节烟叶的晾制条件,不利于烟叶品质的形成。多年的试验研究和应用结果证明,在参照美国白肋烟生产区专用晾房建造原理的基础上,结合我国白肋烟产区的实际情况所设计的一种简易晾房,是我国白肋烟生产中较为适宜的晾制设施。白肋烟的晾制既是一种技术,又是一门“艺术”,在某种程度上可以说比烤烟的调制还要难。白肋烟的晾制虽然在适用的晾房中进行,但由于晾房的特点,烟叶在晾制期间所采用的调节措施应根据气候变化特点来确定。因此白肋烟的晾制技术不是一成不变的,而是要根据晾制季节的气候特点来把握。白肋烟的晾制是一个漫长的过程,在晾制过程中,烟叶外观发生明显变化的同时,烟叶内也进行着与烟叶品质密切相关的一系列复杂的生理生化反应,并且烟叶逐渐失水干燥。据此将晾制过程划分为凋萎期、变黄期、变褐期和干筋期四个时期。在晾制的不同时期,应调控晾房内的温度、湿度条件,使其保持在适宜的范围内,即使晾房内相对湿度在凋萎期保持在 75% ~ 80%,在变黄期、变褐期保持在 70% ~ 75%,在干筋期保持在 40% ~ 50%,促进有利于烟叶优良品质形成的一系列复杂的生理生化反应发生,从而晾制出优质的烟叶。

白肋烟晾制的基本原理是在晾制的不同时期,将晾房内的温度、湿度条件控制在适宜的范围内,促进烟叶发生必要的生理生化反应,同时使烟叶逐渐失水干燥,获得满意的品质。鲜叶进入调制时,仍是具有生机的活体,由于脱离了母体或离开了根系,断绝了水分和养分的来源,但呼吸作用仍在进行,以自身的养分为呼吸基质,产生能量以维持生机。因此,这是个物质消耗的过程,常被称为饥饿代谢的过程。在这一过程中烟叶外部形态,内部水分、干物质及化学成分变化最为明显。

（一）细胞结构的变化

在烟叶晾制过程中,随着叶片的凋萎,细胞慢慢失水死亡,细胞膜的透性提高。首先可以看得出的凋萎现象是叶绿素的降解,最终导致基粒片层解体。随着叶绿素的消失,细胞内质网和高尔基体破裂,于是液泡膜破裂,液泡中的成分在细胞质内弥散,然后细胞质内所有的细胞器完全消失。到细胞死亡时,尚能看到细胞膜。在细胞死亡之后,细胞器和膜体已不可能区分,但是膜的残片还可以辨认出来。

（二）叶色的变化

新鲜烟叶的细胞内含有叶绿素和黄色素（黄色素包括胡萝卜素和叶黄素），叶绿素的含量多，把黄色素遮蔽，所以叶片呈绿色。晾制过程的初期，随着叶绿素的降解，叶黄素逐步显露出来，叶片就呈黄色。在一定温度范围内，叶绿素的分解消失速度与温度高低成正比。温度高，叶绿素消失快，变黄速度就快。叶色的变化过程为淡绿→黄绿→淡黄→正黄→深黄→棕色→褐色。从深黄到棕色这一阶段，是白肋烟定色的关键时期。如条件不适，干燥过慢，烟叶内多酚类不断氧化，烟叶即成深褐色；或者干燥过快，叶内酶的作用还来不及充分发挥，黄色素和残存的叶绿素便已固定，烟叶就呈现淡黄或青斑杂色。

（三）干物质的变化

晾晒烟在晾晒的初期干物质急剧减少，最终会减少约26%，叶片收缩率为15%~25%。干物质的损失量和烟草类型、成熟度、部位以及晾制条件有关，如雪茄包叶烟干物质损失约20%，雪茄束叶烟，摘叶调制干物质损失14%，带茎调制干物质损失27%；白肋烟带茎调制干物质损失约30%，早采收的烟叶干物质损失约25%，过熟叶片只损失11%（由于总糖、淀粉等作为呼吸基质在植株上已被大量消耗）。调制带茎烟叶时，有10%的灰分和部分氮化合物从叶片传送到烟茎，其中灰分大部分是磷和钾，其次为氯和硫，钙和镁最少，烟叶中总氮量损失30%~40%（包括20%的蛋白质）。

（四）水分的变化

刚采下的新鲜烟叶，膨压大，含水量为85%~90%，晾制结束时，水分通常减少到10%~12%。烟叶水分的散失主要是从叶表皮层的表面以蒸发的形式进行的，因此，叶表面比背面干燥速度快。烟叶内部水分扩散的原动力是细胞液的渗透压作用的结果。晾制期叶片的含水率随晾制进程推进而下降，下降最快的时期，下部叶是12~15天，中上部叶是18~21天。晾干时下、中、上各叶位的含水率为9%、11%、9%，比砍收时的值低8.6倍、6.7倍、8.8倍。白肋烟整株晾制过程中，随晾制进程的推进，失水率随之增大，直至主脉全干，而失水率分配减少，而且失水速度变慢。

主脉（主筋）的水分为叶片总含水量的1/3。晾制初期，叶肉含水量基本不变，而主脉含水量显著降低，由于水分通过主脉维管束移向叶肉，脱水至一定程度时，水分输导组织机能减退，水分停止移动，则叶肉与主脉进行各自的脱水过程。但整株调制时，水分移动规律与此相反，水分由叶肉移向主脉，再由主脉移至烟茎。

高林等在湖北恩施分别研究了自然条件和人工调控条件下，不同湿度处理的晾房中白肋烟叶片晾制期间总含水量和自由水含量的变化趋势。结果表明：人工调控条件下，3个不同湿度处理的晾房中叶片总含水量在晾制开始的前2周有一个快速下降的过程，然后维持在较低的水平，直到晾制结束。晾制前期的湿度对总含水量的影响显著，高湿对叶片失水有缓冲作用，在第1周内含水量下降不明显，低湿则叶片脱水加速。调制开始时,烟株上部叶片含水量最高,中部叶片次之,下部叶片最低,但调制结束时各部位叶片含水量相近。与人工调控的晾房相比,自然条件下各湿度处理叶片总含水量的变化相对缓慢。对于白肋烟叶片自由水含量,不同条件下晾制期间均呈明显的下降趋势。低湿处理的晾房中下降速度最快,中湿处理次之,高湿处理的晾房中下降速度最慢。

(五)化学成分的变化

烟叶晾制过程就是烟叶生命活动逐渐停止的过程。叶面细胞要维持自身的生命,就要继续进行呼吸作用。在呼吸酶的作用下,将呼吸基质进行氧化分解,如碳水化合物在呼吸酶系的作用下,氧化分解产生二氧化碳和水,并产生一定的热量。但呼吸酶只分解分子质量小的即容易氧化的物质,呼吸消耗了这些低分子化合物,破坏了它们的浓度和平衡,进而迫使高分子化合物进行水解。高分子化合物水解成容易氧化的低分子化合物是由水解酶完成的,如淀粉酶使淀粉水解成糊精和麦芽糖,转化酶将蔗糖水解成葡萄糖和果糖。组成细胞壁的纤维素、果胶、木质素等高分子化合物极为稳定,在晾制中基本不发生变化。晾制结束时,烟叶内含有的淀粉不超过 5%,所以白肋烟一般含糖量较少。

含氮化合物有以下的变化,烟叶中主要含氮物质是蛋白质,经水解后成为氨基酸,氨基酸进一步脱氨产生有机酸和氨,这样由于蛋白质的分解,聚集了可溶性氮。当碳水化合物缺乏时,低分子的氨基酸就作为呼吸基质而被消耗。所以,在晾制初期,氮化物变化不大,后期则变化大。作为原生质的蛋白质既稳定又难以分解。贮存性蛋白质依据晾晒过程中的需要,可水解成可溶性氨基酸进入呼吸过程,如雪茄包叶烟含氮量很高,晾制过程中有 50% 的蛋白质被分解。

烟碱在晾制中有所减少,呼吸作用使二氧化碳分压增高或氨基酸分解使细胞碱性增大,从而使原来结合态的烟碱变成游离状态,并以气体状态挥发。

烟叶有机酸类也有变化,草酸较稳定,略有减少之势,苹果酸减少较多,柠檬酸相反,在晾制过程中有所增加。

单宁类多酚的不断氧化和去氢黄酮等有色体的出现使烟叶呈现棕色(棕变),这表示氧化和还原平衡作用已经失去控制,烟叶细胞的生命也已经停止。所以棕变是在细胞接近死亡或死亡之后发生的,是一种自然现象,此后物质变化缓慢下来。

无论是香味物质的总含量还是各类香味物质(分为酮类、醇类、醛类、吡啶类、吡嗪类、其他类)的含量,在白肋烟的成熟、晾制过程中始终处于动态变化中。大部分香味物质在成熟期间逐步累积,在晾制期间急剧增加,在晾制末期趋于平稳,如白肋烟中重要的酮类香味物质、吡啶类化合物。吡嗪类化合物在成熟期间几乎不存在,到晾制期间急剧增加。醇类、新植二烯在成熟、晾制期间持续积累,达最大值后逐渐减少。除醛类化合物外,其他香味物质含量在晾制结束时均较采收时有所增加。

香味物质含量与感官评吸结果存在一定的相关性:巨豆三烯酮含量、酮类化合物总量与余味表现出显著的正相关性;茄酮、紫罗兰酮、20 种香味物质总量与感官评吸得分也具有一定的正相关性。在一定程度上,这些香味物质含量可以表征和评价白肋烟的感官品质。

湿度条件对不同部位烟叶香味物质的变化规律存在较大影响,中湿条件下的晾制过程更有利于与感官评吸得分具有一定正相关性的20种香味物质的积累,以及其中的巨豆三烯酮、茄酮、紫罗兰酮、酮类化合物总量的增加。无论何种湿度条件,总体来说,中部叶特征香味物质含量高于上部叶。

(六)生理生化的变化

白肋烟晾制进程中,叶片除外部发生变化外,内部也发生着许多复杂的生理生化变化,使化学成分向有利于烟叶品质的方向发展。白肋烟的调制方法与烤烟、香料烟有所不同,它是典型的晾烟,其调制过程需要在特定的晾房中进行,调制效果的好坏明显受晾房内温度、湿度、光、气流等环境因子的影响,因为调制过程中一系列物质转化是在有关酶的催化下进行的,受温度、水分、底物浓度、pH值等因素的制约。了解白肋烟调制过程中生理生化及物质转化动态,对提高其品质和商业价值有着重要意义。柴家荣等(2001—2002)对白肋烟晾制期的生理生化变化做了一系列研究,其主要结果如下。

1.晾制期淀粉酶活性和淀粉、可溶性总糖、还原糖含量变化

淀粉酶活性和淀粉、可溶性总糖、还原糖含量都随晾制进程而下降,随叶位升高而增加,且彼此的动态相关联。淀粉酶活性降幅较快的时间比淀粉含量下降较快的时间滞后,它的消长规律还与呼吸及叶片含水率呈正相关。上部叶比中下部叶淀粉含量高的原因,可能与其受光条件好、出生较晚、成长在碳代谢时期及茎内的碳水化合物优先向它转移相关,故可通过叶片内淀粉含量的变化判断调制时淀粉酶活性的强弱。

2.晾制期可溶性蛋白质与总游离氨基酸含量变化

可溶性蛋白质与总游离氨基酸的含量呈随叶位升高而增加、随晾制进程而变化的单峰曲线,峰期在第3天或第6天,峰域高大而宽广,下、中、上各叶位降幅最大的时间分别在第6~9天、第9~12天、第15~18天,这可能与晾制前期水解酶类由束缚态转变为活化态来促使相关物质的降解与转化有关。

3.晾制期多酚氧化酶(PPO)活性和总酚含量动态

PPO活性呈随叶位升高而增加、随晾制进程而增加的双峰曲线,第一峰域矮而小,时值短,在第0~6天,第二峰域高而宽大,时值长,在第6~21天。所以酶的活动主要在第6天后烟叶的变褐期。总酚含量都随晾制进程而下降,随叶位升高而增加,其含量变化稍滞后于PPO的活性动态,证实二者密切相关。

4.晾制期叶绿体色素动态

晾制期各类叶绿体色素的含量均随叶位升高而增加,随晾制进程而下降,其降幅为Chla > Chl > Chlb >类胡萝卜素,致使Chla/Chlb和Chl/类胡萝卜素的值也随叶位升高和晾制进程而下降,更加有利于烟叶品质的形成。

5.晾制期呼吸强度和比叶重动态

随着烟叶含水率下降,呼吸强度减弱,新陈代谢变慢与内含物的降解和消耗,比叶重也就随之下降。白肋烟整株砍收晾制时,下部叶稍过熟,中部叶适熟,上部叶尚熟,再加上各叶位的田间受光条件不同,所以晾制期中所测定的各种酶活性及各类物质的含量都随叶位升高而增加。晾制结束时,由下至上各叶位可溶性总糖含量为 1.34% ~ 1.9%,还原糖含量为 0.25% ~ 0.49%,淀粉含量为 2.26% ~ 3.85%,总游离氨基酸含量为 1.27% ~ 1.91%,总酚含量为 0.36% ~ 0.81%,Chl/ 类胡萝卜素的值为 0.70 ~ 0.60,这些指标都在优质白肋烟的最适范围内,它们都与烟叶的品质密切相关。

第三节　优质白肋烟晾制技术

一、晾挂装棚

白肋烟需要上绳编串或挂株,才能进行晾制,由于收获方式不同,晾挂方式也不同。

(一)采叶晾挂

逐叶采收的烟叶,不需划筋,直接编竿或上绳编串。

1.编竿晾挂

使用120 ~ 125 cm长的烟竿,竿上拴上麻绳或棉线,结成双线,一根固定在烟竿两头,另一根拴固一头,另一头编烟结束后绑扎在烟竿一端,编烟方法与烤烟相仿,每撮编烟1 ~ 2 片,每撮两片时要叶背靠叶背。编竿结束挂入晾房内,一般每隔 20 ~ 25 cm 挂一竿,天气干燥适当密挂,阴雨天气适当稀挂,并注意行向与风向一致。

2.绳编晾挂

上绳编串有两种方法:

(1)悬挂上绳法,即把晾烟绳两端平拴在木柱上,距地面 60 ~ 80 cm,绳末端装一个转钩,便于拧绳上劲,把拧绳器穿入两股绳之间,一手绞绳,一手上烟,这样烟叶既不粘地面泥土,又便于操作,上绳率较高。

(2)平地上绳法,即把晾烟绳放在地上,烟叶穿入绳扣,上绳时两片烟叶背靠背,主脉并列穿入绳扣内。要求上绳整齐、均匀,每根绳上叶数基本一致。边上绳边晾挂,不宜堆压。烟叶之间距离 2.5 ~ 3.0 cm,叶柄露出 2.5 cm 左右,与晾房两侧垂直,行间对窗子,行距 18 ~ 22 cm。

此外,也可用直径为 1.5 ~ 2.0 mm 的细铁丝直接穿叶柄进行晾挂,片与片间距为 2 ~ 3 cm,此法简单易行,在晾制过程中,翻动叶片不易脱落。

无论采取哪种方法,都要按成熟度、叶片大小分类编烟,鲜叶质量差的宜挂在两边,好的挂中间,叶片大、成熟差的烟叶宜挂在上层。

（二）砍株晾挂

整株和半整株晾制,通常采用穿竿和挂竿两种方法。穿竿就是在挂竿的一端套一个圆锥形钻茎器,把烟株按距离要求穿在竿上。挂竿是将烟茎基部切口后挂在铁线上,或用铁钉斜钉入烟茎基部挂在烟竿上,或用麻绳将烟茎基部拴在烟竿上。烟竿为木制或竹制,一般长 130 ~ 135 cm,每竿挂 5 ~ 6 株烟,距离 24 ~ 25 cm,烟竿与烟竿之间的距离为 22 ~ 26 cm,湿度大可适当稀挂,湿度小可酌情密挂,需装稳挂匀。挂烟时最好使晾房一次装满,上下两层同时等量装挂。要求由上而下,垂直装棚,装完一个垂直面再装第二个垂直面。烟竿要均匀排列,纵横一致,上下排齐,以利通风顺畅;切忌顺水平方向一层一层地装棚和交错排竿。

二、晾房温湿度计的使用

温湿度计是监测晾房内温湿度的必要仪器。晾房内安放温湿度计,能够准确了解晾房内温湿度状况,创造适宜的条件,使烟叶在一定的温湿度范围内顺利晾制。常用的温湿度计有干湿球温度计和周记温湿度计。干湿球温度计是通过一定温度下干球和湿球的读数,查得该温度下晾房内的相对湿度;周记温湿度计可以自动记录一周内的温度和湿度,使用方便。

一般晾挂 2 ~ 3 层的晾房在上下层各放置一个温湿度计,装挂在晾房中间。采叶晾挂的要使温湿度感应头比叶尖高 8 ~ 10 cm,以代表烟层温湿度;砍株晾挂的要使感应头在倒挂烟株下方的 2/3 处,以表示株间的温湿度。

三、晾制设备

白肋烟是典型的晾烟,晾房是白肋烟调制的必需设备。晾房建构材料不同,对外界自然条件(温度、湿度、透光性等)变化的反应也不一致,从而形成晾房内保温、通风排湿性能的差异,进而影响烟株失水、变色、干燥速度和烟叶晾制质量。

（一）不同类型晾房（棚）晾制性能

1.不同类型晾房（棚）温湿度变化规律

据云南宾川白肋烟产区试验观测,室外大气温度 4:00—8:00 时呈下降趋势,8:00—16:00 时呈上升趋势,16:00—24:00 时又呈下降趋势,昼夜温度以 8:00 时最低,16:00 时最高。晾房内温度除 12:00 时略低于室外,其他时间都比大气温度高 0.68 ~ 1.17 ℃。不同类型晾房晾制过程温度存在明显的差异。全木式结构昼夜平均温度 21.27 ℃,比室外高 1.17 ℃;土木式结构昼夜平均温度 20.78 ℃,比室外高 0.68 ℃;简易式结构昼夜平均温度 20.35 ℃,比室外高 0.25 ℃。昼夜相对湿度的变化,无论是室外还是晾房内,都与温度变化呈反向关系,即 4:00—8:00 时呈增高趋势,8:00—16:00 时呈下降趋势,16:00—24:00 时又呈增高趋势,一天内以 8:00 时最高,16:00 时最低。晾房内昼夜相对湿度比室外大气高 1.6 ~ 17.1 个百分点,不同类型晾房湿度差异也较明显,全木式结构日均相对湿度 78.85%,比大气高 4.78 个百分点,简易式结构日均相对湿度 79.80%,比大气高 5.73 个百分点,土木式结构日均相对湿度 83.88%,比大气高 9.81 个百分点。可见,不同结构晾房的排湿保温性能有明显差异。

晾制阶段温湿度变化:全晾制进程中晾房内温度 20.0 ~ 23.7 ℃,最高温 22.4 ~ 23.7 ℃,出现在干叶期,最低温 20.0 ~ 21.7 ℃,出现在褐变期。晾制各阶段晾房内温度均表现为全木式结构>简易式结构>土木式结构,而相对湿度的表现,凋萎、褐变期是土木式结构 > 全木式结构 > 简易式结构,变黄、干叶、干筋期为土木式结构 > 简易式结构 > 全木式结构。晾制进程中土木式结构相对湿度最高。凋萎至褐变期温湿度变幅为全木式结构温度 ±0.8 ℃,相对湿度 ±3.8%,变幅小,说明受室外环境气候影响最小;土木式结构温度 ±1.1 ℃,相对湿度 ±4.0%,变幅也小,受室外环境气候影响也较小;简易式结构温度 ±1.2 ℃,相对湿度 ±7.1%,变幅稍大,易受环境气候变化的影响。

2.不同类型晾房(棚)晾制效果

晾房类型不同,保温排湿性能各异,因而对烟叶产量、外观质量、经济价值、化学成分和吸味品质产生影响。简易式结构晾房,烟叶颜色欠均匀,平均单株单产和单叶重虽高,但上中等烟比例最小,综合平均价最低,外观质量和经济效益稍差,烟叶化学成分总氮、蛋白质略偏高,评吸品质次之;土木式结构晾房,烟叶颜色均匀,但光泽稍暗,颜色略深,单株产量低,单叶重轻,上中等烟比例介于土木式结构与全木式结构间,外观质量和经济效益较好,烟叶各化学成分及比例较为适宜,评吸品质也较好;全木式结构晾房,烟叶颜色均匀,光泽鲜明,单株产量及单叶重介于简易式结构与土木式结构间,而综合均价、上中等烟比例居首位,外观质量和产值效益最佳,烟叶各化学成分及比例适宜,评吸品质最好。

3.不同晾房(棚)晾制特点

全木式结构、土木式结构、简易式结构三种晾房昼夜温湿度变化与大气一致,日均温比大气高,日均相对湿度较大气低,都具有一定的保温、排湿能力。在同一气候环境条件下,全木式结构晾房保温、通风、排湿性能好,受不良环境气候影响小,昼夜温差也较小,烟株失水干燥平稳,晾制天数短;土木式结构晾房,保温性能稳定,受环境气候影响最小,昼夜温差也小,但排湿性能稍差,烟株失水干燥慢,晾制历程最长;简易式结构晾房,保温性稍差,排湿性强,易受环境气候影响,昼夜温差大,烟株失水干燥速度居第二位。

三种晾房温湿度变化均在晾制要求范围内,全木式结构晾房虽有利于白肋烟的晾制,但造价高,是土木式结构晾房的 1.5 倍,是简易式结构晾房的 3.3 倍。土木式、简易式结构晾房造价低,投入少,较适合农村实际。只要适当扩大土木式结构晾房的通风面积或增厚简易式结构晾房四周的围护厚度,同时加强晾制调控管理,也能达到全木式结构晾房的晾制效果。

（二）标准晾房（棚）建盖

白肋烟的晾制与烤烟调制相比,受自然气候的影响较大,但其晾房的建盖可因地制宜、就地取材,具有节约能源、设备简易、实用性强、便于推广等优点。白肋烟是典型的晾烟,晾房(棚)是白肋烟晾制专用设备,必须通风条件好,避光避雨无异味,坚固耐用,操作方便,适合白肋烟排湿保温的需要。只有规格结构合理的晾房(棚)才能晾制出高质量的白肋烟。

1.晾房选地

晾房要求建在地势较高且平坦,通风顺畅,地下水位低,光照条件好的地方,晾房地面应略高于四周地面,不能建在林荫地和潮湿的低洼处。

2.晾房朝向

晾房朝向应以晾房迎风面与风向垂直为原则,以便于通风排湿。一般以南北向建造晾房。

3.门窗设置

为了便于通风排湿,门窗总面积应占晾房四周墙面面积的三分之一以上。门、窗和地窗设置规格分别为门高 2 m、宽 1.2 m;窗高 1.28 m、宽 1 m;地窗高 0.5 m、宽 0.6 m。两块地窗设置在每个窗的下方。

4.晾房房顶及四周的要求

用农膜在房顶覆盖压紧,然后在农膜上铺盖 7 cm 厚的覆盖物,覆盖物可用麦秸、茅草或稻草等物。在晾房盖好后,应用麦秸、茅草编扎成草帘,固定在晾房四周,四周草帘厚度在 3～4 cm,晾房四周必须封闭严密,防止雨天的湿空气进入和日晒。

5.晾房内层栏

晾房内层栏一般设置二层,可晾烟 1300 株左右,也可设置三层,晾烟 2000 株左右,每层需放置 4 根横木作为放置烟竿的支架,横木为直径 10 cm 以上的横圆材,朝向与晾房迎风面平行,横木距离 1.2 m。

6.晾房规格

每间晾房规格为长(进深)7.2 m、宽 3.6 m(迎风面)、檐柱高 4 m、中高 5.2～5.5 m、出檐 0.5 m,层栏底层距地面高 2.5 m,其余层栏距地面 1.6 m。晾房间数可根据需要顺延,增加间数。晾房的高度可根据层栏的需要而增加。修建晾房时,晾房长度(进深)应严格控制,如果晾房长度过长,则晾房内通风不顺畅,湿度过高,会造成烟叶霉变腐烂;过短,则排湿过快,烟叶干燥过快,调制后烟叶颜色浅、光泽差,形成急干烟。

7.凋萎棚规格

在一些海拔较高或采收期湿度过大的产区,尤其在我国马里兰烟产区,为了克服湿度过高的不利条件,需要搭建凋萎棚,实行两段式晾制,即在正式装棚晾制之前,在凋萎棚内通过半晒半晾进行预凋萎,以防止闷棚或棚烂现象发生。凋萎棚一般在晾房边或其附近选择一块通风且采光较好的场地进行搭建,每3亩烟叶搭建1座,规格为长 × 宽 = 4 m × 4 m、高2.5 ~ 3.5 m,每棚用棚膜9 kg左右。待烟株经5 ~ 10天凋萎落黄后,进入叶部水分明显降低的凋萎变黄期,再转入晾房完成后续晾制。

适度的田间凋萎可以提高白肋烟的烟叶等级,在相同的晾制条件下,田间凋萎6个小时处理的上中等烟比例为35%,比对照提高了14个百分点(见图6-19)。

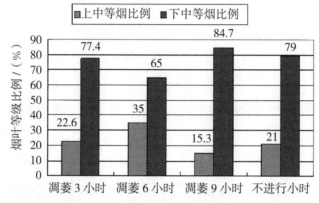

图6-19　田间凋萎对白肋烟烟叶等级比例的影响

8.温湿度调控途径

晾房温湿度调控主要通过晾房门窗的开关、烟竿距离的调节、地表湿度的调节来实现。在以上方法不能奏效的情况下,可修建、安装增温排湿设施进行调控。

(1)辅助增温排湿设施——热源内置式改造。

在海拔较高或晾制期间连阴雨发生频率较高的产区,可以通过在晾房内修建增温地炉的方式来调节温湿度,即将普通晾房改造成热源内置式增温晾房。遇连阴雨或晾房内湿度超过90%即开始生火,可有效实现增温排湿。热源内置式增温晾房的改造办法可参照如下方案执行。

热源内置式增温晾房的增温地炉修建示意图如图6-20、图6-21所示,具体修建办法:采用耐热砖在晾房1地面下砌筑燃烧灶,燃烧灶由燃烧灶膛2、安全护盖3和散热腔4组成,散热腔4为环形通道式,与烟囱5相连通,在烟囱5内距地面1.5 ~ 2.0 m高处装有调风阀片6,安全护盖3盖于燃烧灶膛2之上,露于地面,安全护盖既有安全防护作用,又直接向晾房空间散热。

当晾制期间遭遇连阴雨导致晾房内空气湿度较大时,关闭门窗,启用增温地炉,在燃烧灶膛2点火燃烧,盖上安全护盖3,散热腔环形通道向晾房地面空间传热,残余烟气经过烟囱5时,可以通过烟囱的壁面向晾房内释放余热,使晾房增温降湿,从而加快烟叶晾制进程。同时,可根据晾房内具体温湿度情况,通过调节烟囱内的调风阀片6的开合程度来调节烟囱5的排风量,以控制燃烧灶内的燃烧速度,进而调节增温排湿的速度。

(2)辅助增温排湿设施——太阳能式改造。

太阳能增温排湿晾房系统利用太阳能,将晾房顶强制流动空气型太阳能集热器与南

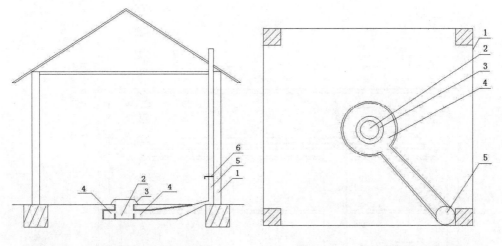

图 6-20　工程示意图——正立面图　　　图 6-21　工程示意图——平面图

墙下自然流动空气型太阳能集热器相结合,通过分布式出风管路循环系统,实现烟叶晾房增温排湿,提升烟叶晾制品质。由于使用太阳能加热空气,使空气流动,整个晾制过程排除了人工的加热过程,从而降低了晾制过程劳动强度。由于空气加热过程使用太阳能,因而可节省能耗,消除了传统加热过程中产生的空气污染物。此太阳能增温排湿晾房的改造办法可参照如下方案执行。

如图 6-22 所示,该太阳能增温排湿晾房系统包括晾房、集热器和支撑板,具体结构的搭建如下。

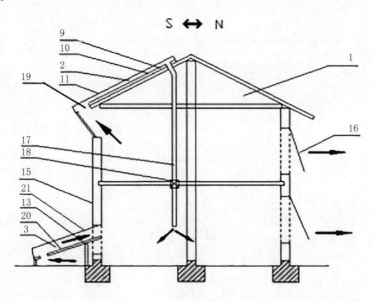

图 6-22　太阳能式改造晾房结构示意图

1—晾房;2—第一集热器;3—第二集热器;4—北支撑板;5—东支撑板;6—西支撑板;7—南支撑板;8—中支撑板;9—第一底部保温板;10—第一集热板;11—第一阳光板;12—南支撑板;13—东支撑板;14—西支撑板;15—围护幕;16—围护窗;17—出风管路;18—风机;19—进气口;20—第二集热板;21—第二阳光板

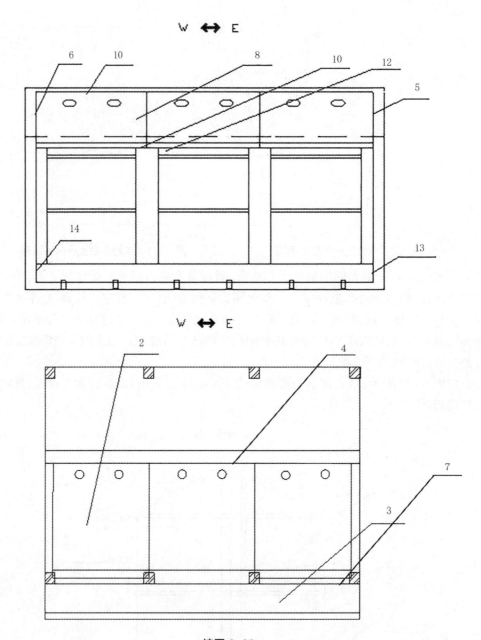

续图 6-22

晾房 1 为框架式晾制支撑建筑,包括多个立柱,将相邻的两个立柱围起来可形成墙面,按照方位进行划分,可将墙面分为东、西、南、北四面墙,这些墙面就围成了晾制空间。在立柱之间搭接的横杆可用于晾制烟叶等。

第一集热器 2 设置在晾房 1 的顶部,为强制空气循环式集热器。第一集热器 2 包括第一集热板 10,其用于接受太阳光辐照,以使自身升温;第一阳光板 11,其设置在第一集热板 10 之上,并与第一集热板相隔一定距离,以形成第一气流通道,用于使阳光透过并辐射到第一集热板上,并能防止第一集热板上的热量扩散到大气中;第一底部保温板 9,其设置在第一集热板后面,用于对第一集热板 10 起保温作用。

出风管路 17 与第一气流通道的一端相通,第一气流通道的另一端为进气口 19。在本实施例中,出风管路 17 优选为柔性管,或者出风管路 17 的出口连接到至少带有 2 个通路的连接器,该连接器的每个通路连接到柔性管。这样,可改变出风管路 17 出口的位置,从而使晾房 1 内各处均有气流流动,提高晾制效果。第一底部保温板上开有通孔,用软管由此处将集热器中的热空气导入晾房中,从图上可以看到,在第一集热板和第一底部保温板 9 上方设有若干通孔,该孔设有连接头,该连接头再与出风管路 17 相接。

风机 18 设置在出风管路 17 中,用于驱动气流,使气流从进气口 19 进入第一阳光板 11 与第一集热板 10 之间的第一气流通道,气流经过第一集热板 10 表面时,与第一集热板 10 表面进行热交换而成为高温的热空气流,该热空气流通过出风管路 17 进入晾房 1 的烟叶晾制通道中,以使循环气流对烟叶进行晾制。

其中,第一集热器 2 受到北支撑板 4、东支撑板 5、西支撑板 6、南支撑板 7 及中支撑板 8 的支撑,上述支撑板对第一集热器 2 的第一底部保温板 9、第一集热板 10、第一阳光板 11 起支撑作用。其中,中支撑板 8 与东支撑板 5、中支撑板 8 与西支撑板 6 可分别围成两路气流通道,使热空气在该气流通道内流动。由于中支撑板 8 的支撑作用,避免了第一阳光板 11 因跨度大而导致的凹陷、变形。

在改造方案中,还设有第二集热器 3,其设置于晾房的南墙下部,为自然空气对流式集热器,可促使气流向上流动。第二集热器 3 包括第二集热板 20,其用于接受太阳光辐照,以使自身升温;第二阳光板 21,其设置在第二集热板 20 之上,并与第二集热板 20 相隔一定距离以形成第二气流通道,用于使阳光透过并辐射到第二集热板 20 上,并防止第二集热板 20 上的热量扩散到大气中。

第二集热器 3 受到东支撑板 13 和西支撑板 14 的支撑。东支撑板 13、西支撑板 14 与第二集热板 20、第二阳光板 21 合围成气流通道。在该气流通道的出风口处,第二集热板 20 与第二阳光板 21 之间的间距比进风口处的间距要大,有利于气流进入晾房 1 内;另一方面,气流从位于第二集热器 3 底部的第二集热板 20 与第二阳光板 21 之间的通道,受浮升力的作用进入晾房 1 内,无须风机强制引力作用,起增强晾制的作用。第二集热器 3 的底部保温板对第二集热板 20 具有保温作用,避免散热。

晾房 1 的四面墙可以是围护幕 15,以避免阳光直接照射到烟叶上,从而提高晾制品质,并起保温作用;在晾房的四面墙上可设置一个或几个围护窗 16,开启晾房围护窗 16 可使潮湿空气排出晾房,关闭晾房围护窗 16 可起到保温作用,避免阴雨天潮湿空气进入晾房。在本发明的实施例中,优选地,晾房的围护窗 16 设置在晾房的北面墙上。

支撑第一集热器 2 的北支撑板 4、东支撑板 5、西支撑板 6、南支撑板 7、中支撑板 8 均设有连接孔,通过这些连接孔可使上述支撑板与晾房 1 南墙连接在一起。支撑第二集热器 3 的东支撑板 13、西支撑板 14 形成支架,以支撑第二集热器 3。

第一集热器 2、第二集热器 3 与水平面呈 30° 倾斜角,该倾斜角可使阳光分别垂直照射到集热板上。

四、晾制

（一）晾制过程

白肋烟晾制受自然气候条件影响较大，因此，白肋烟晾制技术也应根据当时、当地的气候条件和各晾制阶段的要求进行调整。白肋烟晾制过程大体上可分为两个性质不同而又相互联系、相互制约的阶段，即生化的凋萎变色阶段和物理的失水干燥阶段。具体可分为凋萎、变黄、定色（变褐）和干筋四个时期。

1.凋萎期

采叶或砍株后，凋萎就开始了。每生产 185 kg 原烟（亩产 185 kg 烟叶），大约需要鲜烟叶 18~24 t，其中含有 80% 以上的水分，10%~20% 的干物质。在凋萎过程中，烟叶组织和细胞的生命代谢活动仍在继续进行。在凋萎初期，烟叶含水量由高逐渐降低，当呼吸强度达到最高峰之后，含水量继续下降，呼吸强度也随之急剧减弱。呼吸强度增高和水分下降的同时也促进了淀粉和其他成分的分解，从而使呼吸基质数量增加，为后期的生物化学变化奠定了物质和能量基础。凋萎是烟叶成熟、衰老的继续和延伸。凋萎阶段要求迅速地将烟株内多余的水分排出，因此，要求在白天将门窗全部打开，使晾房内相对湿度低于 80%，该阶段一般持续 6~8 天。

适度的田间凋萎可以提高白肋烟的烟叶等级，在相同的晾制条件下，田间凋萎 6 个小时处理的上中等烟比例为 35%，比对照提高了 14 个百分点，其产量、产值、均价均为最高。

2.变黄期

变黄期的外观变化是叶片由绿变黄。这是由于在水分和温度适宜的条件下叶绿体蛋白质分解，使叶绿素失去保护而逐渐降解，与此同时，叶绿体中原有的黄色素因叶绿素的掩盖被解除而得以显现，使叶片变成黄色。叶绿素消失，叶色完全变黄，变黄阶段即结束。当晾房内相对湿度低于 70% 时，关闭门窗，注意保湿，相对湿度高于 75% 时，应打开门窗及时排湿。当用开关门窗调节湿度不能及时奏效时，应通过调整烟竿距离来辅助调节，湿度低时适当缩小竿距，以增加湿度，湿度高时则拉大竿距，以加强通风排湿。该阶段一般持续 7~9 天。

在变黄期叶组织内发生复杂的生物化学反应，如淀粉在淀粉酶、转化酶作用下，分解为葡萄糖和果糖，可溶性糖分大幅度增加，大部分被呼吸作用所消耗。而呼吸过程中所释放的能量，可继续维持叶片代谢及其他生物化学变化的进行，使烟叶品质得以充分变好。

变黄期是烟叶调制最为重要的时期，使烟叶失去干重的 15%~20%。变黄初期叶片一定程度的水分亏缺，有利于氧气进入叶片，维持叶片的生命活动，加强酶作用的水解方向，使复杂化合物得以分解。相反，在水分较多的情况下，首先大量分解的是碳水化合物，而后才是蛋白质的分解，其结果是碳水化合物过度消耗，蛋白质分解却很少，同时干燥速度减慢，导致烟叶变黑、变薄甚至发霉，对烟叶的外观和内在品质均不利。当然，水分的排除也不宜过快过多,以免过早脱水造成叶片细胞死亡而阻碍生物化学过程进行,使复杂化合物不能正常分解,影响吃味,同时使烟叶颜色固定在绿色或黄色阶段。

3.变褐期

变褐期是在烟叶生理生化和物理变化达到最适合的时候,使细胞逐渐脱水停止生命活动,从而终止各种变化的继续进行,防止有机物进一步转化与消耗,以固定和保持烟叶所得到的优良色泽和品质。在变褐期烟叶组织逐渐死亡,细胞通透性增大,氧气易于进入。因此,其生化过程以氧化为主,如单糖氧化为酸、二氧化碳和水,氨基酸分解为有机酸和氨,多酚类物质聚合为黑褐色物质等。晾房内相对湿度应继续保持在 70% ~ 75%,调控方法同变黄期;待最后一片顶叶变为红黄色时,即可将晾房门窗全部关闭,以加深叶片颜色,增加香气,但每天都要查看晾房内湿度情况。该阶段一般持续 11 ~ 13 天。

变褐期是烟叶香气形成的重要时期,因此变褐期进行得是否及时,条件控制是否合适,对烟叶品质影响极大。如果相对湿度过低,变褐过早,化学成分转变未能达到最佳状态,叶绿素未能彻底分解,晾制后的烟叶带青色;而相对湿度太高,变黄时期过长,烟叶化学反应继续进行,短时间内烟叶即进行酶促棕色化反应,叶片出现杂色、棕褐色甚至褐色。酶促棕色化反应是烟叶组织中含有的多酚物质,经多酚氧化酶作用后产生淡红色至黑褐色的醌类等物质。在变黄期温湿度合适,细胞代谢正常,不发生酶促棕色反应,这是因为多酚类物质和使其发生氧化的多酚氧化酶各位于细胞内的一定区域,二者不易接触。另外,活细胞中氧化还原反应能维持一定的平衡,即多酚类物质不断氧化,同时也不断还原,如邻苯酚氧化为邻苯醌,与醌还原为酚的速度相平衡,醌类物质无法积累,因而也就不能缩合为黑色物质。而从变黄期转入变褐期,叶组织逐渐死亡,原生质结构解体,若变黄时间过长或变褐过晚,一方面细胞变成全透性,氧气自由出入,多酚物质只能被氧化,很少再还原;另一方面,细胞内分室效应的屏障作用被破坏,原来束缚于细胞中的多酚氧化酶与多酚物质接触,氧化为醌类物质。而醌类物质的积累和缩合,使烟叶出现深浅不同的杂色。

烟叶含水量控制着细胞的死亡,其临界线的含水量为 30%,一般变褐初期要求烟叶含水量为 40% ~ 50%,即变黄期终点的烟叶水分在 40% ~ 50% 范围内为宜。

4.干筋期

干筋期主要是物理变化,烟叶中绝大部分水分已被排出,烟叶的组织细胞结构已破坏,生命活动已停止,各种酶类均已失去活性。烟叶外观色泽已定型,烟叶品质不会有大的变化。调制结束时通常烟叶水分减少到 12% ~ 18%。晾房内相对湿度应保持在 40% ~ 50%,调控方法仍以开关门窗与调节烟竿距离来实现。该阶段一般持续 11 ~ 13 天。

(二)晾制变色干燥规律

烟叶颜色变化和干燥程度是内在有机物质分解转化和水分散失快慢的外观特征反

映。白肋烟整株晾制,各部位变色干燥顺序与田间植株成熟进展一致,均遵循由下部叶至上部叶的顺序,变色干燥速度为下部叶>中部叶>上部叶,但在同一时空内3个部位烟叶变色干燥同步进行,而每一阶段的结束又是由下至上相互交替完成的。晾制天数的长短与烟叶变色干燥快慢一致,烟株挂入晾房后凋萎失水快,变色干燥速度也就快,晾制天数就短,反之就长。

(三)晾制所需的条件

白肋烟在晾房中进行晾制,受天气状况和晾制环境的制约,主要影响因素是温度和相对湿度,其次是气流、干燥速度、光线、病虫害和机械损伤等,必须进行有效的调控,以保证各晾制时期顺利进行。

1.温湿度条件

(1)最佳的温湿度选择。

晾房晾制温度要求在16~33 ℃,平均24~27 ℃,平均相对湿度60%~80%,其中凋萎期由于烟叶内含有大量水分,晾房内相对湿度可高达100%,应打开晾房的门窗,使相对湿度控制在75%~90%,避免出现小于65%或大于95%的异常情况;变黄期温度以30 ℃左右为宜,相对湿度必须控制在70%~85%,不能低于60%;变褐期相对湿度以65%~75%为宜;干筋期应加强通风,使相对湿度降低到50%以下,并保持到叶片和主脉完全干燥为止。

在晾制过程中,烟叶接触到的温度并不是固定不变的,因为外界气候昼夜间常有变化,温湿度常有较大的差异。只要每天的平均温度和相对湿度与适宜条件相差不多,就能收到良好的效果。保持晾房内相对湿度的稳定性,必须根据天气变化调节晾房的门窗开关,避免发生大幅度的变化,影响晾制质量。

白肋烟晾制各阶段温湿度条件与香吃味有密切的关系,日本河田等的研究结果表明,变黄期在温度30℃左右、相对湿度85%的条件下香吃味最佳,低于20 ℃或高于40 ℃对烟叶均有不良的影响,青杂气增加,香吃味变差。

变黄期是白肋烟内叶绿体色素、淀粉与蛋白质等大分子物质分解使之"烟叶化"的时期,温度和湿度一样都是重要因素,变褐期则是在变黄期的基础上进一步促成白肋烟的香气,因此可以称为香气形成期。一天之中最高温度为25 ℃左右时,香吃味最好,湿度以70%~75%最适宜,低于65%则香吃味变差。早晨气温最低时,温度为16~20 ℃,湿度为90%~95%。随着日出,温度上升,中午到达最高点25~30 ℃,湿度下降到70%~75%。午后2时温度开始下降,到次晨降到18~22 ℃,湿度上升到90%~95%。一天之内这样的变化对香吃味的形成最为理想。

变褐期是白肋烟在美拉德等反应的作用下形成香吃味的重要阶段,香吃味随变褐程度增加而增加,在主脉干燥期增加也明显。变褐期湿度对白肋烟香吃味的形成有重要意义。实践表明,烟叶变褐部分在自然晾制下白天适当变干,夜间适度吸湿,如此干湿反复,可以得到香吃味较好的干烟叶。而且即使已经变褐的部分开始刺激性很强,烟气粗糙,并混有生杂气,但经反复吸湿放湿,香吃味逐渐变得饱满,香气也很少混杂,白肋烟的特征香吃味充分显露。

湖北省烟草科学研究院连续多年在湖北恩施市进行了不同湿度条件下的白肋烟晾制试验,中湿处理要求晾房内相对湿度分别为:凋萎期保持在 75% ~ 85%;变黄期、变褐期保持在 70% ~ 80%;干筋期保持在 40% ~ 60%。高湿和低湿 2 个处理要求晾房内各晾制阶段相对湿度分别升高 10% 和降低 10%。实际湿度为中湿晾制处理晾房内相对湿度凋萎期保持在 77%~81%,变黄期、变褐期保持在 72%~82%,干筋期保持在 41%~62%,低湿晾制处理相对湿度相对较低,高湿晾制处理相对湿度相对较高,即基本达到试验设计的要求。而且三个处理各个阶段晾房内的温度接近,均在适宜且稳定的范围内,即凋萎期保持(25 ± 1) ℃,变黄期、变褐期保持在(24 ± 1) ℃,干筋期保持在(22 ± 2) ℃。

(2)不同湿度条件对晾制时间的影响。

随晾房内的相对湿度增加,晾制各阶段及晾制完成时间延长。中湿晾制处理时间为 38 ~ 43 天,晾制所必需的生理生化反应得以及时、充分的进行;低湿晾制处理晾制时间缩短了 6 ~ 11 天,出现大量急干烟,这是由于低湿条件下,烟叶水分散失过快;高湿晾制处理晾制时间延长了 4 ~ 8 天,烟叶干燥较缓慢,发生棚烂。

(3)不同湿度条件对晾制后烟叶等级的影响。

中湿晾制处理晾制后烟叶上等烟比例最高,达到 18.9% ~ 56.6%,平均 36.2%,中等烟为 35.2% ~ 55.6%,平均 37.8%,下等烟仅为 8.2% ~ 28.6%,平均 17.2%;低湿晾制处理与高湿晾制处理低等级烟多,下等烟比例分别高达 43.8% ~ 70.3%,平均 51.2% 和 32.2% ~ 71.8%,平均 60.8%,而上等烟比例分别仅为 0% ~ 11.2%,平均 4% 和 1.2% ~ 8.5%,平均 2.8%。

(4)不同晾制湿度条件对烟叶化学品质的影响。

不同湿度条件对晾制后烟叶烟碱含量有一定影响(见表 6-1),中湿处理各部位烟碱含量相对稍高,而高湿处理和低湿处理烟碱含量相对较低,这可能是由于在高湿条件下,烟碱分解相对较多,而在低湿条件下,干物质分解不够。

表 6-1 不同湿度条件对白肋烟晾制后烟叶烟碱含量的影响

处理	上部叶烟碱含量 /（%）	中部叶烟碱含量 /（%）	下部叶烟碱含量 /（%）
高湿处理	4.22	3.67	2.07
中湿处理	4.58	3.98	2.65
低湿处理	4.13	3.57	1.67

① 不同湿度处理的晾房中烟叶 K 含量的变化趋势。

高湿处理的晾房中,在晾制的第一周内 3 个部位叶片的 K 含量都有一个明显的下降趋势。中湿和低湿处理的晾房中,白肋烟上部和中部叶片的 K 含量在晾制前期有下降的趋势。3 个不同处理的晾房中,白肋烟中部和下部叶片的 K 含量在晾制后期都有一个明显的下降趋势,而对于上部叶片,高湿和中湿处理的晾房中 K 含量变化趋势不是很明显,低湿处理的晾房中也有一个下降的趋势(见图 6-23 至图 6-25)。

② 不同湿度处理的晾房中烟叶 Cl 含量的变化趋势。

高湿和中湿处理的晾房中,白肋烟上部和中部叶片的 Cl 含量在晾制的第一周内呈现明显的下降趋势,随后变化基本趋于稳定,Cl 含量的增减幅度不大。中湿处理的晾房中,白肋烟下部叶片也表现出这样的变化趋势。高湿处理的晾房中,白肋烟下部叶片在晾制的第一周内虽然也呈现下降趋势,但是随后又呈现明显的上升趋势,晾制后期又迅速下降。低湿处理的晾房中,白肋烟三个部位叶片 Cl 含量在晾制的第一周内都呈现上升的趋势,而以上部和中部叶片上升趋势较快,随后一周均呈现明显的下降趋势,最后趋于稳定。(见图 6-26 至图 6-28)

③ 不同湿度处理的晾房中烟叶 Ca 含量的变化趋势。

晾制的第一周内,3 个湿度处理的晾房中,上部叶和中部叶的 Ca 含量有明显的上升趋势,随后趋势变缓,但 Ca 含量还在持续上升,低湿处理的晾房中部叶片上升相对较慢。白肋烟下部叶片 Ca 含量在调制期间呈现缓慢的上升趋势,但较上部和中部叶片慢。(见图 6-29 至图 6-31)

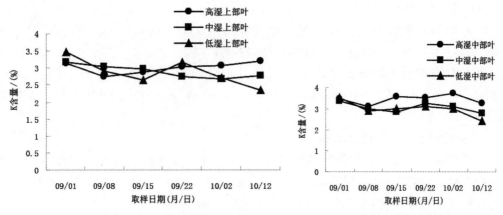

图 6-23　人工调控条件下不同湿度处理的晾房中上部叶片 K 含量的变化趋势

图 6-24　人工调控条件下不同湿度处理的晾房中中部叶片 K 含量的变化趋势

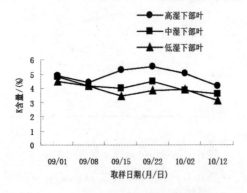

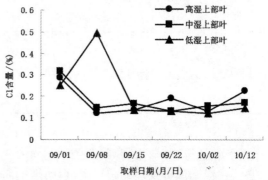

图 6-25　人工调控条件下不同湿度处理的晾房中下部叶片 K 含量的变化趋势

图 6-26　人工调控条件下不同湿度处理的晾房中上部叶片 Cl 含量的变化趋势

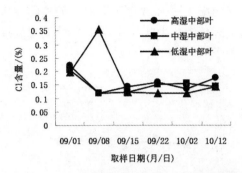

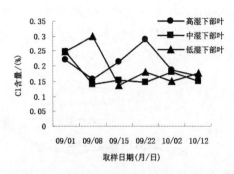

图 6-27　人工调控条件下不同湿度处理的晾房中中部叶片 Cl 含量的变化趋势

图 6-28　人工调控条件下不同湿度处理的晾房中下部叶片 Cl 含量的变化趋势

④ 不同湿度处理的晾房中烟叶 Mg 含量的变化趋势。

中湿和低湿处理的晾房中，在晾制的前 3 周内上部叶和中部叶的 Mg 含量变化不大，呈现缓慢的下降趋势，随后在晾制末期迅速上升。不同湿度处理的晾房中，在晾制的最后 10 天，叶片 Mg 含量都有一个明显的上升趋势。晾制结束后，以低湿处理的晾房中叶片 Mg 含量最大，高湿和中湿处理的晾房中差别不明显。（见图 6-32 至图 6-34）

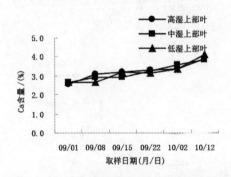

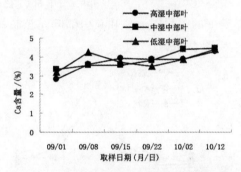

图 6-29　人工调控条件下不同湿度处理的晾房中上部叶片 Ca 含量的变化趋势

图 6-30　人工调控条件下不同湿度处理的晾房中中部叶片 Ca 含量的变化趋势

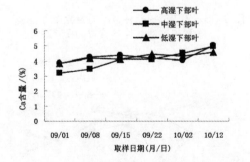

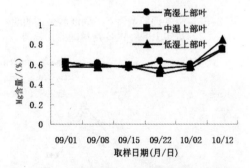

图 6-31　人工调控条件下不同湿度处理的晾房中下部叶片 Ca 含量的变化趋势

图 6-32　人工调控条件下不同湿度处理的晾房中上部叶片 Mg 含量的变化趋势

⑤ 不同湿度处理的晾房中烟叶 S 含量的变化趋势。

3 个不同湿度处理的晾房中，各部位叶片的 S 含量在晾制的第 3 周均有一个峰值出现，高湿处理的峰值最大，低湿处理的最小。高湿处理的晾房中，在晾制的前两周内，上部叶和中部叶 S 含量的变化趋势非常平缓。晾制的第 1 周内,3 个不同湿度处理的晾房中叶片的 S 含量均变化不大。晾制完毕,以低湿处理的晾房中叶片 S 含量最大,高湿处理的最低。(见图 6-35 至图 6-37)

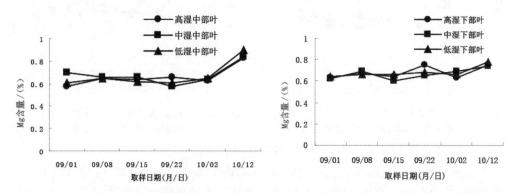

图 6-33 人工调控条件下不同湿度处理的晾　　图 6-34 人工调控条件下不同湿度处理的晾
　　　　房中中部叶片 Mg 含量的变化趋势　　　　　　　房中下部叶片 Mg 含量的变化趋势

⑥ 不同湿度处理的晾房中烟叶总氮含量的变化趋势。

中湿处理的晾房中,上部叶和中部叶在晾制的前两周内总氮含量呈现下降的趋势,低湿处理的晾房中上部叶和中部叶在晾制的第一周内,总氮含量有下降的趋势。(见图 6-38 至图 6-40)

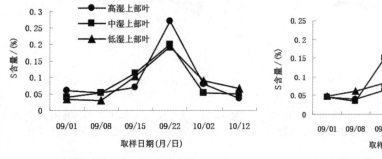

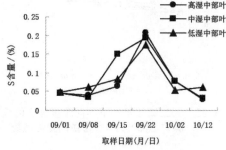

图 6-35 人工调控条件下不同湿度处理的晾　　图 6-36 人工调控条件下不同湿度处理的晾
　　　　房中上部叶片 S 含量的变化趋势　　　　　　　房中中部叶片 S 含量的变化趋势

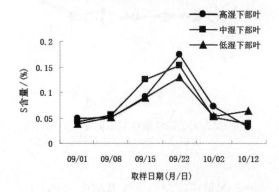

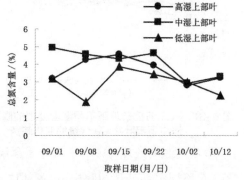

图 6-37 人工调控条件下不同湿度处理的晾房　　图 6-38 人工调控条件下不同湿度处理的晾房
　　　　中下部叶片 S 含量的变化趋势　　　　　　　中上部叶片总氮含量的变化趋势

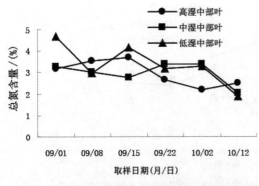

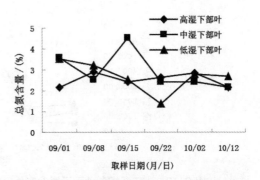

图 6-39　人工调控条件下不同湿度处理的晾
　　　　房中中部叶片总氮含量的变化趋势

图 6-40　人工调控条件下不同湿度处理的晾
　　　　房中下部叶片总氮含量的变化趋势

⑦ 不同湿度处理的晾房中烟叶硝态氮含量的变化趋势。

高湿处理的晾房中，开始晾制的一周内 3 个部位叶片的硝态氮含量变化不大，随后迅速上升，达到最大值后又逐渐下降并维持在较高的含量上。中湿处理的晾房中，上部叶片和中部叶片在晾制的前两周内硝态氮含量有缓慢上升的趋势，随后基本保持不变；下部叶片在开始晾制的一周内硝态氮含量有微小的下降趋势，随后急剧上升，到九月二十五号达到最大值，随后急剧下降，并逐渐趋于稳定。低湿处理的晾房中，下部叶片的硝态氮含量从晾制开始便缓慢上升，到十月九号达到最大值后又迅速下降；上部和中部叶片从晾制开始硝态氮含量逐渐上升，到了后期趋于稳定。3 个湿度处理中，随着晾制期的延长，下部叶片硝态氮含量及其变化均显著高于中、上部叶片。（见图 6-41 至图 6-43）

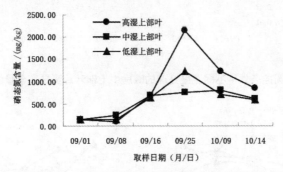

图 6-41　人工调控条件下不同湿度处理的晾房中上部叶片硝态氮含量的变化趋势

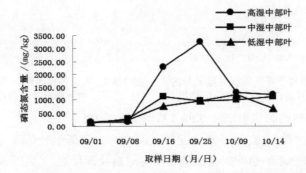

图 6-42　人工调控条件下不同湿度处理的晾房中中部叶片硝态氮含量的变化趋势

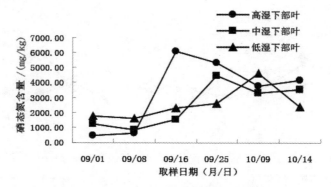

图 6-43　人工调控条件下不同湿度处理的晾房中下部叶片硝态氮含量的变化趋势

⑧ 不同湿度处理的晾房中烟叶蛋白质含量的变化趋势。

中湿处理的晾房中,3 个不同部位叶片的可溶性蛋白质含量在晾制前期呈现明显的下降趋势。高湿和低湿处理的晾房中,中部叶片蛋白质含量在晾制期间变化不是很明显。(见图 6-44 至图 6-46)

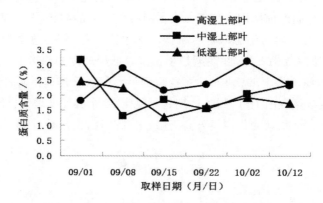

图 6-44　人工调控条件下不同湿度处理的晾房中上部叶片蛋白质含量的变化趋势

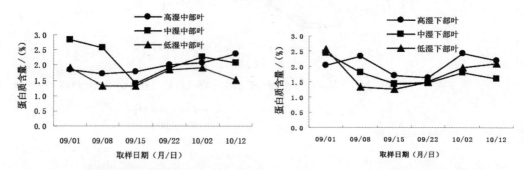

图6-45　人工调控条件下不同湿度处理的晾房　　图6-46　人工调控条件下不同湿度处理的晾房
　　　中中部叶片蛋白质含量的变化趋势　　　　　　　中下部叶片蛋白质含量的变化趋势

⑨ 不同湿度处理的晾房中烟叶烟碱含量的变化趋势。

在晾制的整个过程中,高湿晾制处理的上部、中部、下部烟叶烟碱含量均低于中湿晾制处理,而低湿晾制处理的烟叶烟碱含量与中湿晾制处理接近。(见图 6-47 至图 6-49)

⑩ 不同湿度处理的晾房中叶片叶绿素含量的变化趋势。

高湿和低湿处理的晾房中,上部叶片和中部叶片在晾制的第一周内叶绿素的含量有明显的下降趋势,随后变化趋于平坦。而中湿处理的晾房中,上部叶片和中部叶片在晾制的前两周内叶绿素含量有下降的趋势,随后变化平缓。白肋烟下部叶片的叶绿素含量比较低,晾制期间变化很小。(见图6-50至图6-52)

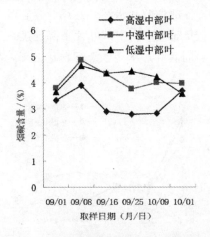

图6-47　晾房内湿度对中部叶烟碱含量的影响　　图6-48　晾房内湿度对下部叶烟碱含量的影响

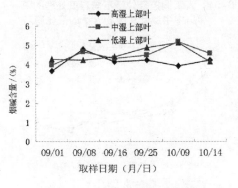

图6-49　晾房内湿度对上部叶
烟碱含量的影响

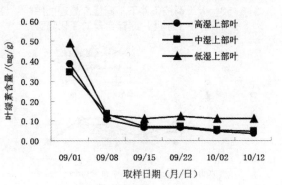

图6-50　不同湿度处理的晾房中上部叶片
叶绿素含量的变化趋势

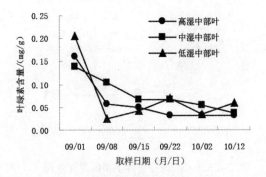

图6-51　不同湿度处理的晾房中中部叶片
叶绿素含量的变化趋势

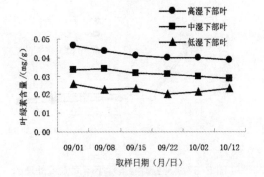

图6-52　不同湿度处理的晾房中下部叶片
叶绿素含量的变化趋势

⑪ 不同湿度处理的晾房中叶片淀粉含量的变化趋势。

晾制第一周内,白肋烟叶片中淀粉含量均有明显的下降趋势,上部叶片淀粉含量在中湿度晾房中下降速度最快,中湿处理的晾房中,中部叶片在晾制一周后,其淀粉含量还有微弱的下降趋势,高湿和低湿处理的晾房中变化不是很明显。(见图6-53至图6-55)

⑫ 不同湿度处理的晾房中叶片水溶性总糖含量的变化趋势。

人工调控条件下,3个不同湿度处理的晾房中,各部位叶片水溶性总糖含量在晾制的第一周内呈现明显的下降趋势,高湿处理的晾房中上部叶片和中部叶片下降速度最快。中湿处理的晾房中下部叶片下降速度最快。晾制一周后叶片水溶性总糖含量下降趋势趋于平缓。(见图6-56至图6-58)

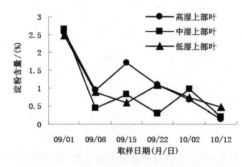

图6-53　人工调控条件下不同湿度处理的晾房中上部叶片淀粉含量的变化趋势

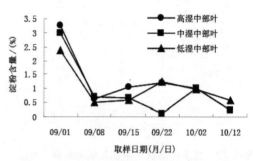

图6-54　人工调控条件下不同湿度处理的晾房中中部叶片淀粉含量的变化趋势

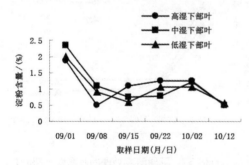

图6-55　人工调控条件下不同湿度处理的晾房中下部叶片淀粉含量的变化趋势

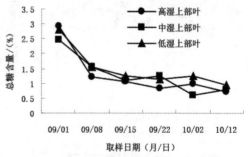

图6-56　人工调控条件下不同湿度处理的晾房中上部叶片水溶性总糖含量的变化趋势

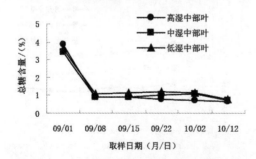

图6-57　人工调控条件下不同湿度处理的晾房中部叶片水溶性总糖含量的变化趋势

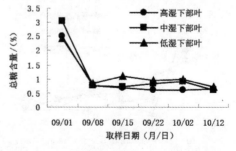

图6-58　人工调控条件下不同湿度处理的晾房中下部叶片水溶性总糖含量的变化趋势

⑬ 不同湿度处理的晾房中叶片还原糖含量的变化趋势。

人工调控条件下,晾制的第一周内 3 个不同部位叶片的还原糖含量均有明显的下降趋势,上部叶片和中部叶片在高湿处理的晾房中下降最快。晾制一周后叶片还原糖含量变化趋势基本趋于平缓。(见图 6-59 至图 6-61)

⑭ 不同湿度处理的晾房中叶片淀粉酶活性的变化趋势。

晾制的前两周内,3 个不同湿度处理的晾房中,上部叶和中部叶淀粉酶活性呈现明显的上升趋势,随后变化趋于平缓。高湿处理的晾房中,下部叶淀粉酶活性在晾制的前两周有上升的趋势,而中湿和低湿处理的晾房中,只在晾制的第一周有明显的上升趋势,随后变化趋势趋于平缓。(见图 6-62 至图 6-64)

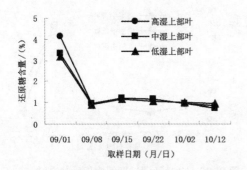

图 6-59　人工调控条件下不同湿度处理的晾房中上部叶片还原糖含量的变化趋势

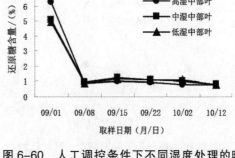

图 6-60　人工调控条件下不同湿度处理的晾房中中部叶片还原糖含量的变化趋势

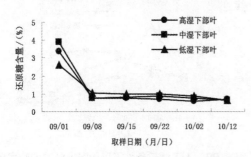

图 6-61　人工调控条件下不同湿度处理的晾房中下部叶片还原糖含量的变化趋势

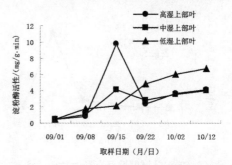

图 6-62　人工调控条件下不同湿度处理的晾房中上部叶片淀粉酶活性的变化趋势

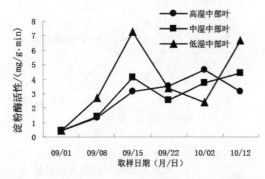

图 6-63　人工调控条件下不同湿度处理的晾房中中部叶片淀粉酶活性的变化趋势

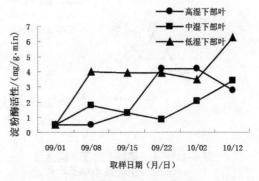

图 6-64　人工调控条件下不同湿度处理的晾房中下部叶片淀粉酶活性的变化趋势

⑮ 不同湿度处理的晾房中叶片硝酸还原酶活性的变化趋势。

田间成熟时期,白肋烟叶片硝酸还原酶活性随着叶片的衰老呈现明显的上升趋势,到采收时均有一个峰值出现。晾制时期,第一周内各部位叶片的硝酸还原酶活性均呈急速下降的趋势。(见图 6-65 至图 6-67)

⑯ 不同湿度处理的晾房中叶片过氧化物酶活性的变化趋势。

晾制的第一周内,低湿处理的晾房中上部叶和中部叶过氧化物酶活性呈现明显的上升趋势,随后急速下降并趋于平缓。高湿处理的晾房中上部叶和中部叶过氧化物酶活性在晾制前期呈现缓慢的上升趋势,晾制末期才逐渐下降,下部叶片过氧化物酶活性在晾制期间均呈现明显的下降趋势。(见图 6-68 至图 6-70)

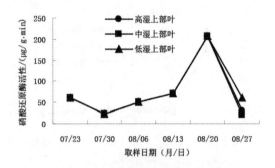

图 6-65　成熟及调制期间上部叶片硝酸
　　　　　还原酶活性的变化趋势

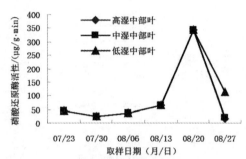

图 6-66　成熟及调制期间中部叶片硝酸
　　　　　还原酶活性的变化趋势

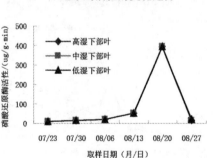

图 6-67　成熟及调制期间下部叶片硝酸还原
　　　　　酶活性的变化趋势

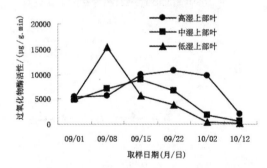

图 6-68　人工调控条件下不同湿度处理的晾房中
　　　　　上部叶片过氧化物酶活性的变化趋势

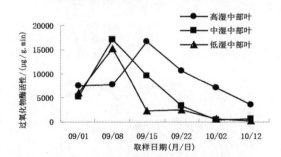

图 6-69　人工调控条件下不同湿度
　　　　　处理的晾房中中部叶片过
　　　　　氧化物酶活性的变化趋势

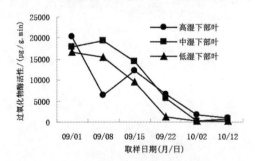

图 6-70　人工调控条件下不同湿度处
　　　　　理的晾房中下部叶片过氧化
　　　　　物酶活性的变化趋势

⑰ 不同湿度处理的晾房中叶片电导率的变化趋势。

高湿和中湿处理的晾房中,晾制开始前两周3个不同部位白肋烟叶片的电导率均呈现上升趋势,其中以高湿处理的上升趋势最明显。两周后,高湿处理的叶片电导率急剧下降,而中湿处理的变化较小。在低湿处理的晾房中,晾制开始一周内,白肋烟中部和下部叶片的电导率急剧上升到最大值,而上部叶片直到九月二十五号才达到最大值,随后变化趋于稳定。比较3个不同湿度处理的晾房发现:白肋烟上部叶片(高湿和中湿处理)在晾制前两周内电导率上升到最大值,随后迅速下降,再趋于稳定,低湿处理的直到九月二十五号才上升到最大值;高湿处理的中部叶片在晾制的前两周电导率急剧上升,随后又迅速下降,而低湿和中湿处理的在晾制的第一周电导率便上升到最大值,随后变化很小,趋于稳定。下部叶片和中部叶片的变化规律基本一致。(见图6-71至图6-73)

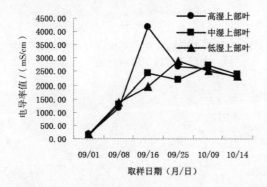

图 6-71 人工调控条件下不同湿度处理的晾房中上部叶片电导率的变化趋势

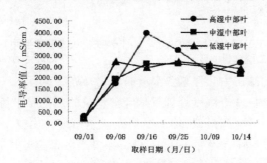

图 6-72 人工调控条件下不同湿度处理的晾房中中部叶片电导率的变化趋势

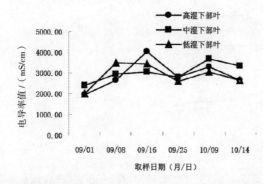

图 6-73 人工调控条件下不同湿度处理的晾房中下部叶片电导率的变化趋势

⑱ 不同湿度处理的晾房中叶片丙二醛含量的变化趋势。

在晾制期间,高湿条件下上、中、下部位叶片丙二醛含量随晾制时间延长而增加,然后维持在一个较高的水平。中、低湿条件下各部位叶片丙二醛含量的变化没有明显的规律,但上部叶片丙二醛含量的变化比中、下部位叶片要小。(见图 6-74 至图 6-76)

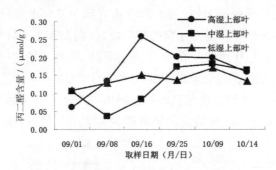

图 6-74　人工调控条件下不同湿度处理的晾房中
上部叶片丙二醛含量的变化趋势

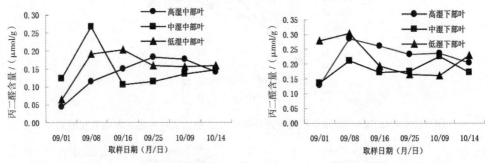

图 6-75　人工调控条件下不同湿度处理的晾房　　图 6-76　人工调控条件下不同湿度处理的晾房
中中部叶片丙二醛含量的变化趋势　　　　　　中下部叶片丙二醛含量的变化趋势

⑲ 不同湿度处理的晾房中叶片总含水量的变化趋势。

在人工调控的晾房中,3 个湿度处理下烟叶含水量的变化规律基本一致:晾制开始的前 2 周叶片含水量急剧下降到最低,然后维持到调制结束。比较 3 个不同的湿度处理,高湿度对叶片含水量的下降有缓冲作用,而低湿条件下各部位叶片脱水最快。调制结束时各处理烟叶的含水量中高湿度偏高,但差异不大。(见图 6-77 至图 6-79)

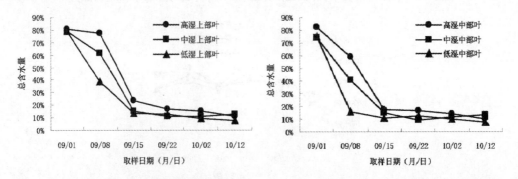

图 6-77　人工调控条件下不同湿度处理的晾房　　图 6-78　人工调控条件下不同湿度处理的晾房
中上部叶片总含水量的变化趋势　　　　　　　中中部叶片总含水量的变化趋势

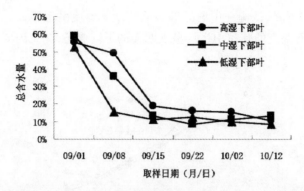

图 6-79　人工调控条件下不同湿度处理的晾房中下部叶片总含水量的变化趋势

⑳ 不同湿度处理的晾房中叶片自由水含量的变化趋势。

3 个不同湿度处理的晾房中,白肋烟叶片自由水含量的变化趋势基本一致,均呈明显的下降趋势。但中湿处理的晾房中叶片自由水含量在下降到最低值后趋于稳定,而低湿处理的晾房中叶片自由水含量一直呈迅速下降的趋势。(见图 6-80 至图 6-82)

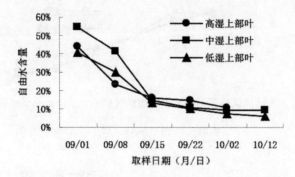

图 6-80　人工调控条件下不同湿度处理的晾房中上部叶片自由水含量的变化趋势

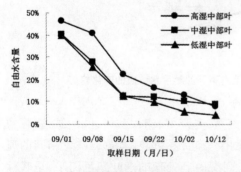

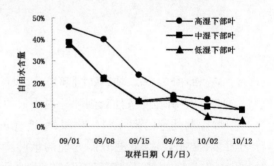

图 6-81　人工调控条件下不同湿度处理的晾房中中部叶片自由水含量的变化趋势

图 6-82　人工调控条件下不同湿度处理的晾房中下部叶片自由水含量的变化趋势

㉑ 不同湿度处理的晾房中叶片水势值的变化趋势。

3 个不同湿度处理的晾房中,各部位叶片的水势值在晾制期间均呈现明显的下降趋势。高湿处理的晾房中晾制完毕后下部叶片的水势值最大,上部叶片最低。中湿和低湿处理的差别不大。比较 3 个不同湿度处理的晾房发现:上部叶片在晾制的第一周内水势值变化很小,随后呈现明显的下降趋势;中部叶片水势值(高湿处理)在晾制的第一周内变化很小,然后迅速下降,低湿和中湿处理的从晾制开始便呈现明显的下降趋势;下部叶片水势值在不同处理湿度的晾房中也均呈现明显的下降趋势。(见图 6-83 至图 6-85)

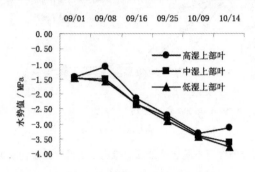

图 6-83 人工调控条件下不同湿度处理的晾房中上部叶片水势值的变化趋势

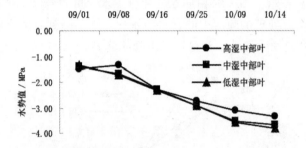

图 6-84 人工调控条件下不同湿度处理的晾房中中部叶片水势值的变化趋势

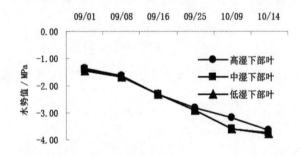

图 6-85 人工调控条件下不同湿度处理的晾房中下部叶片水势值的变化趋势

(5)不同晾制湿度条件对烟叶外观质量的影响。

中湿晾制处理的烟叶颜色较深,呈近红黄至红黄,光泽好,组织疏松,叶面皱缩,颗粒状物质多,质地柔软;低湿晾制处理的烟叶为急剧干燥叶,颜色浅,有黄、红、青相间的斑块,叶背呈底青,叶面平滑,组织紧密,质地硬脆;高湿晾制处理的烟叶颜色深暗,呈暗棕色,缺乏光泽。

(6)不同晾制湿度条件对烟叶感官质量的影响。

表 6-2 至表 6-4 为 2003 和 2004 年晾房内不同湿度条件下晾制的白肋烟评吸结果,中湿处理晾制的烟叶评吸质量最好,上部叶综合得分为 79.3～83.9,达到中等至中偏好档次,中部叶综合得分为 84.3～86.4,达到中偏好至较好档次,在烟叶香气质、香气量、刺激性、燃烧性方面均优于高湿和低湿处理。

表 6-2 晾房内不同湿度条件对白肋烟晾制后烟叶评吸质量的影响（2003 年）

处理	叶位	香气质	香气量	杂气	刺激性	余味	燃烧性	灰色	浓度	劲头	综合得分
高湿	上部	14.9 中等+	13.8 尚充足+	12.6 有+	11.9 有	12.8 尚舒适+	2.9 中等	3.0 灰白	2.3 较浓	1.88 较大	74.2 较差
	中部	15.5 中等+	14.5 较足	14.0 有+	14.3 微有	14.3 较舒适	3.1 中等	3.1 灰白	3.4 中等	3.13 适中	82.2 中等
中湿	上部	15.1 中等+	14.1 较足	13.5 有+	13.6 有+	13.9 尚舒适+	3.1 中等	3.1 灰白	2.9 中等	2.63 适中	79.3 中等
	中部	16.1 较好	15.1 较足	14.4 稍有	14.8 微有	14.9 较舒适	3.1 中等	3.0 灰白	2.9 中等	2.25 较大	84.3 中偏好
低湿	上部	14.1 中等+	13.3 尚充足+	12.4 有+	13.1 有+	13.3 尚舒适+	2.8 中等	3.1 灰白	3.4 中等	3.25 适中	75.5 较差
	中部	14.6 中等+	13.1 尚充足+	12.3 有+	13.0 有+	12.3 尚舒适+	3.0 中等	3.0 灰白	2.3 较浓	2.13 较大	73.6 较差

注：湖北省烟草质检站检定，综合得分不包含劲头得分。

表 6-3 晾房内不同湿度条件对白肋烟晾制后烟叶评吸结果的影响（2004 年）

处理	风格程度	香气量	浓度	杂气	劲头	刺激性	余味	燃烧性	灰色	质量档次
高湿上部叶	微有	有	中等	有	较小	有	尚舒适	强	灰白	中偏下
高湿中部叶	微有	较少	中等	有	较小	有	尚舒适	强	灰白	较差
中湿上部叶	较显著	有	中等	中等	中等	有	尚舒适	强	灰白	中偏上
中湿中部叶	微有	有	中等	有	较小	有	尚舒适	强	灰白	中偏下
低湿上部叶	微有	有	中等	有	中等	有	尚舒适	强	灰白	中偏下
低湿中部叶	有	有	中等	有	中等	有	微苦	强	灰白	中等

注：郑州烟草研究院检定。

表 6-4 晾房内不同湿度条件对白肋烟晾制后烟叶评吸质量的影响（2004 年）

处理	香气质	香气量	杂气	刺激性	余味	燃烧性	灰色	浓度	劲头	综合得分
高湿上部	15.8 中等+	14.8 较足	14.3 稍有	13.9 有+	14.0 尚舒适+	3.9 强	3.3 灰白	3.6 较浓	3.4 适中	83.6 中偏好
高湿中部	16.4 较好	15.2 较足	14.5 稍有	14.4 微有	14.6 较舒适	3.9 强	3.6 白	3.4 中等	4.2 较小	86.0 较好

续表

处理	香气质	香气量	杂气	刺激性	余味	燃烧性	灰色	浓度	劲头	综合得分
中湿上部	15.4	14.9	14.2	14.0	14.2	3.9	3.7	3.6	4.0	83.9
	中等+	较足	稍有	有+	较舒适	强	白	较浓	较小	中偏好
中湿中部	16.2	15.3	14.7	14.7	14.7	3.9	3.6	3.3	3.3	86.4
	较好	较足	稍有	微有	较舒适	强	白	中等	适中	较好
低湿上部	15.7	14.6	14.1	14.3	14.1	3.7	3.4	3.5	3.9	83.4
	中等+	较足	稍有	微有	较舒适	强	灰白	较浓	较小	中偏好
低湿中部	16.4	15.3	14.7	14.4	14.6	4.0	3.4	3.6	3.4	86.4
	较好	较足	稍有	微有	较舒适	强	灰白	较浓	适中	较好

注：湖北省烟草质检站检定，综合得分不包含劲头得分。

从外观质量、内在品质、常规化学成分、评吸质量、香气物质含量和晾制生理生化指标等方面综合比较分析，2001—2004年4年试验结果均以中湿处理最好，因此，其对应的相对湿度可以作为晾制各阶段适宜的相对湿度。晾制各阶段晾房内适宜的相对湿度及其范围为：凋萎期76%~81%，平均78.4%；变黄期72%~81%，平均76.6%；变褐期71%~75%，平均73.3%；干筋期41%~61%，平均51.4%。考虑到晾房湿度控制比较困难，在实际晾制操作中，晾制各阶段晾房内相对湿度保持在凋萎期75%~85%，变黄期、变褐期70%~80%，干筋期40%~60%是比较适宜的。

2.晾制所需的其他条件

干燥速度是影响烟叶颜色变化和化学成分变化的重要因素，若在晾制初期干燥过快，叶细胞过早死亡而叶绿素尚未消失，易成青烟；在烟叶的颜色达到深黄或棕色时，干燥过慢又会变成深褐色或黑褐色烟。在进入干筋期后要尽可能加快干燥速度，防止颜色再继续转化。因此，应根据烟叶调制的不同阶段，调控温度、湿度和通风，使烟叶干燥速度与产生优质烟的颜色变化和化学成分变化的速度协调一致。气流因素取决于晾房的位置、宽度、门窗的面积与对称性，以及烟株(叶)晾挂的均匀、整齐度。气流不仅可以调节晾房内的温度和相对湿度，还可以补充氧气和排出烟叶呼吸所产生的二氧化碳。当烟叶周围氧分压高时，烟叶的呼吸作用便有一定程度的提高，而所放出的二氧化碳对呼吸起抑制作用，如果空气不流动，通风不良，会妨碍烟叶的正常呼吸作用，因此必须适时开窗通风。病虫害和机械损伤会加快烟叶调制初期的呼吸速率和水分蒸发，使凋萎阶段过早终止,从而引起干物质损耗量下降和质量恶化。因此,损伤的烟叶必须单独晾制,不宜和正常烟叶混在一起晾制。白肋烟属于晾烟,光线太足对烟叶的色泽形成不利,一般晾房的透光率以 40% ~ 60% 为宜。

(四)晾制技术操作

晾制过程始终发生着两个变化,一是颜色变化,这是烟叶内在有机物质的变化在外在特征上的反映;二是失水干燥,这是物理变化。两个变化相互联系、相互制约,共处于一个统一体中。晾制成功与否取决于三个基本的环境条件,即空气流动、空气温度、空气相对湿度,晾制过程应进行人为的合理调控,可根据晾房烟叶变色失水情况,勤查勤管理,以湿度为主,通过挂烟密度调节、门窗开关、翻动调整等措施进行有效的调控。

(五)低海拔地区晾制技术

低海拔地区一般指海拔高度低于 800 m 的地区,针对该类地区晾制季节相对湿度较低的气候特点,晾制技术须进行调整,即在湿度过低的情况下,采取各种便捷、可行的保湿、增湿手段来保障晾房内达到适宜的相对湿度,主要包括:

(1)晾房房顶铺盖的麦秸(或茅草、稻草)以及四周遮围的草帘应加厚,厚度大于 5 cm;

(2)白天将晾房门窗紧闭以保湿,夜间打开晾房门窗以吸潮;

(3)在晾房地面上泼水;

(4)缩小烟竿及烟株之间的距离,使之更紧密。

(六)高海拔地区晾制技术

高海拔地区一般指海拔高度高于 1000 m 的地区,针对该类地区晾制季节相对湿度较高、气温低的气候特点,晾制技术须进行调整,即在湿度过高的情况下,采取各种有效的增温、排湿手段来保障晾房内达到适宜的相对湿度,主要包括:

(1)夜间和早晨关闭门窗,白天打开门窗通风;

(2)将烟竿及烟株之间的距离调大,以改善烟株之间的通风情况;

(3)在晾房地面铺设薄膜等隔潮、防潮材料;

(4)在晾房内修建安装增温排湿设施。

在采取其他措施不能将过高湿度降下来的情况下,可修建火龙升温和安装排风扇排湿,以降低湿度。

针对低、高海拔地区白肋烟在晾制过程中存在的急干、棚烂等突出问题,依据不同海拔烟区晾制季节的气候特点,以调节晾房内的相对湿度为核心,2001—2002 年通过在湖北恩施市的试验,研究确定了不同海拔条件下白肋烟的配套晾制技术。低海拔条件下采用保湿、增湿技术,使晾房内相对湿度保持在适宜的范围内,烟叶干燥过快造成急干烟的问题得到解决,晾制时间比对照增加了 5 ~ 7 d,晾制后烟叶上中等烟率比对照提高了 7.8个百分点;高海拔条件下采用增温、排湿技术,使晾房内相对湿度保持在适宜的范围内,烟叶干燥过慢导致棚烂的现象得到控制,晾制时间比对照缩短了 3 ~ 4 d,上中等烟率比对照提高了 10.8 个百分点。

2003—2004 年连续两年在湖北建始县(海拔 1200 m)、长阳县(海拔 1189 m)烟区进行了白肋烟晾房内温湿度调控设施研究,在晾房内铺设油毛毡等隔潮、防潮材料,安装排气扇。在变褐期、干筋期晾房内相对湿度过高,通过开关门窗等常规措施不能使晾房内的湿度降到适宜的范围内(即变褐期晾房内相对湿度保持在 70%~80%,干筋期晾房内相对湿度在 40%~60%)时,可通过火龙提高晾房内的温度及排湿,使晾房内的相对湿度保持在适宜的范围内,生火升温期间晾房的门窗要求关闭。

火龙使用方法:①凋萎期,加温排湿主要促使鲜叶多余水分散发,降低晾房内相对湿度,加温时间为 24 小时,升温期间,辅助升温排湿晾房温度比对照平均提高 3~4 ℃。②变黄期,根据天气情况,在阴雨时间长、晾房内湿度较大的情况下升温,可避免和解决烟叶凋萎后,叶片下垂、相互粘连、水分难以散发的问题。加温时间根据天气情况而定,升温期间温度提高 3~4 ℃。③变褐期,变褐期若遇气温低,阴雨天可用小火排湿,防止霉变。加温时间根据天气情况而定,以排湿为主。升温期间温度提高 2~3 ℃。④干筋期,干筋前期晾房内操作与变褐期相同;干筋中、后期,晾房内以排湿为主,需持续加温,直至叶片及主脉干燥下架剥叶。温度可提高 6~8 ℃,具体升温次数根据当时气候条件确定。

在高海拔烟区的晾房内修建、使用火龙,能显著提高高山烟区晾房增温排湿性能,使白肋烟晾制各阶段相对湿度均达到或接近适宜的范围;对晾制后烟叶评吸结果产生较大影响,2003 年上部叶评吸档次由对照的较差档次提高到中等档次,2004 年上部叶、中部叶评吸综合得分均由中等档次提高到中偏好档次,在烟叶香气质、香气量、杂气、刺激性、余味方面均有所改善;在减少或避免棚烂损失、提高白肋烟质量和经济效益等方面表现出良好的效果;每间晾房修建、使用火龙每年的投入总金额为 176.5 元,亩产值每年增加324.94 元。

火龙处理晾房内各阶段相对湿度均达到或接近适宜的范围,即凋萎期保持在80%~85%,变黄期、变褐期保持在 70%~82%,干筋期保持在 45%~65%;而无火龙处理晾房内变黄期、干筋期相对湿度均超出适宜的湿度范围。可见,在高海拔地区,应用现行常规晾制技术,不能达到适宜的相对湿度条件,晾房内相对湿度往往过高。而通过采取针对高海拔地区特点的对应的晾制技术,在晾房内修建、使用升温排湿设施火龙,可以使晾房内过高的相对湿度降下来,达到适宜的范围。(见表 6-5)

表 6-5　温湿度调控对晾房内不同阶段相对湿度的影响

年度及处理	凋萎期相对湿度/(%)	变黄期相对湿度/(%)	变褐期相对湿度/(%)	干筋期相对湿度/(%)
2003 年火龙处理	82.9	81.3	72.7	62.7
2003 年无火龙处理(对照)	84.3	91.0	80.6	67.5
2004 年火龙处理	84.0	73.0	78.5	48
2004 年无火龙处理(对照)	89.0	84.5	88.9	77.7

2004 年的试验结果显示,在高山烟区使用火龙晾制时间明显缩短,凋萎期缩短 5 天,变黄期缩短 5 天,干筋期缩短 3 天,晾制可提前 12 天结束。2003 年两个处理的晾制天数无差异,可能是 2003 年晾制季节湿度不大所致。(见表 6-6)

表 6-6 温湿度调控对晾制天数的影响

单位: 天

年度及处理	凋萎期	变黄期	变褐期	干筋期	晾制天数
2003 年火龙处理	7	9	13	13	42
2003 年无火龙处理(对照)	7	9	13	13	42
2004 年火龙处理	7	8	11	14	40
2004 年无火龙处理(对照)	12	13	10	17	52

在高山烟区使用火龙,对晾制后烟叶等级产生较大的影响,使用火龙处理的上等烟比例为 25.2% ~ 27.42%,比对照提高了 7.9 ~ 14.61 个百分点,中等烟比例为 50.4% ~ 52.58%,提高了 6 ~ 8.01 个百分点,下等烟比例为 24.4% ~ 20.0%,下降了 13.9 ~ 22.62 个百分点;亩产量增加 5.5% ~ 23.96%,亩产值提高 143.56 ~ 324.94 元,均价提高 0.64 ~ 1.01 元 /kg。(见表 6-7)

表 6-7 温湿度调控对晾制后烟叶等级、产量、产值的影响

年度及处理	产量 /(kg/ 亩)	产值 /(元 / 亩)	均价 /(元 /kg)	上等烟率 /(%)	中等烟率 /(%)	下等烟率 /(%)
2003 年火龙处理	158.5	917.2	5.79	25.2	50.4	24.4
2003 年无火龙处理	150.2	773.64	5.15	17.3	44.4	38.3
2004 年火龙处理	164.90	986.10	5.98	27.42	52.58	20.00
2004 年无火龙处理	133.03	661.16	4.97	12.81	44.57	42.62

由于火龙处理晾房内各阶段相对湿度均达到或接近适宜的范围,晾制后烟叶化学成分含量比对照更为协调(见表 6-8)。

表 6-8 温湿度调控对晾制后烟叶化学成分含量的影响

年度及处理	叶位	烟碱含量 /(%)	总氮含量 /(%)	氮碱比
2003 年火龙处理	上	5.32	5.12	0.96
2003 年火龙处理	中	4.79	4.87	1.02
2003 年无火龙处理	上	5.25	4.58	0.87
2003 年无火龙处理	中	4.85	4.18	0.86
2004 年火龙处理	上	5.28	5.05	0.96
2004 年火龙处理	中	4.65	4.95	1.06
2004 年无火龙处理	上	5.43	4.10	0.76
2004 年无火龙处理	中	4.80	3.60	0.75

在晾制过程中使用火龙,对晾制后烟叶评吸结果产生较大影响,2003 年上部叶评吸

档次由对照的较差档次提高到中等档次,2004 年上部叶、中部叶评吸综合得分均由中等档次提高到中偏好档次,在烟叶香气质、香气量、杂气、刺激性、余味方面均有所改善。(见表 6-9、表 6-10)

表 6-9　2003 年温湿度调控对白肋烟晾制后烟叶评吸结果的影响

处理	叶位	香气质	香气量	杂气	刺激性	余味	燃烧性	灰色	综合得分	浓度	劲头
火龙处理	上部	14.9 中等+	14.4 较足	13.9 有+	14.1 微有	14.7 较舒适	3.0 中等	2.2 灰	77.2 中等	3.0 中等	3.0 适中
	中部	15.4 中等+	14.7 较足	14.2 稍有	14.4 微有	14.6 较舒适	3.1 中等	2.3 灰	78.7 中等	3.0 中等	2.78 适中
无火龙处理 (对照)	上部	14.3 中等+	13.6 尚充足+	12.8 有+	13.3 有+	13.3 尚舒适+	3.0 中等	1.9 灰	72.2 较差	3.0 中等	2.89 适中
	中部	15.2 中等+	14.6 较足	13.7 有+	14.1 微有	14.3 较舒适	3.0 中等	2.0 灰	76.9 中等	3.0 中等	3.0 适中

注:湖北省烟草质检站检定。

表 6-10　2004 年温湿度调控设施对白肋烟晾制后烟叶评吸结果的影响

处理	叶位	香气质	香气量	杂气	刺激性	余味	燃烧性	灰色	综合得分	浓度	劲头	香型
火龙处理	上部	15.5 中等+	14.8 较足	14.0 有+	14.5 微有	14.4 较舒适	3.5 强	2.4 灰	79.1 中偏好	3.4 中等	3.6 较小	0 白肋
	中部	16.2 较好	14.9 较足	14.2 稍有	14.0 有+	14.4 较舒适	3.8 强	2.4 灰	79.9 中偏好	3.9 较浓	3.3 适中	0 白肋
无火龙处理 (对照)	上部	15.3 中等+	14.4 较足	14.0 有+	13.9 有+	14.0 尚舒适+	3.5 强	2.4 灰	77.5 中等	2.9 中等	3.3 适中	0 白肋
	中部	15.8 中等+	14.8 较足	14.1 稍有	13.4 有+	13.8 尚舒适+	3.8 强	2.5 灰	78.2 中等	4.1 较浓	2.9 适中	0 白肋

注:湖北省烟草质检站检定。

2010—2012 年,湖北产区引入太阳能应用技术,进行晾制期的增温排湿,以太阳能替代或部分替代煤和电的耗费,开展了太阳能在烟草育苗及白肋烟调制中的热能利用研究及应用。从白肋烟的晾制要求出发,湖北省烟草科学研究院设计出了适用于白肋烟晾制过程的太阳能增温排湿系统。本套系统包括一套平板式空气型太阳能集热器和一套循环系统(包含一台小功率轴流风机和循环管路),通过本系统与晾房的合理搭配,在晾制期间有效提升了晾房温度,降低了晾房内相对湿度,减少了烟叶的霉烂损失,提升了烟叶的品质;对所研发的平板式空气型太阳能集热器进行了模块化设计,简化了制造和安装程序,降低了设施成本;进行了集热器与晾制规模的匹配试验,寻找出了最适宜的集热器面积,提升了设施的增温排湿效率,进一步降低了设施成本;对本套太阳能增温排湿设施的热能利用效率、循环效率进行了系统的研究;进行了小规模的白肋烟太阳能增温晾制示范,进一步验证了所研发的增温系统在白肋烟晾制中的效能。结果表明,应用本系统能缩短晾制周期6~7天,亩产值增加291~250元,烟叶等级结构得到改善,上中等烟比例、均价均有一定的增加,每亩净增效益150~200元。同时,将所研发的太阳能增温排湿系统应用于马里兰烟叶晾制中,能取得较好的增温排湿晾制效果。

经过详细比较几种不同类型的太阳能利用方式的优缺点及在烟叶生产中应用的可行性,我们最后选择了一种成本相对低廉的太阳能利用方案——平板型气热式太阳能集热调湿设施。相比于水介质太阳能集热器,空气型集热器成本低,空气升温速率快,有利于在有阳光时间段将鲜烟叶水分排出,减小阴雨天霉烂的概率,配以强制循环系统,可以提升热能利用效率。

本套设施包括两块平板式空气型太阳能集热器(其中一块为强制对流式,另一块为自然对流式)和一套空气内循环系统(由小功率管式风机和铺设的风管组成)。

太阳能增温排湿晾房的搭建:在三间联栋"89"式标准晾房中加装由平板型空气集热器和低功率风机及风管组成的集热排湿设施,用黑色农用大棚膜对围护的连接处进行密封。太阳能增温排湿晾房设计图见图6-86。

在晾制周期内,每天早上8点至下午6点开启集热排湿设施(主要是用小功率轴流风机将屋顶集热器的热风泵入晾房内),根据晾房内的温湿度情况,通过门窗的开启和关闭进行调节,使温湿度保持在适宜的范围内。

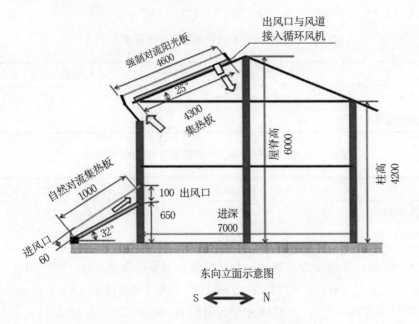

图6-86　太阳能增温排湿晾房设计图

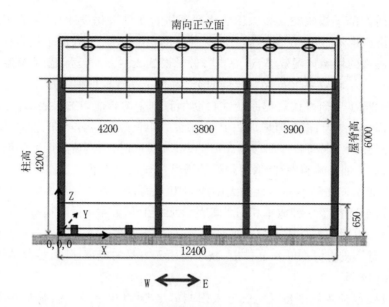

续图 6-86

在太阳能增温排湿晾房和对照晾房内安装了自动温湿度记录仪,在整个晾制期间以每十分钟记录一次的频率将两座晾房的温湿度变化情况记录下来。增温排湿设施的开启时间为每天早上 8 点到下午 6 点。如表 6-11 所示,每天 10 小时的设施运行时间能将整个晾制期的平均相对湿度由对照的 93.6% 降低至 83.4%,降幅为 10.2 个百分点。平均温度可由 18.2 ℃上升至 20.8 ℃,可提高 2.6 ℃。

而在设施运行的这段时间内(即每天上午 8 点到下午 6 点之间),平均相对湿度比对照晾房可降低 15.7 个百分点,平均温度可提高 3.1 ℃。(见表 6-12)

表 6-11 整个晾制期内平均温湿度情况对比

处理	平均温度 /℃	平均相对湿度 / (%)
太阳能晾房	20.8	83.4
普通晾房	18.2	93.6

表 6-12 设施运行时间段平均温湿度情况的对比

处理	平均温度 /℃	平均相对湿度 / (%)
太阳能晾房	24.3	72.6
普通晾房	21.2	88.3

若天气晴好,增温排湿设施对晾房的相对湿度有明显的降低作用,每天 10 小时的运行时间(上午 8 点至下午 6 点)可以将 24 小时的平均相对湿度降低 13.2 个百分点(相对对照晾房),均温可提高 3.1 ℃;而在设施运行时间段,相对湿度可以降低 25.4 个百分点(相对对照晾房),均温可提高 4.4 ℃。(见图 6-87)

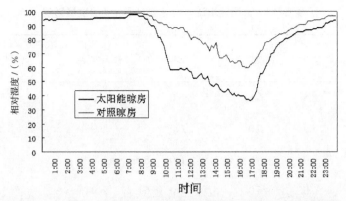

图 6-87 晴好天气太阳能增温排湿设施对晾房内相对湿度的影响

在天气较为恶劣的情况下,运行增温排湿设施也能很好地发挥作用,全天(24 小时)平均相对湿度可以比对照晾房低 8.9 个百分点,均温可比对照晾房高 1.5 ℃。在设施运行的时间段内(8 点—18 点),平均相对湿度可以比对照晾房低 11.8 个百分点,设施运行时间段内(8 点—18 点)均温可提高 2.3 ℃。而受室外相对湿度的影响,当天对照晾房相对湿度一直处于饱和湿度状态。(见图 6-88)

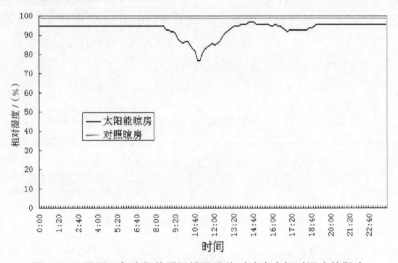

图 6-88 阴雨天气太阳能增温排湿设施对晾房内相对湿度的影响

整体来看,太阳能增温排湿设施的应用较大地缩短了烟叶的晾制周期,可由普通晾房的 42 天缩短至 36 天(见表 6-13)。加装了太阳能增温排湿设施的晾房能够明显改善晾制后烟叶的品质(见表 6-14)。

表 6-13 太阳能增温排湿设施对晾制周期的影响

单位:天

处理	凋萎期	变黄期	变褐期	干筋期	总天数
太阳能晾房	5	6	11	14	36
普通晾房	7	8	12	15	42

表 6-14　太阳能增温排湿晾制对烟叶评吸质量影响

	特征香气	丰满程度	杂气	浓度	劲头	浓劲协调	细腻程度	刺激性	干燥程度	干净程度
太阳能晾房上层	6.5	6.5	5.5	6.0	6.5	6.0	5.5	5.5	5.5	6.0
太阳能晾房下层	6.5	6.0	5.5	6.0	6.5	6.0	5.0	5.5	5.5	6.0
普通晾房上层	6.0	6.0	5.5	6.0	6.5	6.0	5.5	5.5	5.5	6.0
普通晾房下层	6.0	6.0	5.5	6.0	6.0	6.0	5.5	5.5	5.5	6.0

注：处理上层和处理下层分别为太阳能增温排湿晾房的上层烟样和下层烟样，对照上层和对照下层分别为普通晾房的上层烟样和下层烟样。

处理上层烟叶评吸质量好于对照上层，处理上层在特征香气、丰满程度等几个方面都要好于对照上层，且烟气成团性好；处理下层好于对照下层，处理下层的特征香气好于对照下层，劲头大于对照，且烟气成团性好。

如表 6-15 所示，应用太阳能增温排湿设施可以较好地提升烟叶的等级，上中等烟率上层可以提高 11.02 个百分点，下层可以提高 12.91 个百分点。产量分别可以增加 18.66%（上层）和 23.16%（下层）。亩产值分别可以增加 371.5 元（上层）和 392 元（下层）。均价分别可以提升至 10.87 元/kg（上层）和 10.49 元/kg（下层）。

表 6-15　应用太阳能增温调湿设施后对烟叶产质量的影响

处理	亩产量/kg	亩产值/元	上中等烟率/（%）	均价/（元/kg）
太阳能晾房上层	154.5	1678.7	83.91%	10.87
太阳能晾房下层	162.2	1701.1	83.22%	10.49
普通晾房上层	130.2	1307.2	72.89%	10.04
普通晾房下层	131.7	1309.1	70.31%	9.94

根据建造一套太阳能增温排湿设施所需的成本核算，每间晾房修建一套太阳能增温排湿设施需要 1558.56 元，按使用十年计算，每年的设施投入为 155.8 元。每间晾房用一台 35 W 的风机，按每个晾制周期设施运转 35 天计，每个晾制周期设施运行总耗电量为 29.4 千瓦时，折算金额为 14.7 元，即每年晾制期间运行太阳能增温排湿设施的运行费用为 14.7 元。因而，使用太阳能增温排湿设施进行晾制，每年的总投入为 170.5 元。而根据产值量的测算，使用太阳能增温排湿设施后，每间晾房可增加效益 370～390 元，净增效益可以达到 200～220 元。（见表 6-16）

表 6-16 太阳能增温排湿设施成本初步核算表

项目	单价	数量	总价 / 元	备注
阳光板	30.16 元 / m²	16 m²	482.56	
铁皮板	15.5 元 / m²	16 m²	248	
泡沫板	7 元 / m²	16 m²	112	
风机	260 元 / 台	1 台	260	35W 风机
风管	4 元 /m	12 m²	48	
太阳能涂料	8 元 / m²	16 m²	108	
安装用工	100	2.5 小时	250	需要一个半安装工
其他			50	压条、铆钉、黏合剂等
总计			1558.56	

对太阳能辐照分布、太阳能增温排湿系统得热以及增温排湿规律进行分析,结果如图 6-89 至图 6-92 所示,太阳有效辐照量与系统集热效率的分布规律表明,集热效率变化与太阳辐射量变化规律基本耦合。集热效率的变化趋势与太阳有效辐照量的变化趋势一致,但其变化幅度要大于有效辐照量的变化幅度。尽管监测日夜间至早上 10 点有雨,然后转晴,太阳能增温排湿系统依然能有效发挥作用,也可使室内最高风温达到 46 ℃,相对湿度降低至 50%。

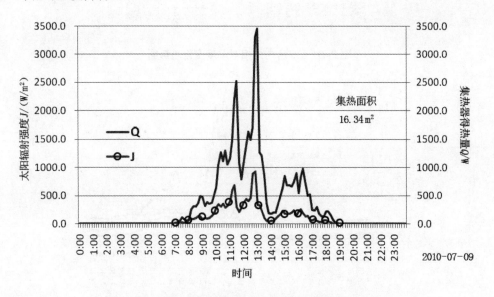

图 6-89 太阳有效辐射强度及当日集热器得热分布规律

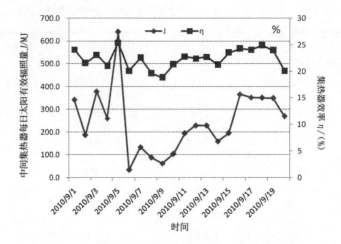

图 6-90　中间集热器每日太阳有效辐照量及集热效率

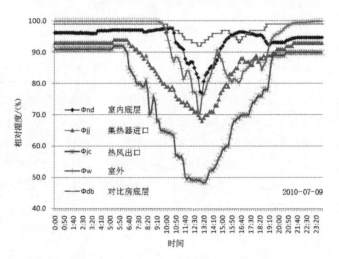

图 6-91　晾房内外相对湿度变化趋势图

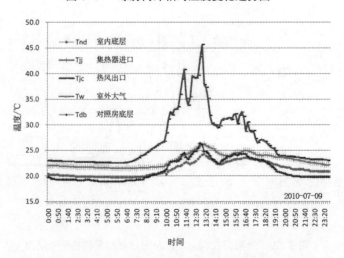

图 6-92　晾房内外空气温度变化趋势图

从白肋烟晾制的特点出发,结合太阳能增温排湿设施的作用方式,我们随后改进了整套设施(包括对平板式集热器进行模块化设计以及取消底部自然对流集热器这一组件),从而降低了设施成本。此外,根据晾制期间环境温湿度变化情况,又摸索出了配套的晾制技术,提升了增温排湿设施的应用效果,在减少集热面积的情况下获得与改进前相同的晾制效果。

平板式空气型集热器的模块化设计:将集热层、透光隔热层和保温层卡入插槽式的支撑件中,简化了集热器的制造和安装程序,降低了人工成本。太阳能增温排湿设施的改进:舍去了晾房底部自然对流集热器,将平板式太阳能集热器集成到晾房屋顶,进一步降低了设施成本。(见图6-93)

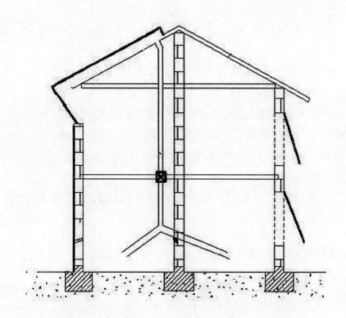

图6-93 改进后的太阳能增温排湿晾房示意图

改进后的太阳能增温排湿晾房搭建:在10间“89”式标准晾房中加装由平板型空气集热器(模块化)和低功率风机及风管组成的集热调湿设施(改进后设施无底部自然对流集热器),围护用三夹板进行密封,周围做成可开关门窗,集热器面积分别为9 m²、12 m²、15 m²三种,其在10间晾房中的排布见表6-17,晾房间用黑色农用膜隔断。

表6-17 不同集热器面积在晾房中的排布

晾房序号	1	2	3	4	5	6	7	8	9	10
集热器面积 /m²	12	9	15	9	12	15	12	15	9	12

根据改进后系统的特点,根据所监测的不同天气条件下晾房内外的温湿度变化规律,制定了以下晾制方法。

在晴好天气：

①在早上8:30至9:00(此时室外相对湿度已低于晾房内相对湿度)将晾房的门窗全部打开,出风管放于晾房外,充分通风,晾房内外空气进行充分的交换;

②上午9:30至10:00(经过充分的对流和交换,室内外相对湿度已接近相同)将门窗封闭,出风管放于晾房内,进行增温(此时利用较好的太阳光照强度进行增温,加快烟叶内水分散失至空气中的速度);

③下午3:30至4:00(此时外界光照强度趋弱)将门窗打开,出风管放于晾房外,与外界空气进行充分的交换(将室内高湿空气迅速排出);

④下午6:00至6:30,将晾房门窗关闭,出风管放于晾房外,在夜间继续对室内高湿空气进行强排至第二天。

在阴雨天气:将晾房门窗关闭,出风管放于晾房外,对晾房内的空气进行强制对流,并强排晾房内高湿空气。

改进后的太阳能增温排湿设施将集热器进行模块化设计,并省去原设计方案中自然对流集热器部分,简化了安装程序,降低了设施及安装成本。同时根据太阳能增温排湿设施的特点,结合白肋烟烟叶晾制的规律,摸索出了配套的晾制技术,提升了增温排湿的效率。这套晾制技术能以改进后的较小的集热器面积,获得与改进前设施相当的增温排湿效果,而且由于减少了所使用的集热器面积(从16 m² 减少至12 m²),设施总投入也由2010 年的1558.56 元减少至1140 元,设施成本减少了418.56 元。改进后的整套系统简单实用,集热器等组件的模块化设计,也使得其更易于进行工厂化生产和程序化安装,为整套系统的推广应用打下了坚实的基础。

（七）晾制期特殊情况处理

白肋烟晾制过程中,尤其是中期或后期,遇连续阴雨天,晾房内通风不良,湿度过大,或气温高、空气干燥,晾房内湿度过小,对烟叶晾制都会产生不利的影响,出现这些异常情况,要及时采取相应的措施进行调控,确保烟叶正常晾制。

1.空气相对湿度高于晾房内

空气相对湿度高于晾房内时要严闭门窗,或用草帘等遮蔽物挡着,不让潮气侵入。反之,室内相对湿度高于室外时,应开启门窗或加宽挂烟株距,以利于通风。

2.晾房内温度过低，而相对湿度又大

可以在晾房内生几个木炭炉增加温度,并适当通风以降低湿度,这样能防止烟叶霉烂,可以避免晾制时间过长。但要注意木炭应先烧红,火炉上面盖有旧铁锅或旧铁皮,使热量均匀散于室内。不要烧烟煤或木柴,以免熏污烟叶。也可在晾房内建火炉,即用砖瓦垒成管道,架出窗外。根据烟叶的变化情况,掌握升温速度,温度不要过高,防止干燥过快影响烟叶品质。

3.晾房内温度较高，相对湿度也较大

可在白天打开晾房门窗,夜间关闭晾房门窗,根据需要使用热源,装挂烟叶时留有宽

敞的空间。若整个晾制季节多处于这种条件下,晾房建盖应选择在空气流通良好的开阔地带。

4.晾房内温度较高,而相对湿度较小

可在晾房地面上洒水或在晾房四周浇水,也可将刚采收的烟叶或砍收的烟株装挂在最下层,宜采用砍株法收获,装烟间隔要紧密。若整个晾制季节多处于这种条件下,晾房建盖应选择在防风的低处和遮阴地带。

（八）几种劣质烟叶产生的原因及解决办法

1.糠枯烟

这种烟叶身份较薄,叶片较轻,易破碎,使用价值较低,多出自下二棚以下叶片,主要由烟叶成熟过度、采编过晚引起。因此烟叶成熟时要及时采叶编晾,晾干后妥善进行堆积发酵,不能长时间挂晾。

2.黑糟烟

黑糟烟主要由编烟或挂晾过密,翻抖烟叶、烟株不及时,或变褐干叶期阴雨连绵,晾房内局部湿度过大,烟叶产生霉变引起。因此编烟不宜过密,砍株挂晾,烟株要均匀、稀密适中,及时翻抖烟叶,控制好晾房内的湿度。另外,在堆积发酵时水分过重、翻堆不及时,也易引起霉变,产生黑糟烟,因此堆积发酵时应掌握好水分。

3.黄斑烟或黄烟

黄斑烟或黄烟主要是因晾制的中后期空气湿度低,气候干燥,晾房内温度较高,相对湿度较低,烟叶变黄后来不及变褐而叶肉细胞就已死亡,黄色被固定下来而形成的。因此在晾制的中后期,在长时间的晴好天气下,要注意晾房内的保湿。另外,移栽过晚,烟株长势较弱,砍收过迟,鲜烟株含水量过低也是产生黄斑烟和黄烟的主要原因。

4.过厚、颜色深暗的烟叶

过厚、颜色深暗的烟叶主要是因施氮过多,施肥时间偏晚,矮打顶而产生的。为避免这类烟叶的产生,应做到科学施用肥料,确保烟株留叶数。

5.青斑烟或青褐色烟

采叶或砍株后,烟叶受阳光暴晒过久会急剧脱水,从而严重凋萎,形成日灼伤,晾制过程中因灼伤叶细胞死亡,不能进行正常的生理生化变化,干后形成青斑烟或青褐色烟,对烟叶内外在质量都有不良的影响。因此,采叶或砍株时要避免长时间的阳光暴晒,尤其是田间砍株凋萎过程中要注意适时翻动烟株,防止烟叶灼伤。

（九）晾干后处理

晾制好的白肋烟继续挂在晾房中是不安全的,较好的天气条件会使烟叶颜色、光泽变差;温暖潮湿的天气条件会使烟叶发红,茎秆腐烂,叶片发霉。晾制好的白肋烟应立即下架、摘叶、分级扎把和堆积醇化。

1.下架、摘叶

晾制后烟叶干燥,容易破碎造成损失,需要进行回潮。回潮的办法是利用烟叶吸湿性强的特点,在下架、摘叶前,于夜晚或清晨,把晾房的门窗或遮蔽物都打开,让烟叶自然吸湿回潮,当主筋易折断、晾房内相对湿度70%左右、叶片变软时即可下架、摘叶。如果天气过于干燥不易回潮,可在晾房地面上洒少量水,以便烟叶回潮,回潮不能过度,防止烟叶霉烂变质。砍株晾制的烟株下架后,严格按着生部位,将下二棚、腰叶、上二棚、顶叶分别摘下,分别堆放,切忌混合,以便分级。

2.分级扎把

调制好的烟叶,应按白肋烟的规定分级扎把,也可在堆积发酵后分级扎把。分级扎把不宜在阴雨天或高温干燥天进行,以防烟叶吸湿过潮或失水过干。分级后将烟叶理顺,叶柄对齐,同一级叶片折成带状,缠绕叶柄扎成小把。烟叶大小要一致,按级堆放,不要混级混把。

3.堆积醇化

将下架后的烟叶堆积起来,在适当的环境条件下进行醇化,可以改进烟叶的外观质量,微带青色的烟叶可以继续变色,叶色不一致的可以变得较为均匀,并使颜色有所加深;同时可以改进香吃味,减少杂气,使香气显露,改善吃味。另外,堆积醇化还可使水分含量不一致的烟叶达到水分平衡。晾制好的烟叶水分含量应严格控制在16%~17%,应妥善堆放保管,自然醇化一段时间,并坚持每天检查,以防"烟叶发烧"。

回潮下架的烟叶可以不扎把,先扎成大捆,分部位堆垛,将叶尖向内,叶柄向外,堆成圆形或长方形,垛高一般以150~160 cm为宜,堆垛大小视地板面积和烟叶多少而定,烟垛要离开墙50 cm,底部垫草席,用薄膜封严烟堆,堆顶用木板或其他重物压紧。要经常检查,避免温度过高,注意翻垛,将上层烟叶改作下层烟叶,底层烟叶改作中层,中层烟叶改作上层。

白肋烟醇化过程中,不同的温湿度条件、不同气候条件、不同透气条件、不同包装方式、不同水分含量、不同醇化时间对白肋烟的内在品质和感官质量均有显著影响。化学成分分析与感官评吸结果表明:醇化烟叶的最佳水分含量为11.5%~12%;最佳醇化温湿度条件为温度25 ℃左右,相对湿度65%左右;最佳醇化气候条件为中原区域气候条件;透气条件为烟叶醇化必须在可透气条件下进行;包装方式:纸箱包装。白肋烟的最佳醇化时间因烟叶部位、气候条件不同而不同。

第七章 国产白肋烟质量特征及致香物质基础

第一节 国产白肋烟质量评价指标

白肋烟是烟草类型之一,它是一种典型的晾烟,晾制后叶色红黄色,结构疏松,弹性较强,填充力高,糖类化合物低,烟碱含量和总氮含量高于烤烟,具有一种特殊的香气,无论是品质和特性,还是在卷烟工业中的应用,都与其他烟草类型(烤烟、香料烟)有明显的区别。

一、烟叶外观质量

烟叶外观质量是一种感官评价质量,需要通过人体感觉器官(嗅觉、触觉、视觉器官等)来感知烟叶的外在特征。烟叶外观质量的评价目前只有文字定性评价的方式。国家白肋烟分级标准中用 6 个品质因素来具体评价白肋烟外观质量。

烟叶在生长过程中形成的生理结构可以体现在烟叶的外观上,烟叶外观质量指标包括颜色、成熟度、油分、身份、叶片结构、残伤等,目前主要依靠人的嗅觉、视觉和触觉来对烟叶的外观质量进行评价。由于烟叶生产的气候、水分、肥力、烘烤过程等的不同,不同烟叶的外观性状也存在差异,因此对烟叶外在生理结构的准确判断能够较客观地反映烟叶本身所具有的内在质量。通过烟叶的外观性状来对烟叶质量进行评价具有快速、方便、直观的显著优点,同时也便于烟叶按质论价。通过评价烟叶质量来将烟叶分级是世界各产烟国采用的主要手段,我国早在 1988 年就发布了白肋烟的国家标准,其中规定了白肋烟的分级技术要求,后经多次修订,现为 GB/T 8966—2005。原烟的各项外观质量可以根据国家标准中的各项指标来进行规范性评价,具体评价指标见表 7-1。

表 7-1 烟叶外观质量评价指标及等级

指标	等级
颜色	浅红黄、红黄、浅红棕、红棕、杂色
成熟度	成熟、完熟、尚熟、欠熟

指标	等级
叶片结构	疏松、尚疏松、松、稍密、密
身份	薄、稍薄、中等、稍厚、厚
油分	多、有、稍有、少
光泽	鲜明、尚鲜明、稍暗、较暗

1.颜色

烟叶颜色是指烟叶经过晾制后呈现的相关色彩、色泽饱和度和色值的状态。烟叶颜色的深浅和叶内色素(绿色色素、红色色素和黄色色素)比例有关,而色素的存在和比例与烟叶含氮化合物有关。在烟叶的生理生化变化中,色素的分解伴随着烟叶内多种化学成分的分解。所以,颜色的差异很大程度地反映了叶内化学成分的变化以及不同烟叶的内在质量。丁根胜等认为,烟叶色度指标基本能反映出烟叶的内在品质特点,烟叶明度值高的条件下烟叶刺激性小、杂气轻、吃味较好。

2.成熟度

成熟度是衡量烟叶质量的主要因素,它是指烟叶生长发育和干物质积累从生理生化上转向适合烟草工艺需求的变化程度,也是反映烟叶内外质量协调性的重要指标。烟叶成熟度是国际烤烟标准中普遍使用的第一质量要素,在整个国际烟草界它是烟叶质量的代名词。成熟度是烟叶质量的中心,也是影响卷烟质量的基础,更是整个国际市场竞争的热点。王军等研究指出,成熟度好的烟叶能很好地满足卷烟工业的需求。蔡宪杰、周冀衡、赵铭钦、朱忠、宣晓泉等分析了烤烟成熟度与化学成分及烟叶质量的关系,得出以下结论:烟叶成熟度越好,还原糖、钾离子、挥发酸含量越高;中部适熟烟叶的糖含量高,总氮、烟碱含量适宜,大多数中性致香成分的含量达到最大值;适熟烤烟烟叶的各项品质指标和各种化学比值都表现较好。

3.身份

烟叶身份是描述烟叶厚薄程度的指标,包括烟叶的细胞组织密度和单位叶面积的重量状态。在白肋烟分级中身份分为五个档次:薄、稍薄、中等、稍厚、厚。过薄的烟叶往往颜色浅,吃味淡,香气不足;厚度适中的烟叶一般具有较好的物理特性、协调的化学成分和较为理想的内在品质;过厚的烟叶劲头大,刺激性大,杂气也重。陈庆园等研究烟叶身份与主要化学成分的关系得出,身份与总氮和还原糖呈极显著正相关,与氮碱比和两糖比分别呈极显著负相关和显著负相关。付秋娟等通过相关分析认为叶面密度和叶片厚度与钾的相关性最高,呈较好的幂指关系,烟叶身份与化学成分之间存在极密切的相关关系。

4.叶片结构

叶片结构指烟叶细胞的疏密程度,以叶片结构疏松的烟叶质量最好。结构疏松的烟叶香气量足,香气质较好,吃味纯净,余味较为舒适,杂气和刺激性小;结构疏松的烟叶富有弹性,填充性和燃烧性好,有利于切丝、保润和加香加料。

5.油分

油分在烟叶外观上反映为油润或枯燥的程度。一般来说,油润丰满的烟叶质量最好。油分多的烟叶,眼看油润,手摸滑腻,弹性好,韧性强,糖含量也高,总氮和烟碱含量较低,香气质量好,劲头适中;油分少的烟叶,叶片枯燥不柔软,香气量少,香气质差,刺激性大,杂气也较重。胡建斌等研究表明,随油分档次的提高,同部位烟叶物理性状趋于优良,化学成分趋于协调,吸食品质提高。

二、烟叶物理特性

烟叶物理特性主要反映烟叶的耐加工性等经济使用性状,也在一定程度上反映烟叶质量特征,一般将烟叶长度、厚度、单叶重、含梗率、填充值、叶质重和拉力等作为物理特性评价指标。

1.长度

优质烟叶的长度一般不低于 50 cm。肖炳光等研究得出,腰叶长对烟叶产量贡献最大,烟叶叶片大小与烟叶产量和产值有着必然联系;同时,叶片大小与烟叶化学成分也密切相关。邱慧慧等研究表明,在适宜的叶长范围内,中部叶长每增加 3 cm,烟碱含量增加 2.80 mg/g。李东亮等研究表明,中部叶氯含量和氮碱比随叶长的增加而降低,钾、还原糖、烟碱含量和钾氯比随叶长的增加而增加。

2.厚度

一般情况下,同一烟株不同部位叶片的厚度表现为顶叶 > 腰叶 > 脚叶。叶片过薄,烟叶内含物不丰富,产量和质量都较低;叶片过厚,烟叶组织粗糙,烟碱等含氮化合物含量过高,香气、吃味变劣。王玉军等研究表明,烟叶厚度与总氮和蛋白质含量呈正相关,与总糖、还原糖含量均呈负相关,与烟碱含量呈极显著正相关,与糖碱比呈极显著负相关。

3.单叶重和含梗率

单叶重是烟草产量构成因素之一,且与烟叶质量有关。含梗率是指主脉重量占单叶重的比例。不同白肋烟产区烟叶各物理特性指标以单叶重差异最大。东北烟区单叶重相对较高,从东北烟区到南方烟区,叶片厚度逐渐降低,含梗率则逐渐升高。有研究表明,优质烟适度单叶重以中上部叶组 5 ~ 11 g,下部叶组 5 ~ 8 g 较为适宜,其内在化学成分比例协调,烟气质量上乘,一烟株有 80% 以上叶片能形成上等烟。含梗率必须控制在适宜的范围内,烟叶的含梗率越高则出丝率越低,且不利于卷烟工业提高烟丝纯净度。

4.填充值

填充值也叫作填充力,是指单位重量的烟丝在标准压力下所占的体积。填充值是烟叶最重要的物理特性之一,与卷烟生产的原料消耗直接相关。烟叶的填充值越高,烟丝的耗用就越少,经济效益越高。刘丽研究表明,填充值与还原糖之间存在极显著负相关。屈剑波等测定了河南烤烟各等级烟叶填充力,指出烤烟下部叶填充力最大,其次是上部叶,中部叶填充力最小。

5.叶质重

叶质重是指平衡过水分的烟叶叶片单位面积的重量,单位为 g/m^2,又叫比叶重或者叶面密度。叶质重一般反映烟叶组织结构和内含物的充实程度。内在品质好的烟叶一般叶质重较高。张永安研究表明,叶质重与劲头呈正相关,与钾和还原糖含量呈极显著负相关,与香气量、香气质、刺激性、杂气、燃烧性和余味等指标呈显著负相关。曹景林等通过研究香料烟叶叶质重与化学成分的关系得出,香料烟的叶质重与还原糖、总糖、蛋白质和总氮含量呈正相关关系,与烟碱含量呈负相关。

6.拉力

烟叶拉力是指在一定水分条件下,烟叶被拉伸至断裂时所能够承受的最大外力。拉力在一定程度上反映了烟叶的发育和成熟程度。一般认为拉力的适宜范围为 1.10～2.20 N。有研究认为,在一定范围内拉力与氮碱比呈极显著正相关,与烟碱含量呈极显著负相关,与还原糖、总糖含量呈显著正相关。拉力是影响烟叶评吸质量的主要因素,拉力与评吸质量呈负相关。

三、烟叶常规化学成分

烟叶内在化学成分含量及协调性对烟叶质量有重要的影响。白肋烟常规化学成分测定指标主要有总糖、还原糖、烟碱、总氮、钾、氯、蛋白质含量等,以及推算出的氮碱比、钾氯比等。优质白肋烟不仅要求各种化学成分含量适宜,而且要求各种成分之间的比例要协调。优质白肋烟化学成分适宜范围见表 7-2,各种化学成分测定方法见表 7-3。

表 7-2 优质白肋烟化学成分适宜范围

成分	含量	成分	比值
总糖	1.0%～2.5%	氮碱比	1.2～1.5
还原糖	<1.0%	钾氯比	4～10
总氮	3.0%～4.0%		
烟碱	2.5%～4.5%		
氯	0.3%～0.6%		
钾	2.0%～3.75%		

表 7-3 化学成分测定方法

名称	测定方法	备注
总植物碱	YC/T 160—2002 烟草及烟草制品 总植物碱的测定 连续流动法	行业标准
淀粉	YC/T 216—2013 烟草及烟草制品 淀粉的测定 连续流动法	行业标准
总氮	YC/T 161—2002 烟草及烟草制品 总氮的测定 连续流动法	行业标准
总糖	YC/T 159—2019 烟草及烟草制品 水溶性糖的测定 连续流动法	行业标准
还原糖	YC/T 159—2019 烟草及烟草制品 水溶性糖的测定 连续流动法	行业标准
氯	YC/T 162-2011 烟草及烟草制品氯的测定连续流动法	行业标准
钾	YC/T 217—2007 烟草及烟草制品 钾的测定 连续流动法	行业标准
氮碱比	总氮含量与烟碱含量的比值	—
钾氯比	钾含量与氯含量的比值	—

1. 总糖和还原糖

白肋烟属晾烟类,晾制时间长,糖类物质消耗多,总糖和还原糖含量均较低,一般总糖含量在 1.0% ~ 2.5%,还原糖含量以不超过 1% 为宜。

2. 总氮

白肋烟总氮含量在 3.0% ~ 4.0%,以 3.5% 为宜。如果含氮化合物太高,则烟气辛辣味苦,刺激性强烈;若含氮量太低,则烟气平淡无味。

3. 烟碱

白肋烟烟碱含量在 2% ~ 5%,以 2.5% ~ 4.5% 较适宜。烟碱含量过低,劲头小,吸食淡而无味,不具白肋烟特征香;烟碱含量过高,则劲头大,使人有呛刺不悦之感。白肋烟烟碱含量受叶位和叶数影响较大,打顶后烟碱积累量显著增加。品种、肥料、土壤、干旱的气候条件等均对烟碱含量有不同程度的影响。

4. 钾和氯

烟叶钾的含量高低对烟叶品质有着重要的影响,它对提高烟叶的燃烧性和持火力、提高烟叶弹性、改善烟叶色泽有重要作用。与钾相关的是烟叶的含氯量,当烟叶含氯量大于 1% 时,吸湿性强,填充能力差,易熄火,通常在我国北方烟区表现较为突出;小于 0.3% 时,烟叶吸湿性变差,弹性下降。通常认为烟叶含氯量以 0.3% ~ 0.6% 为宜。

5. 氮碱比(总氮/烟碱)

白肋烟总氮与烟碱的含量较接近,两者的比值大小与烟叶成熟过程中氮素转化为烟碱氮的程度有关。白肋烟总氮值比烟碱值稍大,总氮与烟碱比值在 1.0～2.0,以 1.2～1.5 较为合适。氮碱比增大,烟叶成熟不佳,烟气的香味减少;氮碱比低于 1 时,烟味转浓,但刺激性加重。因此,调节氮碱比是提高白肋烟品质的关键。

6.钾氯比

优质白肋烟 K 含量应大于 2.0%,Cl 含量应小于 0.8%。若烟叶 Cl 离子含量大于 1.0%,则烟叶燃烧速度减慢;含量大于 1.5%,显著阻燃;含量大于 2.0%,黑灰熄火。钾氯比值大于 1 时烟叶不熄火,比值大于 2 时燃烧性好。钾氯比值越大,烟叶的燃烧性越好,适宜的钾氯比值为 4～10。

四、烟叶感官质量特征

目前衡量白肋烟内在品质的方法主要还是感官评定,即"评吸"。感官质量指标主要包括香气量、香气质、浓度、刺激性、余味、杂气、劲头、灰色、燃烧性、刺激性、香型等。

1.香气

据国外专家剖析,品质好的白肋烟特征香气应具有可可香、坚果或花生壳香、烟斗杆香,还有少量的木香(woody)、鱼腥味。香气的浓淡与烟叶内氮化合物的原始含量有一定关系,一般氮化合物原始含量多的烟叶比含量少的调制后香气浓度高;还与气候、土壤等自然因素及品种、栽培与调制方式等有关。

2.吃味

总糖、还原糖、烟碱、总氮含量等对白肋烟吃味品质都可产生影响,控制烟碱的过高积累,适当提高总氮含量,协调氮碱比在 1.2～1.5,有利于提高白肋烟吃味品质。白肋烟烟气呈碱性,吃味带苦,这种苦味是白肋烟本身的特点。

3.生理强度

白肋烟在燃吸时,大部分烟碱经热解转化为其他化合物,仅有一小部分以原有形态进入烟气中。白肋烟的烟碱含量比烤烟高,劲头比烤烟大。

4.刺激性

白肋烟对感觉器官起刺激作用的成分主要来自挥发性碱类物质,其中主要是氮,游离烟碱次之,木质素和纤维素在燃烧过程中产生的甲醇也会引起辛辣的感觉。氮化合物含量越高,刺激性越大,因此白肋烟刺激性比烤烟大。

5.燃烧性

燃烧性与烟叶的钾、氯含量有关,同时取决于烟叶的化学特性,物理性状和燃烧区域的空气流通情况,以燃烧完全、具有一定的阴燃持火能力、燃烧速度不快不慢为佳。白肋烟组织疏松,比叶重小,燃烧性较强。

6.灰色

烟叶燃烧后除要求烟灰有一定的颜色外,还要求烟灰具有良好的聚结性,一般认为烟叶中的钾、钙、镁、氯在这方面起重要作用。白肋烟灰色较白。

第二节　国产白肋烟品质特征

一、外观品质

白肋烟外观品质是原烟进行分级、收购及工业利用的依据。成熟度是白肋烟分级标准中衡量烟叶品质的第一要素,白肋烟组织结构较其他烟草类型疏松,且孔隙度大,所以能吸收大量的糖料。叶面要求舒展,颜色、光泽比烤烟较深、稍暗,颜色以浅红黄和浅红棕为好,光泽以纯净明亮为好。烟叶贮藏、醇化和加工过程中颜色、光泽会变深,品质反而会有所提高。白肋烟仍以厚度适中的烟叶为好,厚薄适中标准比烤烟稍薄。

现行的白肋烟分级标准将一株白肋烟的烟叶划分为下部烟(X)、中部烟(C)、上部烟(B),而栽培上将各部位烟叶分为脚叶、下二棚叶、腰叶、上二棚叶、顶叶五个部位。同一株烟上着生部位不同的烟叶,由于其所处的光照、营养等环境条件的差异,它们之间的物理和化学性状会产生明显的差别。下部叶(脚叶、下二棚叶)一般颜色多为浅红黄色,色度稍差,较薄,组织疏松,吸湿性差,单位面积重量轻,劲头小,刺激性小,味平淡,但含梗率和填充力较高;含糖量和烟碱含量低于中部叶,钾、镁等矿质元素含量高,燃烧性好。中部叶(腰叶)厚薄适中,颜色多为浅红棕色,色度中或浓,光泽明亮,烟味醇和,叶组织疏松,弹性好,单位面积重量、含梗率、填充力及劲头适中;含氮化合物和碳水化合物含量适中,钾、镁等矿质元素含量居中,燃烧性介于下部叶和上部叶之间。上部叶(上二棚叶、顶叶)叶片较厚,颜色偏深,多为红棕色,色度浓,叶组织较密,燃烧较慢,吸湿性比中部叶弱,填充力、含梗率低,烟气味浓、劲头大,刺激性也较大;含氮化合物和碳水化合物含量较高,钾、镁等矿质元素含量较低。

赵晓丹在我国白肋烟主产区湖北恩施、四川达州、重庆万州和云南宾川,选取2010年当地白肋烟主栽品种(鄂烟1号、鄂烟3号、达白1号、达白2号、TN86、TN90和YNBS1等)的上部叶(B2F)和中部叶(C3F),开展了不同产区白肋烟质量特点及差异分析,研究结果显示:湖北恩施的白肋烟成熟度良好,颜色以浅红棕为主,身份中等至厚,油分有,结构不够疏松。四川达州的白肋烟成熟度处于成熟档次的中上水平,颜色多为红黄或浅红棕,光泽较强,身份中等,油分有,结构处于稍疏松的水平,身份略偏薄。重庆万州烟叶成熟度情况较好,颜色以浅红棕或红棕居多,光泽较强,少量叶光泽稍暗,身份较厚,油分有,结构不够疏松,外观质量符合要求。云南宾川烟叶成熟度处于成熟档次的中上水平,颜色多为红棕色,光泽强,身份中等到稍厚,油分有,结构不够疏松。不同产区白肋烟的外观质量存在差异,这与各地区的气候、土壤、栽培品种、施肥等有很大的关系。

湖北恩施白肋烟上部叶(B2F)成熟度良好,颜色浅红棕至红棕,以红棕为主,光泽较强,身份偏厚,油分有至富有,结构不够疏松。湖北恩施白肋烟中部叶(C3F)成熟度良好,颜色以浅红棕为主,占 50.00%,光泽较好,身份中等至厚占 50.00%,油分有,结构稍疏松至疏松占 5.00%。

四川达州白肋烟上部叶(B2F)成熟度情况好,颜色以红黄至浅红棕为主,占 90.00%,光泽为尚鲜明至鲜明,身份中等至厚占 50%,油分有至富有占 80.00%,结构以稍疏松和疏松为多,60%。四川达州白肋烟中部叶(C3F)成熟度情况好,颜色以红黄居多,比例为50%,光泽尚鲜明至鲜明占样本数的 100%,身份中等至厚占 50%,油分有至富有占 80%,结构稍细致至细致占 30%。

重庆万州白肋烟上部叶(B2F)成熟度情况较好,颜色以浅红棕至红棕居多,比例为87.50%,光泽尚鲜明至鲜明占样本数的 100%,身份中等至厚占 37.50%,油分有至富有占87.50%,结构稍疏松至疏松占 25.00%。重庆白肋烟中部叶(C3F)成熟度情况好,颜色以红棕为主,占 62.50%,光泽较强,身份中等至厚占 62.50%,油分有,结构以疏松至稍疏松为主。

云南宾川白肋烟上部叶(B2F)成熟度情况较好,颜色以红棕居多,比例为 58.33%,光泽尚鲜明至鲜明占样本数的 100%,身份中等至厚占 66.67%,油分有至富有占 91.67%,结构稍疏松至疏松占 41.67%。云南宾川白肋烟中部叶(C3F)成熟度情况好,颜色以浅红棕至红棕为主,占 41.67%,光泽尚鲜明至鲜明占样本数的 91.67%,身份中等至厚占75.00%,油分有至富有占 91.67%,结构稍疏松至疏松占 50.00%。

二、物理特性

我国白肋烟中部叶的厚度、叶面密度、平衡含水率、拉力、伸长率、单叶质量均小于上部叶,而填充值和含梗率高于上部叶。与烤烟相比,白肋烟填充值、含梗率较大,叶片厚度、叶面密度、拉力较小,平衡含水率和单叶质量差异不大;与雪茄烟叶相比,白肋烟的厚度、含梗率、拉力、单叶质量、填充值均较大。

湖北恩施白肋烟上部叶(B2F)最大叶长的变幅为 63.24~67.33 cm,平均值为65.26 cm,填充值的变化范围为 4.98~6.44 cm³/g,平均值为 5.56 cm³/g,其他各项指标的变异系数均在 10% 以下,说明各项指标比较稳定。偏度系数除含梗率、叶质重和最大叶宽指标外,其他指标均大于 0,为正向偏态峰。叶质重、最大叶长、填充值和拉力的峰度系数均大于 0,数据大多集中在平均值附近。湖北恩施白肋烟中部叶(C3F)各项指标的变异系数均小于 10%,保持在较低的变异水平,烟叶物理特性比较稳定。

四川达州白肋烟上部叶(B2F)填充值的变幅为 4.69~5.76 cm³/g,平均值为5.15 cm³/g,变异系数为各指标中最小(7.47%);叶厚和单叶重指标的变异系数较大,分别为 15.28% 和 14.63%,其他指标的变异系数均较小。四川达州白肋烟中部叶(C3F)最大叶长的变幅为 61.87~75.14 cm,平均值为 67.81 cm,变异系数最小,为 7.77%;最大叶宽的变幅为 23.71~38.22 cm,平均值为 30.41 cm,变异系数最大,为 15.17%。

重庆万州白肋烟上部叶(B2F)最大叶长的变幅为 56.30~64.67 cm,平均值为 61.66 cm,变异系数最小,为 4.71%;单叶重的变幅为 7.88~14.11 g,平均值为 11.15 g,变异系数较大,为 19.07%,其他各项指标的变异系数较小,物理性状较为稳定。重庆万州白肋烟中部叶(C3F)最大叶长的变幅为 64.20~73.08 cm,平均值为 68.10 cm,变异系数较小,为 4.64%。

云南宾川白肋烟上部叶(B2F)的单叶重为 8.20~17.80 g,平均值为 11.06 g,变异系数为 26.05%,变异系数最大;拉力变幅为 1.29~1.68 N,均值为 1.50 N,变异系数小,为 7.79%。可以看出,变异系数以单叶重和叶质重较大。单叶重、最大叶长和叶厚的偏度系数大于 0,其他指标均小于 0。除单叶重和最大叶长的峰度系数大于 0 外,其他指标的峰度系数均小于 0,为平阔峰,数据较分散。云南宾川白肋烟中部叶(C3F)的最大叶长变幅为 55.31~73.41cm,平均值为 65.48cm,变异系数最小,为 8.15%;叶厚变幅为 0.04~0.06 mm,平均值为 0.05 mm,变异系数最大,为 15.99%。可以看出,变异系数以叶厚的最高(15.99%),其他指标均保持在较低的水平,说明云南宾川白肋烟中部叶(C3F)的物理特性比较稳定。单叶重、叶质重和叶厚指标的偏度系数大于 0,为正偏态,其他指标为负偏态。除含梗率和叶质重的峰度系数大于 0 外,其指标的峰度系数都小于 0,为平阔峰,数据比较分散。

我国白肋烟主产区湖北恩施、四川达州、重庆万州、云南宾川相比较,白肋烟厚度、平衡含水率、拉力、伸长率的差异不显著,重庆白肋烟中部叶的叶面密度最大,湖北和重庆白肋烟上部叶的叶面密度较大,云南白肋烟上部叶填充值较大,四川白肋烟中部叶含梗率较大,重庆和云南白肋烟单叶重较大。不同产区烤烟的物理特性存在一定差异,以单叶重差异最大,填充值和平衡含水率差异相对较小。可见,我国白肋烟填充值的产区间差异与烤烟不同,平衡含水率等其他物理特性产区间差异与烤烟基本一致。

三、化学成分

国内外不同产区白肋烟烟叶中 10 种化学成分及比值均存在显著差异。国内外白肋烟的总糖和还原糖含量都很低。美国和国内各产区白肋烟总氮含量均在 3% 以上,马拉维偏低。国内产区云南宾川白肋烟样品的烟碱含量较低,小于 2.50%,马拉维白肋烟烟碱含量也偏低。国内外白肋烟的钾、氯含量和钾氯比都较为适宜。关于氮碱比,国内产区除云南较为适宜外,其他产地都稍低;美国和马拉维在 1.00~1.30,也较为适宜。湖北、四川和重庆白肋烟的总生物碱含量较高,且差异不显著,云南白肋烟总生物碱含量较低,且与马拉维白肋烟较为接近,美国白肋烟总生物碱含量低于重庆、湖北和四川,但高于云南和马拉维。烟叶降烟碱含量和烟碱转化率以重庆最高,其次为湖北,四川、云南、美国和马拉维烟叶降烟碱含量处于较低水平,且含量无显著差异,烟碱转化率以四川白肋烟最低,甚至低于美国和马拉维,且变异性较小,样品间稳定性好。云南白肋烟烟碱转化率显著低于湖北和重庆,但略高于国外。

湖北白肋烟上部叶(B2F)的总氮含量(3.50%)、钾含量(3.25%)、氯含量(0.60%)和钾氯比(5.39)均在一般优质白肋烟要求范围内,烟碱含量(4.92%)偏高,而总糖含量(0.51%)、还原糖含量(0.30%)、氮碱比(0.72)较低。湖北白肋烟中部叶(C3F)的总氮含量(3.17%)、钾含量(3.63%)、氯含量(0.48%)和钾氯比(7.97)均在一般优质白肋烟要求范围内,而中部叶烟碱含量(4.14%)稍高,总糖含量(0.53%)、还原糖含量(0.25%)、氮碱比(0.89)较低。

四川白肋烟上部叶(B2F)的总氮含量(3.27%)、烟碱含量(5.67%)、钾含量(2.94%)、氯含量(0.52%)、钾氯比(6.18)处于比较适宜的范围内,总糖含量(0.73%)、还原糖含量(0.43%)和氮碱比(0.61)较低。烟叶化学成分中,总氮含量的变异系数最小(9.58%),其次为氮碱比(11.86%),比较稳定;淀粉含量的变异系数最大(27.78%),最不稳定,其次是氯含量(26.37%)、钾氯比(25.57%)和还原糖含量(23.92%)。四川白肋烟中部叶(C3F)的总氮含量(3.06%)、烟碱含量(4.81%)、钾含量(3.32%)、氯含量(0.78%)和钾氯比(4.78)均在一般优质白肋烟要求范围内,但总糖含量(0.87%)、还原糖含量(0.50%)较低,氮碱比(0.67)稍低。各指标中以总氮含量的变异系数最小(8.64%),最为稳定;还原糖含量的变异系数最大(23.28%),最不稳定,其次是钾氯比、氯含量、总糖含量和糖碱比。

重庆白肋烟上部叶(B2F)的还原糖含量、总氮含量、钾含量、氯含量、钾氯比处于较适宜范围内,但烟碱含量偏高,总糖含量和氮碱比较低。烟叶化学成分中,总氮含量的变异系数最小(3.96%),氮碱比次之(5.80%),比较稳定;钾氯比的变异系数最大,为29.43%,最不稳定,其次是还原糖含量、糖碱比和总糖含量,变异系数分别为24.52%、22.00%、20.07%。重庆白肋烟中部叶(C3F)的10种主要化学成分指标中,就表现集中趋势的平均数而言,总糖含量(1.12%)、还原糖含量(0.72%)、总氮含量(3.11%)、钾含量(2.75%)、氯含量(0.45%)和钾氯比(7.47)均在一般优质白肋烟要求范围内;烟碱含量(4.29%)偏高,氮碱比(0.76)较低。各个指标中,以总氮含量的变异系数最小(6.12%),其次为总糖含量(8.02%)、烟碱含量(9.73%)、糖碱比(9.79%),比较稳定;氯含量的变异系数最大,为34.28%,最不稳定,其次是钾氯比(25.49%)、还原糖含量(19.68%)。

云南白肋烟上部叶(B2F)的总氮含量(3.42%)、钾含量(3.32%)、氯含量(0.53%)、氮碱比(1.02)、钾氯比(6.69)处于比较适宜的范围内,总糖含量(0.46%)、还原糖含量(0.26%)和烟碱含量(3.54%)较低。烟叶化学成分中,总氮含量的变异系数最小,为8.02%,最为稳定;钾氯比的变异系数最大,为32.35%,最不稳定,其次是糖碱比、氯含量和氮碱比,变异系数分别为29.20%、28.12%、27.30%。云南白肋烟中部叶(C3F)的总氮含量(3.03%)、钾含量(3.35%)、氯含量(0.54%)、氮碱比(1.07)和钾氯比(6.88)处于比较适宜的范围内,而总糖含量(0.57%)、还原糖含量(0.31%)、烟碱含量(2.95%)含量偏低。就表现指标稳定性的变异系数而言,总氮含量的变异系数最小(5.72%),最为稳定;糖碱比的变异系数最大(29.84%),其次为钾氯比、烟碱含量和氮碱比,变异系数分别为27.81%、25.80%、24.69%。

四、评吸质量

烟叶的评吸质量是指烟叶燃烧时,吸烟者对香气、吃味的综合感受。将白肋烟不同样品的烟叶在正常晾制后取混合样卷制成单料烟进行感官评吸,按照香气风格程度、香气质、香气量、浓度、杂气、刺激性、余味、劲头、燃烧性和灰色十项分别打分。

美国和马拉维烟叶表现最好,得分均在60分以上。美国烟叶香气风格显著,香气量大,香气较好,劲头偏大,余味一般,有鼻腔刺激。马拉维烟叶香气较好,较为柔和,有可可香和原烟香味。国内各产区烟叶与国外白肋烟在感官品质上有一定差距。湖北恩施烟叶香气特征较显著但不充分,香气量不足,稍有浑浊,略欠协调性;劲头稍大,浓度较好,浓度、劲头比例不够协调,抽吸时对喉部产生一定程度的冲击;烟气不够饱满,成团性不足,对鼻腔有少许刺激;口感较干净,略欠舒适,生津感一般,干燥感稍有。四川达州白肋烟香气风格突出,香气量足,劲头较大;但烟气单薄、欠细腻、丰满,强度偏大,呛刺感较强,凝聚性较弱,特征香气回味短少,吸味欠舒适。重庆万州白肋烟香气风格程度有,香气量中等至尚足,劲头中等至较大,香气质较差,有异味,降烟碱味明显,有鼻腔刺激。这可能与该地区品种退化或品种烟碱转化问题突出、烟碱转化率高有关。云南白肋烟可分为两种风格类型:一是以宾川(力角、三宝庄、鸡平关、炼洞、太和和州城)为代表的优质调味型白肋烟,突出特点是香气质纯正,吃味醇和,烟气较为细腻柔和,碱性刺激较小,杂气较轻,既具有显著的白肋烟风格特征,又未显露明显的劲头过大,刺激性过强,烟气难于吞咽的缺陷,烟气刚柔兼具,香味俱佳,配伍性较好。存在的主要问题是一些样品香气量偏少,燃烧性不良,烟气浓度偏低。二是以鹤庆(黄坪和朵美)为代表的优质调香型白肋烟,突出特点是香气风格显著,香气量较大,烟气浓度较高,劲头尚足,具有碱性刺激和冲击力,燃烧性好。在所评价的样品中,凡是烟碱转化率明显升高的样品,香气质均变劣,香气量较少,杂气加重,降烟碱味凸显。

湖北恩施白肋烟中部和上部烟叶均以建始地区评吸得分较高,巴东地区得分较低。特别是B2F烟叶,巴东的两个取样点得分较低,分别为51.0分和53.8分,这与巴东地区取样有关,巴东烟叶样品降烟碱含量偏高,烟碱转化率也较高,直接影响评吸结果,巴东地区烟叶香气风格程度有,香气质较差,香气量不足,有刺激性,降烟碱味明显。总体来说,湖北恩施白肋烟香型风格为白肋型,香气风格程度为有至较显著,香气量有至尚足,浓度中等至较浓,劲头中等至较大,杂气有至略重,刺激性有至略大,余味微苦至尚舒适。评吸质量以建始地区白肋烟较好,中部白肋烟质量档次为"较好",上部为"中偏上"。

四川达州白肋烟B2F和C3F烟叶以天宝地区烟叶得分较低,这与其种植品种有关,种植的鄂烟1号为未改良品种,烟碱转化率高,导致评吸时有降烟碱味,香气风格程度不显著,香气质差,杂气重。其他地区种植的达白系列表现较好,评吸得分较为一致,且风格突出,香气量尚足,劲头较大。整体来说,四川白肋烟香型风格为白肋型,香气风格程度较显著,香气量有至尚足,浓度中等至较浓,劲头中等至较大,杂气有至较轻,刺激性有,余味尚舒适,工业可用性较强。四川达州白肋烟评吸质量为较好。

重庆万州地区白肋烟B2F和C3F烟叶得分小于60分。从取样地点来看,响水地区感官评吸质量整体低于普子地区,这可能与响水地区品种退化或品种烟碱转化问题突出、烟碱转化率高有关。样品烟碱转化率低的普子地区,其白肋烟香气质和香气量均好,烟气浓度高,劲头适中,余味舒适,而品种烟碱转化率较高的响水地区,其白肋烟风格程度下降,香气质较差,杂气较重,降烟碱味明显。此外,在所评价的样品中,凡是烟碱转化率明显升高的样品,香气质均变劣,香气量较少,杂气加重,降烟碱味凸显,且在烟碱含量偏低的样品中更为突出,因此,对重庆主栽品种进行烟碱转化性状的改良十分必要。

整体来说,重庆白肋烟香型风格为白肋型和地方晾晒型,香气风格程度有至较显著,香气量有,浓度中等至较浓,劲头中等至较大,杂气有至略重,刺激性有至略大,余味微苦至尚舒适,工业可用性一般。

云南宾川白肋烟 B2F 烟叶以朵美地区总分最高,为 65.1 分,其次是炼洞、力角(TN90)和黄坪,总分均在 60 分以上。三宝庄(TN86)烟叶评吸总分最低,为 52.1 分。说明白肋烟不同样品间烟叶感官质量差异较大,不少样品具有较高的质量水平,表明云南宾川等产地具有生产优质白肋烟的条件和潜力。云南宾川白肋烟 C3F 烟叶以炼洞地区分数最高,为 62.6 分,其次是力角(YNBS1)和三宝庄(TN90),得分分别为 62.5 分和 61.9分。总体来说,朵美、炼洞和力角部分样品表现较优,烟叶香气质好,香气量和浓度较高,余味舒适。三宝庄、州城和鸡平关部分样品质量相对偏低,表现为香气量少,烟气浓度低,风格特征不明显,杂气较重,燃烧性不良等,除与生态条件有关外,可能与烟田营养失调、水分亏缺、长势失常、品种退化等因素导致烟叶未能充分发挥质量潜力有关。

国内不同产区白肋烟 B2F 烟叶,除浓度、刺激性和总分无太大差异外,其他各指标均差异显著。四川达州烟叶得分较高,为 59.75 分,其次是重庆、云南和湖北。不同产区白肋烟 C3F 烟叶,浓度、余味、劲头、燃烧性和总分指标间无太大差异,其他各指标之间差异显著。评分结果以美国和马拉维得分最高,表现最好,四川、云南和湖北地区烟叶评吸分数表现也较好,而重庆烟叶分数最低,为 56.33 分。

第三节　国产白肋烟致香物质基础

烟叶香气成分是构成烟叶风格特色和质量特征的重要因素,其组成十分复杂。不同地区白肋烟所含香气物质的种类基本相同,但各香气物质成分含量有所差异。为了便于分析不同地区白肋烟致香物质含量的差异,把致香物质按烟叶香气前体物进行分类,可分为类胡萝卜素类、芳香族氨基酸类、类西柏烷类、棕色化产物类和新植二烯。

一、不同产区白肋烟类胡萝卜素类致香成分分析

类胡萝卜素是烟叶中最重要的萜烯类化合物之一,在成熟、调制、陈化过程中降解产生多种重要的致香成分。类胡萝卜素类致香物质包括 β-大马酮、6-甲基-5-庚烯-2-酮、二氢猕猴桃内酯、香叶基丙酮、法尼基丙酮、巨豆三烯酮的 4 种同分异构体、3-羟基-β-二氢大马酮等,是构成烟叶香气质量的重要组分,其产生的香味阈值相对较低,但对烟叶香气质量的贡献率较大。烟叶在醇化过程中,类胡萝卜素降解后可生成一类挥发性芳香化合物,对卷烟吸食品质有重要影响。四川达州和重庆万州地区白肋烟类胡萝卜素类各香气成分含量都较为接近,可能与两烟区的生态条件较相似有关。美国烟叶巨豆

三烯酮含量丰富,远远高于其他产区,这是构成美国烟叶类胡萝卜素类香气成分含量最高(209.45 μg/g)的主要因素。美国烟叶巨豆三烯酮 1 的含量是 15.39 μg/g,是含量最低的云南宾川(4.88 μg/g)的 3.15 倍;巨豆三烯酮 2 的含量是 77.86 μg/g,是含量最低的云南宾川(22.66 μg/g)的 3.44 倍;巨豆三烯酮 4 的含量是 52.49 μg/g,是含量最低的马拉维(21.77 μg/g)的 2.41 倍。湖北恩施地区的法尼基丙酮含量最高,为 28.49 μg/g。美国烟叶类胡萝卜素类致香物质含量最高,其次为四川烟区,马拉维烟区含量最低,云南烟区含量也较低。(见表 7-4)

表 7-4 不同产区白肋烟 C3F 烟叶类胡萝卜素类致香成分含量分析

单位:μg/g

中性致香成分	湖北	四川	重庆	云南	美国	马拉维
芳樟醇	0.94	1.16	1.62	0.90	0.87	0.95
氧化异佛尔酮	0.11	0.17	0.10	0.09	0.18	0.06
β-二氢大马酮	0.97	1.74	1.23	0.97	0.78	0.50
β-大马酮	20.30	27.15	23.87	20.92	20.32	16.28
香叶基丙酮	7.28	4.92	4.42	3.99	9.53	4.02
β-紫罗兰酮	0.50	0.40	0.31	0.44	1.01	0.33
二氢猕猴桃内酯	1.12	1.33	1.26	1.21	0.79	0.65
巨豆三烯酮 1	5.72	6.61	6.38	4.88	15.39	5.75
巨豆三烯酮 2	29.90	33.71	32.17	22.66	77.86	27.09
巨豆三烯酮 3	4.41	6.03	5.78	9.87	10.29	4.70
3-羟基-β-二氢大马酮	8.05	5.13	3.39	6.24	0.63	2.09
巨豆三烯酮 4	23.24	32.42	29.66	22.33	52.49	21.77
螺岩兰草酮	1.78	1.95	2.25	1.78	0.78	1.05
法尼基丙酮	28.49	18.28	16.20	19.37	16.63	14.84
6-甲基-5-庚烯-2-酮	1.30	1.03	1.39	0.81	1.11	2.64
6-甲基-5-庚烯-2-醇	1.42	0.84	0.62	0.90	0.79	2.23
小计	135.53	142.87	130.65	117.36	209.45	104.95

二、不同产区白肋烟芳香族氨基酸类致香成分分析

芳香族氨基酸类致香物质包括苯甲醇、苯乙醇、苯甲醛、苯乙醛等成分,对烟叶的香气具有良好的影响,尤其对果香、清香贡献较大。在烟叶的挥发油中,最重要的化合物是

苯甲醇、苯乙醇,它们可使烟气增加花香的香味。四川达州和重庆万州地区白肋烟芳香族氨基酸类各香气成分含量都较为接近,可能与两烟区的生态条件较相似有关。芳香族氨基酸类致香物质含量以重庆和四川烟区烟叶最高,云南和湖北烟区也较高,美国烟叶最低。国内各烟区烟叶的苯甲醇和苯乙醇含量均高于美国和马拉维烟叶。美国烟叶的苯甲醇和苯乙醇含量仅为 1.71 μg/g 和 4.76 μg/g。(见表 7-5)

表 7-5   不同产区白肋烟 C3F 烟叶芳香族氨基酸类香气成分含量分析

单位:μg/g

中性致香成分	湖北	四川	重庆	云南	美国	马拉维
苯甲醛	1.71	2.60	2.64	2.20	2.24	2.60
苯甲醇	6.49	6.60	7.41	6.94	1.71	5.99
苯乙醛	34.11	44.21	43.57	34.16	17.60	27.01
苯乙醇	8.93	12.90	14.15	11.95	4.76	6.91
小计	51.24	66.31	67.77	55.25	26.31	42.51

三、不同产区白肋烟类西柏烷类致香成分分析

类西柏烷类致香物质主要包括茄酮,是烟叶中重要的致香前体物,通过一定的降解途径可形成多种醛、酮等致香成分。这与白肋烟烟叶的腺毛分泌物含量有关。腺毛分泌物多少取决于腺毛密度和单个腺毛的分泌能力,重庆烟区白肋烟茄酮含量最高,显著高于国内外其他产区的白肋烟。(见表 7-6)

表 7-6   不同产区白肋烟 C3F 烟叶类西柏烷类香气成分含量分析

单位:μg/g

中性致香成分	湖北	四川	重庆	云南	美国	马拉维
茄酮	93.92	108.74	155.33	103.38	98.10	111.60
4- 乙烯基 -2- 甲氧基苯酚	0.13	0.12	0.17	0.07	0.08	0.16
小计	94.05	108.86	155.50	103.45	98.18	111.76

四、不同产区白肋烟棕色化产物类致香成分分析

棕色化产物类致香物质包括糠醛、糠醇、5-甲基糠醛、3,4- 二甲基 -2,5- 呋喃二酮、2-乙酰基呋喃、2-乙酰基吡咯等成分,其中多种物质具有特殊的香味。重庆和四川烟区白肋烟的棕色化产物类致香物质含量较高,明显高于其他烟区。(见表 7-7)

表 7-7　不同产区白肋烟 C3F 烟叶棕色化产物类香气成分含量分析

单位：μg/g

中性致香成分	湖北	四川	重庆	云南	美国	马拉维
糠醛	6.3	16.18	22.7	11.3	4.44	7.13
糠醇	2.75	2.77	3.64	2.68	1.54	3.23
2-乙酰基呋喃	0.25	0.38	0.51	0.28	0.61	0.46
5-甲基糠醛	2.47	2.7	2.88	2.43	2.25	2.81
3，4-二甲基-2，5-呋喃二酮	0.9	0.65	0.82	0.44	0.92	2.21
2-乙酰基吡咯	0.22	0.21	0.19	0.13	0.09	0.09
小计	12.89	22.89	30.74	17.26	9.85	15.93

五、不同产区白肋烟新植二烯分析

新植二烯是烟草中叶绿素的降解产物之一。新植二烯能增进烟叶的吃味和香气，有一种较弱的令人愉悦的气味，它又可通过降解转化形成致香成分。不同烟区白肋烟新植二烯含量差异较大，这是导致不同烟区白肋烟中性香气成分总量差异较大的重要原因。四川烟区白肋烟的新植二烯含量最高，其次为重庆烟区，国外烟区白肋烟的新植二烯含量都较低，特别是马拉维烟叶，新植二烯含量仅为 258.22 μg/g。（见表 7-8）

表 7-8　不同产区白肋烟 C3F 烟叶新植二烯含量分析

单位：μg/g

中性致香成分	湖北	四川	重庆	云南	美国	马拉维
新植二烯	822.31	1121.35	1071.23	911.51	585.69	258.22
小计	822.31	1121.35	1071.23	911.51	585.69	258.22

六、不同产区白肋烟中性致香成分的多重比较

国内外不同产区白肋烟 C3F 烟叶的各类中性致香物质含量差异显著。美国烟叶类胡萝卜素类致香物质含量最高，为 209.45 μg/g，是含量最低的马拉维的 2 倍。湖北恩施、四川达州和重庆万州烟叶的类胡萝卜素类致香物质总量较为接近，而云南地区偏低。国内产区和马拉维烟叶的芳香族氨基酸类物质总量均较高，而美国含量最低，为 26.31 μg/g。各产区烟叶类西柏烷类致香物质总量差异不大。重庆和四川烟区烟叶的棕色化产物类致香物质含量较高，美国烟叶中棕色化产物类致香物质含量最低，为 9.85 μg/g。国内产区烟叶的新植二烯含量均较高，远远高于国外烟叶。（见表 7-9）

表7-9 国内外不同产区白肋烟中性致香物质的多重比较

单位：μg/g

产区	类胡萝卜素类	芳香族氨基酸类	类西柏烷类	棕色化产物类	新植二烯
湖北	135.53bc	51.24b	94.05c	12.89d	822.31b
四川	142.87b	66.31a	108.86bc	22.89b	1121.35a
重庆	130.65bc	67.77a	155.50a	30.74a	1071.23a
云南	117.36cd	55.25b	103.45bc	17.26c	911.51b
美国	209.45a	26.31d	98.18bc	9.85e	585.69c
马拉维	104.95d	42.51c	111.76b	15.93c	258.22d

注：同一列小写字母不同表示差异达到5%显著水平。

第八章　国产白肋烟分级及工商交接

第一节　国内外白肋烟分级标准简介

（一）白肋烟等级标准的产生

1967 年受轻工业部委托,原轻工业部烟草工业科学研究所会同湖北省烟叶收购供应部及有关单位,起草了湖北省白肋烟"7 级制"的分级标准(试行草案),即中下部 1～4 级,上部 1～2 级,1 个末级。此标准先后在湖北、湖南、四川、河南白肋烟产区使用。1972 年四川省白肋烟试种成功后执行湖北省白肋烟"7 级制"标准,1973 年执行本省制定的白肋烟"8 级制"标准,沿用到 1988 年。1976 年,湖北省提出将"7 级制"改为"9 级制",在建始、长阳等县试行,由于各地对"9 级制"分级标准和价格的看法差异较大,该标准试行和验证结束后,未能得到推广。1981 年,为了解决"7 级制"分级标准存在的级别过少及其他问题,湖北省烟麻茶公司在广泛调查、研究的基础上,拟定了白肋烟"12 级"分级标准,1987 年列入国家标准制订计划。1988 年,在中国烟草总公司的推动下,经过起草单位和协作单位的共同努力,完成了白肋烟国家标准制定工作。

（二）白肋烟12级标准的形成

1981 年,轻工业部成立了白肋烟标准研究小组,湖北省烟麻茶公司为主要参加单位,调查了我国白肋烟主产区湖北、四川白肋烟标准的执行情况和存在问题,并征求了卷烟厂、外贸部门、供销社等 16 个单位对原料使用和标准起草的意见。调查结果:要求统一标准,进行试验研究,组织成立起草小组。根据白肋烟 7 级和 12 级标准中存在的主要问题,1982 年以湖北、四川白肋烟为试验材料,在湖北制定的白肋烟 12 级标准的基础上,进行了烟叶部位、颜色、厚度的核对研究,并做了组织、光泽、等级质量等项目的补充研究,同时开展了样品的理化分析,为起草白肋烟标准提供了技术依据。1983 年 10 月成立了全国白肋烟标准起草小组,在武汉市召开了第一次起草工作会议,在会上讨论了郑州烟草研究院提出的白肋烟标准技术方案,湖北省烟麻茶公司介绍了白肋烟标准修订和执行情况,并对白肋烟标准进行了第一次审定。1984年4月在武汉市召开第二次会议,会议根据农业验证样品,第二次讨论和审定了白肋烟标准。

1987年,中国烟草总公司将白肋烟列入国家标准制订计划,并由中国烟草总公司主持,在郑州召开了白肋烟标准座谈会,郑州烟草研究所,湖北、上海、四川等省(市)烟草公司,武汉、天津卷烟厂,湖北省标准局,湖北省农业科学院等单位参加了会议。会议对白肋烟标准进行了第三次审定,确定了白肋烟国家标准,制定了验证样品,并由湖北、四川两省继续开展试点和验证工作,验证表明,标准是可行的、合理的,有一定的科学性和先进性。12级制由中下部1~6级,上部1~5级和1个末级组成。

自1981年起至1987年止,白肋烟国家标准的制定共经历了七年时间。这期间,在轻工业部和中国烟草总公司的领导下,经过中国烟草公司郑州烟草所和湖北、四川省烟草公司的努力,并得到有关单位的支持与合作,完成了调查、试验研究、方案起草及标准审定工作任务。GB 8966—1988《白肋烟》于1988年7月1日由国家标准局正式颁布实施,结束了地区性标准的不统一,规范了白肋烟分级技术要求,对于促进白肋烟生产发展、工业原料的使用均起到了非常重要的作用。

GB 8966—1988《白肋烟》在全国使用了近20年的时间,一直未曾修改,随着生产水平和卷烟配方的不断变化,该标准在实际执行过程中已经存在较明显的缺点:

(1)部位划分简单,颜色相互交叉,同一等级内烟叶质量差异较大。由于等级数目少,级幅较大,易造成混级收购现象。

(2)品质因素及档次划分不合理,表述不清,使烟叶分级难以操作。

(3)等级数目偏少,级差较大,带来等级间价格差较大,导致农民在交售烟叶时争级要价,影响白肋烟收购秩序,同时也导致生产上低打顶、少留叶,不利于生产技术规范的推广应用。

(4)原料等级可选择余地少,不能很好地满足工业配方的需求,不利于卷烟制品质量的稳定。

(三)白肋烟28级标准形成

1.GB 8966—1988《白肋烟》修订的背景

GB 8966—1988《白肋烟》自1988年发布实施以来,对提高我国白肋烟生产水平、改进烟叶质量和扩大外贸出口,都起到了极大的促进作用。但进入20世纪90年代后,我国白肋烟生产发展较快,白肋烟种植区域已逐步集中于湖北、四川、重庆、云南等省份,产区围绕白肋烟适宜生态区的选择、适宜品种的筛选及栽培技术、调制加工技术等工作开始进行生产研究与合作。20世纪90年代初,我国开展了中美白肋烟生产技术合作,90年代末期,与菲莫、英美等国外烟草公司开展生产技术合作,进行了优质白肋烟配套栽培技术研究,对我国白肋烟生产技术的发展起到了积极的推动作用,部分主产区的白肋烟,其内在质量和外观质量均已接近国际优质白肋烟的水平。随着国际生产技术的广泛引进,烟叶的内在质量和外观质量都发生了一定变化,用于指导生产发展的分级技术标准与实际需求已不相适应,需要加以全面修订。

随着吸烟与健康问题日益受到社会的普遍关注,我国提出发展"中式卷烟",并将卷烟质量引入全新的概念,卷烟的低焦油、低危害成分已成为我国今后卷烟发展的主要趋势。随着国内卷烟工业企业重组,产品降焦、减害,尤其是卷烟品牌有了较大的调整,部分企业混合型卷烟不仅有了较快的发展,而且形成了系列品牌。因此,对白肋烟的质量提出了更高的要求,原12级标准也必须进行必要的修订。

2.GB 8966-2005《白肋烟》修订的指导思想和原则

1)标准修订指导思想

坚持国家烟草专卖局(下文简称国家局)提出了"以技术进步为中心",以坚持质量,改进品质,增加烟叶可用性,努力提高综合效益为指导,以白肋烟农业先进生产技术规程为基础,汲取和借鉴美国白肋烟31型标准优点,结合我国白肋烟生产实际情况,力求使修订后的白肋烟标准既科学、合理、实用,又有利于指导今后我国白肋烟生产和提高白肋烟质量,以满足卷烟工业生产的发展需要,同时实现白肋烟国家标准向贸易型标准的过渡,加速与国际标准接轨。

2)标准修订原则

(1)坚持标准的科学性:以规范生产种植和调制规程为基础,研究品质之间的相关性,客观地反映烟叶外观质量规律性。

(2)坚持标准的先进性:汲取国际先进经验,紧密联系实际,合理采用国际标准。在名词术语和通用技术内容等方面尽量做到与国际标准接轨。

(3)坚持标准的可操作性:在确定标准的分级品质因素和技术要求等方面,始终坚持以标准的可操作性为修订的基础。

(4)坚持标准的适应性:应用在白肋烟栽培、调制等方面的研究成果,使新标准能广泛适应卷烟工业生产、烟草农业发展和国际贸易的需要。

3.GB 8966—2005《白肋烟》修订的简要过程

1991年,国家局在湖北省建立了中美白肋烟生产技术合作基地。为了使分级标准与生产技术同步进行,湖北省烟草公司恩施州公司及有关单位开始了白肋烟标准修订前的准备工作,根据优质白肋烟生产技术研究成果和生产实际,逐步开展了对白肋烟标准相关内容的研究。1992—1995年,湖北恩施、建始产区连续几年开展白肋烟生产验证,以白肋烟半整株和剥叶为材料,采用按叶序划分部位的方法,完成了烟叶部位及等级因素和品质因素相关性实验研究。通过反复验证,逐步摸清了白肋烟质量规律,取得了大量真实、可靠的数据,提出了白肋烟分级标准应先实行部位、颜色分组,再分等级的总体技术思路。

1996年,《白肋烟》修订项目在国家局立项,中国烟叶生产购销公司(现更名为中国烟叶公司)、湖北省烟叶产销公司在湖北成立白肋烟标准修订工作小组,并按照标准修订的有关程序和要求,将前期研究的成果进行认真汇总、筛选,初步起草了白肋烟分级标准(修订草案)。

1997年,在全国烟叶标准样品审定会期间,由中国烟叶公司主持,在江苏扬州召开了白肋烟标准修订第一次会议,全国烟草标准化技术委员会委员及重点烟草工业企业参加了会议。会议听取了湖北开展白肋烟标准修订工作的情况汇报,与会专家和代表初步审定了白肋烟分级标准(修订草案),对白肋烟标准修订工作进展情况给予了充分肯定。

1997年,为了进一步完善白肋烟国家标准(修订草案)并扩大验证工作,国家烟草专卖局以国烟科20号下达关于开展《白肋烟国家标准(修订草案)》验证工作的通知,决定在湖北、四川、重庆、河南产区进行农业验证,在北京、上海、广州、武汉、芜湖卷烟厂开展工业验证。

1998年11月,在全国白肋烟产区实行农业验证的基础上,中国烟叶生产购销公司在湖北省恩施市召开了白肋烟标准修订第二次会议,湖北、四川、重庆等白肋烟产区及有关烟厂配方人员参加了会议,会议对新标准在征求意见的基础上进行了修改,形成了白肋烟27级标准(征求意见稿)。

1999年,新标准验证范围有所扩大。湖北恩施、宜昌市(州)所有产区均开展了白肋烟新标准验证和转换工作,在恩施市三岔乡三个村还推行了试收购;四川达州、重庆万州白肋烟产区积极推行新标准农业验证,培训分级技术人员。

2000年4月,在贵阳召开中国与英美公司联合开发优质烟基地会议,英美公司对我国提出的白肋烟27级标准非常赞同,认为此标准符合国际优质烟技术要求,会议双方对白肋烟27级标准进行了讨论并做了进一步修改,即适当调整了各部位等级,在成熟度中增加了过熟品质因素,将白肋烟27级标准改为28级标准。

2000年,湖北省制定了白肋烟28级试收购价格,在湖北恩施、建始BAT、PM白肋烟生产技术合作示范点,直接推行白肋烟28级标准收购。

2001年,在芜湖、武汉卷烟厂的大力支持下,顺利完成了白肋烟28级标准工业验证工作,并取得了较好的效果,为完成国家白肋烟28级标准送审稿提供了科学依据。

2002年12月,中国烟叶公司在湖北省武汉市组织召开白肋烟标准第三次修订会议。郑州烟草研究院烟草标准化研究中心,湖北、四川、重庆等省(市)及产区主要技术人员参加了会议,会议完成了白肋烟28级标准审定工作并形成了报批稿。

2005年8月31日,GB 8966—2005《白肋烟》由国家质量监督检验检疫总局(现更名为国家市场监督管理总局)正式批准发布。

2006年9月,在湖北恩施(龚家坪收购组)、建始(红砂收购组)、巴东(麻石坪收购组)、鹤峰(高峰收购组)等四个县市按新标准进行了试收购并取得成功。

2007年6月25日,该标准由国家标准化管理委员会以国标委农经函【2007】30号文批准进行了第一次修改。

2007年9月1日起,湖北、四川、重庆、云南等四个省市在中国烟叶总公司的统一部署下全面实施新标准的收购,实现了在全国所有白肋烟产区一次性贯标。

4.GB 8966—2005《白肋烟》修订的主要内容

从总体上看,修订后的白肋烟国家标准基本符合农业生产的实际情况,既有利于改进白肋烟生产技术,提高产品品质,又有利于工业使用,提高经济效益。

修订后的标准与原标准比较有以下区别:

(1)组别与等级的变化。原标准部位、颜色划分简单,由于不同部位白肋烟质量有差异,因此同一级中的烟叶品质差别较大,不利于卷烟工业选料配方。28级标准对烟叶部位、颜色做了进一步分组,使相同级别的质量差异缩小,有利于提高烟叶纯度,减少分级过程中的难度,有利于工厂正确、合理地利用原料。

28级部位是根据烟叶着生部位进行划分的,即脚叶(1~4片)、下部叶(5~8片)、中部叶(9~13片)、上二棚叶(14~19片)、顶叶(20~22片)。按叶序划分部位,既简单,又准确,烟农易掌握。当然,对于完全剥叶采收的产区,可按照标准表述的不同部位的外观特征进行部位划分。

颜色是分级标准中重要的因素,不同颜色的烟叶具有不同的质量风格特征。修订后的标准以浅棕色作为颜色基调,杂色单列处理。对颜色的进一步划分和定位,有利于规范晾房条件,更快地改进和提高我国白肋烟调制技术水平。

(2)先分组,后分级。先将组别划分清楚,实际上每个组别只有2~3个等级,等级数目相对较少,易于掌握。

(3)借鉴国外先进分级技术标准,在原标准品质规定的基础上增加了颜色强度、均匀度、宽度。通过增加以上三个品质因素,强化了白肋烟的外观质量特征。颜色强度品质反映烟叶颜色的浓淡程度,也是对光泽品质的一个非常重要的补充;宽度品质是对烟叶品种选育及田间生长发育的要求,宽度规定将有利于规范栽培技术,也是弥补原标准品质中仅规定烟叶长度而没有规定宽度的不足;把均匀度作为品质因素进行规定,明确各品质间均匀的程度,这是为了增强分级可操作性,提高卷烟企业所关注的等级纯度。

(4)放宽了各等级损伤度规定,体现了对烟叶成熟度的重视。在中下部烟叶组别中增加"过熟"品质概念,就是为了适应白肋烟半整株或整株调制所产生的过熟烟叶。用过熟品质真实反映这部分烟叶的成熟状态。

(5)增加和修订了有关条款,提高了烟叶分级可操作性,使标准与实际检验工作之间的符合性更强。

①进一步明确了烟叶验级的11个条款。

②检验方法及规则修订的主要内容:明确了收购交接现场烟叶验级以"把"为单位,并以数量法计算合格率。在条款中,增加了烟叶检验报告内容及现场检验的规则。

③包装技术要求统一规范了白肋烟验收卡片。

(6)采用国际通用的标准代号、术语,有利于交流和发展对外贸易,提高我国白肋烟在国际上的地位。

(7)修订后的28级制分级标准有以下特点:部位、颜色分组科学,强调以成熟度为重点,放宽了损伤度,规定了杂色要求,部位、颜色、成熟度、身份等作为主要分级依据,便于分级操作。颜色界限清楚,容易辨认。等级数目增加,价差缩小,减少收购和交接之间的矛盾。

（四）国内外白肋烟现行等级标准简介

1.美国白肋烟等级标准

美国白肋烟等级标准首先按烟叶部位分组,然后按颜色分组,最后根据烟叶成熟度、身份、组织、叶面状态、光泽、颜色强度、叶宽、叶长、均匀度和损伤度共10项品质因素进行分级。

部位分脚叶(P)、下二棚叶(X)、腰叶(C)、上二棚叶(B)、顶叶(T)。颜色分浅黄(L)、浅红黄(F)、红黄(R)、深红黄(D)和青色(G)等。另外分有碎片(S)、级外(N)、混叶(M)、浮青(V)、杂色(K)等。

美国白肋烟分111个等级,脚叶组14个等级,中下部叶组21个等级,上部叶组39个等级,顶叶组21个等级,混叶组8个等级,级外7个等级,碎片1个等级。等级表示法与烤烟分级相同,如X1L为下二棚浅黄一级,B2R为上二棚红黄二级。

美国白肋烟标准适用于31型和93型。

31型即美国晾烟,通常指美国白肋烟。它主要包括如下产区所生产的白肋烟:肯塔基、田纳西、弗吉尼亚、北卡罗来纳、俄亥俄、印第安纳、西弗吉尼亚、密苏里。

93型指美国进口的其他国家所产的白肋烟。

2.巴西白肋烟等级标准

巴西白肋烟等级标准有官方标准和烟草经销商内部标准两种。官方标准目前使用的是30级制,用于烟叶收购环节,即烟农按照官方烟叶等级标准进行分级,烟草经销商也按官方标准定级收购并付款给各烟农。烟草经销商标准是各烟草公司制定的范围较广、适应不同客户质量要求的内部等级标准,用于根据不同客户要求对所收购的烟叶进行二次分级。不同经销商的内部标准等级数量不同,如大陆公司的内部标准有128个等级,英美烟草公司的内部标准有150个等级,康年烟草有限公司的内部标准有149个等级,苏萨·克鲁兹公司的内部标准有190个等级。官方标准和烟草经销商内部标准的分级体系非常相似,均能反映烟叶成熟颜色的质量等级特征,通常是按照5个部位(T、B、M、C、X)及不同的颜色标准(O、L、R、K、G)进行组合。

3.国产白肋烟等级标准

现行国家标准《白肋烟》(GB/T 8966—2005)中,白肋烟等级的划分是按照先分组、再分级的原则进行的。

1)白肋烟分组

白肋烟分组即依据烟叶着生的部位、颜色以及其他和总体质量相关的主要特征,将同一类型的烟叶做进一步划分,使同一组别烟叶具有较为接近的质量(包括内在质量、化学成分、物理性状、外观特征等)。

(1)白肋烟部位分组。

根据烟叶在烟株上着生的位置,由下而上分为脚叶、下二棚叶、腰叶、上二棚叶和顶叶,即脚叶组(P),下部叶组(X)、中部叶组(C)、上部叶组(B)和顶叶组(T)5个组。部位特征见表8-1。

表8-1　部位特征

部位	部位特征		
	脉相	叶形	厚度
脚叶	较细	较宽圆、叶尖钝	薄
下部叶	遮盖	宽、叶尖较钝	稍薄
中部叶	微露	较宽、叶尖较钝	适中
上部叶	较粗	较窄、叶尖较锐	稍厚
顶叶	显露、突起	窄、叶尖锐	厚

注:在特殊情况下,部位划分以脉相、叶形为依据。

不同部位烟叶外观特征的一般规律:烟叶部位由下至上,叶片厚度由薄趋厚,叶片颜色由浅趋深,叶片结构由疏松趋紧密,叶脉由细趋粗,叶形由宽圆趋窄,叶尖由钝趋尖。

部位分组后,每个组的烟叶等级数目相应减少,确定等级的因素也相应减少。因此,为进一步分级创造了有利条件。

(2)白肋烟颜色分组。

依据烟叶颜色与质量的关系,结合生产实际,将烟叶颜色分为浅红黄、浅红棕、红棕、杂色4个颜色组。颜色特征见表8-2。

浅红黄组(L):烟叶表面浅黄带浅棕色的烟叶组,包括浅黄和浅红色。

浅红棕组(F):烟叶表面浅棕色带红色的烟叶组,包括近红黄和红黄色。

红棕组(R):烟叶表面明显棕色带红色的烟叶组,包括红棕和深棕色。

杂色组(K):杂色是指烟叶表面存在与基本色不同的颜色斑块,包括带黄、带青、灰色斑块、变白、褪色、水渍斑、蚜虫为害等。杂色面积超过20%的烟叶称为杂色叶,杂色叶归入杂色组定级。

表8-2　颜色特征

颜色	代号	颜色特征
浅红黄	L	浅红黄带浅棕色
浅红棕	F	浅棕色带红色
红棕	R	棕色带红色
杂色	K	烟叶表面存在20%或以上与基本色不同的颜色斑块,包括带黄、带青、灰色斑块、变白、褪色、水渍斑、蚜虫为害等

2）白肋烟分级

白肋烟分级是指将同一组内的烟叶按其质量优劣划分等级。白肋烟根据烟叶的成熟度、身份、叶片结构、叶面、光泽、颜色强度、宽度、长度、均匀度、损伤度品级要求判定等级。

（1）分级因素。

分级因素是指用以衡量烟叶等级质量和内在质量的外观特征，又称为品级要素。分级因素包括品质因素和控制因素两个方面。品质因素是指反映烟叶内在质量的外观因素，如成熟度、身份、叶片结构、叶面、光泽、颜色强度、宽度、长度、均匀度等。控制因素是指影响烟叶内在质量的外观因素，如损伤度（残伤、破损）等。

（2）技术要求。

将每一个品级要素划分成不同的程度档次，并与有关的其他因素相应的程度档次相结合，以勾画出各级的质量状态，确定各等级的相应价值。品质代号：1——优，2——良，3——一般，4——差。品级要素及程度见表8-3。

表8-3　品级要素及程度

品级要素	程度
成熟度	欠熟、熟、成熟、过熟
身份	厚、稍厚、适中、稍薄、薄
叶片结构	密稍密、尚疏松、疏松、松
叶面	皱、稍皱、展、舒展
光泽	暗、中、亮、明亮
颜色强度	差、淡、中、浓
均匀度	以百分比表示
长度	以厘米（cm）表示
宽度	窄、中、宽、阔
损伤度	以百分比控制

（3）白肋烟标准等级设置与大等级划分。

①等级代号。

等级代号由1~3个英文字母及阿拉伯数字组成。英文字母代表部位、颜色及其他与总体质量相关的特征。

部位组代号：顶叶组——T，上部叶组——B，中部叶组——C，下部叶组——X，脚叶组——P。

颜色组代号：L——浅红黄，F——浅红棕，R——红棕，K——杂色。

级别代号：1、2、3分别表示一级、二级、三级。

等级代号一般书写方法是部位＋品质＋颜色，如下部浅红黄二级表示为X2L，中部浅红棕一级表示为C1F，上部红棕三级表示为B3R；特殊等级代号的书写方法是中部过熟四级、下部过熟三级分别表示为C4、X3；杂色按下部叶、中部叶、上部叶、顶叶分别表示为 XK、CK、BK、TK，末级为 N。

　　②等级设置。

　　现行白肋烟国家标准共设置 28 个等级，其中主要组别 21 个等级，过熟 2 个等级，杂色 4 个等级，末级 1 个等级(见表 8-4)。

表 8-4　白肋烟等级设置

组别（部位）	颜色	级别	代号	中文名称
脚叶 P	—	1	P1	脚叶一级
		2	P2	脚叶二级
下部叶 X	浅红棕（F）	1	X1F	下部浅红棕一级
		2	X2F	下部浅红棕二级
	浅红黄（L）	1	X1L	下部浅红黄一级
		2	X2L	下部浅红黄二级
	—	—	X3	下部过熟
中部叶 C	浅红棕（F）	1	C1F	中部浅红棕一级
		2	C2F	中部浅红棕二级
		3	C3F	中部浅红棕三级
	浅红黄（L）	1	C1L	中部浅红黄一级
		2	C2L	中部浅红黄二级
		3	C3L	中部浅红黄三级
	—	—	C4	中部过熟
上部叶 B	浅红棕（F）	1	B1F	上部浅红棕一级
		2	B2F	上部浅红棕二级
		3	B3F	上部浅红棕三级
	红棕（R）	1	B1R	上部红棕一级
		2	B2R	上部红棕二级
		3	B3R	上部红棕三级
顶叶 T	—	1	T1	顶叶一级
		2	T2	顶叶二级
		3	T3	顶叶三级
杂色叶（K）	—	—	TK	顶部杂色叶
		—	BK	上部杂色叶
		—	CK	中部杂色叶
		—	XK	下部杂色叶
N		无法列入上述等级，尚有使用价值的烟叶		

③大等级的划分。

根据烟叶的质量情况,划分大等级如下:

上等烟(8 个):C1F、C2F、C3F、C1L、C2L、B1F、B2F、B1R。

中等烟(9 个):C3L、C4、B2R、B3F、B3R、X1F、X1L、X2F、T1。

下低等烟(11 个):X2L、X3、T2、T3、XK、CK、BK、TK、P1、P2、N。

第二节　国产白肋烟收购及工商交接

一、国产白肋烟的收购规模

白肋烟在我国植烟史上产地较多、分布较广。2003 年国家烟草专卖局公布的《名晾晒烟名录》中涉及白肋烟生产的有 9 个省(市)34 个县,但近年来受卷烟转型和结构调整影响,白肋烟的生产发展及供求关系发生了较大变化。在 2010—2021 年,仅有湖北、四川、重庆、云南等 4 个省份种植白肋烟。其中 2012 年白肋烟种植面积达到 30 万亩,收购约 90 万担,为十几年来的最大规模。以后逐年减缩,到 2021 年只有湖北省恩施州的恩施、建始、巴东、鹤峰(2015 年后停种,2021 年恢复种植),宜昌市的五峰和长阳,重庆市的万州、奉节种植约 5 万亩,收购总量约 14 万担。

二、国产白肋烟工商交接

国产白肋烟的工商交接是依据工业企业的市场需求,通过双方共同制定的样品进行交接验货的。目前等级质量检验的依据是《白肋烟》(GB/T 8966—2005),交接过程的管控主要依据《烟叶收购及工商交接质量控制规程》(YC/T 192—2005)。

在市场方面,湖北、四川和云南的白肋烟曾经几乎供给国内所有工业企业,而安徽中烟、上海烟草集团北京卷烟厂、山东中烟、湖北中烟、湖南中烟、浙江中烟、福建中烟、云南中烟等工业企业和湖北进出口公司采购量相对较大,但受混合型卷烟品牌和产量的大幅缩减影响,很多工业企业现在已经不再采购。重庆的白肋烟当前只供给内蒙古昆明卷烟有限责任公司一家企业,调拨量为 2 万担左右,没有出口。湖北省恩施州一直是全国最大的白肋烟生产和出口基地,2006—2021 年,共调拨给安徽、上海、浙江等 22 家工业企业 402 万担,其中 2010 年调拨给湖北中烟等 11 家工业企业 49.04 万担,是历史最高调拨量;2019 年调拨量仅为 7.25 万担,是 2006 年以来的历史最低调拨量。

第九章 白肋烟原料加工技术概述

第一节 国内外白肋烟工业应用历史及现状

一、国内外白肋烟应用比较

白肋烟是生产混合型卷烟的重要原料,白肋烟的香味品质、风格程度及安全性对卷烟生产至关重要。白肋烟的烟碱和总氮含量比烤烟高,含糖量较低,叶片较薄,弹性强,填充力高,阴燃保火力强,对糖料和所加的香料有良好的吸收能力。白肋烟主要用作混合型卷烟的原料,也可用于雪茄烟、斗烟和嚼烟。衡量白肋烟烟叶外观品质的主要因素有成熟度、部位、颜色、身份、叶片结构和光泽等。白肋烟烟叶的成熟度与白肋烟的色、香、味和可用性呈正相关。成熟度也是衡量白肋烟烟叶品质的关键因素。成熟度好的白肋烟烟叶总体质量水平高,可用性强。高品质的白肋烟烟叶一般在植株的中下部,叶片较大且较薄,质量佳,适合做高档混合型和烤烟型卷烟原料,也可作为低档雪茄外包皮叶使用。随着低焦油卷烟的发展,上二棚叶也越来越受欢迎。白肋烟烟叶的颜色与烤烟不同,在烤烟烟叶中,橘黄色是很好的颜色;但在白肋烟烟叶,橘黄色则被认为是杂色,要求白肋烟调制后烟叶颜色呈黄褐或红褐色。同时白肋烟烟叶要求叶面有颗粒状物,光泽鲜明,组织疏松,厚薄适中。工业上对白肋烟烟叶油分不做要求。典型的白肋烟烟气为浓香,吃味醇和,劲头足,杂气轻,具有可可香,或坚果与花生壳香,还有微量的木质或鱼腥味。

我国白肋烟生产起步晚,近年来随科技水平的不断进步,烟叶质量有了较大的提高。但据郑州烟草研究院和云南烟草研究院等的科技人员对国内外优质白肋烟的研究成果,国产白肋烟与国外白肋烟在物理性状、化学成分及评吸质量上有明显的差异。白肋烟吸湿性与其对料液的吸收能力有较为密切的关系,吸湿性好有利于料液的吸收,与国外白肋烟比较,国产白肋烟的吸湿速度慢,平衡含水量低。良好的燃烧性是白肋烟的重要特征之一。津巴布韦、马拉维的白肋烟燃烧性最好,国产白肋烟的燃烧性较差,美国白肋烟的燃烧性居中。国产与国外白肋烟外观上的差异主要表现在叶片组织结构上,国外白肋烟多为组织疏松、纹理开放,而国内白肋烟叶片组织不够疏松,甚至偏紧,颜色较深或偏淡。化学成分是衡量烟叶质量的重要指标之一,其对烟叶的吃味影响较大。国产白肋烟与国外白肋烟在化学成分上有明显的差别,总糖含量与马拉维的趋同,明显高于美国、津巴布韦的白肋烟;总氮含量偏低,烟碱含量则偏高,氮碱比过小,而美国白肋烟氮碱比在 1~1.3,马拉韦在 2 以上。关于与燃烧性关系密切的钾元素,津巴布韦、马拉维白肋烟的钾含量较高,硫酸根含量低,有机钾指数大多在 5 以上,国产白肋烟钾含量偏低,硫酸根含量高,有机钾指数在 2 左右,略低于美国,而明显低于津巴布韦、马拉维的白肋烟。其他成分与美国白肋烟比较,总挥发碱含量略偏低,氨态碱、蛋白质含量明显偏低,α – 氨基氮含量略偏高。这些成分都会影响白肋烟的吸味。白肋烟的质量特点是烟味浓,劲头大,香气浓郁、丰满,但也存在吃味差、刺激性大、杂气重的缺陷。因此,必须通过复杂的科学工艺处理,才能达到提高白肋烟烟气质量和使用价值的目的。目前白肋烟处理的工艺是采用重加里料和高温烘焙。

二、不同的卷烟叶组配方设计要求

烟草作为一种经济型农产品,受本身的遗传基因、栽培措施、土壤条件、气候因素和调制方法等多方面因素的影响,不同品种、不同地区甚至同一植株的不同部位烟叶,在品质及风格上都存在着一定差异。各种优良品质因素很难同时存在于同一种或少数几种烟叶中,故使用单一品种或单一等级的烟叶制成的卷烟,无法克服自身的质量缺陷,或多或少地存在着这样或那样的不足,即使完全使用高等级的烟叶,也难以得到令人完全满意的效果。最佳的叶组配方是利用各种烟叶的不同品质特性,使参与配方的各种烟叶能扬长避短,互相补充,并协调一致地发挥各自的作用。因此,白肋烟只有与烤烟及其他晾晒烟一起配伍,才能调制成符合不同消费者需求的混合型卷烟。

卷烟叶组配方设计的首要依据是各个类型、香型、产地、部位、等级烟叶的烟质特性,是配方设计员首先需要把握的重点工作。好的卷烟叶组配方设计,体现出配方设计员对烟叶的烟质特点及相互作用的熟练掌握和灵活运用。市场上品质卓越的卷烟,随着消费者生活水平的提高和消费习惯的变化,其叶组配方也跟随消费者的需求在不断调整。

卷烟产品的生产以卷烟叶组配方设计为基本依据,烟叶原料的质量和科学评价是重要保障。每个叶组配方设计通常以产品的风格类型、品质等级、价位成本为基本依据,根据烟叶的品种、等级及质量基本特点,采用传统经验和其他科学有效的工具,通过几轮试验筛选而敲定下来。因产品的质量风格差异和各地所选用烟叶质量的不同,各地的卷烟叶组配方设计工作存在一定差别,但在设计方法上存在一些共性要求。

根据烟叶在配方中的作用,配方结构中的烟叶常划分为主体烟叶,调香味烟叶,调劲头、浓度烟叶和填充烟叶 4 个部分。主体烟叶占比例较大,在配方结构中起主导作用;调香味烟叶占比例较小,多为与主体烟叶不同香型(类型)的烟叶,在配方结构中起谐调、改善香味的作用;调劲头、浓度烟叶在配方结构中起增强劲头和烟味浓度的作用。配方结构没有定式,烟叶产区和部位不同,其化学成分存在一定差异,故可调换不同产区和部位的烟叶,以满足叶组配方结构设计需要。例如,主体烟叶的劲头不足,烟味浓度偏淡,可配一些高烟碱含量的上部烤烟烟叶或晒晾烟叶;填充烟叶一般为低烟碱含量,色泽、填充性较好的下部烟叶,或不能作为主料使用的上部烟叶等。又如主体烟叶的香味浓度、劲头偏大,可选配一定比例的填充烟叶以改进烟质,同时有一定的降低成本的作用。

三、国内外不同的混合型卷烟配方结构特点

混合型卷烟主要选用烤烟、白肋烟和香料烟三大类型的烟叶,以烤烟为主,白肋烟或马里兰烟次之,并辅以香料烟或其他地方性晒烟等几种不同类型的烟叶原料,以适当的比例配制而成。其具有烤烟与晾晒烟混合香味,香气浓郁、协调、醇和、劲头足。按照配方结构和香味特征,混合型卷烟可大致分为美式混合型卷烟、欧式混合型卷烟及中式混合型卷烟三大类。

1.美式混合型卷烟

美式混合型卷烟配方由优质的弗吉尼亚烤烟、质量上乘的白肋烟、希腊和土耳其的香料烟及美国马里兰烟组成。其香味特征为香气浓郁优美,余味干净舒适,吸味醇和,略带甜味,劲头适中至较强。美式混合型卷烟配方结构举例:如果总体比例以100%计,烤烟烟叶占40%~60%,白肋烟烟叶占30%~40%,香料烟烟叶占3%~10%,马里兰烟烟叶占0%~8%。传统的美式混合型卷烟配方结构中,白肋烟烟叶的用量较大。用这个配方结构制成的卷烟香气浓郁,有白肋烟特征香气,烟味丰满,劲头较大,烟气入喉时有冲击感。近年来为降低卷烟焦油量,在配方结构中掺用约10%的膨胀烟丝或20%的烟草薄片,其基本风格不变,但烟味浓度和劲头有一定程度的降低。

2.欧式混合型卷烟

与美式混合型卷烟相比,欧式混合型卷烟的配方结构中白肋烟烟叶用量较少,一般占20%~25%;而香料烟烟叶的用量较大,多数为15%以上,故其香气更为浓郁,口味亦较为醇和。欧式混合型卷烟的配方结构举例:如果总体比例以100%计,烤烟烟叶占50%~70%,白肋烟烟叶占20%~25%,香料烟烟叶占10%~20%。白肋烟烟叶的特征香气不如美式混合型卷烟突出,而香料烟烟叶的香气较重,劲头强度相对较弱。近年来,同样因为大量使用烟草薄片和膨胀烟丝,卷烟香味浓度和劲头略有降低。

3.中式混合型卷烟

中国人多数习惯吸食烤烟型卷烟,混合型卷烟目前国内年销量不足100万大箱。中式混合型卷烟配方使用烤烟、白肋烟、香料烟和地方性晾晒烟等4种类型的烟叶,分为浓味型和淡味型两种香味风格。浓味型近似美式混合型,其香气浓郁,烟味协调,劲头强,余味舒适;淡味型则显露烤烟香气,其烟味平淡,劲头适中偏强,余味较舒适。浓味中式混合型卷烟的配方结构举例:如果总体比例以100%计,烤烟烟叶占50%~70%,白肋烟和晒晾烟烟叶占25%~35%,香料烟烟叶占5%~15%。淡味中式混合型卷烟的配方结构举例:如果总体比例以100%计,烤烟烟叶占70%~80%,白肋烟和晒晾烟烟叶占15%~25%,香料烟烟叶占0%~10%。

第二节　国内外白肋烟工业应用技术发展趋势

一、低TSNAs含量的白肋烟烟叶的应用

白肋烟属于典型的晾烟,其烟草特有亚硝胺(TSNAs)含量明显高于烤烟。TSNAs是烟草特有 N- 亚硝基类化合物,是一种致肿瘤物质, 对吸烟者的健康有着严重的危害作用。因此,如何降低白肋烟烟叶中的 TSNAs 含量是目前白肋烟生产技术的重点研究项目。影响白肋烟 TSNAs 含量的因素主要包括基因型、农艺措施、晾制条件及贮藏环境等。通过遗传改良选育低 TSNAs 含量的烟草品种是降低白肋烟烟叶中 TSNAs 含量的最根本途径。烟草植株内 NO_3、NO_2 积累水平在一定程度上受遗传基因控制,故优质适产且具有低 NO_3、NO_2 积累的烟草品种,将是今后的育种目标。氮素的供应能直接控制 TSNA 的前体物质在烟株内的变化,而现在生产上大多超施氮肥,这将直接提高 TSNAs 水平。如果能在保证质量和产量的前提下,降低氮肥水平,对减少 TSNAs 的形成和积累将具有较大意义。调制过程是 TSNAs 积累的关键时期,在控制条件下,均匀通风透气将减少缺氧环境的形成和微生物群落的积累。调制中后期温、湿度的控制将为调制工艺改革提出新课题。在不影响调制质量的同时,降低湿度,增加温度,缩短干燥时间,会改变烟叶调制过程和代谢,改变微生物群落,最终达到减少 TSNAs 积累的目的。在白肋烟调制过程中,微生物对 TSNAs 的形成起到了很大的作用,可以使用抗生素抑制这些微生物的作用。此外,控制贮藏期间的温度可降低 TSNAs 的形成,当贮藏温度控制在 20 ℃时可有效抑制贮藏过程中 TSNAs 的生成。采用真空包装的方式,可抑制烟叶贮藏过程中 TSNAs 的生成,抑制效率为30%。烟叶表面喷施 3% 的维生素 C 或纳米材料,可抑制烟叶贮藏过程中 TSNAs 的生成,抑制效率为20%。在打叶复烤过程中使用碳酸钠缓冲液调整白肋烟叶的 pH 值,能有效地抑制 TSNAs 的形成。

除了降低烟叶中 TSNAs 含量外,有效地降低烟气中 TSNAs 含量也是研究热点和难点。因为烟气和烟叶有害物中,只有 TSNAs 是烟草所特有的,而且是烟气和烟叶中都存在的,而其他卷烟烟气中的有害成分是在卷烟燃烧过程中产生的。因此降低卷烟烟气中 NNK 的研究工作十分复杂,不仅涉及烟草工业领域的研究内容,还涉及烟草农业领域的研究内容,几乎与卷烟生产相关的各个技术环节都会影响到卷烟烟气中 NNK 的释放量。而晾晒烟中的 TSNAs 含量比烤烟高很多,不同产区也差异很大。

二、白肋烟在低焦油及超低焦油卷烟产品中的应用

焦油含量低于 8 mg/ 支的卷烟称为低焦油卷烟产品,而低于 3 mg/ 支的产品称为超低焦油卷烟产品。白肋烟作为混合型卷烟的重要原料,可通过遗传育种、优化农艺措施、改善晾制条件和贮藏方式、调节配伍性等来增强烟叶质量,结合卷叶配方及工业加工的其他方式,形成低焦油和超低焦油的卷烟产品。目前,"中南海""都宝""金桥"三大中

式混合型卷烟品牌中,都有各自的低焦油和超低焦油卷烟代表产品。

三、白肋烟在前沿卷烟产品中的应用

2020 年美国食品药品监督管理局(FDA)批准了 22 世纪集团烟草公司两款 VLN(超低烟碱)卷烟上市,并认可其为改良风险烟草产品(MRTP)。这是美国 FDA 首次批准 MRTP。这不仅标志着世界卫生组织要求的卷烟烟丝中的烟碱含量降至 0.4 mg/g 以下的目标在技术上已经可以实现,也预示了在 FDA 认可 VLN 卷烟为 MRTP 后,VLN 卷烟将依靠美国政府给 MRTP 的税收优惠政策快速发展。可以预见,几年之后,美国和欧洲市场上 VLN 卷烟将成为主流,将来 5～10 年不能达到世界卫生组织要求的 0.4 mg/g 以下烟碱含量的卷烟可能要退出欧美日韩等发达国家和地区市场,那时,中国烟草也将面临世界卫生组织 0.4 mg/g 以下烟碱含量要求的压力。

目前,我国烟叶的烟碱含量基本在 1.5%～3.5%(15～35 mg/g),卷烟烟丝中烟碱含量一般在 20 mg/g 左右,烟气中烟碱含量集中在 0.7～1.1 mg/g,远高出致瘾水平阈值。因此,我们在超低烟碱烟叶和超低烟碱卷烟的研发方面处于比较落后的状态,亟需开展超低烟碱的烟叶的育种、栽培技术和超低烟碱卷烟生产工艺技术的研究工作,使国产卷烟能够参与国际市场竞争,应对世界卫生组织 0.4 mg/g 以下烟碱含量要求的压力和满足将来国内市场对超低卷烟产品的需求。

烟碱占烟草生物碱总含量的 90%～95%。烟叶烟碱含量直接影响着烟叶的质量及烟叶的可用性,是烟叶和烟气中重要的具有生理活性的化学成分,是评价烟草和卷烟质量的一项重要指标。人们在吸食烟叶过程中,烟碱通过血液进入脑细胞,进而产生生理反应,因此烟碱被认为是烟叶中主要的生理活性成分,其含量高低不仅决定了烟叶的生理强度,也是烟草制品产生致瘾性的主要因素。世界卫生组织为了降低吸烟率,建议将卷烟烟丝中的烟碱含量降至 0.4 mg/g 以下,低于维持上瘾所需的阈值。美国食品药品监督管理局宣布,考虑强制降低卷烟中的烟碱含量至不使人成瘾的水平。因此,超低烟碱烟叶生产技术的可行性及其对烟叶、卷烟品质和消费者感受的影响成为近几年国际烟草界的研究热点。目前白肋烟的烟碱含量明显高于烤烟,要生产出符合国际市场需求的混合型超低烟碱产品就必须培育低碱优质的白肋烟原料。

第十章 国产白肋烟打叶复烤技术

第一节 白肋烟复烤工艺及技术

打叶复烤是将收购的初烤烟叶,按卷烟企业制丝的要求,直接进行叶、梗分离及含水率的调整,然后装箱醇化待用。打叶复烤能减少烟叶造碎和能源消耗,在为卷烟企业提供高质量原料的同时改善了生产条件。

目前卷烟企业逐步取消打叶工序,实行片烟投料,这既提高了制丝质量,同时可以降低噪音、粉尘等污染,从而全面改善卷烟企业的生产环境,且加工后复烤制品方便储存,节省运输费用。

一、白肋烟复烤工艺

白肋烟复烤是指通过叶片复烤机(图 10-1)将烟叶进行干燥、冷却和回潮处理,使烟叶达到规定的含水率及温度,以利于烟叶的保质储存、自然醇化。复烤过程中还可不同程度地杀死霉菌、虫卵,祛除杂气;保持一定的温度,可以减少预压打包的造碎。

叶片复烤机主要由输送装置、干燥段、冷却段、取样间、回潮段、排潮系统、水汽系统、电器控制等部分组成,叶片复烤机风循环示意图如图 10-2 所示。

图 10-1 叶片复烤机

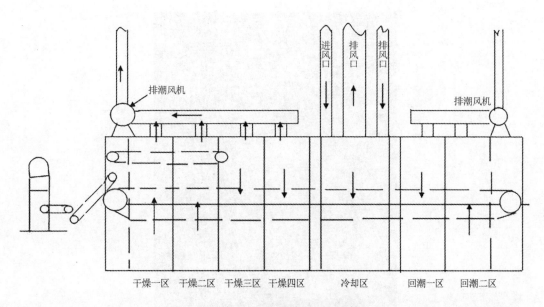

图 10-2 叶片复烤机风循环示意图

叶片复烤质量要求：

①冷却段：冷却后叶片含水率一般控制在 8% ~ 10% 范围内,冷房左右含水率极差 ≤ 1%,叶片温度保持在 35 ~ 45 ℃。

②机尾叶片含水率和温度要求分别为 11.5% ~ 13.5% 和 50 ~ 55 ℃,机尾左中右含水率极差 ≤ 1%。

③复烤后叶片色泽应与烤前保持一致,不得有水渍、烤红和潮红现象。一类杂物含量为零,二、三类杂物含量不超过 0.00665%。

④叶片复烤后中大片率(> 12.7 mm × 12.7 mm)之差:上等烟 <4%,中等烟 <5%,下低等烟 < 6%,白肋烟相应上调 1%。

预压打包的基本任务和作用是按规定的包装方式和包装规格,使用预压打包机(图 10-3),利用包装材料将复烤后的合格片烟包装为具有一定密度、包体方正的烟包(箱)成品,以便于运输、储存管理和卷烟企业的使用。

预压打包的要求:烟箱进入扎带机并扎带,捆扎带平行等距,均匀不偏斜;箱内成品片烟必须四角充实、平整,无空角、杂物等;标识项目齐全、字迹清楚,粘贴工整,不得错号和隔号;标识内容应包括烟叶产地、年份、等级、重量(毛重、净重)、复烤企业名称、生产日期、班次、箱号等;落地叶片必须挑拣干净后,倒入落地烟箱。

严格控制箱芯温度在 35 ~ 45 ℃,避免包心温度过低或过高。包心温度过低将导致烟片在打包过程中造碎,温度过高会影响片烟色泽和品质;片烟装箱时,应将烟片均匀地铺撒在料箱内,以防烟片预压打包后,烟包歪斜或密度不一致,出现烟片油印现象,保证密度偏差率(DVR) ≤ 10%;预压是间歇性的运行过程,为了保证连续运行和满足大流量生产的需要,应采用双联或双联以上的预压机构;采用高精度的地磅(一般用 3 级秤,满量程称量精度为 ±0.3%)进行复秤,并定期校验,以保证包装的净重指标。

图 10-3　预压打包机

二、白肋烟烟片复烤质量控制要点

白肋烟烟片复烤质量控制要点如下：

①铺叶要均匀，厚度一般为 80～120 mm，厚度偏差为 ±10%。因为在网面铺叶薄的位置，空气阻力小，风速高；而网面铺叶厚的位置，空气阻力大，风速低，这样就会导致叶片干燥与回潮不均匀。

②干燥段应严格控制网面风速、热风温度和相对湿度。网面风速、热风温度与叶片干燥速度呈正相关，而相对湿度与叶片干燥速度呈负相关。提高网面风速和热风温度，降低相对湿度，可以提高叶片干燥速度。但网面风速的高低受烟片飘浮速度的限制，一般下进风网面风速为 0.5～0.6 m/s，上进风网面风速为 0.6～0.7 m/s。烤房温度不超过 100 ℃，干燥气流相对湿度一般为 20%～30%。干燥区进风、排潮系统的调节风门位置应适当，保持室内微负压，保证网面烟叶布料均匀，防止碎烟外排、水汽外溢和串区。

③冷却区采取上进风方式，网面风速为 0.7～1.0 m/s，带有辅助冷风加热系统的，冷风温度要求在 35～45 ℃。

④将冷却区前后的取样房两侧的烟叶含水率检测数据，作为调整干燥段、冷却区相关工艺参数以及网面风速均匀性的依据，以保证叶片层在冷却后达到规定的 8%～10% 的含水率。

⑤回潮段上进风区和下进风区网面风速常控制在 0.50～0.65 m/s，气流温度在 50～60 ℃，气流相对湿度在 95%～98%。气流相对湿度如达到 100%，容易形成水滴，浸

湿叶片表面层,喷水雾化效果必须调整好,否则也容易浸湿叶片表面层。

⑥将出料端左、中、右叶片的含水率检测数据,作为调整回潮段相关工艺参数和网面风速均匀性的依据。保证出料叶片的含水率及均匀性。应充分松散回掺叶片,均匀地进行回掺处理;水分超过 13% 的叶片应在复烤前回掺,水分低于 13% 的叶片应在复烤后出口端回掺,应确保各项指标的稳定性。

第二节　白肋烟复烤加料技术及应用

一、白肋烟复烤加料技术

20 世纪 50 年代以来,减害降焦成为世界烟草科技的发展方向,关系到烟草行业的生存与发展,减害降焦技术一直是国际烟草界研究的重点、热点和难点。上部烟叶以香气量足、透发性好、劲头、浓度大等特点,在卷烟产品降焦中起着重要的作用,但其同时具有杂气较重、刺激性大等缺陷;下部烟叶往往木质杂气、土杂气明显,引起口腔刺辣,烟气浑浊,限制其在中高端产品中的使用比例。有针对性地弥补烟叶质量缺陷的打叶复烤加料技术应用研究,利用生物技术改善上部和下部烟叶的内在品质,提高上部和下部烟叶可用性,一直是重要攻关课题,对于优化烟叶资源配置,提高烟叶利用率,缓解优质烟叶原料供应相对不足的压力,可提供有效的技术手段。

国内外对加料装置的研究主要包括加料装置(图 10-4)的研发、加料工艺技术参数的优化、功能性香料开发及在提高烟叶使用价值方面的应用等,多针对卷烟制丝生产的关键工序进行,针对打叶复烤加料装置的研究鲜见报道。现在国内卷烟企业在打叶复烤生产过程中一般采取以下加料方式:二次润叶机进行加料,打叶线后贮叶柜进行加料,复烤机出口进行加料。三种方式均存在不同程度的不足:

(1)二次润叶机加料虽然料液吸收均匀,但料液有效利用率较低,试验表明,料液有效利用率为 70%～80%。因为在加料和物料输送过程中,部分料液粘连在加料机或传输设备的内壁或从加料机的排潮系统排出,造成料液的损失,使得料液实际施加比例低于产品设计的加料比例,叶片分散不均造成加料均匀度差。

(2)打叶线后贮叶柜进行加料,料液在贮叶柜内贮存过程中被叶片充分吸收,加料均匀,节省料液,但是经过复烤机干燥段时,料液遇高温后挥发,特别是生物制剂类料液,料液的生物活性受到抑制,影响加料效果。

(3)复烤机出口进行加料,料液施加过程中水分增加,同时水分均匀性不易控制,易造成局部水分超过储存要求,发生烟片霉变,造成巨大损失。

为了更好地展示白肋烟复烤加料工艺技术,下面以山东烟叶复烤有限公司诸城复烤厂的设备优化及研究为例进行介绍。诸城复烤厂新上 24000 kg/h 的打叶生产线(一车间)没有安装加料设备,但留有加料设备的空间,打叶复烤二车间在二润处安装有半自动加药装置两台,WF321H 型滚筒式热风润叶机加料系统,可实现物料在增温增湿的同时得到加酶加香的目的。该系统采用半自动配料、自动搅拌、加热自动加酶控制,喷雾系统选用进口喷嘴,采用压缩空气雾化,雾化效果好,料液由齿轮泵泵出。

图 10-4　打叶复烤加料装置

二、复烤加料技术应用研究

1.在预处理段的第二润叶机处加料

利用原有的长高公司生产的半自动加料系统,一个配料罐,一个备料罐,采用压缩空气作为雾化动力,一个混合喷头安装于润叶机的进料口。2013年某卷烟企业进行酶制剂料液加料试验后发现:①在该位置加料,料液在梗叶分离工序时,烟叶在打叶机的高强度撕裂、风分机的循环风和除尘风作用下,料液将产生一定量的损耗。②滚筒式加料罐使烟叶容易卷曲,增大打叶损耗率。③由于采用半自动操作,在物料流量发生变化时,操作难度大,在实际生产中难以实现均匀准确加料。

2.在复烤机回潮段加料

(1)加料原理。

充分利用复烤机回潮段能加温控湿的特点,在回潮一区加料。复烤机回潮段分两个区,一区采用上进风形式,二区采用下进风形式,各区的温度、蒸汽量、水量能分别自动控制,特别是采用高压柱塞泵加水,压力达到 4 MPa 以上,雾化效果好,加料均匀,能根据水分自动控制加水量。该加料方法充分利用原回潮区设备,施加量调节简便、准确,同时回潮区温度控制在 55～65 ℃,料液不易挥发,不影响添加生物制剂的活性。

(2)加料方法。

加料方法见工艺流程图(图 10-5)。依据原烟质量特性,选择适配的料液品种进行浓度配比和搅拌,并输送到复烤机的高压泵水箱,按照复烤机回潮用水量在线加料,自动控制加料流量,达到提高加料效果、减少料液挥发、节约料液用量的目的。

(3)具体实施试验。

依据原烟质量特性和配方需求选择料液,根据料液浓度进行配比、搅拌;将配好的储液罐内料液输送到复烤机高压泵水箱;利用复烤机现有柱塞高压泵和高压喷头系统进行加料;高压泵转速随复烤后水分变动不断自动调整,以保持复烤后烟叶水分在合格范围内;转速信号反馈成电压或电流信号,根据电压或电流信号自动调节料液控制阀门的开度,以控制加入的料液数量,达到均匀加入料液的目的。

（4）存在的问题。

在复烤机回潮段加料具有加料均匀、料液利用率高、保持生物制剂活性的特点,但该方法只适应水溶性好的料液,同时由于烟叶在复烤机上以 8～10 cm 厚的高度平铺进行运动,形成料液在烟叶的上下两面多、中间少的情况,加料均匀性差。

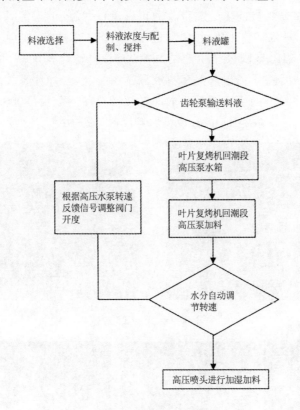

图 10-5　工艺流程图

3.打叶后复烤机前加料

可采用两种形式施加料液,一种是新增滚筒,在滚筒中设置喷嘴施加料液;另一种是将原有的麻丝剔除机进行改造,在麻丝剔除机中加装喷嘴施加料液。

采用新增滚筒方式施加料液,滚筒的滚动可使加料均匀并有自清洁功能,料液不易在筒壁粘连。但烟叶在滚动的过程中会发生扭曲,影响打包后烟叶的品质。

采用在麻丝剔除机中加装喷嘴的方式施加料液,烟叶输送过程中会产生震动,影响加料的均匀性,且料液易于在密封罩壁粘连,并有可能从转筒的间隙泄漏出来。但此形式没有破坏原有的工艺,对烟叶品质不会造成影响。

2013 年 9 月,山东烟叶复烤有限公司诸城复烤厂和上海烟草集团北京卷烟厂实地考察了打叶复烤线,详细论证了化料、匀料、送料、加料设备及加料方式,选择了在麻丝剔除机中进行加料的方案,最后选择了江苏智思机械集团有限公司生产的加料设备。

在确定来料和断料的控制方式、喷嘴及料液的加注方式是采用压缩空气雾化还是高压微雾时,倾向于高压微雾方式。化料和料液自动配比、搅拌、送料、洗料等步骤选择在麻丝剔除机上进行。在此基础上,对诸城复烤厂的麻丝剔除机进行改造。

在打叶后汇集运输带上自行设计一种翻板式翻料装置,使烟叶不停翻转,在烟叶上下两面设置高压微雾装置,将料液喷洒在烟叶表面。根据施加料液的数量确定翻转烟叶的长度,加料烟叶进入复烤机喂料柜后,进入下道工序。加注工序采用单循环形式,和现有设备并列运行,将复烤机前输送皮带改为正反运行,当皮带正传时,设备不加料运行,当皮带反转时,物料进入加料工序,加料后进入复烤机入烟皮带,加料工序单独电控。

江苏智思机械集团有限公司生产的加料系统,自动化程度高,可实现料液自动调配、自动清洗、自动加注,设备包含一套料液调制系统、一套加注系统及一套电气控制系统,能满足现场加注料液的生产要求。加注系统叶片额定流量:8000 kg/h;加料水比例:2.0%~4.0%。配料工作室见图10-6,现场加料设备见图10-7。

图 10-6　配料工作室

图 10-7　现场加料设备

通过实验,总结出在打叶复烤生产线上加料带来的影响:

①在加料时需要增加一定量蒸汽、电、水的消耗。

②加料后的烟叶水分增加3%~5%,在复烤机烘干过程中,增加能耗。在复烤机干燥能力一定的情况下,为保证产品质量,需降低台时产量。

③由于所加材料的化学特性,在化料间和车间需增加人员防护措施。

④在生产过程中黏附的小烟叶逐渐堵塞复烤机的不锈钢网板孔眼,影响复烤机性能。

⑤带黏附性的尘土经过布袋除尘器时会黏附在布袋上,对除尘器是致命的,需配备专门除尘器解决这个问题。

2014 年 1 月,上海烟草集团北京卷烟厂技术中心采用烤烟某个等级烟叶进行复烤加料实验,检测结果显示:与对照相比,烟叶中 NNK 含量降低了 23.85%,TSNAs 总量降低了 14.56%;单料烟卷烟烟气中 NNK 释放量降低了 5.09%,TSNAs 总量降低了 7.64%。

此处生产采用高压微雾、润叶机或除麻丝机设备加注,确定复烤环节中某料液最佳施加浓度为 4.3‰,加料经复烤完的烟叶,不影响打叶复烤叶片结构指标,对成品水分合格率的影响在操作工可控制的范围内,符合复烤工艺和质量要求,在贮藏期间也未发现异常。

2014 年 9 月,在白肋烟和马里兰烟烟叶复烤环节,在山东烟叶复烤有限公司诸城复烤厂二车间使用上海烟草集团北京卷烟厂和湖北省烟草科学研究院联合研发的化学减害剂进行加料。

根据卷烟企业增香保润、减害防虫、加快醇化等加料要求,通过在打叶复烤不同工艺点的加料试验可知,不同的料液需使用不同的工艺点,如耐温性差的料液适合在复烤机回潮段加注,其他料液在打叶工序后、复烤前最好,自动化程度高的设备是加料精度的保障。诸城复烤厂研制了效率高、加料比例准确度高的 PLC 控制的加料系统,在不影响原有打叶复烤生产工艺指标的情况下,开发出在复烤机回潮段进行加料的应用技术和打叶后储料柜前除麻丝机上进行加料的技术,找到了一种加料均匀、药液利用率高的加料方法,形成了具有自主知识产权的打叶复烤加料技术模式,制定了《加料过程控制程序》企业标准并在加料生产中执行。

第十一章 国产白肋烟关键仓储技术

第一节 白肋烟仓储环节品质影响因素

一、白肋烟烟叶仓库及要求

1.地址选择

烟叶仓库应设置在地下水位低、地势高、通风良好、四周排水通畅、交通方便、周围无污染影响的地方。

2.建库要求

1）地坪

地坪应高出地面 0.5 m 以上,并铺设防潮层。

2）墙

墙通常采用钢筋混凝土结构。

3）门窗

门窗应结构严紧,开启灵活,安装孔径小于 1 mm 的纱窗,门上安装风幕机。门窗的设计原则见 YC/T 205—2017。

4）仓顶

仓顶应设隔热层。

5）通风洞

通风洞应设在距地坪 0.3～0.4 m 处,在墙内侧安装插板以便开关,外墙安装孔径小于 1 mm 的纱窗。通风洞的大小为(0.35～0.40 m)×(0.15～0.20 m),通风洞的面积与库房面积之比为 1：(125～150)。

6）降温降湿设备

仓库应设置排风扇、去湿机等,库内温度高于 35 ℃的仓库应安装空调。

7）消防要求

应按照 GB 50016—2014 和《仓库防火安全管理规则》的要求配备消防设施。

3.烟叶入库前的准备

1）仓库卫生

烟叶入库前应整理仓库卫生,清除蜘蛛网、垃圾、碎屑、碎烟,堵塞洞隙,用防护剂进行空仓和仓内用具消毒。

2）货位规划

每个仓库均应划分货位,并对货位进行编号。货位用色漆画线,距墙 0.5 m,柱距 0.3 m,垛距 0.5 m,灯距 0.5 m,顶距 0.5 m,主走道宽度 2.5 ~ 3.0 m,距消防栓 1.0 m。

二、入库检验及烟叶入库程序

（一）入库检验

1.检验内容

①原烟检验项目:质量、水分、异味、虫害、霉变。
②片烟检验项目:质量、水分、异味、虫害、霉变、箱温、包装、标识。

2.原烟检验

1）质量检验

每批在 100 件以内取 10% 的样件,每超过 100 件应增抽 2 ~ 5 件,样件超过 40 件,随机抽取 40 件;逐件过磅,每件平均净质量在标识净质量 ±1% 范围内为质量合格。

2）水分检验

烤烟按 GB 2635—1992 取样,白肋烟按 GB/T 8966—2005 取样。

烤烟和白肋烟检验:现场进行感官检验,以烟筋稍软不易断、手握稍有响声、不易破碎为合格,否则为不合格;若感官检验不合格,按 YC/T 31—1996 测定水分,水分大于 18.0% 为烟叶水分不合格。

3）异味检验

对现场打开的烟包进行异味感官检验,鼻闻有否不同于烟草所具有的其他气味。

4）虫、霉检验

虫害检验:从打开的样件中随机抽取 10 件作为取样对象,每样件至少取样 2 把,合计取样不少于 2.5 kg。逐片拍打、抖动样烟,记录各虫态虫口数,计算虫口密度（头 /kg）和尸屑率。根据尸屑率估算虫害损失率。

尸屑率的测算方法:称所取样品片烟的质量,展开叶片,检出成虫尸体、幼虫,用毛笔清扫烟叶上的烟末、碎屑、虫粪,将烟末、碎屑、虫粪过 18 目小筛。用精度 0.01 的分析天平称出各虫态虫体及尸体、虫粪、烟末和碎屑质量(18 目筛下质量),计算尸屑率。尸屑率为各虫态活体及尸体、虫粪、碎屑占烟叶质量的百分比。

虫害分级:虫害危害损失共分 5 级,见表 11-1。

表 11-1　虫害分级表

危害等级	尸屑率	危害程度
Ⅰ	尸屑率 <1.0%	轻微
Ⅱ	1.0% ≤尸屑率 <2.0%	一般
Ⅲ	2.0% ≤尸屑率 <3.0%	中等
Ⅳ	3.0% ≤尸屑率 <4.0%	较严重
Ⅴ	尸屑率≥ 4.0%	严重

霉情检验：对抽样的每件（箱）采用感官检验的方法，叶面有白、青色绒毛状物或鼻闻有霉味的即为霉变烟叶，统计霉变烟叶的质量百分比。

霉变分级：霉变分 3 级，见表 11-2。

表 11-2　霉变分级表

危害等级	霉变状况	危害程度
0	无霉变、霉味烟叶	无霉变
Ⅰ	有轻微霉味，霉变烟叶 <0.5%	轻微霉变
Ⅱ	有较大的霉味，0.5% ≤霉变烟叶 <5%	中等霉变
Ⅲ	有强烈的呛人的霉味，霉变烟叶≥ 5%	严重霉变

3. 片烟检验

1）质量检验

每批片烟在 100 件以内抽取 3% 的样件，每超过 100 件增抽 1 件，样件超过 10 件，随机抽取 10 件。逐件过磅，样件平均净质量在标识净质量 ±0.5% 范围内为合格，否则应对整批烟叶逐件过磅。

2）水分检验

以质量检验取样的样件作为水分取样件，参照 GB 2635—1992 先进行感官检验；若感官检验不合格，按 YC/T 31—1996 分别测定表层烟叶水分和中心烟叶水分，水分大于13% 为不合格。

3）异味检验

对现场打开的样件进行感官异味检验，鼻闻有否不同于烟草所具有的其他气味。

4）虫、霉检验

虫害检验：从打开的样件中随机抽取 10 件作为取样对象，每样件至少取样 2 把，合计取样不少于 2.5 kg。逐片拍打、抖动样烟，记录各虫态虫口数，计算虫口密度（头 /kg）和尸屑率。根据尸屑率估算虫害损失率。

尸屑率的测算方法同原烟检验。

5）箱温检验

每批随机抽取 5 ~ 10 件，测定箱温，将温度计插人烟箱正中，5 min 后读数，平均包温小于 37 ℃为包温合格,否则为不合格。

6)包装检验

对所有入库烟箱进行包装检验,检查是否有破损及水浸、雨淋现象。

7)标识检验

片烟烟箱应清楚标明产地、等级、年份、质量、打叶日期、加工企业等。

(二)烟叶入库程序

1.合格烟叶的处理

检验合格的烟叶(等级、水分、质量合格,包装完好,无虫蛀,无霉变,无异味),由检验员和保管员同在凭证(烟叶卡片)上签字后,才能正常入库储存。

2.不合格烟叶的处理

1)水分不合格烟叶的处理

原烟水分大于 18% 的烟叶不能正常入库。水分大于 18% 的原烟最好在 2 周内安排打叶;2 周内无法安排打叶的应存放在有空调或有除湿条件的仓库,将仓库相对湿度控制在 60% 以下,烟包堆垛高度不超过 3 包。每周检测 1 次包温和水分,当包温超过环境温度 3 ℃时,应翻垛、开包散湿,待包温和水分合格后转入正常仓库贮存。

片烟水分大于 13% 的烟叶不能正常入库。表层水分大于 13% 的片烟存放在相对湿度较低(低于 60%)的仓库散湿,每周检测 1 次表层水分,水分正常后转入正常仓库贮存;中心水分大于 13% 的片烟每周检测 1 次水分和箱温,当箱温持续上升时打开烟箱,将水分偏高、发热的片烟放在相对湿度较低(低于 60%)的仓库散湿,水分降至合格后再装入烟箱正常存放。

2)霉变、异味烟叶

拒收霉变、异味烟叶。

3)虫蛀烟叶

虫蛀及有活虫烟叶不能正常入库,必须熏蒸杀虫后才能入库贮存。

4)质量不合格烟叶

烟叶质量和标识质量不相符时按实际质量接收入库。

5)包装不合格烟叶

破损严重及水浸、雨淋的烟箱更换包装,破损不严重的烟箱用胶带粘好。

(三)烟叶存放及码垛

①烟叶存放原则:烟叶按年份、产地、等级存放,同种烟叶(指年份、产地相同,等级或配方一致)存放在两个仓库,在同一仓库的存放地点不多于 2 个;烟叶存放时首先按年份存放,不同年份烟叶分库或分层存放;再根据产区、部位及等级,将质量较好的中下部烟叶放在条件较好的楼层,上部烟叶放在温度稍高的楼层。

②新烟入库前整理仓库,将零散烟叶(50 件以下)集中存放,以空出仓库存放新烟。

③原烟码垛:根据烟叶类型、等级、产地等分别码垛,不得混贮。有条件时烟包存放在货架上,每层货架堆放 2 个烟包。无货架时烟包置于垫板上,香料烟一、二级不超过 4 个烟包,其他等级不超过 5 个烟包;其他类型的烟叶,上等烟 4 ~ 5 个烟包,中等烟 5 ~ 6 个烟包,下等烟 6 ~ 8 个烟包。

④复烤烟(片烟和烟梗)码垛:根据年份、类型、产地、等级等分别码垛,不得混贮。烟包或烟箱应置于垫板上,烟梗一般为 7 个烟包。纸箱包装片烟根据地面承受力确定箱高,一般为 4 个箱高。

(四)填写烟叶卡片及输入计算机

烟叶码垛后及时填写烟叶卡片,内容包括货位编号、入库日期、产地、类型、年份、等级、数量、水分及虫、霉状况,并将烟叶卡片的全部内容输入计算机。

第二节　国内外白肋烟常规仓储技术

一、白肋烟原烟贮藏与养护

(一)空调仓库的温湿度控制要求及方法

1.空调仓库的温湿度要求

采用自然通风和空调调节仓库温湿度,将库内温度控制在 25 ℃以下,相对湿度控制在 60% ~ 65%。

2.库内温湿度控制措施

库内温度高于 25℃时开空调降温去湿。当库内温度低于 25 ℃,库内相对湿度高于 65% 时,若外界气候条件适合通风去湿可采用自然通风;若外界气候条件不适合通风去湿,则采用空调去湿(降温)。

(二)一般仓库的温湿度控制要求及方法

1.一般仓库的温湿度控制要求

采用自然通风和密闭去湿控制仓库温湿度,将库内温度控制在 32 ℃以下,相对湿度控制在 60% ~ 70%。

2.一般仓库的湿度控制

1)通风去湿

当库内相对湿度高于 65 %,外界条件适合通风去湿时进行仓库通风(绝对湿度与相对湿度转换参见表 11-3)。

当库内温度、相对湿度和绝对湿度均高于库外时,宜通风。

当库内温度和绝对湿度高于库外,相对湿度库内、外相同时,宜通风。

当相对湿度和绝对湿度库内大于库外,温度库内、外相同时,宜通风。

表 11-3 不同温度下的饱和湿度

温度 /℃	饱和湿度 / (g/m³)	温度 /℃	饱和湿度 / (g/m³)
1	5.176	21	18.142
2	5.538	22	19.22
3	5.922	23	20.353
4	6.33	24	21.544
5	6.761	25	22.795
6	7.219	26	20.108
7	7.703	27	25.486
8	8.215	28	26.913
9	8.857	29	28.447
10	9.329	30	30.036
11	9.934	31	31.702
12	10.574	32	33.446
13	11.249	33	35.272
14	11.961	34	37.183
15	12.712	35	39.183
16	13.504	36	41.274
17	14.338	37	43.461
18	15.217	38	45.145
19	16.413	39	48.133
20	17.117	40	50.60

2)密封去湿

当库内相对湿度高于 70%,外界条件不适于通风排湿时,采用去湿机去湿或吸潮剂吸湿。

3.一般仓库的温度控制

当库内温度高于库外而绝对湿度也大于库外时宜通风降温。

(三)在库检查

1.检查内容

检查内容包括水分、包温、虫情及霉变。

2.检查方法及期限

1)水分

每 15 d 进行 1 次水分检测。按照烟叶产地和等级进行抽样,每个产地和等级选择 1 个货垛,从垛的四周和中心选择 5 个烟包,先进行水分感官检测,若感官检测水分超标(第二、第三季度水分不超过 17%,第一、第四季度水分不超过 18%),分别从每个烟包的表层和中心抽 1 把烟叶,混合均匀后从中抽取 10 ~ 20 g 样品,按 YC/T 31—1996 测定水分。

2)包温

每周进行 2 次包温检测。每层仓库选择 2 ~ 3 个货垛,分别从垛的四周和中心选择 5 个烟包,将温度计从烟包正中插入,5 min 后读数,当包温不均匀、有明显升高趋势时说明烟叶发热,有霉变危险,应尽快打叶。

3)虫害、霉变检查

每 15 d 进行 1 次虫害及霉变检查。每层仓库选择 2 ~ 3 个货垛,分别从垛的四周和中心选择 5 个烟包,每个烟包从表层和中心抽 1 把烟叶放在白纸上,检查是否有霉变和虫蛀,若发现有活虫,则计算虫口密度,虫口密度 = 烟叶样品活虫数(头)/ 烟叶样品质量(kg)。

(四)害虫监测与控制

原烟仓库每 200 m^2 悬挂烟草甲虫和烟草粉螟性激素诱捕板各 1 块,每周统计诱捕虫数。当每周平均每板诱捕虫数超过 10 头时喷洒防护剂,当每周平均每板诱捕虫数超过 30 头时应熏蒸杀虫。

二、复烤烟(片烟和烟梗)贮藏与养护

(一)片烟的贮存期限及醇化要求

1.片烟的贮存期限

根据不同产地、不同质量状况片烟的适宜醇化期确定贮存期限,一般为 12 ~ 36 个月。

2.片烟的醇化要求

在片烟贮存期间,应根据存放时间控制仓库的温湿度,烟叶存放时间在 18 个月内尽量创造适宜烟叶醇化的温湿度条件,库内温度以 20 ~ 30 ℃为宜,相对湿度以 60% ~ 65% 为宜;烟叶存放时间在 30 个月以上应创造抑制醇化的温湿度条件(降低库内的温度和相对湿度)。

(二)温湿度管理

1.库内温湿度要求

一般季节库内温度控制在 30 ℃以下,相对湿度控制在 55% ~ 65%;高温高湿季节库

内温度控制在 32 ℃以下,相对湿度控制在 70% 以下。

2.室外温湿度观测窗及库内温湿度表的设置

每个库区设室外温湿度观测窗 1 个。温湿度观测窗安装在库区外地势较高、通风良好的地方。库内常年设干湿球温度表,将校好的干湿球温度表悬挂于中央走道的一侧,避免辐射热的影响,离地面高 1.5 m 左右,每 200 ~ 500 m² 设 1 只。

3.温湿度表的管理

湿度表水盂用水应是蒸馏水,液面保持在二分之一以上,湿球用的脱脂纱布每 15 d 换洗一次。干湿球温湿度表每 6 ~ 12 个月校准一次。

4.温湿度记录

每天上午 9:00、下午 15:00 记录库内外温度及相对湿度一次,通风前后及开去湿机前后,也应登记库内外温湿度。

(三)仓库去湿

1.通风去湿

当库内相对湿度高于 65%,外界条件适合通风去湿时进行仓库通风。

当库内温度、相对湿度和绝对湿度均高于库外时,宜通风。

当库内温度和绝对湿度高于库外,相对湿度库内外相同时,宜通风。

当相对湿度和绝对湿度库内大于库外,温度库内外相同时,宜通风。

2.密封去湿

当库内相对湿度高于 70%,外界条件不适于通风排湿时,采用去湿机去湿或吸潮剂吸湿。

1)去湿机去湿

当库内温度高于 15 ℃,相对湿度超过 70% 时,采用去湿机去湿,库内相对湿度降至 60% 左右方可停机。

2)氯化钙去湿

将氯化钙放在筛筐内,筛筐下放耐腐蚀的容器接纳液体,溶液不能滴漏到仓库地面。

3)生石灰去湿

要使生石灰的温度降至室温后,再装入木箱等容器内,每次只装容量的二分之一至三分之一,生石灰不能紧靠烟垛,粉化后及时更新。

(四)仓库降温

1.强制降温

当库内温度高于 32 ℃时进行强制降温(开空调)。

2.通风降温

当库内温度高于库外而绝对湿度也大于库外时可通风降温。

（五）在库检查

1.检查内容

对库存烟叶的水分,包温,虫、霉情况及烟叶外观质量状况进行定期检查,根据检查情况,提出继续储存或使用建议。

2.检查期限

每年的高温高湿季节,每月进行一次水分、虫情及霉变检查,每周进行一次包温检查,其余季节根据情况进行抽查;每半年进行一次外观质量检查,检查内容包括颜色及油印状况,检查结果填写在检查记录表上,并及时输入计算机。

3.检查方法

1)水分检查

根据烟叶的产地、等级,每层仓库选择 1 个货垛,分别从垛的四周和中心选择 5 个烟箱(包),进行水分感官检验,若感官检验水分超标,每个烟箱从烟箱的表层和中心抽取 0.1 kg 左右的片烟,混合均匀后从中抽取 5 ~ 10 g 样品,按 YC/T 31—1996 测定样品水分。

2)包温检验

根据烟叶的产地、等级,每层仓库选择 1 个货垛,分别从垛的四周和中心选择 5 个烟箱(包),将温度计从烟箱正中插入,5 min 后读数,当平均包(箱)温高于库内温度 2 ℃时说明烟叶发热,有霉变危险,应加强跟踪。

3)虫害、霉变检查

根据烟叶的产地、等级,每层仓库选择 1 个货垛,分别从垛的四周和中心选择 5 个烟箱(包),每个烟箱从烟箱的表层和中心抽取 0.5 kg 左右的片烟放在白纸上,检查是否有霉变和虫蛀,若发现有虫蛀和霉变,则进行虫害、霉变检验。

4)外观质量检查

根据库存烟叶产地、等级状况及烟叶使用情况,对库存烟叶进行外观质量检查,抽查的等级数量不少于 20%。对抽查的货垛,分别从垛的四周和中心选择 5 个烟箱(包),每个烟箱从烟箱的四周和中心抽取 0.5 kg 左右的片烟(合计 2.5 kg 左右),仔细进行颜色及油印方面的检查。

（六）翻仓

片烟仓库一般不翻仓,存放烟梗的仓库在库内相对湿度较高的季节要进行翻仓,翻仓时间根据包温检查情况而定。翻仓时每垛抽查 5 个烟包,检查虫霉情况及烟梗水分。若烟梗水分高,采取适当措施降低烟梗水分;发现虫情则安排杀虫,若有霉变,应将霉梗挑出,重新打包。

（七）贮烟害虫防治

1.防治原则

坚持"预防为主,综合防治"的原则,控制贮烟害虫,将贮烟害虫的损失降低到最低程度。

2.害虫预防

①新烟与陈烟,不同年份的烟叶要分层存放。

②烟叶入库前应做好仓库卫生,烟叶仓库无垃圾、碎屑、蛛网。烟叶出库后及时清理仓库,清扫垫板、地面。

③所有入库烟叶应进行虫情检查。每个库点安排一个熏蒸库。有虫烟叶在熏蒸库杀虫后再进入仓库正常贮存。

④尽量减少移库次数,若确需移库,在移库前应检查移出库、移入库及移库烟叶的虫情,若移入库有虫,应在移库后立即杀虫;若移入库无虫而移出库或移库烟叶有虫,在原来仓库杀虫后才可移库。

⑤在烟草甲虫和烟草粉螟成虫发生期,对有虫仓库喷洒防护剂。

⑥在长江以北地区的低温季节(-4 ℃以下),采用自然通风和机械通风等,冻死部分越冬虫源,降低来年虫源基数。

3.虫情监测

①所有仓库根据情况悬挂烟草甲虫和烟草粉螟性激素诱捕板,诱捕板悬挂在离地面1.5 m处,每200 m^2 仓库悬挂烟草甲虫和烟草粉螟性激素诱捕板各1块。诱捕板每4周到8周更换1次。

②每周统计每个仓库的诱捕头数,统计结果记录在烟叶仓库虫情监测表上,并输入计算机。当每周平均每个诱捕板的诱捕头数超过10头时,必须熏蒸杀虫。

③库内温度在20 ℃以上时每月进行1次虫情检查,记录检查结果,并输入计算机。当虫口密度大于5头/kg时,应立即熏蒸杀虫。

4.熏蒸防治

①熏蒸时机的选择:每年一般进行2次熏蒸,第一次熏蒸安排在3月—6月,当库内温度高于16 ℃时开始进行第一次熏蒸;第二次熏蒸安排在9月—11月。

②熏蒸杀虫:采用磷化氢熏蒸。熏蒸前,排风扇、空调、开关等金属制品做好防护处理。第一次熏蒸原则上采用常规熏蒸,磷化铝用量为4～8 g/m^3 或磷化镁用量为4～5 g/m^3;第二次熏蒸时若世代重叠严重,可采用间歇熏蒸,每次磷化铝投药量为4～5 g/m^3 或磷化镁投药量2～3 g/m^3。熏蒸过程必须进行磷化氢浓度监测,在开始熏蒸后的第12 h、24 h、48 h、72 h、96 h、120 h、144 h观测空间和烟垛内的磷化氢气体浓度。当烟垛温度在20 ℃以上时,烟垛内的磷化氢气体浓度必须在200 mg/kg以上且维持至少4 d;当烟垛温度在16～20 ℃时,烟垛内的磷化氢气体浓度必须在300 mg/kg以上且维持6 d。

③熏蒸杀虫方法:仓库密封性能较好采用整仓熏蒸;仓库密封性能较差采用分垛熏

蒸,在分垛熏蒸时空间须配合使用防护剂。

④每次熏蒸结束后应及时填写熏蒸记录,熏蒸后做好防护工作,防止再感染。

5.卷烟车间的虫害防治

卷烟生产车间常年悬挂烟草甲虫性激素诱捕板,每隔 200 m² 挂 1 块板,每周统计诱捕头数,若每周平均每板诱捕数超过 5 头,则及时用真空吸尘器清理车间卫生,并喷洒防护剂。

第三节　国产白肋烟仓储环节提质调控技术

一、真空包装对白肋烟贮藏中TSNAs形成的影响

分别称取 50 g 的白肋烟样品两份,一份白肋烟样品进行真空包装处理,另一份密封而不进行抽真空处理,作为对照。将两份样品都放入恒温恒湿培养箱内于 45 ℃下处理 15 d 后取出,冷冻干燥、磨碎、测定。

从表 11-4 可以看出,进行真空包装处理后 4 种 TSNAs 的含量较对照明显降低,TSNAs 总量较对照减少了 32.54%,其中 NNN 含量下降了 29.55%,NNK 含量下降了 11.79%,由此可见真空状态可以抑制 TSNAs 的生成。

表 11-4　真空包装对白肋烟贮藏过程中 TSNAs 各成分的影响

单位:ng/g

处理	NNN	NAT	NAB	NNK	TSNAs
对照 45 ℃	4446.12	5063.01	89.68	99.21	9698.02
真空包装 45 ℃	3132.41	3263.78	58.42	87.51	6542.12

二、贮藏方式对白肋烟贮藏中TSNAs形成及香气成分的影响

分别称取 200 g 的白肋烟样品 4 份,分别将白肋烟样品装入塑料自封袋密封、用报纸包裹存放、进行真空包装处理,另外将一份样品低温保存作为对照,将 3 种不同贮藏方式的样品都存放在实验室的自然环境下,从 2013 年 4 月存放到 2014 年 4 月取出,冷冻干燥后磨碎,测定 TSNAs 和中性致香成分的含量。

中性致香成分的检测:用水蒸气蒸馏-二氯甲烷溶剂同时蒸馏萃取法提取烟叶中的中性致香物质,采用内标法定量,由 GC/MS 鉴定结果和 NIST02 库检索定性。

从表 11-5 可以看出,与对照相比,三种贮藏方式经过一年的贮藏时间,TSNAs 的含量均有所增加,自封袋包装 4 种 TSNAs 的含量较对照均有显著增加,TSNAs 总量较对照增加了 128.72%,其中 NNN 含量增加了 139.02%,NAT 含量增加了 119.85%;报纸包裹存放 TSNAs 的增加幅度与自封袋包装差异不大。真空包装处理的白肋烟叶的 TSNAs 含量增加幅度最少,TSNAs 总量较对照增加了 23.56%,进行真空包装处理后 4 种 TSNAs 含量的

增加幅度较另外两种贮藏方式有所降低，其中 NNN 含量较对照仅增加了 17.67%，NAT 含量增加了 29.65%。由此可见，真空包装与其他贮藏方式相比在一定程度上可抑制 TSNAs 的生成。

表 11-5　贮藏方式对白肋烟贮藏过程中 TSNAs 的影响

单位：ng/g

贮藏方式	NNN	NAT	NAB	NNK	TSNAs
低温保存样品	2636.46	2721.85	34.65	39.54	5432.50
自封袋包装	6301.63	5984.04	67.42	72.31	12425.40
报纸包裹	5781.45	6386.54	63.78	68.80	12300.57
真空包装	3102.33	3528.92	36.34	44.96	6712.55

各处理烟叶中性香气物质含量的测定结果如表 11-6 所示。三种贮藏方式经过一年的贮藏时间，中性香气物质含量差异较大，其中真空包装处理的烟叶总香气含量最高，达到 636.225 μg/g，自封袋密封的香气物质总量次之，为 564.453 μg/g，而报纸包裹的烟叶香气物质含量最低，为 494.570 μg/g。贮藏方式不同，五种中性香气物质的含量也各不相同，其中真空包装烟叶的类胡萝卜素降解物类、类西柏烷类、苯丙氨酸类、新植二烯含量最高，报纸包裹烟叶的棕色化产物类含量最高，为 25.533 μg/g。

表 11-6　贮藏方式对白肋烟贮藏过程中香气成分的影响

香气物质类型	中性致香成分	中性致香成分含量 /（μg/g）		
		报纸包裹	自封袋包装	真空包装
	二氢猕猴桃内酯	3.791	3.289	4.439
	3- 羟基 - β - 二氢大马酮	2.713	3.091	6.066
	氧化异佛尔酮	0.291	0.317	0.516
	异佛尔酮	0.427	0.414	0.747
	巨豆三烯酮 1	2.400	2.744	5.026
	巨豆三烯酮 2	11.376	13.288	24.643
	巨豆三烯酮 3	1.364	2.345	1.963
	巨豆三烯酮 4	13.123	14.574	25.914
	β - 大马酮	13.359	13.463	13.067
类胡萝卜素降解物类	6- 甲基 -5- 庚烯 -2- 酮	1.244	1.203	1.161
	6- 甲基 -5- 庚烯 -2- 醇	0.237	0.246	0.277
	香叶基丙酮	2.005	2.109	2.882
	法尼基丙酮	12.047	11.784	13.215
	芳樟醇	1.717	1.457	1.386
	螺岩兰草酮	0.155	0.556	0.540
	β - 二氢大马酮	10.833	10.152	10.903
	愈创木酚	1.015	0.942	1.001
	小计	78.097	81.974	113.746

香气物质类型	中性致香成分	中性致香成分含量（μg/g）		
		报纸包裹	自封袋密封	真空包装
类西柏烷类	茄酮	28.449	27.067	32.131
苯丙氨酸类	苯甲醛	1.719	2.098	2.483
	苯甲醇	4.107	3.018	3.344
	苯乙醛	17.477	19.732	19.168
	苯乙醇	6.076	5.157	6.400
	小计	29.379	30.005	31.395
棕色化产物类	糠醛	12.607	8.944	8.743
	糠醇	3.593	1.771	3.130
	2- 乙酰基呋喃	0.150	0.150	0.227
	5- 甲基糠醛	6.316	4.957	5.389
	3，4- 二甲基 -2，5- 呋喃二酮	0.980	0.950	0.918
	2，6- 壬二烯醛	1.572	0.674	1.043
	藏花醛	0.054	0.060	0.093
	β – 环柠檬醛	0.263	0.265	0.213
	小计	25.535	17.771	19.756
新植二烯	新植二烯	333.117	407.639	439.200
总计		494.577	564.456	636.228

烟叶贮藏过程中 TSNAs 的形成是气态氮氧化物和生物碱亚硝化反应的结果，而生物碱的亚硝化反应是氧化过程，那么去除空气中的氮氧化物和氧气对抑制 TSNAs 的形成可能具有一定的作用。在高温处理条件下，烟叶的真空包装状态可以抑制 TSNAs 的生成。

三、烟叶异地贮藏对TSNAs形成的影响

选用白肋烟中部叶，烟叶品种为 TN86，于 2013 年在云南宾川种植和晾制。取刚晾制结束的烟叶去除烟梗，切成 0.5 ~ 1 cm² 大小的碎片，充分混匀，装入自封袋中，放入冰箱待用。分别称取充分混匀后的白肋烟样品 2 个（1 kg/ 个），装入纸信封袋，分别放置在云南弥渡县新街镇（东经 100° 31'，北纬 25° 20'）和河南郑州河南农业大学烟草基地实验室（东经 113° 40'，北纬 30° 50'）进行贮藏，另称取一份存放于低温状态下作为对照，贮藏期为 2014 年 4 月 1 日到 10 月 15 日，用北京澳作生态仪器公司生产的 HOBO U23 系列数据采集器记录白肋烟贮藏期间的温度和湿度，设置为每个小时记载一次。烟叶取回后进行冷冻干燥，磨碎后过 60 目筛，分别测定贮藏前后的 NNN、NNK、NAT 和 NAB 含量。

1.贮藏期间两地温湿度变化规律

云南弥渡县海拔 1659 米,属中亚热带季风气候区,冬无严寒,夏无酷暑,气候温和,无明显的四季之分,只有干季、雨季之别。采用温湿度自动记录仪对两地贮藏期间温湿度进行连续测定,如图 11-1 所示,云南弥渡的气温变化幅度与河南郑州相比总体较平稳,最低气温 18.4 ℃,最高气温 28 ℃,整个贮藏期间平均气温在 23.6 ℃。

河南郑州平均海拔 100 米左右,地处北温带和亚热带气候的过渡带,属半干旱、半湿润大陆性季风气候,四季分明,日照时间长,热量充足,自然降水偏少。

贮藏期间郑州的平均气温变化较为明显,贮藏实验开始后,气温逐渐升高,尤其是进入夏季后,从 6 月中旬到 8 月底气温均明显高于云南弥渡约 2.2 ℃,而 9 月后气温快速下降。

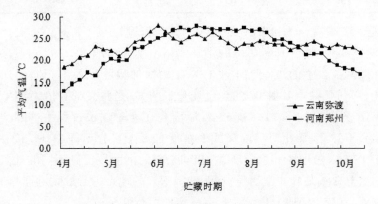

图 11-1　不同地点贮藏期间的平均气温变化

两地由于地势地貌影响,气候特征差异较大,云南弥渡自然降雨偏多,空气相对湿度较高;郑州降雨量较少,空气湿度较低(图 11-2)。采用温湿度自动记录仪对两地贮藏期间的相对湿度进行连续测定,结果表明弥渡平均相对湿度为 73.5%,显著高于郑州的平均相对湿度 61.2%,除 6 月中旬外,整个白肋烟贮藏期间平均相对湿度高出郑州 12.3 个百分点。

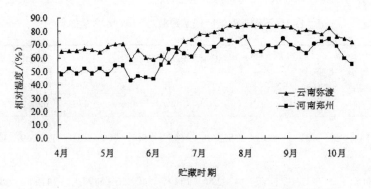

图 11-2　不同地点贮藏期间的平均湿度变化

2.贮藏期间烟叶TSNAs变化情况

经过近半年的贮藏后,分别测定贮藏前和贮藏后烟样中的 TSNAs 含量,结果如表

11-7所示。郑州和弥渡两地贮藏的白肋烟NNN、NNK、NAT和NAB含量均急剧增长，TSNAs总量也明显增加，与对照相比分别增加了2.75和5.88倍。这与之前的贮藏实验结果相似，证明了白肋烟中的TSNAs总量及各成分含量均随着贮藏时间的增加而增加，且在外界温度较高时（即4月中旬至8月中旬）增加幅度最为显著。

表11-7 不同贮藏地点TSNAs的变化

贮藏地	NNN/（ng/g）	NAT/（ng/g）	NAB/（ng/g）	NNK/（ng/g）	TSNAs/（ng/g）
低温对照	1140.82	1358.63	15.51	20.68	2577.63
云南弥渡	4568.37	4863.68	120.22	118.05	9670.32
河南郑州	8727.88	8478.55	186.53	353.96	17746.92

经历过夏季贮藏后，4种TSNAs的形成量均明显增加，不同贮藏地点TSNAs的增加量也有明显差异，贮藏在河南郑州的烟样TSNAs总量为17746.92 ng/g，远远高于弥渡，是其烟样TSNAs含量的1.8倍；4种TSNAs的增加幅度也各不相同，与弥渡贮藏烟叶各组分相比，郑州贮藏烟叶NNK的含量变化最明显，是弥渡的3倍，NNN增加了近1倍，NAT和NAB分别增加了74%和55%，原因是在夏季贮藏过程中，郑州从6月中旬到8月底气温高于弥渡，而相对湿度又低于弥渡12.3个百分点，贮藏环境的温度高和湿度低更有利于TSNAs的形成。综上所述，相同来源的烟叶放置到不同的地点进行贮藏，TSNAs的各个组分含量差异非常明显，证明选择适宜的地点进行贮藏对抑制TSNAs的形成和积累有效，也初步说明异地贮藏具有一定的可行性。

四、烟叶低温贮藏对TSNAs的影响

选取上海烟草集团北京卷烟厂卷烟配方中常用的白肋烟、马里兰烟、烤烟烟叶原料，一份正常存放于烟叶原料库房（室温随环境温度改变而变化），一份存放于恒温库房（室温20 ℃），贮藏期为两年，同时取样，分别测定贮藏后的TSNAs含量，结果见表11-8。

表11-8 不同类型烟叶低温贮藏对TSNAs含量的影响

烟叶类型	产地	等级编码	烟箱中部温度	烟叶原料库房贮藏				20℃恒温贮藏			
				NNN/（ng/g）	NAT/（ng/g）	NAB/（ng/g）	NNK/（ng/g）	NNN/（ng/g）	NAT/（ng/g）	NAB/（ng/g）	NNK/（ng/g）
白肋烟	湖北宜昌	BB/S	25.4 ℃	15263.14	7562.11	214.78	567.23	7421.05	4078.69	128.97	300.56
马里兰烟	湖北五峰	MB/S	25.6 ℃	12345.77	4202.56	134.87	402.56	5897.13	2415.66	81.23	210.20
烤烟	山东潍坊	C32/S	25.6 ℃	300.44	363.74	14.75	95.39	274.36	352.74	13.33	83.18

　　由表 11-8 可知,经过两年的贮藏,白肋烟、马里兰烟在 20 ℃恒温贮藏条件下的 TSNAs 含量要明显低于烟叶原料库常温贮藏条件下的含量,其中 4 种 TSNAs 含量仅为烟叶原料库常温贮藏条件下的 50% 左右。烤烟中 TSNAs 含量也有所降低,但降低幅度并不明显。由此可见,烟叶低温贮藏在一定程度上可抑制 TSNAs 的生成。

第十二章　国产白肋烟制丝及烘焙新技术

第一节　白肋烟制丝工艺及技术

白肋烟是混合型卷烟配方原料重要组成部分,与烤烟等配方原料相比,白肋烟具有组织结构疏松、烟碱含量高、TSNAs含量高、糖含量低等独特的理化特性,尤其是TSNAs含量远高于烤烟,这导致混合型卷烟主流烟气中的七种关键成分含量较高,成为制约国产混合型卷烟品质提升的关键问题之一。

一、白肋烟处理的工艺流程

为了提高混合型卷烟的质量,白肋烟必须经过特殊的工艺处理,以满足混合型卷烟的品质要求。可根据白肋烟能吸收大量料液的工艺特性,给白肋烟加料,并对它进行适当的烘焙处理,以排除叶片中的杂气及氨所带来的不良气味,促进白肋烟棕色化反应的发生,生成香气物质,并使白肋烟特有的烟香得到显露,刺激性减少,吸味改善,满足产品的设计要求和工艺要求。

与烤烟型卷烟加工工艺流程相比,混合型卷烟加工工艺流程不仅设置有烤烟制叶片工段,还设置有包括白肋烟加里料、增温增湿、白肋烟烘焙等工序在内的白肋烟制叶片工段,工序繁多,流程复杂。目前国内传统混合型卷烟的白肋烟加工模式主要有三种:第一,白肋烟不进行烘焙处理,直接与烤烟原料混合后加工;第二,一个产品配方的白肋烟作为一个整体进行同一种加料系统和烘焙体系的加工处理,处理后可以与烤烟部分进行叶混或者丝混;第三,一个产品配方的白肋烟作为一个整体使用同一种加料系统,并根据原料区域的不同进行分段烘焙体系的处理,然后与烤烟部分进行叶混或者丝混。这三种模式是随着人们对白肋烟叶原料认识的提高和对白肋烟处理技术研究的不断深入而循序渐进地得到发展的。随着中国烟草特色工艺和分组加工技术的全面提升,国内混合型卷烟加工工艺在三种传统模式的基础上有了进一步改进和提高,图12-1为典型的混合型卷烟加工工艺流程。

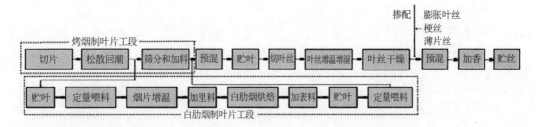

图 12-1　混合型卷烟加工工艺流程

二、白肋烟处理工艺技术

白肋烟处理是指通过对白肋烟叶片进行加料和烘焙,改善其烟气质量的工艺过程。白肋烟处理的工艺流程和方法是根据产品质量标准、工艺技术的要求、烟叶配方的特点、生产设备条件来确定的。

白肋烟作为一种晾晒烟,刺激性大,杂气较重,劲头大,浓度小,浓劲不协调,而国产白肋烟烟气粗糙、刺激,口感不够干净、自然。因此,提升白肋烟质量,需要通过加料和烘焙处理降低其劲头,减少刺激性和杂气,提高特征香气的纯净程度和香气量。

（一）加料

加料即利用白肋烟加料机,在高温条件下把料液均匀施加在白肋烟叶片上。最初,白肋烟加料只添加糖分,以便补偿其在烘干过程中丧失的成分,使化学成分均衡。目前,国产混合型卷烟加工过程中增加了各种成分,包括糖、调味剂、保润剂和强化剂等,不仅改善了白肋烟的香气,降低了填充等级的影响,还进一步提高了加工效率,增强了烟叶原料的保水性能。

加料后的白肋烟在高温烘焙下能够产生香味物质,主要是由于料液与烟叶化学成分之间发生了非常复杂的化学反应,如美拉德反应、焦糖化反应和斯特雷克分解等。

①美拉德反应。

美拉德反应是羰基化合物(还原糖类)和氨基化合物(氨基酸和蛋白质)间的反应,经过复杂的历程最终生成棕色甚至是黑色的大分子物质类黑精(或称拟黑素),对食品的颜色及香味有重要影响,此反应又称为非酶棕色化反应。研究发现,该反应是加工食品、烟草等香味的重要来源。烟草中含有众多的氨基酸和相关物质,同时含有糖类物质,将利用美拉德反应所制备的具有一定风格及香味特征的香料加到各种卷烟制品中,可起到掩盖杂气、增强香味和提高烟气质量的作用。

②斯特雷克分解。

斯特雷克分解是指氨基酸被氧化分解生成少一个碳原子的醛类及酮类,而二碳基化合物被还原成烯醇胺。这种反应生成的醛类和烯醇胺均可通过不同的反应途径生成多种挥发性致香物质。

③焦糖化反应。

糖受热分解形成以呋喃类为主的挥发性成分,最终形成有机酸和酚类,还产生麦芽酚、环苷素等,称为焦糖化反应。

④氨基酸分解。

氨基酸加热到比较高的温度时,经过脱氨基、脱碳酸反应,发生分解,形成各种香味或嗅味物质。

（二）烘焙

在白肋烟烘焙过程中不但要进行温度控制,也要进行湿度控制。烘焙过程中的湿度条件同样对白肋烟处理质量有明显影响,这是目前普遍忽视的一个问题,也是造成白肋烟质量波动的一个主要原因。来料情况和气候条件发生变化都会影响到烘焙机内的温度和湿度。

白肋烟叶片的烘焙处理主要是在干燥过程进行的,其反应是非常复杂的。这些复杂的反应主要是棕色化反应,也就是前面所讲的美拉德反应。它是不同的糖与各种氨基酸在一定条件下发生的一系列合成、重排、降解和聚合等反应。在棕色化反应过程中还会发生许多中间反应并产生许多中间产物。反应的产物具有微弱的奶香、焦甜香气。白肋烟处理中的干燥末期,叶片加热到比较高的温度时会生成胺类和氨气,具有令人不愉快的气味。

白肋烟的处理是生产混合型卷烟的一个重要环节,在这个环节中,温度和水分的控制至关重要,而来料均匀性的控制也不可忽视。可以说,白肋烟处理水平的高低,决定着一个企业混合型卷烟的生产水平和质量水平。

在叶片干燥过程中,从排出的气体中可以嗅出氨的气息。从冷却后的叶片中仍能嗅出氨的气息时,表明干燥温度偏低;若从第三干燥区中取出的叶片已嗅不出氨的气息时,表明干燥温度偏高。干燥后的烟叶应具有可可、坚果和焦糖等特征香味,这些特征香味在干燥段终点应散发出来,但不应过浓。当这些特征香味过浓时,表明干燥温度偏高;当这些特征香味没有散发出来时,表明干燥温度偏低。

加热温度不同,生成的香气物质也不同,香气物质主要在高温时生成。加热时间也影响反应的进程,当加热时间较长或温度较高时,生成的挥发性物质种类也有所增加,致香物质散失也越多。因此在进行白肋烟烘焙处理时,一定要掌握好干燥的最高温度和干燥时间这两个工艺条件,干燥是白肋烟处理中的重要环节。

第二节　白肋烟加料技术

一、糖料施加技术

（一）糖类物质对白肋烟处理过程中美拉德反应的影响

在白肋烟加料环节添加糖分,不仅可补偿白肋烟在调制过程中损失的糖分,使糖氮比恢复平衡,更重要的是添加的糖分会与烟叶中的氨基化合物发生美拉德反应,产生吡嗪、呋喃、吡咯类等具有白肋烟特征香味的物质,突出白肋烟特征香味,使烟气柔和、刺激性降低。白肋烟加料技术一直是制约我国混合型卷烟产品质量的重要因素之一,尽管国内近年来在混合型卷烟生产技术,特别是在关键的白肋烟处理技术方面取得了明显的进步,但和国外先进水平相比还有一定差距。因此,深入研究料液中糖类物质对白肋烟烘焙过程中致香产物的影响,从而开发出适宜的料液,对改善烟草香吃味、提高混合型卷烟抽吸品质具有十分重要的作用。参与美拉德反应的糖类物质为还原糖,可以是五碳糖、六碳糖、转化糖及纤维素酶酶解的糖类混合物,不同糖类物质具有不同的棕色化能力,其反应活性与糖分子中羰基基团的还原性和开链式糖分子的浓度有关,糖以开链式存在的浓度越高,则棕色化反应越快。本书研究了葡萄糖、果糖、木糖、核糖、蔗糖和果葡糖浆等 6 种糖类物质对白肋烟烘焙过程中致香产物的影响,旨在为白肋烟料液开发和加料烘焙工艺的优化提供参考。

1.材料与方法

(1)材料。

白肋烟样品为湖北恩施 C3F。

添加的糖类物质为葡萄糖、果糖、木糖、核糖、柠檬酸、柠檬酸钠(分析纯,北京百灵威科技有限公司)、F55 型果葡糖浆。

(2)方法。

① 料液制备。

分别准确称取 3.6 g 葡萄糖和果糖,3.0 g 核糖和木糖,4.7 g F55 型果葡糖浆,每种糖中分别加入 1 g 柠檬酸钠、0.07 g 柠檬酸和 30 g 水。转化糖为蔗糖经柠檬酸熬制的混合糖(取自制丝车间香料厨房,质量分数 50%),取转化糖溶液 6.84 g,加入 26.6 g 水。以上 6 种溶液分别用 1 mol/L 的柠檬酸或柠檬酸钾调节料液 pH 值至 6。

② 样品制备。

取片烟适量,加入 5% 的水,置于恒温恒湿(60%RH)箱中平衡 48 h,将片烟切成宽度为 1.0 mm 的烟丝,过 0.42 mm(40 目)筛后置于恒温恒湿箱中保存。取 80 g 平衡后的烟丝 6 份,用喉头喷雾器均匀喷洒 30 mL 步骤①中制备的料液,另取 2 份烟丝 80 g,用喉头喷雾器均匀喷洒 30 mL 水作为对照样,将样品与对照样置于恒温恒湿箱平衡 24 h 后,依次将 6 份烟丝样品与对照样在 135 ℃条件烘焙 12 min 后取出(终端含水率约为 7%)备用。

③ 白肋烟香味成分分析。

将制备的白肋烟样品放置在烘箱中,在 40 ℃温度下烘 1 h 后粉碎,过 40 目筛,准确称取 5 g 烟末样品,每个样品重复 3 次,分别加入 20 mL 甲醇和 40 μL 乙酸苯乙酯内标,迅速盖上盖,置于震荡摇床上震荡 2 h,静置 5 min 后,取上层萃取液经 0.22 μm 针式滤器过滤后,对烟末中的香味成分进行 GC/MS 测定。

④ 白肋烟感官质量评价。

将不同处理的白肋烟烟丝卷制成烟支,由上海烟草集团北京卷烟厂的评吸专家进行感官质量评价。感官评价指标主要包括香气特征、香气质、香气量、杂气、浓度、刺激性、余味、浓劲协调、燃烧性及灰色等 9 个指标,评委打分后取各项指标平均值进行数据统计。

2.结果与分析

(1)料液中糖类物质对白肋烟烘焙后致香产物的影响。

① 定性分析结果。

对烘焙前后的白肋烟样品进行 GC/MS 分析,共分离鉴定出 73 种香气成分,其中包括 9 种吡嗪类、13 种呋喃类、5 种吡咯类、8 种吡啶类、17 种碳环类、21 种脂肪族类,具体见表 12-1。烘焙后白肋烟样品与未烘焙对照样相比,有 39 种致香成分含量明显增加,可能为烘焙过程中的美拉德反应产物,本文重点考察糖类物质对此 39 种致香成分的影响。

表 12-1　白肋烟烘焙后致香成分的定性分析结果

成分类别	保留时间 /min	成分	匹配度 /（%）
吡嗪类	14.11	2- 甲基吡嗪 /2-Methylpyrazine	88.2
	17.04	2，6- 二甲基吡嗪 /2，6-Dimethylpyrazine	89.8
	16.70	2，5- 二甲基吡嗪 /2，5-Dimethylpyrazine	76.8
	18.25	2- 甲基 -3- 丙基吡嗪 /2-Methyl-3-n-propylpyrazine	87.1
	20.20	2- 乙基 -5- 甲基吡嗪 /2-Ethyl-5-methylpyrazine	86.6
	23.57	2- 乙基 -3，5- 二甲基吡嗪 /2-Ethyl-3，5-dimethylpyrazine	85.6
	20.12	2- 乙基 -6- 甲基吡嗪 / 2-Ethyl-6-methylpyrazine	92.1
	21.15	2，3，5- 三甲基吡嗪 /2，3，5-Trimethylpyrazine	85.2
	23.91	2- 乙基 -6- 甲基吡嗪 / 2-Ethyl-6-methylpyrazine	87.3
呋喃类	12.69	甲基糠基醚 /2-（Methoxymethyl）furan	86.7
	21.31	β - 当归内酯 /5-Methyl-2（5H）-furanone	81.7
	22.38	α - 当归内酯 /5-Methyl-2（3H）-furanone	70.9
	20.09	2- 呋喃腈 /2-Furancarbonitrile	74.3
	24.32	糠醛 /Furfural	95.5
	26.18	2- 乙酰呋喃 /2-Acetylfurane	87.5
	30.39	5- 甲基 -2- 糠醛 /5-Methyl-2-furaldehyde	77.5
	35.92	糠醇 /2-Furanmethanol	89.5
	39.79	2（5H）- 呋喃酮 /2（5H）-Furanone	95.7
	54.82	4- 羟基 -2, 5- 二甲基 -3（2H）呋喃酮 /4-Hydroxy-2, 5-dimethyl-3（2H）furanone	68.2
	62.76	植物呋喃 /3-（4，8，12-Trimethyltridecyl）furan	76.9
	79.18	2- 呋喃丙烯酸 /2-Furanacrylic acid	61.6
	54.84	呋喃酮 /Furanone	88.6

续表

成分类别	保留时间 /min	成分	匹配度 / （%）
吡咯类	27.44	吡咯 /Pyrrole	84.2
	44.43	1- 糠基吡咯 /1-Furfurylpyrrole	92.3
	53.90	2- 吡咯甲醛 /Pyrrole-2-carboxaldehyde	95.4
	72.05	吲哚 /Indole	92.1
吡啶类	24.76	3- 乙烯基吡啶 /3-Ethenylpyridine	81.2
	10.37	吡啶 /Azabenzene	96.1
	15.20	3- 甲基吡啶 /3-Methylpyridine	73.9
	15.55	4- 甲基吡啶 /4-Methylpyridine	91.4
	37.45	4- 吡啶甲醛 /4-Pyridinecarboxaldehyde	69.8
	40.88	烟酸甲酯 /Methyl nicotinate	89.1
	71.40	3- 羟基吡啶 /3-Pyridinol	84.9
	21.63	2- 乙烯基吡啶 / 2-Ethenylpyridine	87.6
碳环类	18.16	2- 环戊烯 -1- 酮 /2-Cyclopenten-1-one	89.6
	26.72	苯甲醛 /Benzaldehyde	91.5
	30.89	4- 环戊烯 -1，3- 二酮 /4-Cyclopentene-1，3-dione	67.1
	32.89	γ- 丁内酯 /gamma-Butyrolactone	65.7
	33.45	苯乙醛 /Phenylacetaldehyde	86.1
	40.05	苯乙酸甲酯 /Methyl phenylacetate	79.3
	48.69	苯乙醇 /Phenylethyl alcohol	85.5
	54.18	DL- 泛酰内酯 /（3R）-3-Hydroxy-4，4-dimethyldihydro-2（3H）-furanone	90.7
	54.47	3，4- 脱氢 -β- 紫罗兰酮 /3，4-Dehydro-β-ionone	74.9
	58.58	4，5- 二甲基 -1，3- 二氧杂环戊烯 -2- 酮 /4，5-Dimethyl-1，3-dioxol-2-one	78.1
	61.72	巨豆三烯酮 /Tabanone	86.3
	71.85	苯甲酸 /Benzoic acid	91.0
	77.01	苯乙酸 /Phenylacetic acid	93.9
	78.20	（±）-3- 羟基 -4- 丁内酯 /（±）-3-Hydroxy-4-butanolide	77.6
	78.43	2- 甲基 -2- 环戊烯 -1- 酮 /2-Methyl-2-cyclopentenone	86.8
	82.13	4-（3- 羟基丁基）-3，5，5- 三甲基 -2- 环己烯 -1- 酮 /4-（3-Hydroxybutyl）-3，5，5-trimethyl-2-cyclohexen-1-one	78.8
	18.92	3- 甲基 -2- 环戊烯 -1- 酮 /3-Methyl-2-cyclopenten-1-one	86.7

续表

成分 类别	保留时 间 /min	成分	匹配度 / （%）
脂肪 族类	12.59	丙酮酸甲酯 /Methyl pyruvate	95.7
	14.77	3- 羟基 -2- 丁酮 /3-Hydroxy-2-butanone	67.2
	15.45	丙酮醇 /Acetone alcohol	92.7
	17.57	甲基庚烯酮 /6-Methyl-5-heptene-2-one	85.8
	20.14	乙醇酸甲酯 /Methyl glycolate	89.6
	23.89	乙酸 /Acetic acid	93.7
	24.75	过氧化乙酰丙酮 /3-（2，4-dioxopentan-3-ylperoxy）pentane-2，4-dione	81.7
	27.02	甲酸 /Formic acid	88.2
	30.04	3- 羟基丙酸甲酯 /Methyl3-hydroxypropanote	72.7
	36.88	异戊酸 /Isovaleric acid	87.4
	39.41	茄酮 /Solanone	89.7
	50.17	新植二烯 /Neophytadiene	90.9
	59.24	植酮 /Hexahydrofarnesyl acetone	92.2
	62.02	L- 苹果酸二甲酯 /Dimethyl malate	72.6
	67.65	3- 羟基丙酸 /Hydracrylic acid	84.5
	69.83	金合欢基丙酮 /Farnesylacetone	81.6
	68.92	琥珀酸单甲酯 /Monomethyl succinate	89.7
	80.01	植物醇 /Phytol	81.2
	83.93	肉豆蔻酸 /Myristic acid	84.2
	87.72	正十五酸 /Pentadecanoic acid	78.0
	90.51	棕榈酸 /Hexadecanoic acid	88.3

② 吡嗪类化合物。

吡嗪类化合物是白肋烟烘焙过程中一类主要的美拉德反应产物，一般具有烤香、坚果香、玉米花香和咖啡香等香味特征，能够增加白肋烟的特征香，是白肋烟重要的致香成分。与未烘焙对照相比（图 12-2），有 7 种吡嗪类化合物烘焙后明显增加，分别为 2- 甲基吡嗪、2,5- 二甲基吡嗪、2,6- 二甲基吡嗪、2- 乙基 -6- 甲基吡嗪、2- 乙基 -5- 甲基吡嗪、2- 甲基 -3- 丙基吡嗪和 2,3,5- 三甲基吡嗪，且施加含糖料液后，这 7 种吡嗪类化合物含量烘焙后增加更显著。将 6 种糖处理结果与烘焙对照组做方差分析，P 值均小于 0.01，表明白肋烟烘焙过程中施加糖类物质对 7 种吡嗪类化合物有极显著的影响，7 种化合物为白肋烟烘焙过程中可能生成的美拉德反应产物。6种含糖料液相比(图12-3),施加果糖产生的吡嗪类化合物明显多于其他糖,表明施加果糖比例高的料液能显著促进白肋烟烘焙过程中吡嗪类化合物的生成。这可能与果糖和氨反应产生的糖氨(2-氨基-2-脱氧葡萄糖)有关,此种物质经热反应可生成2,5-脱氧果糖嗪和2,6-脱氧果糖嗪,随后热解产生吡嗪类化合物,而氨和葡萄糖反应产生的脱氧氨基葡萄糖在热解条件下不易产生吡嗪类化合物。

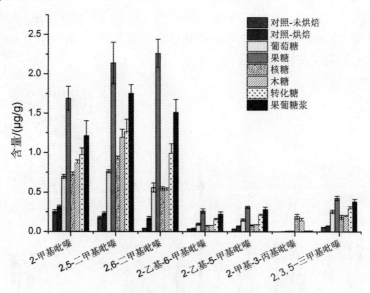

图12-2　糖类物质对各吡嗪类产物含量的影响

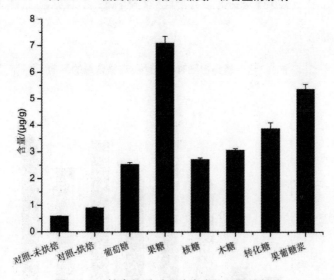

图12-3　糖类物质对吡嗪类产物总量的影响

③ 呋喃类化合物。

呋喃类化合物一般具有甜香、焦甜香、坚果香和奶油香等香味特征,是白肋烟烘焙过程中主要的美拉德反应产物,对混合型卷烟感官香味和卷烟香气风格的形成有着重要作用。与未烘焙对照相比(图12-4),有8种呋喃类化合物含量烘焙后有明显的增加,分别为甲基糠基醚、糠醇、糠醛、2- 乙酰呋喃、5- 甲基 -2- 糠醛、2(5H)- 呋喃酮、α - 当归内酯和呋喃酮，且施加含糖料液后，这 8 种呋喃类化合物烘焙后含量增加更显著。将 6 种糖处理结果与烘焙对照组做方差分析，P 值均小于 0.01，表明白肋烟烘焙过程中施加糖类物质对这 8 种呋喃类化合物有极显著的影响。美拉德反应和糖类物质的焦糖化作用均可产生糠醛、糠醇和 5- 甲基 -2- 糠醛等醛酮类化合物，但焦糖化作用通常是在没有氨基化合物且温度高于 140 ℃的条件下发生的，而白肋烟烟叶中有大量的氨基化合物存在，且本实验烘焙温度为 135 ℃，因此，白肋烟烘焙过程中以美拉德反应为主，焦糖化作用较难发生。6 种糖相比，施加果糖产生的呋喃类化合物总量最多，其余依次为果葡糖浆、木糖、转化糖、核糖和葡萄糖（见图 12-5）。

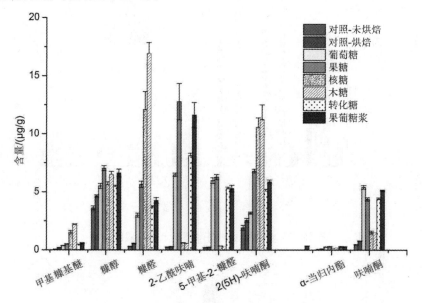

图 12-4　糖类物质对各呋喃类产物含量的影响

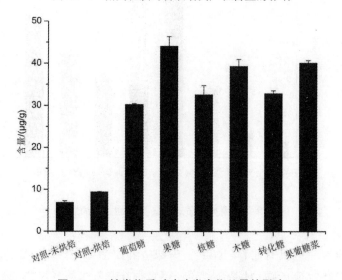

图 12-5　糖类物质对呋喃类产物总量的影响

④ 吡咯类化合物。

吡咯类化合物一般具有果香和坚果香,能够明显增加烟气的果香,对调节白肋烟的特征香有十分重要的作用。与未烘焙对照样相比,有 4 种吡咯类物质含量烘焙后有明显增加(见图 12-6),分别为吡咯、1- 糠基吡咯、2- 吡咯甲醛、吲哚,施加含糖料液后,吡咯、1- 糠基吡咯和 2- 吡咯甲醛等 3 种吡咯类化合物含量烘焙后增加显著,是较为明确的反应产物,但吲哚含量明显降低。吲哚高浓度时具有强烈的粪臭味,低浓度时具有果香和花香,吲哚含量降低有利于白肋烟香吃味的提高。6 种糖相比(图 12-7),施加木糖和核糖产生的吡咯类物质总量明显多于其他 4 种糖(吲哚除外),将 6 种糖处理结果与烘焙对照组做方差分析,木糖和核糖 P 值小于 0.01,转化糖和果葡糖浆 P 值小于 0.05,葡萄糖和果糖 P 值大于 0.05,表明施加木糖和核糖对除吲哚外的 3 种吡咯类产物的影响达到极显著的水平,五碳糖较六碳糖更有利于吡咯类产物的生成。

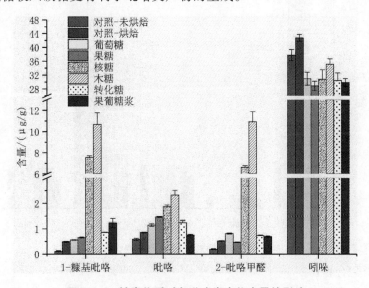

图 12-6　糖类物质对各吡咯类产物含量的影响

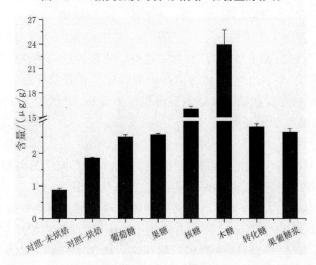

图 12-7　糖类物质对吡咯类产物总量的影响（不包含吲哚）

⑤ 吡啶类化合物。

吡啶类化合物是白肋烟重要的香味成分,对于增加白肋烟特征香和改善白肋烟吸味有着积极作用。与未烘焙对照相比,有5种吡啶类物质含量烘焙后有增加(见图12-8),分别为3-甲基吡啶、4-甲基吡啶、3-乙烯基吡啶、3-羟基吡啶和烟酸甲酯。而与烘焙对照相比,施加含糖料液烘焙后,仅3-羟基吡啶含量有明显增加。将6种糖处理结果与烘焙对照组做方差分析,P值均小于0.01,表明糖类物质对3-羟基吡啶生成有极显著的影响,且施加木糖和核糖产生的3-羟基吡啶明显多于其他4种糖,表明施加五碳糖较六碳糖更有利于3-羟基吡啶的生成。

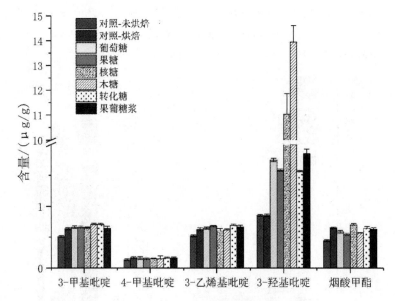

图12-8　糖类物质对各吡啶类产物含量的影响

⑥碳环类化合物。

与未烘焙对照相比,有9种碳环类化合物含量烘焙后有增加(见图12-9),其中脂环族化合物6种,分别为2-环戊烯-1-酮、3-甲基-2-环戊烯-1酮、4,5-二甲基-1,3-二氧杂环戊烯-2-酮、4-环戊烯-1,3-二酮、γ-丁内酯和(±)-3-羟基-4-丁内酯;芳香族化合物3种,分别为苯甲酸、苯乙醇和苯乙醛。施加含糖料液烘焙后,这9种碳环类化合物含量增加明显,且施加木糖和核糖产生的碳环类化合物明显多于其他4种糖(见图12-10)。将6种糖处理结果与烘焙对照组做方差分析,P值均大于0.05,表明糖类物质对碳环类产物影响差异不显著。

⑦脂肪族化合物。

与未烘焙对照样相比,有5种脂肪族化合物含量烘焙后有明显的增加(见图12-11),分别为丙酮酸甲酯、3-羟基-2-丁酮、丙酮醇、过氧化乙酰丙酮和3-羟基丙酸甲酯,且施加6种含糖料液烘焙后增加更显著。将6种糖处理结果与烘焙对照组做方差分析,葡萄糖和果糖P值小于0.05,其余4种糖P值小于0.01,表明糖类物质对脂肪族化合物的生成有显著影响,木糖、核糖、转化糖和果葡糖浆对脂肪类产物的影响达到极显著的水平,施加果糖和果葡糖浆产生的脂肪族化合物总量多于其他4种糖(图12-12)。

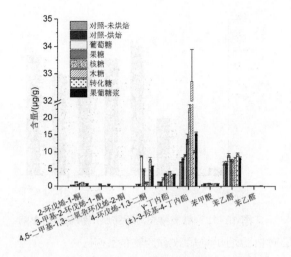

图 12-9　糖类物质对各碳环类产物含量的影响

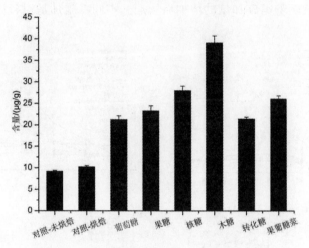

图 12-10　糖类物质对碳环类产物总量的影响

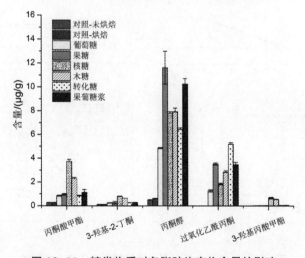

图 12-11　糖类物质对各脂肪族产物含量的影响

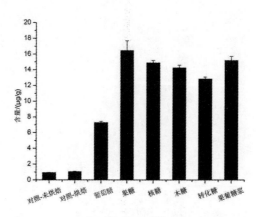

图 12-12　糖类物质对脂肪族产物总量的影响

（2）糖的施加量对白肋烟烘焙后致香产物的影响。

以施加木糖为例，考察了糖施加量对白肋烟烘焙后致香产物的影响，结果表明，多数致香产物的含量随着糖施加量的增加而增加。不同糖施加量对各类产物的影响如图12-13所示。

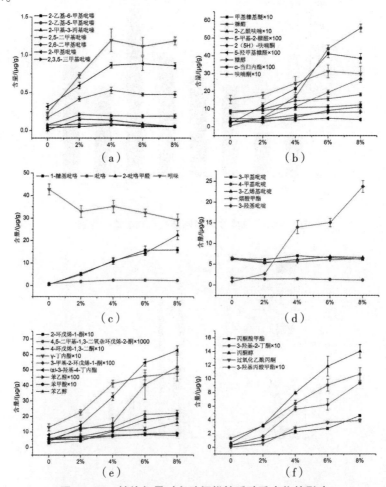

图 12-13　糖施加量对白肋烟烘焙后致香产物的影响

　　吡嗪类化合物的含量随糖施加量的增加而增加,糖施加量为 4% 时,吡嗪类化合物含量达到最大(图 12-13(a))。呋喃类化合物的含量随糖施加量的增加而增加,其中甲基糠基醚、5- 甲基 -2- 糠醛和 5- 羟甲基糠醛 3 种呋喃类化合物含量在糖施加量为 6% 时达到最大,其余 6 种呋喃类化合物的含量在糖施加量为 8% 时最大(图 12-13(b))。吲哚的含量随糖施加量的增加有降低的趋势,其余 3 种吡咯类化合物的含量随糖施加量的增加而增加,其中 1- 糠基吡咯和吡咯的含量在糖施加量为 6% 时达到最大,2- 吡咯甲醛的含量在糖施加量为 8% 时最大(图 12-13(c))。吡啶类化合物中 3- 羟基吡啶的含量随糖施加量的增加迅速增加,在糖施加量为 8% 时达到最大(图 12-13(d)),其余 4 种吡啶类化合物的含量随糖施加量的增加变化不明显。碳环类化合物的含量随糖施加量的增加而增加,除苯乙醇外,其余碳环类化合物的含量在糖施加量为 8% 时最大(图 12-13(e))。脂肪族化合物含量随糖施加量的增加而增加,在糖施加量为 8% 时达到最大(图 12-13(f))。

　　(3)致香产物的主成分分析。

　　为消除量纲影响,客观评价施加糖类物质对白肋烟烘焙后各致香产物的影响,本研究以施加糖烘焙后白肋烟致香物质的含量与未施加糖烘焙白肋烟致香物质的含量(对照)的比值为分析对象,采用主成分分析法对不同糖类物质和施加量处理的白肋烟烘焙后致香产物的变化倍数进行分析。由于过氧化乙酰丙酮和 2- 甲基 -3- 丙基吡嗪这两种物质在未施加糖的对照中未检测到,是施加糖后新生成的致香物质,因此主成分分析未包含这两种物质。对施加葡萄糖、果糖、木糖、核糖、转化糖和果葡糖浆,以及不同糖施加量的样本进行主成分分析,得到主成分的特征值和贡献率。由表 12-2 可以看出,主成分 1 的贡献率为 81.39%,主成分 2 的贡献率为 15.51%,前两个主成分的累计贡献率已经达到 96.90%,包含了数据的绝对主要信息。根据主成分分析一般提取包含 90% 以上信息的主成分的原理,前两个主成分足以说明该数据的变化趋势。图 12-14 为主成分载荷图,图中小方块为主成分,代表不同处理方式样品的分布。小圆点为载荷,表示不同处理方式对致香产物的影响,载荷距离原点越远,该致香产物的载荷系数越大,在主成分计算中权重也越大,表明经过处理后该产物的含量变化也越大。图中标识了距离原点最远的 5 个载荷对应的致香物质,表明经过处理后,这 5 种物质的含量变化最明显,是烘焙过程中产生的主要致香物质。由表 12-3 可知,主成分 1 反映的指标主要有 5- 甲基 -2- 糠醛、糠醛、2- 乙酰呋喃、1- 糠基吡咯、3- 羟基吡啶等;主成分 2 反映的指标主要有糠醛、5- 甲基 -2- 糠醛、2- 吡咯甲醛、2- 乙酰呋喃、丙酮醇等。

　　分别以糖施加量、糖类型为自变量,主成分 1 和主成分 2 的值为因变量进行单因素分析。图 12-15(a)为不同糖施加量对致香物质的影响。可以看出随着糖施加量的增加,主成分 1 代表的致香物质含量逐渐增加,表明糖施加量是一个正向的重要促进因素。主成分 2 代表的致香物质含量先降低,糖施加量为 4% 后快速升高,表明糖施加量高于 4% 后,致香物质生成量显著增加。图 12-15(b)为施加不同糖类物质对致香物质的影响。可以看出主成分 1 中,施加糖类物质能显著促进白肋烟烘焙后致香物质的生成,其中果糖对致香物质的含量影响最大,果糖、果葡糖浆、葡萄糖和转化糖对主成分 1 的影响大于木糖和核糖。在主成分 2 中,施加糖后少量致香成分含量较对照降低。由于主成分 1 的贡献率为 81.39%,主成分 2 的贡献率为 15.51%,因此,糖类物质对致香成分的影响以主成分

1为主,糖类物质对致香物质的产生有显著的正向促进作用。

表 12-2　主成分 1 和主成分 2 的特征值及贡献率

主成分	特征值	贡献率 /（%）	累计贡献率 /（%）
1	4050.51	81.39	81.39
2	771.75	15.51	96.90

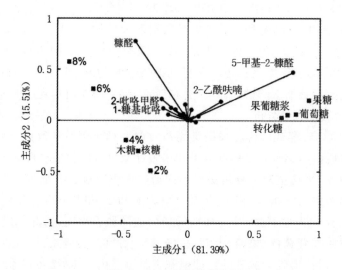

图 12-14　主成分载荷图

表 12-3　主成分载荷系数矩阵

序号	指标	主成分1	主成分2	序号	指标	主成分1	主成分2
1	5- 甲基 -2- 糠醛	0.79	0.47	11	4- 环戊烯 -1，3- 二酮	0.07	0.05
2	糠醛	−0.40	0.78	12	丙酮酸甲酯	−0.06	0.06
3	2- 乙酰呋喃	0.25	0.18	13	2（5H）- 呋喃酮	−0.04	0.07
4	2- 吡咯甲醛	−0.20	0.21	14	（±）-3- 羟基 -4- 丁内酯	−0.03	0.05
5	1- 糠基吡咯	−0.19	0.12	15	3- 甲基 -2- 环戊烯 -1 酮	0.05	−0.01
6	3- 羟基吡啶	−0.13	0.12	16	2- 环戊烯 -1- 酮	−0.02	0.05
7	3- 羟基丙酸甲酯	−0.15	0.06	17	2，6- 二甲基吡嗪	0.04	0.03
8	丙酮醇	−0.02	0.16	18	3- 羟基 -2- 丁酮	−0.03	0.03
9	甲基糠基醚	−0.10	0.11	19	呋喃酮	0.03	0.03
10	4，5- 二甲基 -1，3- 二氧杂环戊烯 -2- 酮	0.02	0.10	20	2- 乙基 -6- 甲基吡嗪	0.03	0.01

续表

序号	指标	主成分1	主成分2	序号	指标	主成分1	主成分2
21	2-乙基-5-甲基吡嗪	0.02	0.01	30	苯乙醛	0.00	0.00
22	2,3,5-三甲基吡嗪	0.02	0.00	31	3-乙烯基吡啶	0.00	0.00
23	2,5-二甲基吡嗪	0.02	0.01	32	苯乙醇	0.00	0.00
24	α-当归内酯	0.01	0.01	33	4-甲基吡啶	0.00	0.00
25	γ-丁内酯	-0.01	0.01	34	5-羟甲基糖醛	0.00	0.00
26	2-甲基吡嗪	0.01	0.01	35	吲哚	0.00	0.00
27	吡咯	-0.01	0.00	36	苯乙酸甲酯	0.00	0.00
28	糠醇	0.00	0.00	37	3-甲基吡啶	0.00	0.00
29	苯甲酸	0.00	0.01				

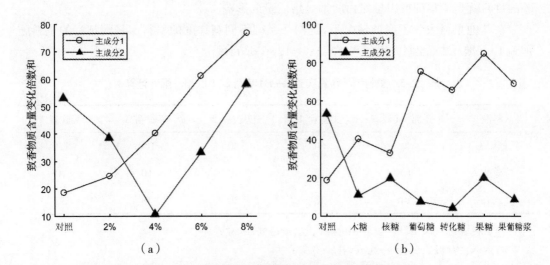

图 12-15 糖类物质对白肋烟烘焙后致香物质的影响

(4)不同糖处理条件下白肋烟感官品质的对比。

对施加不同糖类物质的白肋烟烘焙后样品进行感官评吸,结果见表 12-4。与未施加糖烘焙的样品相比,白肋烟施加糖后样品的香气质和香气量均有显著提高,白肋烟风格特征更加显著,浓度增大,烟气细腻程度提高,杂气不同程度减弱,余味明显改善。施加糖类物质相比,果糖改善白肋烟感官质量作用最好,其余依次为果葡糖浆、木糖、转化糖、葡萄糖、核糖。

表 12-4　不同糖处理条件下白肋烟感官品质的对比

处理	香气特征	香气质（15）	香气量（15）	杂气（10）	浓度（10）	刺激性（10）	余味（15）	协调性（15）	燃烧性及灰色(10)	合计
葡萄糖	显著	8.5	8.8	6.8	8.5	7	10.2	11.2	7.2	68.2
果糖	显著	10.5	10.8	7.5	9.4	7.5	11	11.5	7.2	75.4
木糖	显著	9.8	9.6	6.5	8.2	7.4	10.3	11.4	7.0	70.2
核糖	显著	8.2	8.5	6.2	7.5	7.2	10	11.2	6.8	65.6
果葡糖浆	显著	10	10.2	7.2	8.8	7.5	11	11.2	7.2	73.1
转化糖	显著	8.8	8.5	7	8.7	7.4	10.8	11.5	6.8	69.5
对照－烘焙	显著－	6.5	6.8	4.2	8.2	6.5	8.0	11.0	7.0	58.2

（二）蔗糖对白肋烟处理效果的影响

还原糖是美拉德反应的主要原料，其含量高低直接决定着反应量，而白肋烟中的还原糖是通过蔗糖水解产生的，因此蔗糖的用量对白肋烟处理效果有着重要影响。本组实验的目的就是考察蔗糖用量对白肋烟烘焙质量的影响。

在其他里料大料不变的情况下，配制一系列不同糖梯度的里料。将配制好的里料施加到 1 kg 烟叶中，配制方案如表 12-5、表 12-6 所示。

表 12-5　里料蔗糖含量实验——B1 糖配制（以 1kg 烟叶计算）

料液	正常 B1 糖	实验料 1	实验料 2	实验料 3	实验料 4
蔗糖 /g	40	60	80	100	120
柠檬酸 /g	10	10	10	10	10
水 /g	30	30	30	30	30

注：1. 在搅拌时加入蔗糖，搅拌 30 分钟，温度达到 80 ℃；

　　2. 加入柠檬酸，保持 80 ℃搅拌 20 分钟；

　　3. 水可以适量增加，以使蔗糖溶解，100 g 水 80 ℃可溶解 362 g 蔗糖，60 ℃可溶解 287 g。

表 12-6　里料蔗糖含量实验——其他料液（以 1kg 烟叶计算）

料液	重量 /g
可可粉液（1/4）	150
甘草膏液（1/3）	120
木糖醇	60
水	40

将配制的 B1 糖与上述料液混合后于 60 ℃搅拌 40 分钟,趁热施加到 1kg 烟叶中,装入实验笼,上线处理,经过 11 min 50 s 的烘焙处理后在冷却区取出,回潮切丝。

切丝后样品分别称重 100 g 和 200 g,其中 100 g 样品直接打样评吸(A 组);200 g 样品施加正常表料(表料施加比例为 18%)后实验室烘丝处理,再打样评吸(B 组)。其余样品留存以备检测。

评吸结果显示(见表 12-7、表 12-8):

①蔗糖含量增加到 6% 时,白肋烟烘焙处理效果最好;在蔗糖含量增加到 10% 的过程中,效果逐渐减弱,但要比不增加的效果好;蔗糖含量增加到到 12% 时对香气特征和烟气特征影响最大,烘焙效果变差。增加蔗糖含量对于改善口感效果是比较明显的。

②增加里料中的蔗糖含量,表料后样品在口感特征上整体效果明显。蔗糖含量从 4% 增加到 8%,表料后效果逐渐变好,尤其是烟气特征的增加趋势明显,香气特征也有一定的增加;当蔗糖含量超过 8% 时,香气特征和烟气特征效果都开始减弱。

表 12-7　蔗糖含量调整实验烘焙后样品评吸结果

指标	4% 蔗糖(A11)	6% 蔗糖(A12)		8% 蔗糖(A13)		10% 蔗糖(A14)		12% 蔗糖(A15)	
	烘焙后(对照)	烘焙后	变化量	烘焙后	变化量	烘焙后	变化量	烘焙后	变化量
特征香气	10.0	10.4	0.4	9.8	−0.2	10.1	0.1	9.5	−0.5
丰满程度	10.0	9.9	−0.1	9.6	−0.4	10.0	0.0	9.4	−0.6
杂气	10.0	10.6	0.6	10.6	0.6	10.2	0.2	10.2	0.2
香气特征总分	30.0	30.9	0.9	30.0	0.0	30.3	0.3	29.1	−0.9
浓度	10.0	9.9	−0.1	10.0	0.0	9.8	−0.2	9.3	−0.7
浓劲协调	10.0	9.9	−0.1	10.3	0.3	10.0	0.0	9.8	−0.2
细腻程度	10.0	10.3	0.3	10.6	0.6	10.4	0.4	10.4	0.4
烟气特征总分	30.0	30.1	0.1	30.9	0.9	30.1	0.1	29.5	−0.5
刺激性	10.0	10.5	0.5	10.8	0.8	10.4	0.4	10.6	0.6
干燥感	10.0	10.3	0.3	10.4	0.4	9.8	−0.2	10.1	0.1
干净程度	10.0	10.2	0.2	10.4	0.4	9.9	−0.1	9.8	−0.2
口感特征总分	30.0	31.0	1.0	31.6	1.6	30.1	0.1	30.5	0.5
总分	90.0	92.0	2.0	92.5	2.5	90.5	0.5	89.1	−0.9
劲头	10.0	10.0	0.0	9.4	−0.6	9.7	−0.3	9.6	−0.4
合计	100.0	102.0	2.0	101.9	1.9	100.2	0.2	98.7	−1.3

表 12-8　蔗糖含量调整实验表料后样品评吸结果

指标	4% 蔗糖（B11）	6% 蔗糖（B12）		8% 蔗糖（B13）		10% 蔗糖（B14）		12% 蔗糖（B15）	
	表料后（对照）	表料后	变化量	表料后	变化量	表料后	变化量	表料后	变化量
特征香气	10.0	10.2	0.2	10.0	0.0	9.3	−0.7	8.9	−1.1
丰满程度	10.0	9.6	−0.4	9.8	−0.2	9.7	−0.3	9.2	−0.8
杂气	10.0	10.5	0.5	10.6	0.6	10.2	0.2	10.4	0.4
香气特征总分	30.0	30.3	0.3	30.4	0.4	29.2	−0.8	28.5	−1.5
浓度	10.0	9.9	−0.1	9.8	−0.2	9.6	−0.4	9.2	−0.8
浓劲协调	10.0	10.3	0.3	10.6	0.6	9.9	−0.1	9.7	−0.3
细腻程度	10.0	10.5	0.5	11.0	1.0	10.9	0.9	10.9	0.9
烟气特征总分	30.0	30.7	0.7	31.4	1.4	30.4	0.4	29.8	−0.2
刺激性	10.0	10.5	0.5	11.0	1.1	11.1	1.1	11.1	1.1
干燥感	10.0	10.2	0.2	10.8	0.8	10.8	0.8	10.6	0.6
干净程度	10.0	10.3	0.3	10.4	0.4	10.2	0.2	10.1	0.1
口感特征总分	30.0	31.0	1.0	32.3	2.3	32.1	2.1	31.8	1.8
总分	90.0	92.0	2.0	94.1	4.1	91.7	1.7	90.1	0.1
劲头	10.0	9.6	−0.4	9.2	−0.8	9.1	−0.9	8.7	−1.3
合计	100.0	101.6	1.6	103.3	3.3	100.8	0.8	98.8	−1.2

综合分析烘焙后和表料后效果,可以得到以下结论:

①增加里料中的蔗糖含量,对于改善卷烟口感特征效果明显。

②当里料中蔗糖含量超过 8% 时,香气特征、烟气特征都有下降趋势,表明蔗糖在里料中的使用量不应超过 8%。

③在里料中的蔗糖含量从 4% 增加到 8% 的过程中,烟气特征呈现出逐渐增加的趋势,而香气特征随着烘焙和表料的实验点不同也会有不同程度的增加。

二、有机酸对白肋烟处理效果的影响

（一）柠檬酸水解实验以及结果分析

柠檬酸的主要作用是将蔗糖水解成葡萄糖和果糖,作为发生美拉德反应的糖源。目前白肋烟生产中柠檬酸添加量非常大,远远超出水解蔗糖的需求量,造成里料 pH 值偏低

(3.40),不利于美拉德反应进行。因此需要找到里料中的柠檬酸适宜用量。通过实验室水解实验可以找到蔗糖水解所需要的最少柠檬酸添加量,实验方案见表12-9,结果表明,柠檬酸添加量对总糖含量没有影响,当柠檬酸含量在 3.3% 以上时,还原糖含量变化不大,即蔗糖水解基本完成;当柠檬酸含量在 3.3% 以下时还原糖含量呈现递减趋势(见表12-10)。因此综合分析,蔗糖水解所需的柠檬酸适宜用量为 3.3%。

表 12-9　B1 糖——柠檬酸水解实验

料液	1	2	3	4	5	6	7	8	9	10
蔗糖 /g	100	100	100	100	100	100	100	100	100	100
柠檬酸 /g	10	8	7	6	5	4	3	2	1	0.5
水 /g	75	75	75	75	75	75	75	75	75	75

表 12-10　B1 糖——柠檬酸水解实验检测结果

料液	正常	1	2	3	4	5	6	7	8	9	10
柠檬酸 /g	25	10	8	7	6	5	4	3	2	1	0.5
柠檬酸比例 /(%)	12.5	5.4	4.37	3.85	3.3	2.8	2.2	1.7	1.1	0.6	0.3
还原糖 /(%)	23.08	23.52	22.98	23.01	22.87	22.43	21.23	19.56	17.90	13.18	9.44
总糖 /(%)	22.97	23.59	24.12	24.29	24.30	23.94	24.11	23.68	23.97	23.79	23.34

（二）里料柠檬酸使用量对白肋烟处理效果的影响

在对酸水解蔗糖进行分析研究的同时,针对不同柠檬酸使用量对白肋烟处理效果的影响进行深入研究。里料中的柠檬酸除了有水解蔗糖的作用外,还有平衡烟气的作用,过多的柠檬酸不利于美拉德反应的进行,过少的柠檬酸则会影响感官质量。因此,需要通过考察里料柠檬酸用量对烘焙质量的影响来确定里料柠檬酸最佳使用范围。实验方案如下。

在其他里料大料不变的情况下,配制一系列柠檬酸梯度的里料,将配制好的里料施加到 1kg 醇和都宝烟叶中,配制方案如表 12-11、表 12-12 所示。

表 12-11　里料柠檬酸实验——B1 糖配制（以 1kg 烟叶计算）

料液	正常 B1 糖	实验料 1	实验料 2	实验料 3
柠檬酸比例（烟叶）	1%	0.8%	0.4%	0.25%
蔗糖 /g	40	40	40	40
柠檬酸 /g	10	8	4	2.5
水 /g	30	30	30	30

表 12-12　里料柠檬酸实验——其他料液（以 1kg 烟叶计算）

料液	重量 /g
可可粉液（1/3）	120
甘草膏液（1/3）	120
木糖醇	60
水	70

　　将配制的 B1 糖与上述料液混合后于 60 ℃搅拌 40 分钟，趁热施加到 1kg 烟叶中，装入实验笼，上线处理，经过 11 min 50 s 的烘焙处理后在冷却区取出，回潮切丝。

　　切丝后样品分别称重 100 g 和 200 g，其中 100 g 样品直接打样评吸（A 组）；200 g 样品施加正常表料（表料施加比例为 18%）后实验室烘丝处理，再打样评吸（B 组）；另外一个 200 克样品在施加表料并补足柠檬酸后实验室烘丝处理，再打样评吸（C 组）。

　　检测及评吸结果显示（见表 12-13 至表 12-16）：

　　①笼式烘焙处理对某些感官指标有一定的放大作用，总体上常规化学成分和感官质量变化方向基本一致，可以模拟大生产进行烘焙实验研究。

　　②减少里料中柠檬酸含量对感官质量有一定的提升作用，杂气、浓劲协调、细腻程度、刺激性、干燥感、特征香气、丰满程度和干净程度等指标有改善，但同时可能带来浓度和劲头的下降。

　　③随着柠檬酸含量逐渐减少，感官质量逐渐变好，当含量降低到 0.4% 和 0.25% 之间时质量趋于稳定，水解蔗糖所需要的柠檬酸最低比例正是 0.25%，柠檬酸使用量只要满足水解蔗糖的需要即可，根据不同烟叶原料可以适当增加比例。

　　④补足柠檬酸对产品风格有一定影响，柠檬酸应该不补或少补。

表 12-13　烘焙后白肋烟评吸结果（A 组样品）

指标	1% 柠檬酸（A0）	0.8% 柠檬酸（A1）		0.4% 柠檬酸（A2）		0.25% 柠檬酸（A3）	
	对照	烘焙后	变化量	烘焙后	变化量	烘焙后	变化量
特征香气	10.0	10.3	0.3	10.2	0.2	9.8	−0.2
丰满程度	10.0	10.0	0.0	10.0	0.0	10.1	0.1
杂气	10.0	10.4	0.4	10.0	0.0	9.9	−0.1
浓度	10.0	10.0	0.0	10.0	0.0	9.9	−0.1
劲头	10.0	9.2	−0.8	9.8	−0.2	9.6	−0.4
浓劲协调	10.0	10.9	0.9	10.1	0.1	10.0	0.0
细腻程度	10.0	10.4	0.4	10.1	0.1	10.2	0.2
刺激性	10.0	10.3	0.3	10.2	0.2	10.4	0.4
干燥感	10.0	10.2	0.2	10.1	0.1	10.2	0.2
干净程度	10.0	10.4	0.4	10.1	0.1	10.0	0.0
总分（除劲头）	90.0	92.9	2.9	90.8	0.8	90.5	0.5
合计	100.0	102.1	2.1	100.6	0.6	100.1	0.1

表 12-14　表料后白肋烟评吸结果（B 组样品）

指标	1% 柠檬酸（B0）	0.8% 柠檬酸（B1）		0.4% 柠檬酸（B2）		0.25% 柠檬酸（B3）	
	对照	表料后	变化量	表料后	变化量	表料后	变化量
特征香气	10.0	10.1	0.1	10.4	0.4	10.7	0.7
丰满程度	10.0	9.9	−0.1	10.2	0.2	10.5	0.5
杂气	10.0	10.2	0.2	10.5	0.5	10.9	0.9
浓度	10.0	9.8	−0.2	10.1	0.1	10.0	0.0
劲头	10.0	9.6	−0.4	9.6	−0.4	9.3	−0.7
浓劲协调	10.0	10.3	0.3	10.4	0.4	10.5	0.5
细腻程度	10.0	10.3	0.3	10.6	0.6	10.7	0.7
刺激性	10.0	10.3	0.3	10.6	0.6	11.1	1.1
干燥感	10.0	10.2	0.2	10.3	0.3	10.5	0.5
干净程度	10.0	10.5	0.5	10.5	0.5	10.6	0.6
总分（除劲头）	90.0	91.6	1.6	93.6	3.6	95.5	5.5
合计	100.0	101.2	1.2	103.2	3.2	104.8	4.8

表 12-15　表料后补足柠檬酸白肋烟评吸结果（C 组样品）

指标	1% 柠檬酸（C0）	0.8% 柠檬酸（C1）		0.4% 柠檬酸（C2）		0.25% 柠檬酸（C3）	
	对照	补足酸	变化量	补足酸	变化量	补足酸	变化量
特征香气	10.0	9.7	−0.3	10.5	0.5	10.5	0.5
丰满程度	10.0	9.7	−0.3	10.3	0.3	10.2	0.2
杂气	10.0	10.5	0.5	11.0	1	10.7	0.7
浓度	10.0	9.6	−0.4	9.6	−0.4	9.6	−0.4
劲头	10.0	9.3	−0.7	8.8	−1.2	8.5	−1.5
浓劲协调	10.0	10.3	0.3	10.8	0.8	11.0	1
细腻程度	10.0	10.5	0.5	10.9	0.9	11.4	1.4
刺激性	10.0	10.8	0.8	11.1	1.1	11.1	1.1
干燥感	10.0	10.3	0.3	10.7	0.7	10.7	0.7
干净程度	10.0	10.1	0.1	10.5	0.5	10.8	0.8
总分（除劲头）	90.0	91.5	1.5	95.4	5.4	96.0	6.0
合计	100.0	100.8	0.8	104.2	4.2	104.5	4.5

表 12-16　柠檬酸实验小样白肋烟评吸结果（过程样）

指标	正常样	烘焙后		表料后		烘丝后		加香前		成品	
	对照	分值	变化量	分值	变化量	分值	变化量	分值	变化量	分值	变化量
特征香气	10.0	10.4	0.4	10.3	0.3	10.2	0.2	10.3	0.3	10.3	0.3
丰满程度	10.0	10.5	0.5	10.8	0.8	10.5	0.5	10.4	0.4	10.3	0.3
杂气	10.0	10.7	0.7	10.5	0.5	10.3	0.3	10.4	0.4	10.5	0.5
浓度	10.0	10.1	0.1	10.6	0.6	10.4	0.4	10.4	0.4	10.6	0.6
劲头	10.0	10.1	0.1	10.4	0.4	10.3	0.3	9.7	−0.3	9.8	−0.2
浓劲协调	10.0	10.0	0.0	10.3	0.3	10.4	0.4	10.7	0.7	10.6	0.6
细腻程度	10.0	10.4	0.4	10.3	0.3	10.3	0.3	10.4	0.4	10.2	0.2
刺激性	10.0	10.0	0.0	9.8	−0.2	10.3	0.3	10.6	0.6	10.4	0.4
干燥感	10.0	10.0	0.0	10.3	0.3	10.3	0.3	10.5	0.5	10.4	0.4
干净程度	10.0	10.3	0.3	10.5	0.5	10.5	0.5	10.4	0.4	10.3	0.3
总分（除劲头）	90.0	92.4	2.4	93.6	3.6	93.4	3.4	94.2	4.2	103.7	3.7
合计	100.0	102.5	2.5	104.0	4.0	103.7	3.7	103.9	3.9	113.5	3.5

（三）其他有机酸替代柠檬酸对白肋烟处理效果影响研究

　　白肋烟烘焙质量受多方面的因素影响，在里料中使用的有机酸就是其中一个因素，柠檬酸实验也证实了这一观点。而除了柠檬酸以外，还有多种有机酸可以在白肋烟里料中使用。下面结合柠檬酸实验的结果，考察不同种类有机酸及其含量变化对白肋烟处理效果的影响，结合相关文献，初步选择乳酸、苹果酸、酒石酸代替柠檬酸进行烘焙实验。

　　在其他里料大料不变的情况下，配制一系列不同种类有机酸及含量变化的里料，将配制好的里料施加到 1kg 醇和都宝烟叶中，配制方案见表 12-17、表 12-18。将配制好的 B1 糖与上述料液混合后于 60 ℃搅拌 40 分钟，趁热施加到 1kg 烟叶中，装入实验笼，上线处理，经过 11 min 50 s 的烘焙处理后在冷却区取出，回潮切丝。

表 12-17　其他有机酸替代实验——B1 糖配制（以 1kg 烟叶计算）

料液	柠檬酸 1	乳酸 1	苹果酸 1	酒石酸 1	柠檬酸 2	乳酸 2	苹果酸 2	酒石酸 2
有机酸比例	1%	1%	1%	1%	0.4%	0.4%	0.4%	0.4%
蔗糖 /g	40	40	40	40	40	40	40	40
酸 /g	10	10	10	10	4	4	4	4
水 /g	30	30	30	30	36	36	36	36

表 12-18　其他酸类替代实验——其他料液（以 1kg 烟叶计算）

料液	重量 /g
可可粉液（1/3）	120
甘草膏液（1/3）	120
木糖醇	60
水	70

切丝后样品分别称重 100 g 和 200 g，其中有机酸比例 1% 的 100 g 样品直接打样评吸（A 组），有机酸比例 1% 的 200 g 样品施加正常表料（表料施加比例为 18%）且实验室烘丝处理后打样评吸（B 组），有机酸比例 0.4% 的 100 g 样品直接打样评吸（C 组），有机酸比例 0.4% 的 200 g 样品施加正常表料（表料施加比例为 18%）且实验室烘丝处理后打样评吸（D 组），其余样品留存以备检测。

评吸结果总分显示（见表 12-19 至表 12-22）：① B3>B1>B0>B2，三支烟在口感特征上均有明显提升，烟气特征变化不大，香气特征上 B3 略有提升，而 B1 略有下降，B2 下降明显。三支烟劲头都有下降。② C1>C3>C0>C2，C1 和 C3 两支烟在口感特征和烟气特征上有明显提升，在香气特征上 C1 有明显提升，C3 则有所下降。C2 在各项指标上均有不同程度下降。C1 和 C2 劲头变化不明显，C3 有所下降。③ D1>D3>D0>D2，D1 和 D3 两支烟在香气特征、烟气特征和口感特征上均有明显提升，整体质量较好。D2 口感特征略有提升，香气特征和烟气特征略有下降。三支烟劲头都有所下降。

表 12-19　1% 有机酸烘焙后对比评吸结果（A 组）

指标	1% 柠檬酸（A0）	1% 乳酸（A1）		1% 酒石酸（A2）		1% 苹果酸（A3）	
	烘焙后	烘焙后	变化量	烘焙后	变化量	烘焙后	变化量
特征香气	10.0	10.3	0.3	9.6	−0.4	9.9	−0.1
丰满程度	10.0	10.4	0.4	10.1	0.1	9.9	−0.1
杂气	10.0	9.8	−0.2	9.9	−0.1	9.4	−0.6
香气特征总分	30.0	30.5	0.5	29.6	−0.4	29.2	−0.8
浓度	10.0	10.3	0.3	9.9	−0.1	9.9	−0.1
浓劲协调	10.0	10.8	0.8	9.8	−0.2	10.0	0.0
细腻程度	10.0	11.0	1.0	9.7	−0.3	10.5	0.5
烟气特征总分	30.0	32.1	2.1	29.4	−0.6	30.4	0.4
刺激性	10.0	11.0	1.0	10.0	0.0	10.0	0.0
干燥感	10.0	10.3	0.3	10.0	0.0	10.1	0.1
干净程度	10.0	10.3	0.3	9.9	−0.1	10.3	0.3
口感特征总分	30.0	31.6	1.6	29.9	−0.1	30.4	0.4
总分	90.0	94.2	4.2	88.9	−1.1	90.0	0.0
劲头	10.0	9.7	−0.3	9.7	−0.3	9.5	−0.5
合计	100.0	103.9	3.9	98.6	−1.4	99.5	−0.5

表 12-20　1% 有机酸表料后对比评吸结果（B 组）

指标	1% 柠檬酸（B0）	1% 乳酸（B1）		1% 酒石酸（B2）		1% 苹果酸（B3）	
	表料后	表料后	变化量	表料后	变化量	表料后	变化量
特征香气	10.0	9.7	−0.3	9.4	−0.6	10.2	0.2
丰满程度	10.0	9.5	−0.5	9.3	−0.7	9.9	−0.1
杂气	10.0	9.8	−0.2	9.5	−0.5	10.1	0.1
香气特征总分	30.0	29.0	−1.0	28.2	−1.8	30.2	0.2
浓度	10.0	9.7	−0.3	9.7	−0.3	10.0	0.0
浓劲协调	10.0	9.8	−0.2	9.6	−0.4	9.9	−0.1
细腻程度	10.0	10.6	0.6	10.3	0.3	10.4	0.4
烟气特征总分	30.0	30.1	0.1	29.6	−0.4	30.3	0.3
刺激性	10.0	10.4	0.7	10.6	0.6	10.5	0.5
干燥感	10.0	10.5	0.5	10.0	0.0	10.1	0.1
干净程度	10.0	10.0	0.0	10.0	0.0	10.1	0.1
口感特征总分	30.0	31.2	1.2	30.6	0.6	30.7	0.7
总分（除劲头）	90.0	90.3	0.3	88.4	−1.6	91.2	1.2
劲头	10.0	9.5	−0.5	9.2	−0.8	9.7	−0.3
合计	100.0	99.8	−0.2	97.6	−2.4	100.9	0.9

表 12-21　0.4% 有机酸烘焙后对比评吸结果（C 组）

指标	0.4% 柠檬酸（C0）	0.4% 乳酸（C1）		0.4% 酒石酸（C2）		0.4% 苹果酸（C3）	
	烘焙后	烘焙后	变化量	烘焙后	变化量	烘焙后	变化量
特征香气	10.0	10.6	0.6	9.9	−0.1	9.9	−0.1
丰满程度	10.0	10.3	0.3	10.0	0.0	9.8	−0.2
杂气	10.0	10.1	0.1	9.6	−0.4	9.6	−0.4
香气特征总分	30.0	31.0	1.0	29.5	−0.5	29.3	−0.7
浓度	10.0	10.2	0.2	9.8	−0.2	9.7	−0.3
浓劲协调	10.0	10.1	0.1	9.8	−0.2	10.3	0.3
细腻程度	10.0	10.4	0.4	9.8	−0.2	10.6	0.6

续表

指标	0.4% 柠檬酸（C0）	0.4% 乳酸（C1）		0.4% 酒石酸（C2）		0.4% 苹果酸（C3）	
	烘焙后	烘焙后	变化量	烘焙后	变化量	烘焙后	变化量
烟气特征总分	30.0	30.7	0.7	29.4	−0.6	30.6	0.6
刺激性	10.0	10.3	0.3	9.7	−0.3	10.3	0.3
干燥感	10.0	10.0	0.0	9.8	−0.2	10.3	0.3
干净程度	10.0	10.3	0.3	9.9	−0.1	10.1	0.1
口感特征总分	30.0	30.6	0.6	29.4	−0.6	30.7	0.7
总分	90.0	92.3	2.3	88.3	−1.7	90.6	0.6
劲头	10.0	10.1	0.1	9.8	−0.2	9.2	−0.8
合计	100.0	102.4	2.4	98.1	−1.9	99.8	−0.2

表 12-22　0.4% 有机酸表料后对比评吸结果（D 组）

指标	0.4% 柠檬酸（D0）	0.4% 乳酸（D1）		0.4% 酒石酸（D2）		0.4% 苹果酸（D3）	
	表料后	表料后	变化量	表料后	变化量	表料后	变化量
特征香气	10.0	10.8	0.8	9.8	−0.2	10.3	0.3
丰满程度	10.0	10.2	0.2	10.1	0.1	10.1	0.1
杂气	10.0	10.8	0.8	9.8	−0.2	10.3	0.3
香气特征总分	30.0	31.8	1.8	29.7	−0.3	30.7	0.7
浓度	10.0	10.1	0.1	10.2	0.2	9.9	−0.1
浓劲协调	10.0	10.4	0.4	10.1	0.1	10.2	0.2
细腻程度	10.0	10.7	0.7	9.6	−0.4	10.5	0.5
烟气特征总分	30.0	31.2	1.2	29.9	−0.1	30.6	0.6
刺激性	10.0	10.6	0.6	10.4	0.4	10.4	0.4
干燥感	10.0	10.3	0.3	9.9	−0.1	10.3	0.3
干净程度	10.0	10.5	0.5	9.9	−0.1	10.2	0.2
口感特征总分	30.0	31.4	1.4	30.4	0.2	30.9	0.9
总分	90.0	94.4	4.4	89.8	−0.2	92.2	2.2
劲头	10.0	9.7	−0.3	9.7	−0.3	9.6	−0.4
合计	100.0	104.1	4.1	99.5	−0.5	101.8	1.8

施加的几种有机酸的酸性大小顺序为:酒石酸 > 柠檬酸 > 苹果酸 > 乳酸。从以上四组样品的评吸结果可以看出,在相同浓度情况下,乳酸和苹果酸样品的感官质量要好于柠檬酸和酒石酸,尤其是烟气特征和口感特征变化明显,香气特征虽然略有波动,但整体也有提高。乳酸、苹果酸、柠檬酸样品加表料后整体感官质量都在提升,在香气特征、烟气特征和口感特征上提升均较为明显;酒石酸样品加表料后在香气特征上有所提高,其他变化不明显。乳酸样品加表料后在烟气特征上有提高,其他变化不明显。乳酸、苹果酸、柠檬酸样品在加料后劲头有不同程度的下降。

烘焙后与表料后样品对比评吸结果显示,表料后样品整体感官质量要好于烘焙后样品,说明表料在白肋烟处理中有一定的作用,香气特征、烟气特征和口感特征均有不同程度的提升。从加料效果上看,不论含量如何,柠檬酸和苹果酸样品加料效果最明显,感官质量提升最大,经初步分析,产生这一现象的原因是目前的加料体系是根据柠檬酸设计的。乳酸样品在酸含量为 1% 时加料效果明显,含量为 0.4% 时效果不明显;酒石酸样品在酸含量为 0.4% 时加料效果明显,含量为 1% 时效果不明显。酸性越大的酸,含量越小,加料效果越明显,反之也成立。在调整里料中的酸时,同时也需要对表料进行调整。

(四)不同有机酸组合对白肋烟处理效果的影响研究

不同有机酸对白肋烟处理效果不同,通过不同有机酸替代实验,发现酸的种类对白肋烟的感官质量有一定程度的影响,其中乳酸、苹果酸可用于处理高档烟,柠檬酸和酒石酸则较适合于处理低档烟。下面的试验是考察它们之间的组合和配比关系对白肋烟处理效果的影响。

实验分为两组,第一组为乳酸和苹果酸组合实验,第二组为柠檬酸和酒石酸组合实验。实验 B1 糖配制方案见表 12-23 和表 12-24。将转化糖与表 12-25 所示的料液混合后于 60 ℃搅拌 40 分钟,趁热施加到 1kg 烟叶中,装入实验笼,上线处理,经过 11min 50 s 的烘焙处理后在冷却区取出,回潮切丝。

切丝后样品分别称重 100 g 和 200 g,其中乳酸、苹果酸 100 g 样品直接打样评吸(A组),乳酸、苹果酸 200 g 样品施加正常表料(表料施加比例为 18%)且实验室烘丝处理后打样评吸(B组),柠檬酸、酒石酸 100 g 样品直接打样评吸(C 组),柠檬酸、酒石酸 200 g 样品施加正常表料(表料施加比例为 18%)且实验室烘丝处理后打样评吸(D 组),其余样品留存以备检测。

表 12-23　乳酸、苹果酸组合实验——B1 糖配制(以 1kg 烟叶计算)

料液	转化糖 1	转化糖 2	转化糖 3	转化糖 4	转化糖 5
蔗糖 /g	40	40	40	40	40
乳酸 /g	4	3	2	1	0
苹果酸 /g	0	1	2	3	4
水 /g	30	30	30	30	30

表 12-24　柠檬酸、酒石酸组合实验——B1 糖配制（以 1kg 烟叶计算）

料液	转化糖 6	转化糖 7	转化糖 8	转化糖 9	转化糖 10
蔗糖 /g	40	40	40	40	40
柠檬酸 /g	4	3	2	1	0
酒石酸 /g	0	1	2	3	4
水 /g	30	30	30	30	30

注：1. 在搅拌时加入蔗糖，搅拌 30 分钟，温度达到 80 ℃；

2. 加入有机酸，保持 80 ℃搅拌 20 分钟；

3. 水可以适量增加，以使蔗糖溶解，100 g 水 80 ℃可溶解 362 g 蔗糖，60 ℃可溶解 287 g。

表 12-25　不同有机酸组合实验——其他料液配制

料液	重量 /g
可可粉液（1/4）	150
甘草膏液（1/3）	120
木糖醇	60
水	40

评吸结果如表 12-26 至表 12-29 所示，可以看出：①烘焙后样品乳酸和苹果酸配合使用要比单独使用效果更好，在香气特征、烟气特征、口感特征上均有改善，其中 A4 在这三项指标上的改善均较为明显，A2、A3 在香气特征和烟气特征上改善明显。②表料后柠檬酸和酒石酸配合使用要比单独使用酒石酸效果更好，比单独使用柠檬酸效果差，柠檬酸样品在香气特征和烟气特征上要好于其他样品，但口感特征不如组合样品和酒石酸样品。

综合分析可见：

①乳酸和苹果酸组合在烘焙后、表料后的使用效果均好于单独使用乳酸和苹果酸，乳酸∶苹果酸的比例为 1∶3 时效果最好，比例为 2∶2 和 3∶1 其次，单独使用苹果酸效果最差。

②柠檬酸和酒石酸组合在烘焙后、表料后的使用效果均好于单独使用酒石酸，差于单独使用柠檬酸。

表 12-26　0.4% 乳酸与苹果酸组合实验烘焙后评吸结果

指标	0.4% 乳酸（A1）	乳酸∶苹果酸 =3∶1（A2）		乳酸∶苹果酸 =2∶2（A3）		乳酸∶苹果酸 =1∶3（A4）		0.4% 苹果酸（A5）	
	烘焙后（对照）	烘焙后	变化量	烘焙后	变化量	烘焙后	变化量	烘焙后	变化量
特征香气	10.0	10.6	0.6	10.3	0.3	10.4	0.4	9.6	−0.4
丰满程度	10.0	10.5	0.5	10.3	0.3	9.8	−0.2	9.5	−0.5
杂气	10.0	10.0	0.0	10.3	0.3	10.6	0.6	10.3	0.3
香气特征总分	30.0	31.1	1.1	30.9	0.9	30.8	0.8	29.4	−0.6

指标	0.4% 乳酸（A1）	乳酸：苹果酸=3：1（A2）		乳酸：苹果酸=2：2（A3）		乳酸：苹果酸=1：3（A4）		0.4% 苹果酸（A5）	
	烘焙后（对照）	烘焙后	变化量	烘焙后	变化量	烘焙后	变化量	烘焙后	变化量
浓度	10.0	10.4	0.4	10.1	0.1	9.9	−0.1	9.4	−0.6
浓劲协调	10.0	9.9	−0.1	10.1	0.1	10.6	0.6	10.0	0.0
细腻程度	10.0	10.7	0.3	10.3	0.3	10.6	0.6	10.6	0.6
烟气特征总分	30.0	30.6	0.6	30.5	0.5	31.1	1.1	10.0	0.0
刺激性	10.0	10.1	0.1	10.8	0.2	10.6	0.6	10.6	0.6
干燥感	10.0	10.1	0.1	9.9	−0.1	10.3	0.3	9.8	−0.2
干净程度	10.0	10.2	0.2	10.1	0.1	10.3	0.3	9.8	−0.2
口感特征总分	30.0	30.4	0.4	30.2	0.2	31.2	1.2	10.2	0.2
总分	90.0	92.1	2.1	91.6	1.6	93.1	3.1	89.6	−0.4
劲头	10.0	10.3	0.3	9.9	−0.1	9.3	−0.7	9.4	−0.6
合计	100.0	102.4	2.4	101.5	1.5	102.4	2.4	99.0	−1.0

表 12-27　0.4% 乳酸与苹果酸组合实验表料后评吸结果

指标	0.4% 乳酸（B1）	乳酸：苹果酸=3：1（B2）		乳酸：苹果酸=2：2（B3）		乳酸：苹果酸=1：3（B4）		0.4% 苹果酸（B5）	
	表料后（对照）	表料后	变化量	表料后	变化量	表料后	变化量	表料后	变化量
特征香气	10.0	10.4	0.4	10.5	0.5	10.5	0.5	9.6	−0.4
丰满程度	10.0	10.3	0.3	10.1	0.1	10.4	0.4	9.5	−0.5
杂气	10.0	10.4	0.4	10.2	0.2	10.5	0.5	9.7	−0.3
香气特征总分	30.0	31.1	1.1	30.8	0.8	31.4	1.4	28.8	−1.2
浓度	10.0	10.1	0.1	10.1	0.1	9.8	−0.2	9.6	−0.4
浓劲协调	10.0	10.1	0.1	10.3	0.3	10.3	0.3	9.9	−0.1
细腻程度	10.0	10.2	0.2	10.1	0.1	10.4	0.4	10.4	0.4
烟气特征总分	30.0	30.4	0.4	30.5	0.5	30.5	0.5	29.9	−0.1
刺激性	10.0	10.3	0.3	10.0	0	10.5	0.5	10.2	0.2
干燥感	10.0	10.0	0.0	10.2	0.2	10.1	0.1	9.8	−0.2
干净程度	10.0	10.1	0.1	10.3	0.3	10.2	0.2	9.7	−0.3
口感特征总分	30.0	30.4	0.4	30.5	0.5	30.8	0.8	29.7	−0.3
总分	90.0	91.9	1.9	91.8	1.8	92.7	2.7	88.4	−1.6
劲头	10.0	10.0	0.0	10.1	0.1	9.6	−0.4	9.9	−0.1
合计	100.0	101.9	1.9	101.9	1.9	102.3	2.3	88.3	−1.7

表 12-28 0.4% 柠檬酸与酒石酸组合实验烘焙后评吸结果

指标	0.4% 柠檬酸（C1）	乳酸：酒石酸=3：1（C2）		乳酸：酒石酸=2：2（C3）		乳酸：酒石酸=1：3（C4）		0.4% 酒石酸（C5）	
	烘焙后(对照)	烘焙后	变化量	烘焙后	变化量	烘焙后	变化量	烘焙后	变化量
特征香气	10.0	9.7	−0.3	10.2	0.2	9.9	−0.1	9.4	−0.6
丰满程度	10.0	9.8	−0.2	10.3	0.3	9.8	−0.2	9.5	−0.5
杂气	10.0	9.7	−0.3	10.4	0.4	9.9	−0.1	9.4	−0.6
香气特征总分	30.0	29.2	−0.8	30.9	0.9	29.4	−0.4	28.3	−1.7
浓度	10.0	10.0	0.0	10.3	0.3	9.9	−0.1	9.6	−0.4
浓劲协调	10.0	9.8	−0.2	10.3	0.3	10.0	0.0	9.8	−0.2
细腻程度	10.0	9.8	−0.2	10.1	0.1	9.7	−0.3	9.6	−0.4
烟气特征总分	30.0	29.6	−0.4	30.7	0.7	29.6	−0.4	29.0	−1.0
刺激性	10.0	9.3	−0.7	9.8	−0.2	10.0	0.0	10.3	0.3
干燥感	10.0	9.8	−0.2	10.1	0.1	9.9	−0.1	9.6	−0.4
干净程度	10.0	9.7	−0.3	10.3	0.2	9.8	−0.2	9.7	−0.3
口感特征总分	30.0	28.8	−1.2	30.1	0.1	29.7	−0.3	29.6	−0.4
总分	90.0	87.6	−2.4	91.7	1.7	88.9	−1.1	86.9	−3.1
劲头	10.0	10.4	0.4	10.0	0.0	9.7	−0.3	9.3	−0.7
合计	100.0	98.0	−2.0	101.7	1.7	98.6	−1.4	96.2	−3.8

表 12-29 0.4% 柠檬酸与酒石酸组合实验表料后评吸结果

指标	0.4% 柠檬酸（D1）	乳酸：酒石酸=3：1（D2）		乳酸：酒石酸=2：2（D3）		乳酸：酒石酸=1：3（D4）		0.4% 酒石酸（D5）	
	表料后(对照)	表料后	变化量	表料后	变化量	表料后	变化量	表料后	变化量
特征香气	10.0	9.8	−0.2	9.7	−0.3	9.8	−0.2	9.3	−0.7
丰满程度	10.0	9.8	−0.2	9.9	−0.1	9.7	−0.3	9.5	−0.5
杂气	10.0	10.0	0.0	9.8	−0.2	9.9	−0.1	9.6	−0.4
香气特征总分	30.0	29.6	−0.4	29.4	−0.6	29.4	−0.6	28.4	−1.6
浓度	10.0	9.5	−0.5	9.5	−0.5	9.4	−0.6	9.3	−0.7
浓劲协调	10.0	9.9	−0.1	10.1	0.1	10.0	0.0	10.0	0.0
细腻程度	10.0	10.1	0.1	10.1	0.1	9.9	−0.1	9.7	−0.3
烟气特征总分	30.0	29.5	−0.5	29.7	−0.3	29.3	−0.7	29.0	−1.0
刺激性	10.0	10.2	0.2	10.2	0.2	10.6	0.6	10.9	0.9
干燥感	10.0	10.1	0.1	10.2	0.2	10.1	0.1	9.4	−0.2

指标	0.4% 柠檬酸（D1）		乳酸：酒石酸=3：1（D2）		乳酸：酒石酸=2：2（D3）		乳酸：酒石酸=1：3（D4）		0.4% 酒石酸（D5）	
	表料后（对照）	表料后	变化量	表料后	变化量	表料后	变化量	表料后	变化量
干净程度	10.0	10.2	0.2	10.1	0.1	10.0	0.0	9.4	−0.2
口感特征总分	30.0	30.5	0.5	30.5	0.5	30.7	0.7	30.5	0.5
总分	90.0	89.6	−0.4	89.6	−0.4	89.4	−0.6	87.9	−2.1
劲头	10.0	9.7	−0.3	9.7	−0.3	9.5	−0.5	9.4	−0.6
合计	100.0	99.3	−0.7	99.3	−0.7	98.9	−1.1	87.3	−2.7

三、甘草膏对白肋烟处理效果的影响研究

甘草类制品是混合型卷烟常用的调味、甜味剂，是混合型卷烟最常用的原料之一。通过实验考察甘草膏液在加料系统中的功能以及不同含量甘草膏液对白肋烟质量的影响，实验配制方案见表 12-30、表 12-31。配制步骤如下：

（1）将各里料液在 60 ℃水浴锅里搅拌 40 分钟，可可粉液的使用必须坚持现配现用原则。

（2）将熬制的里料分别趁热施加到 06 建始 COT/S 烟叶上，按照都宝（硬红新）工艺处理条件进行笼式烘焙实验；

（3）经过 12 min 30 s 的烘焙处理后，在冷却区取出样品。

（4）样品取出后在烟气室回潮过夜，烘干水分后切丝。

（5）施加不加甘草膏的表料（见表 12-32），平衡水分后打制评吸，样品编号分别为 B0、B1、B2、B3、B4、B5、B6、B7。

（6）对于评吸质量好的样品，再进行甘草膏（1/3）液（见表 12-33）的梯度实验。

表 12-30　甘草液实验料液配制（以 1000 克 06 建始 COT/S 烟叶计）

料液名称	参照样	对比样 1	对比样 2	对比样 3	对比样 4
甘草膏（1/3）液 /g	100	60	140	/	/
甘草模块 1#		/	/	3	/
甘草模块 2#		/	/	/	3
可可粉（1/4）液 /g	100	100	100	100	100
木糖醇 /g	60	60	60	60	60
转化糖 /g	100	100	100	100	100
水 /g	90	130	50	187	187
合计 /g	450	450	450	450	450

表 12-31　甘草膏配方比例

甘草膏配方比例	参照样	对比样 1	对比样 2
	2.5%	1.5%	3.5%

表 12-32　表料配方（以 1000 克烟叶计）

料液名称	用量 /g
丙二醇	20
丙三醇	10
蜂蜜	15
B2VO 糖	60
水	45
合计	150

表 12-33　表料里甘草膏（1/3）液梯度配方表（以 1000 克烟叶计）

甘草膏（1/3）液配方比例	1# 梯度	2# 梯度	3# 梯度
	8%	16%	24%

根据以上配制步骤按方案组织实验后,组织产品人员进行感官质量评价,结果表明(见表 12-34):

(1)四个样品与参照样相比,质量排序为 B2>B3>B4>B1。

(2)B0、B1、B2 相比发现:甘草膏作为一种增香剂,随着用量的增加,样品感官质量变好,香气、烟气、口感的各项指标也朝好的方向变化。B2 感官质量表现为白肋烟特征明显,香气较透发,烟气柔和细腻,杂气刺激小,劲头下降明显,浓劲较为协调,余味干净。

(3)B0、B3、B4 相比较:B3、B4 为不同的甘草模块,B3 感官质量与 B0 较为接近,表现为白肋烟特征较好,丰满度不错,有较好的烟气吃味,略有杂刺,口感较干净。B4 则质量较差,白肋烟特征弱,香气丰满度下降,杂刺增加,口感有残留。

(4)甘草膏作为都宝里料的重要组成部分,具有较好的增香和圆润烟气功能,目前的都宝里料处理系统中甘草膏使用量偏低。

表 12-34　甘草膏样品评吸结果

样品	香气	丰满	杂气	浓度	劲头	协调	细腻	刺激	干燥	干净	总和
B0	0	0	0	0	0	0	0	0	0	0	0
B1	−0.7	−0.3	−0.5	−0.4	0.1	−0.1	−0.5	−0.6	−0.1	−0.4	−3.5
B2	0.3	0.3	0.4	0	−0.3	0	0.1	0.2	0.4	0	1.4
B3	−0.1	−0.2	−0.1	0.2	0	0.3	−0.1	−0.1	−0.1	0	−0.2
B4	−0.2	−0.3	−0.2	0.1	−0.4	0.1	−0.5	−0.6	−0.2	−0.2	−2.4

注:B0 各项指标以 0 分计算,B1、B2、B3、B4 各项指标以评委抽吸的均分计算。

四、可可粉对白肋烟处理效果的影响研究

可可粉属于增香剂,在烟草中起到一定的赋香作用,可以增强白肋烟坚果香和巧克力香味,混合型卷烟都含有可可粉。可可粉可防止烟丝发黏,可可粉中的可可脂可使烟气柔和,另外,可可粉能消除料液中因加入甘草粉而产生的泡沫,能掩盖生青味、苦涩味和其他不良气味。通过对不同种类和用量的可可粉进行综合实验,研究可可粉在里料中的基本功能以及不同可可粉含量对白肋烟质量的影响,具体方案如表 12-35、表 12-36 所示。

表 12-35　可可粉实验部分料液配制（以 500 克 06 建始 COT/S 烟叶计）

料液名称	参照样	对比样 1	对比样 2	对比样 3
现有可可粉（1/4）液体	75	/	/	/
替代可可粉（1/4）液体	/	50	75	100
甘草膏（1/3）液体	60	60	60	60
木糖醇	30	30	30	30
B1VO 糖	40	40	40	40
水	20	45	20	20
合计	225	225	225	250

表 12-36　可可粉配方比例

可可粉配方比例	参照样	对比样 1	对比样 2	对比样 3
	3%	2%	3%	4%

（1）实验方法:将配制好的 4 种里料料液分别施加到 500 g 都宝新烘焙后烟丝中,经过烘丝处理后,打制卷烟评吸。

（2）配制步骤:

①将熬罐内放入 4 份水,加热至 60 ℃后加入 1 份可可粉,搅拌 30 分钟,补足水使溶液总量不变,持续搅拌待用,可可粉液的使用必须坚持现配现用原则;

②将各料液在 60 ℃搅拌 40 分钟;

③将熬制的里料趁热施加到 500 g 白肋烟烟叶中,进行笼式烘焙实验;

④经过 11 min 50 s 的烘焙处理后,在冷却区取出样品;

⑤处理温度同都宝(新);

⑥样品取出后在烟气室回潮过夜。

（3）样品评吸结果。

根据化学检测及感官质量评价数据,结合配方经验可看到:

①不同比例的替代可可粉样品之间的比较。

替代可可粉对特征香气有一定的影响,随着可可粉用量减少,特征香气有所下降。

替代可可粉对香气丰满程度影响不大。

随着替代可可粉用量的增加,杂气增多,浓度变大,干燥感降低。

替代可可粉比例在 3% 的时候,烟气细腻程度最好,刺激性最小。

替代可可粉比例在 2% 的时候,口感最差,随着用量的增加,口感有明显改善,但用量增加到 4% 时,口感无明显变化。

②现有可可粉样品与替代可可粉样品之间的比较。

替代可可粉对烟气刺激性、劲头的降低程度要好于现有可可粉。

③综合评价。

通过以上分析可知,里料中使用 3% 比例的替代可可粉样品感官质量较好,在劲头、刺激、细腻程度方面较参照样有显著改善。

第三节　白肋烟叶丝烘焙新工艺技术

本节从混合型卷烟中的白肋烟加工工艺入手,针对国内外白肋烟的品质特性,开展白肋烟叶丝烘焙新技术研究与应用。通过开展白肋烟分步分比例加料、白肋烟叶丝烘焙等一系列关键技术研究,并实施验证,最终形成一条具有自主知识产权、独具特色的中式混合型卷烟加工生产线。通过采用首创的白肋烟叶丝烘焙新工艺技术,突破国内外现有白肋烟加料及烘焙处理方式,实现中式混合型卷烟加工工艺流程的重大革新,使加工工艺流程大为精简,处理工艺更加灵活、流畅,并可显著降低能源消耗,减少设备投资成本,提高企业的经济效益。

一、白肋烟加料技术研究

白肋烟加料技术研究内容包括分步分比例加料技术研究、功能性加料技术研究、加料过程控制技术研究等。分步分比例加料技术研究通过对烟片加料、叶丝加料等不同加料方式的技术对比,研究并选择适宜的料液施加分配比例;在确定加料方式及加料比例的基础上,通过功能性加料技术实现修饰烟气、改善口感的目的;通过改进现有白肋烟加料机控制方式,提高加料过程质量控制稳定性。

(一)分步分比例加料技术研究

1.两次丝加料试验

(1)试验方法及条件。

采用图 12-16 所示的白肋烟叶丝两次加料工艺流程,在总加料设计比例为 30% 的前提下,在试验线分别投 3 批烟叶,设计 3 种不同的料液施加分配比例(表 12-37),制丝过程主要工艺参数或指标执行情况见表 12-38 至表 12-40。试验过程中在两次丝加料后取样,分析加料均匀性及料液有效利用率。

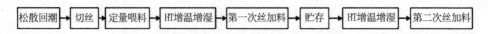

图 12-16 白肋烟叶丝加料工艺流程

表 12-37 两次叶丝加料料液分配比例设计

试验序号	料液施加分配比例 /（%）	
	第一次丝加料	第二次丝加料
SJL1	30	70
SJL2	50	50
SJL3	70	30

表 12-38 白肋烟叶丝加料过程工艺参数设置（SJL1）

工序	主要工艺参数或指标	单位	设计值	显示值或实测值			平均值
				1	2	3	
松散回潮	物料流量	kg/h	500	502	501	503	502
	预热时循环热风温度	℃	65	65.0	65.1	65.4	65.2
	工作时循环热风温度	℃	60	59.7	58.9	60.2	59.6
	蒸汽施加比例	kg/100kg	10	10	10	10	10
	水施加比例	L/100kg	6	6	6	6	6
	工作时循环热风风机转速	r/s	50	49.7	50.2	50.7	50.2
	工作时滚筒转速	r/min	10	10	10	10	10
	出口烟片含水率	%	18.0	17.6	18.9	17.2	17.9
	出口烟片温度	℃	55	53	52	54	53
切丝	刀门压力	bar	1.0	1.0	1.0	1.0	1.0
	切丝宽度	mm	1.0	0.97	0.97	0.92	0.95
HT 增温增湿	物料流量	kg/h	500	502	504	500	502
	蒸汽施加阀位开度	%	60	60	60	60	60
两次丝加料	预热时循环热风温度	℃	70	70.2	70.5	70.8	70.5
	工作时循环热风温度	℃	65	65.4	65.5	65.8	65.6
	工作时循环热风风机频率	Hz	40	40	40	40	40
	工作时滚筒转速	r/min	9	9	9	9	9
	蒸汽施加阀位开度	%	60	60	60	60	60
	加料喷嘴引射压力	MPa	0.15	0.15	0.15	0.15	0.15
	排潮风门开度	%	8	8	8	8	8
	出口叶丝含水率	%	29.0	30.6	28.9	29.7	29.7
	出口叶丝温度	℃	55	53	54	55	54

表 12-39　白肋烟叶丝加料过程工艺参数设置（SJL2）

工序	主要工艺参数或指标	单位	设计值	显示值或实测值			平均值
				1	2	3	
松散回潮	物料流量	kg/h	500	502	501	503	502
	预热时循环热风温度	℃	65	65.0	65.1	65.4	65.2
	工作时循环热风温度	℃	60	59.7	58.9	60.2	59.6
	蒸汽施加比例	kg/100kg	10	10	10	10	10
	水施加比例	L/100kg	6	6	6	6	6
	工作时循环热风风机转速	r/s	50	49.7	50.2	50.7	50.2
	工作时滚筒转速	r/min	10	10	10	10	10
	出口烟片含水率	%	18.0	18.3	18.6	17.4	18.1
	出口烟片温度	℃	55	53	52	54	53
切丝	刀门压力	bar	1.0	1.0	1.0	1.0	1.0
	切丝宽度	mm	1.0	0.97	0.97	0.92	0.95
HT 增温增湿	物料流量	kg/h	500	502	504	500	502
	蒸汽施加阀位开度	%	60	60	60	60	60
两次丝加料	预热时循环热风温度	℃	70	70.2	70.5	70.8	70.5
	工作时循环热风温度	℃	65	65.4	65.5	65.8	65.6
	工作时循环热风风机频率	Hz	40	40	40	40	40
	工作时滚筒转速	r/min	9	9	9	9	9
	蒸汽施加阀位开度	%	60	60	60	60	60
	加料喷嘴引射压力	MPa	0.15	0.15	0.15	0.15	0.15
	排潮风门开度	%	8	8	8	8	8
	出口叶丝含水率	%	29.0	30.2	29.1	28.1	29.1
	出口叶丝温度	℃	55	53	54	55	54

表 12-40　白肋烟叶丝加料过程工艺参数设置（SJL3）

工序	主要工艺参数或指标	单位	设计值	显示值或实测值			平均值
				1	2	3	
松散回潮	物料流量	kg/h	500	502	501	503	502
	预热时循环热风温度	℃	65	65.0	65.1	65.4	65.2
	工作时循环热风温度	℃	60	59.7	58.9	60.2	59.6
	蒸汽施加比例	kg/100kg	10	10	10	10	10
	水施加比例	L/100kg	6	6	6	6	6
	工作时循环热风风机转速	r/s	50	49.7	50.2	50.7	50.2
	工作时滚筒转速	r/min	10	10	10	10	10
	出口烟片含水率	%	18.0	18.7	17.4	17.6	17.9
	出口烟片温度	℃	55	53	52	54	53

续表

工序	主要工艺参数或指标	单位	设计值	显示值或实测值			平均值
				1	2	3	
切丝	刀门压力	bar	1.0	1.0	1.0	1.0	1.0
	切丝宽度	mm	1.0	0.97	0.97	0.92	0.95
HT增温增湿	物料流量	kg/h	500	502	504	500	502
	蒸汽施加阀位开度	%	60	60	60	60	60
两次丝加料	预热时循环热风温度	℃	70	70.2	70.5	70.8	70.5
	工作时循环热风温度	℃	65	65.4	65.5	65.8	65.6
	工作时循环热风风机频率	Hz	40	40	40	40	40
	工作时滚筒转速	r/min	9	9	9	9	9
	蒸汽施加阀位开度	%	60	60	60	60	60
	加料喷嘴引射压力	MPa	0.15	0.15	0.15	0.15	0.15
	排潮风门开度	%	8	8	8	8	8
	出口叶丝含水率	%	29.0	29.6	28.2	27.3	28.4
	出口叶丝温度	℃	55	53	54	55	54

(2)试验结果。

对不同的料液施加分配比例条件下的两次叶丝加料效果与两次烟片加料效果进行了对比,结果见表12-41。

由表可知,在加料设计比例均为30%的前提下,采用两次叶丝加料工艺后,加料均匀系数及料液有效利用率均有所提高。其中,加料均匀系数由53.52%提高到58.64%,提高了5个百分点,料液有效利用率由61.19%提高到68.42%,提高了7个百分点。

表12-41　白肋烟烟片加料、叶丝加料效果对比

测试项	单位	加料方式	
		两次片加料	两次丝加料
加料比例设计值	%	30	30
加料均匀系数	%	53.52	58.64
料液有效利用率	%	61.19	68.42

2.分步加料技术研究

从叶丝两次加料工艺与烟片两次加料工艺的对比结果可以看出,采用叶丝加料可提高加料的均匀性及料液有效利用率。将片、丝加料相结合,从技术上可实现加料效果的显著提升。为此,采用白肋烟分步加料方法,在总料液配制量保持一致的前提下,分别针对烟片及叶丝料液施加设计了不同的分配比例,研究了白肋烟加料效果的变化情况。

(1)试验方法及条件。

采用将白肋烟烟片加料与叶丝加料相结合的方式,即将白肋烟烟片经回潮、增温增

湿后,进行片加料,切丝后进行丝加料,工艺流程如图12-17所示。根据"片加料分配比例的设计需满足切丝工艺要求,丝加料分配比例的设计应尽可能避免湿团现象产生"的设计原则,按照烟片高比例、叶丝低比例的设计思路,在试验线分别投5批烟叶,设置了FBJL1、FBJL2、FBJL3、FBJL4、FBJL5等5组不同的料液施加分配比例,并根据加料前后水分变化对实际加料比例进行了换算,如表12-42所示。试验中松散回潮后烟片含水率设计值均为18.0%,丝加料前增温增湿工序仅当通道使用,分别在烟片加料出口、叶丝加料出口取样,检测分析加料均匀系数及料液有效利用率,各工序主要工艺参数或指标的执行结果见表12-43至表12-47。

图 12-17　分步分比例加料工艺流程

表 12-42　试验参数条件

试验序号	烟片加料				叶丝加料		
	加料分配比例 /（%）	折算后加料比例 /（%）	片加料入口含水率 /（%）	片加料出口含水率 /（%）	加料分配比例 /（%）	折算后加料比例 /（%）	丝加料出口含水率 /（%）
FBJL1	62	18.5	17.7	24.8	38	10.5	28.7
FBJL2	75	22.5	17.1	25.8	25	7.0	28.5
FBJL3	85	25.5	17.6	27.4	15	4.0	28.1
FBJL4	88	26.5	18.1	27.2	12	3.0	27.8
FBJL5	95	28.5	17.5	28.4	5	1.5	28.3

表 12-43　FBJL1 试验技术条件记录表

工序	工艺参数或指标	单位	设计值	显示值或实测值			平均值
				1	2	3	
松散回潮	物料流量	kg/h	500	502	501	503	502
	预热时循环热风温度	℃	65	65.0	65.1	65.4	65.2
	工作时循环热风温度	℃	60	59.7	58.9	60.2	59.6
	蒸汽施加比例	kg/100kg	10	10	10	10	10
	水施加比例	L/100kg	6	6	6	6	6
	工作时循环热风风机转速	r/s	50	49.7	50.2	50.7	50.2
	工作时滚筒转速	r/min	10	10	10	10	10
	出口烟片含水率	%	18.0	17.1	18.1	18	17.7
	出口烟片温度	℃	50	52	53	51	52

工序	工艺参数或指标	单位	设计值	显示值或实测值 1	2	3	平均值
HT 增温增湿 1	物料流量	kg/h	500	502	500	504	502
	蒸汽施加阀位开度	%	65	65	65	65	65
烟片加料	预热时循环热风温度	℃	75	75.2	75.4	75.0	75.2
	工作时循环热风温度	℃	70	70.3	71.2	70.6	70.7
	工作时循环热风风机频率	Hz	40	40	40	40	40
	工作时滚筒转速	r/min	9	9	9	9	9
	蒸汽施加阀位开度	%	65	65	65	65	65
	加料喷嘴引射压力	MPa	0.15	0.15	0.15	0.15	0.15
	排潮风门开度	%	8	8	8	8	8
	出口烟片含水率	%	24.0	24.1	25.9	24.4	24.8
	出口烟片温度	℃	55	53	57	51	53.7
切丝	刀门压力	bar	1.0	1.0	1.0	1.0	1.0
	切丝宽度	mm	1.0	0.98	0.93	1.01	0.97
HT 增温增湿 2	物料流量	kg/h	600	605	601	604	603
	蒸汽施加阀位开度	%	0	0	0	0	0
叶丝加料	预热时循环热风温度	℃	75	75.7	76.2	75.8	75.9
	工作时循环热风温度	℃	70	68.9	70.2	70.7	69.9
	工作时循环热风风机频率	Hz	40	40	40	40	40
	工作时滚筒转速	r/min	9	9	9	9	9
	蒸汽施加阀位开度	%	65	65	65	65	65
	加料喷嘴引射压力	MPa	0.15	0.15	0.15	0.15	0.15
	排潮风门开度	%	8	8	8	8	8
	出口叶丝含水率	%	29.5	29.3	28.6	28.4	28.8
	出口叶丝温度	℃	55	53	51	52	52

表 12-44　FBJL2 试验技术条件记录表

工序	工艺参数或指标	单位	设计值	显示值或实测值 1	2	3	平均值
松散回潮	物料流量	kg/h	500	502	501	505	502
	预热时循环热风温度	℃	65	65.2	66.1	65.4	65.6
	工作时循环热风温度	℃	60	60.3	61.2	60.9	60.8
	蒸汽施加比例	kg/100kg	10	10	10	10	10
	水施加比例	L/100kg	4	4	4	4	4
	工作时循环热风风机转速	r/s	50	50	50	50	50
	工作时滚筒转速	r/min	10	10	10	10	10
	出口烟片含水率	%	18.0	16.9	17.5	17.1	17.2
	出口烟片温度	℃	50	52	51	54	52.3

续表

工序	工艺参数或指标	单位	设计值	显示值或实测值			平均值
				1	2	3	
HT 增温增湿 1	物料流量	kg/h	500	500	501	502	501
	蒸汽施加阀位开度	%	65	65	65	65	65
烟片加料	预热时循环热风温度	℃	75	75.3	75.4	75.1	75.3
	工作时循环热风温度	℃	70	70.6	70.2	70.1	70.3
	工作时循环热风风机频率	Hz	40	40	40	40	40
	工作时滚筒转速	r/min	9	9	9	9	9
	蒸汽施加阀位开度	%	65	65	65	65	65
	加料喷嘴引射压力	MPa	0.15	0.15	0.15	0.15	0.15
	排潮风门开度	%	8	8	8	8	8
	出口烟片含水率	%	26.0	26.5	25.1	26	25.9
	出口烟片温度	℃	55	54	53	50	52.3
切丝	刀门压力	bar	1.0	1.0	1.0	1.0	1.0
	切丝宽度	mm	1.0	0.97	0.94	0.95	0.95
HT 增温增湿 2	物料流量	kg/h	600	601	604	602	602
	蒸汽施加阀位开度	%	0	0	0	0	0
叶丝加料	预热时循环热风温度	℃	75	75.6	75.4	75.1	75.4
	工作时循环热风温度	℃	70	70.3	71.0	70.4	70.6
	工作时循环热风风机频率	Hz	40	40	40	40	40
	工作时滚筒转速	r/min	9	9	9	9	9
	蒸汽施加阀位开度	%	65	65	65	65	65
	加料喷嘴引射压力	MPa	0.15	0.15	0.15	0.15	0.15
	排潮风门开度	%	8	8	8	8	8
	出口叶丝含水率	%	29.5	29.1	29.1	27.4	28.5
	出口叶丝温度	℃	55	53	50	51	51.3

表 12-45　FBJL3 试验技术条件记录表

工序	工艺参数或指标	单位	设计值	显示值或实测值			平均值
				1	2	3	
松散回潮	物料流量	kg/h	500	502	501	505	503
	预热时循环热风温度	℃	65	67.1	66.4	65.1	66.2
	工作时循环热风温度	℃	60	59.8	59.2	60.4	59.8
	蒸汽施加比例	kg/100kg	10	10	10	10	10
	水施加比例	L/100kg	6	6	6	6	6
	工作时循环热风风机转速	r/s	50	50	50	50	50
	工作时滚筒转速	r/min	10	10	10	10	10
	出口烟片含水率	%	18.0	18.2	17.2	17.2	17.5
	出口烟片温度	℃	50	55	52	49	52

续表

工序	工艺参数或指标	单位	设计值	显示值或实测值			平均值
				1	2	3	
HT 增温增湿 1	物料流量	kg/h	500	501	501	502	501.3
	蒸汽施加阀位开度	%	65	65	65	65	65
烟片加料	预热时循环热风温度	℃	75	75.2	75.4	75.1	75.2
	工作时循环热风温度	℃	70	70.1	70.1	70.3	70.2
	工作时循环热风风机频率	Hz	40	40	40	40	40
	工作时滚筒转速	r/min	9	9	9	9	9
	蒸汽施加阀位开度	%	65	65	65	65	65
	加料喷嘴引射压力	MPa	0.15	0.15	0.15	0.15	0.15
	排潮风门开度	%	8	8	8	8	8
	出口烟片含水率	%	28.5	28.1	27.3	27	27.5
	出口烟片温度	℃	55	51	52	52	51.7
切丝	刀门压力	bar	1.0	1.0	1.0	1.0	1.0
	切丝宽度	mm	1.0	0.97	0.99	0.97	0.98
HT 增温增湿 2	物料流量	kg/h	600	601	602	601	601
	蒸汽施加阀位开度	%	0	0	0	0	0
叶丝加料	预热时循环热风温度	℃	75	75.2	75.4	75.1	75.2
	工作时循环热风温度	℃	70	70.5	70.4	70.1	70.3
	工作时循环热风风机频率	Hz	40	40	40	40	40
	工作时滚筒转速	r/min	9	9	9	9	9
	蒸汽施加阀位开度	%	65	65	65	65	65
	加料喷嘴引射压力	MPa	0.15	0.15	0.15	0.15	0.15
	排潮风门开度	%	8	8	8	8	8
	出口叶丝含水率	%	29.5	28.7	28.2	27.6	28.2
	出口叶丝温度	℃	55	51	52	51	51.3

表 12-46 FBJL4 试验技术条件记录表

工序	工艺参数或指标	单位	设计值	显示值或实测值			平均值
				1	2	3	
松散回潮	物料流量	kg/h	500	502	501	502	502
	预热时循环热风温度	℃	65	66.5	64.5	66.7	65.9
	工作时循环热风温度	℃	60	60.2	59.8	60.4	60.1
	蒸汽施加比例	kg/100kg	10	10	10	10	10
	水施加比例	L/100kg	5	5	5	5	5
	工作时循环热风风机转速	r/s	50	50	50	50	50
	工作时滚筒转速	r/min	10	10	10	10	10
	出口烟片含水率	%	18.0	18.9	18.1	17.3	18.1
	出口烟片温度	℃	50	52	51	51	51.3
HT 增温增湿 1	物料流量	kg/h	500	501	500	500	500
	蒸汽施加阀位开度	%	65	65	65	65	65
烟片加料	预热时循环热风温度	℃	75	75.6	75.2	75.1	75.3
	工作时循环热风温度	℃	70	70.1	70.4	71.0	70.5
	工作时循环热风风机频率	Hz	40	40	40	40	40
	工作时滚筒转速	r/min	9	9	9	9	9
	蒸汽施加阀位开度	%	65	65	65	65	65
	加料喷嘴引射压力	MPa	0.15	0.15	0.15	0.15	0.15
	排潮风门开度	%	8	8	8	8	8
	出口烟片含水率	%	28.5	27.8	26.5	27.3	27.2
	出口烟片温度	℃	55	51	51	52	51.3
切丝	刀门压力	bar	1.0	1.0	1.0	1.0	1.0
	切丝宽度	mm	1.0	0.98	0.98	0.97	0.98
HT 增温增湿 2	物料流量	kg/h	600	601	600	600	600
	蒸汽施加阀位开度	%	0	0	0	0	0
叶丝加料	预热时循环热风温度	℃	75	75.4	76.1	75.5	75.7
	工作时循环热风温度	℃	70	70.1	70.4	70.6	70.4
	工作时循环热风风机频率	Hz	40	40	40	40	40
	工作时滚筒转速	r/min	9	9	9	9	9
	蒸汽施加阀位开度	%	65	65	65	65	65
	加料喷嘴引射压力	MPa	0.15	0.15	0.15	0.15	0.15
	排潮风门开度	%	8	8	8	8	8
	出口叶丝含水率	%	29.5	29.4	28.1	26.1	27.9
	出口叶丝温度	℃	55	51	55	54	53.3

表 12-47　FBJL5 试验技术条件记录表

| 工序 | 工艺参数或指标 | 单位 | 设计值 | 显示值或实测值 | | | 平均值 |
				1	2	3	
松散回潮	物料流量	kg/h	500	501	500	500	500
	预热时循环热风温度	℃	65	65.4	66.6	65.1	65.7
	工作时循环热风温度	℃	60	60.2	60.3	60.5	60.3
	蒸汽施加比例	kg/100kg	10	10	10	10	10
	水施加比例	L/100kg	4	4	4	4	4
	工作时循环热风风机转速	r/s	50	50	50	50	50
	工作时滚筒转速	r/min	10	10	10	10	10
	出口烟片含水率	%	18.0	16.6	17.3	18.7	17.5
	出口烟片温度	℃	50	51	52	51	51.3
HT 增温增湿 1	物料流量	kg/h	500	501	501	500	501
	蒸汽施加阀位开度	%	65	65	65	65	65
烟片加料	预热时循环热风温度	℃	75	75.4	75.5	75.2	75.4
	工作时循环热风温度	℃	70	70.1	70.4	71.1	70.5
	工作时循环热风风机频率	Hz	40	40	40	40	40
	工作时滚筒转速	r/min	9	9	9	9	9
	蒸汽施加阀位开度	%	65	65	65	65	65
	加料喷嘴引射压力	MPa	0.15	0.15	0.15	0.15	0.15
	排潮风门开度	%	8	8	8	8	8
	出口烟片含水率	%	29.0	29.5	27.1	28.8	28.5
	出口烟片温度	℃	55	51	55	55	53.7
切丝	刀门压力	bar	1.0	1.0	1.0	1.0	1.0
	切丝宽度	mm	1.0	0.97	0.99	1.00	0.99
HT 增温增湿 2	物料流量	kg/h	600	600	601	600	600
	蒸汽施加阀位开度	%	0	0	0	0	0
叶丝加料	预热时循环热风温度	℃	75	75.4	75.1	75.2	75.2
	工作时循环热风温度	℃	70	70.1	70.2	70.2	70.2
	工作时循环热风风机频率	Hz	40	40	40	40	40
	工作时滚筒转速	r/min	9	9	9	9	9
	蒸汽施加阀位开度	%	65	65	65	65	65
	加料喷嘴引射压力	MPa	0.15	0.15	0.15	0.15	0.15
	排潮风门开度	%	8	8	8	8	8
	出口叶丝含水率	%	29.5	27.7	30.1	27.1	28.3
	出口叶丝温度	℃	55	54	52	56	54

(2)试验结果。

①加料均匀系数及料液有效利用率测试评价。

对5种不同的料液施加分配比例条件下的加料均匀性及料液有效利用率情况进行了对比,分析结果见表12-48。同时根据表中数据获得了不同分配比例条件下加料均匀性及料液有效利用率的变化趋势,如图12-18、图12-19所示。

a. 加料均匀系数的变化规律。

由图12-18、图12-19可以看出,在试验所选取的条件范围内,随着片加料分配比例的增大(分配比例由62%提高到75%),片加料均匀系数基本保持不变,丝加料均匀系数则提高了约4个百分点;随着片加料分配比例继续增大(分配比例由75%逐渐提高到95%),片加料均匀系数快速递减,丝加料均匀系数则由90%快速递减至65%。上述试验结果表明,当片加料分配比例设计值过高时,片加料后均匀系数低,而受烟片加料效果的显著影响,丝加料后均匀系数也较低。综合以上结果,在试验条件FBJL2下,即当片加料分配比例为75%、丝加料分配比例为25%时,片加料、丝加料均匀系数均为最大。

b. 料液有效利用率的变化规律。

由图12-18、图12-19可以看出,在试验所选取的条件范围内,随着片加料分配比例的增大(分配比例由62%提高到75%),片加料料液有效利用率略有提高,丝加料料液有效利用率则提高了约2个百分点;随着片加料分配比例继续增大(分配比例由75%逐渐提高到95%),片加料料液有效利用率逐渐减小,丝加料料液有效利用率则由88%快速递减至61%。上述试验结果表明,当片加料分配比例设计值过高时,片加料料液有效利用率低,而受烟片加料效果的显著影响,丝加料后料液有效利用率也较低。综合以上结果,在试验条件FBJL2下,即当片加料分配比例为75%、丝加料分配比例为25%时,片加料、丝加料料液有效利用率均为最大。

表 12-48　不同料液分配比例条件下加料均匀性、料液有效利用率对比

试验编号	片加料		丝加料		片加料均匀系数/(%)	丝加料均匀系数/(%)	片加料料液有效利用率/(%)	丝加料料液有效利用率/(%)
	分配比例/(%)	折算后加料比例/(%)	分配比例/(%)	折算后加料比例/(%)				
FBJL1	62	18.5	38	10.5	81.43	86.23	82.22	86.71
FBJL2	75	22.5	25	7.0	80.12	90.14	83.73	88.25
FBJL3	85	25.5	15	4.0	72.37	83.25	71.46	74.86
FBJL4	88	26.5	12	3.0	68.19	75.56	69.56	71.28
FBJL5	95	28.5	5	1.5	54.24	65.44	62.13	61.78

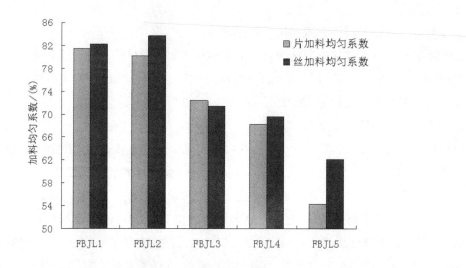

图 12-18 不同料液施加分配比例条件下加料均匀系数比较

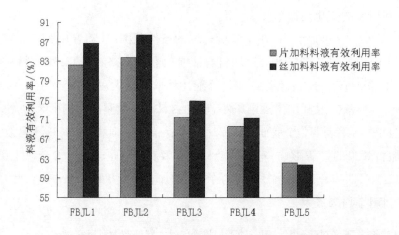

图 12-19 不同料液施加分配比例条件下料液有效利用率比较

②切丝及加料过程工况测试评价。

采用过程跟踪测试的方法,分别对 5 组试验条件下的切丝前烟片含水率、丝加料后叶丝含水率进行了取样检测,并对切丝物理质量等工况进行了测试评价,如表 12-49 所示。试验过程中还对切丝及加料现场进行了跟踪测试,测试结果如图 12-20 至图 12-22 所示。

a. 切丝工况测试评价。

由表 12-49 可以看出,在 FBJL1、FBJL2 试验条件下,切丝物理质量较好,图 12-20 所示的切丝后跟踪测试结果也表明,上述条件下切丝无并条现象。随着片加料分配比例的增大,切丝前烟片含水率也逐加增加,如表 12-49 中 FBJL3、FBJL4、FBJL5 条件下的切丝前烟片含水率均大于 27%,切丝物理质量较差,图 12-21 所示的切丝后跟踪测试结果也表明,上述条件下切丝并条现象较为明显。

表 12-49　不同料液施加分配比例条件下切丝工况记录

试验编号	片加料分配比例 /（%）	丝加料分配比例 /（%）	切丝前烟片含水率测试记录 /（%）				切丝物理质量测试记录
			1	2	3	平均值	
FBJL1	62	38	24.6	24.8	24.3	24.6	☑无并条　□部分并条　□并条明显
FBJL2	75	25	25.1	25.6	25.0	25.2	☑无并条　□部分并条　□并条明显
FBJL3	85	15	27.3	26.9	27.1	27.1	□无并条　☑部分并条　□并条明显
FBJL4	88	12	27.0	27.5	26.8	27.1	□无并条　☑部分并条　□并条明显
FBJL5	95	5	28.0	28.2	28.4	28.2	□无并条　□部分并条　☑并条明显

图 12-20　切丝后跟踪测试结果（FBJL2）　　图 12-21　切丝后跟踪测试结果（FBJL4）

图 12-22　加料效果跟踪测试（FBJL2）

b. 加料过程工况测试评价。

由表 12-50 可以看出,在 FBJL1、FBJL2 试验条件下,加料后无湿团现象产生,图 12-22 所示的加料跟踪测试结果也表明,采用上述技术条件加料后,白肋烟较为松散,无结团现象。而随着加料分配比例的变化,丝加料后叶丝含水率波动较大,如表 12-50 中 FBJL4、FBJL5 条件下,白肋烟加料效果明显变差,加料后湿团明显增多。

表 12-50　不同料液施加分配比例条件下加料工况记录

试验编号	片加料分配比例 / (%)	丝加料分配比例 / (%)	丝加料后叶丝含水率测试记录 / (%)				加料物理质量测试记录		
			1	2	3	平均值			
FBJL1	62	38	29.3	28.6	28.4	28.8	☑无湿团	□部分湿团	□湿团明显
FBJL2	75	25	29.1	29.1	27.4	28.5	☑无湿团	□部分湿团	□湿团明显
FBJL3	85	15	28.7	28.2	27.6	28.2	□无湿团	☑部分湿团	□湿团明显
FBJL4	88	12	29.4	28.1	26.1	27.9	□无湿团	□部分湿团	☑湿团明显
FBJL5	95	5	27.7	30.1	27.1	28.3	□无湿团	□部分湿团	☑湿团明显

3.小结

(1)针对现有白肋烟加料过程中存在的加料均匀性差、料液有效利用率低等问题,对烟片加料与叶丝加料技术进行对比分析,并在此基础上,深入研究了烟片加料与叶丝加料相结合的白肋烟分步分比例加料工艺。研究结果表明:与现有烟片加料方式相比,采用分步分比例加料技术,当片加料分配比例为75%、丝加料分配比例为25%时,加料均匀性、料液有效利用率均得到了显著提高。其中,加料均匀系数提高超过30个百分点,料液有效利用率提高超过20个百分点。

(2)改变了现有白肋烟烟片加料方式,确定了片加料、丝加料最佳的料液施加分配比例。通过研究建立了白肋烟分步分比例加料技术,在满足烟片切丝物理质量要求的前提下,显著改善了加料效果。

(二)功能性加料技术研究

1.设计思路

以凸显白肋烟风格特征、稳定提高切丝质量、改善白肋烟余味等为目标,具体设计思路如下:

(1)通过在烟片、叶丝料液中分别增添功能性料液,进一步凸显白肋烟风格特征。

(2)通过在料液中增添保润剂等醇类物质,改善保润效果,提高耐加工性。

(3)通过在料液中添加功能性料液成分,适当增添甜润剂、透发剂、风格增强剂等料液组分用量,达到改善口感、降低刺激的功效,同时使坚果香、烘烤香等香韵的表达更为充分。

2.设计方案

依据加料基本思路,结合各种香原料的功能特点,进行了3种不同配比的功能性加料设计,形成了以下设计方案。

(1)保证烟片、叶丝料液施加分配比例均为75%、25%不变,同时为消除料液配方中水分含量变化对加料过程及后续烘焙质量评价所造成的影响,使3组试验中烟片、叶丝料液的水分含量保持一致。

(2)将原有配方中绝大部分料液组分放在烟片中进行施加,而将新增的保润剂、功能性料液等组分全部放在叶丝中进行施加,如表12-51中试验①所示。

(3)将新增的保润剂、功能性料液等组分全部放在烟片中进行施加,同时将原有配方中难溶性物质如甘草、可可粉等组分按适当的比例分别分配至烟片、叶丝中进行施加,如表12-51中试验②所示。

(4)保持试验①中"新增保润剂、功能性料液"等组分施加在叶丝中的用量不变,同时对试验②中"难溶性物质"在烟片、叶丝上的配比做进一步优化调整,如表12-51中试验③所示。

表 12-51 功能性加料试验方案

类别	香料编号	配方比例 / (%)						
		原配方	试验①		试验②		试验③	
			P1	S1	P2	S2	P3	S3
保润剂	XY001	0	0	4	4	0	4	0
糖类	XY018	45	40	5	36	9	40	5
功能性料液 A	XY032	0	0	1	1	0	0	1
功能性料液 B	XY045	0	0	0.5	0.5	0	0	0.5
功能性料液 C	XY043	0	0	0.5	0.5	0	0	0.5
甘草	XY009	3	3	0	2	1	2	1
可可粉	XY010	6	6	0	5	1	3	3
水		46	26	14	26	14	26	14
合计		100	75	25	75	25	75	25

注: P1 ~ P3 代表片加料, S1 ~ S3 代表丝加料。

3.试验结果

分别将3种试验条件下加料后的样品进行切丝、烘焙,并对切丝物理质量、烘焙后样品感官质量进行评价。

试验①组合:

感官评价——风格特征明显,香气质中等,香气量适中,杂气略有,刺激性略有,余味欠干净。

切丝物理质量评价——有部分并条。

试验②组合:

感官评价——风格特征较明显,香气质中等,香气量稍少,杂气稍有,刺激性略小,余味较干净。

切丝质量评价——少量并条。

试验③组合:

感官评价——风格特征明显,香气质中等至较好,香气量适中,杂气较小,刺激性略小,余味较干净。

切丝质量评价——无并条。

由上述评价结果可知,采用试验③组合,切丝物理质量、烘焙后样品感官质量均为最好。

4.小结

通过在白肋烟片、叶丝上分别施加不同的功能性料液,对比分析了不同的料液组分配比对白肋烟感官质量及切丝物理质量的影响,研究建立了白肋烟功能性加料方法,进一步凸显了白肋烟风格特征,改善了切丝物理质量。

(三)加料过程控制技术研究

1.改进思路

现有白肋烟加料机控制方法中,为满足后续加工工艺要求,通常采用蒸汽直接喷射烟叶、蒸汽吹扫筒壁等方式,加料后烟叶湿团较多,物料含水率波动较大,进而直接影响了后续加工质量的稳定性。针对现有白肋烟加料机控制方法上存在的不足,形成了以下改进思路:

(1)改进后的控制系统应能实现蒸汽注入流量的自动调节控制,在满足热风温度及出口物料温度的控制要求的同时,应避免采用蒸汽直接喷射物料的方式。

(2)改进后的控制系统可对滚筒局部进行一定程度的加热,通过加料过程中物料的接触式受热减小筒壁粘接现象的产生。

(3)与现有加料控制系统相比,改进后的控制系统热惯性小,控制响应速度快,控制精度明显提高。

(4)改进后加料过程湿度可明显降低,且料液雾化区域能与物料进行充分接触,料液有效利用率可明显提高。

2.改进方案

依据改进思路,形成了以下改进方案,如图12-23所示。

(1)设备。

①滚筒底部增设加热系统,同时在滚筒底部安装热敏性温度探测仪,当实际探测温度小于滚筒底部设定温度时,加热器蒸汽阀位开度可实现自动反馈调节。加料过程中,当烟片或叶丝接触高温筒体时,接触式导热可减少物料黏结现象的产生。

②进风管道中增设蒸汽注入流量控制装置,配置蒸汽流量计量器,同时在进风管靠近入料端安装热电偶测温仪,当热电偶测温仪实际探测温度小于进风设定温度时,可通过蒸汽流量的精准调节实现进风温度精确控制。

③改变原有蒸汽吹扫筒壁的方式,气源改用压缩空气,并将气源压力由 0.10 MPa 提升至 0.15 MPa,在减少加料过程中蒸汽用量的同时,显著改善筒壁粘接现象。

(2)控制方法。

①改进热风温度控制方式,提高反馈控制响应速度。

现有的白肋烟加料机控制系统中,对热风温度的控制均以回风温度控制为主,热风与物料接触后进入回风管道中需要一定的时间,这就使得整个控制系统反馈响应时间较长。而采用进风温度控制方式时,当物料与热风接触前,通过蒸汽注入流量的精准调节实现了进风温度精确控制,当物料与热风接触后,进风温度仍可保持恒定,从而过程控制响应时间大为缩短,过程控制精度进一步提高。

②改变蒸汽喷射控制方式,减小加料过程湿度。

通过改变筒壁吹扫汽源,采用压缩空气进行吹扫,同时增设吹扫间歇时间、吹扫持续时间等一系列设备控制参数,降低了加料过程中过多使用蒸汽所造成的筒内湿度较高的现象;此外,将蒸汽阀位的粗放控制改为蒸汽流量的精准控制,使得加料过程湿度始终处于可控、可调的范围内。

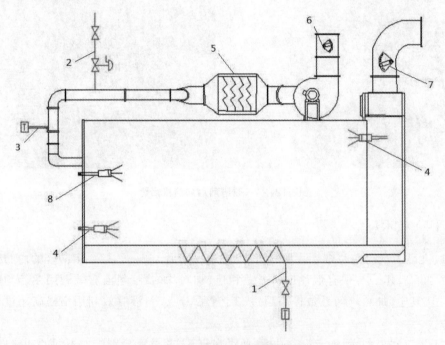

图 12-23 改进后白肋烟加料机工作原理

1—滚筒底部加热器; 2—蒸汽注入控制装置; 3—进风温度传感器; 4—前后端压缩空气清吹喷嘴; 5—热风加热器; 6—补新风风门; 7—排潮风门; 8—料液雾化喷嘴

3.应用效果

分别从加料出口物料含水率、加料出口物料温度、料液施加均匀性及料液有效利用率、现场加料工况跟踪测试结果等 4 个方面,对改进前后的白肋烟加料机加料效果进行了对比分析,结果如表 12-52、图 12-24 所示。

由表 12-52 的统计数据可知,改进后加料出口物料含水率及温度的稳定性显著提高,加料均匀性明显改善。与改进前相比,加料出口物料含水率标准偏差降低了一个百分点,出口物料温度标准偏差有所降低,加料均匀系数提高了一个百分点,料液有效利用率提高了两个百分点。同时由图 12-24 所示的加料工况跟踪测试结果来看,改进后筒壁粘接现象明显减少。

表 12-52　加料机控制方式改进效果评价数据

试验	加料总比例 /（%）	加料出口物料含水率标准偏差 /（%）	加料出口物料温度标准偏差 /℃	加料均匀系数 /（%）	料液有效利用率 /（%）
改进前	30	2.16	3.96	53.52	61.19
改进后	30	1.02	1.92	54.41	63.48

改进前　　　　　　　　　　改进后

图 12-24　改进前后加料机筒壁

（四）技术总结

（1）突破了现有白肋烟烟片加料方式,建立了以片加料、丝加料相结合的白肋烟分步分比例加料技术。与现有烟片加料方式相比,加料均匀性、料液有效利用率等均得到明显提升。其中,加料均匀系数提高超过三十个百分点,料液有效利用率提高超过二十个百分点。

（2）以"凸显、稳定、改善"为目标,通过在烟片、叶丝上分别施加不同的功能性料液,建立了白肋烟功能性加料技术,进一步凸显了白肋烟的风格特征,稳定提高了白肋烟加工质量,改善了白肋烟口感,使坚果香、烘烤香等香韵的表达更为充分。

（3）针对现有白肋烟加料控制方式上存在的"增温方式以蒸汽喷射为主、筒壁粘叶采用蒸汽刮扫方式、加工过程控制稳定性差"等不足,对加料机设备及控制方法进行改进,定制了新型白肋烟加料机控制方法。通过采用进风温度控制、压缩空气间歇性吹扫、筒体底部温度控制、蒸汽流量精确调节等多项控制技术,出口物料含水率标准偏差降低了一个百分点,加料均匀系数提高了一个百分点。

二、白肋烟叶丝烘焙新工艺技术研究

针对白肋烟叶丝物理性状,采用适宜的白肋烟叶丝干燥设备,是白肋烟叶丝烘焙新工艺实现的关键。采用"设备性能分析、工艺测试评价、技术深化研究"的研究思路,对不同叶丝干燥设备性能进行分析,开展新型白肋烟叶丝烘焙设备工艺测试评价,深入研究新型白肋烟叶丝烘焙处理工艺,形成白肋烟叶丝烘焙关键控制技术。

（一）现有叶丝干燥设备工艺性能分析及加工处理效果对比

1.设备工艺性能

从过程处理时间、含水率变化量、物料受热强度等 3 个方面,对薄板干燥机、流化床隧道式干燥机、气流干燥机设备的工艺性能进行对比(见表 12-53),分析结果表明:采用薄板干燥机、流化床隧道式干燥机对白肋烟叶丝进行处理,存在处理时间较短,白肋烟烘焙处理强度较低,无法满足白肋烟美拉德反应的需求等突出问题;而采用气流干燥机,烘焙处理强度虽有所提高,但过程处理时间过短,无法满足化学反应时间的要求。

表 12-53　叶丝干燥设备工艺性能对比

设备	过程处理时间	含水率变化量 /（%）	物料受热强度	
			介质温度 /℃	叶丝温度 /℃
薄板干燥机	4～5分钟	6～7	170	55～65
流化床隧道式干燥机	2～3分钟	18～20	160	55～60
气流干燥机	7～10秒	14～16	300	80～90

2.加工处理效果

选用某配方白肋烟叶丝,分别采用薄板干燥机、流化床隧道式干燥机、气流干燥机这3 种干燥设备进行处理,对干燥后的样品进行取样,检测出口叶丝含水率、烟丝结构及填充值的变化,并对样品感官质量进行评价,结果如表 12-54 所示。评价结果表明:采用流化床隧道式干燥机、气流干燥机对白肋烟叶丝进行处理后,出口叶丝含水率波动较大,烟丝碎丝率过高,白肋烟风格特征较不明显;而采用薄板干燥机,加工质量稳定性虽有提高,但处理后白肋烟风格特征不明显,杂气及刺激性大。

表 12-54　叶丝干燥设备加工处理效果对比

设备	出口叶丝含水率标准偏差 /（%）	烟丝结构			填充值 /（cm³/g）	感官质量
		长丝率 /（%）	整丝率 /（%）	碎丝率 /（%）		
薄板干燥机	0.17	70.20	87.40	1.17	4.1	风格特征不明显,香气略透发,杂气较大,刺激略大,吃味中等
流化床隧道式干燥机	0.28	68.84	82.56	2.13	4.2	风格特征不明显,香气较透发,杂气较大,刺激性大,吃味中等
气流干燥机	0.25	71.96	83.42	2.17	4.86	风格特征略明显,香气透发,杂气较小,刺激性较大,吃味略差

对薄板干燥机、流化床隧道式干燥机、气流干燥机等 3 种白肋烟叶丝烘焙干燥设备的工艺性能、加工处理效果进行对比,结果表明:

(1)采用现有叶丝干燥设备处理白肋烟,存在干燥处理时间短、工艺处理强度低、物料受热强度小等明显不足,无法凸显白肋烟的风格特征。

(2)现有叶丝干燥机主要用于烤烟叶丝的干燥处理,在干燥工艺气温度、工艺气流量等关键参数的选择上无法针对白肋烟的品质特性进行加工处理。白肋烟叶丝经干燥处理后,风格特征不明显,吃味改善不大,刺激性略偏大,香气透发性不足,余味的舒适性略差。

(3)现有薄板干燥机工作原理以传导方式为主,而气流干燥机工作原理以对流传热为主,无法进一步凸显白肋烟风格特征,杂气刺激性较大。因此,需要对白肋烟叶丝烘焙新工艺进行深入研究,通过采用适宜的白肋烟叶丝烘焙设备,将传导与对流加热方式有机结合,以进一步凸显白肋烟风格特征,改善香气及吃味,更好地满足叶丝烘焙新工艺的技术要求。

(二)新型叶丝烘焙工艺技术的研究与设备定制

1.新型滚筒式白肋烟烘焙机测试评价

对新型滚筒式白肋烟烘焙机(简称 THT,如图 12-25 所示)的设备结构、工作原理、工艺性能等进行了测试评价,测试结果表明:

(1)设备结构采用滚筒式构造,进出料采用气锁控制,整个干燥设备为密闭系统。

(2)应用传导、对流等基本工作原理,热源供给具备筒壁供热、中轴蒸汽供热、纯热风供热等多种方式。

(3)烘焙过程中工艺气运行方式为顺、逆流并存。其中,进料端为逆流方式,出料端为顺流方式。烘焙入口叶丝含水率工艺要求为 20% ~ 32%,出口物料含水率采用开环控制的方式。

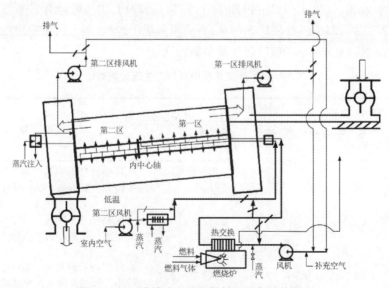

图 12-25　滚筒式白肋烟烘焙机设备结构原理

为深入研究白肋烟叶丝烘焙新工艺,论证采用 THT 进行叶丝烘焙的可行性,对白肋烟烘焙设备进行了初步试验研究。

1)材料与仪器

材料:国产白肋烟(重庆中三,2009)、蔗糖、甘草、可可粉。

仪器:手持式热电阻温度仪(美国 NDC 公司)、PB-153S 型电子天平(感量为 0.001 g,瑞士 METTLER TOLEDO 公司)、FED-240 型烘箱(德国 BINDER 公司)。

2)试验方法

(1)烘焙工艺条件设计。

依据工艺参数呈梯度逐步增大的设计原则,通过分别调整烘焙机筒壁蒸汽压力、第一区过热蒸汽注入量、第二区加热器热风温度等工艺参数,设定了 Ⅰ、Ⅱ、Ⅲ 等 3 种不同梯度的烘焙处理条件,见表 12-55。

表 12-55　烘焙工艺试验条件设计

试验条件	筒壁蒸汽压力 / bar	第一区过热蒸汽注入量 /(kg/h)	第二区加热器热风温度 /℃
Ⅰ	2.0	0	130
Ⅱ	3.0	410	170
Ⅲ	4.0	510	190

(2)烘焙试验方法。

①烟片烘焙试验方法。

取国产白肋烟重庆中三 300 kg,分别经松散回潮、加里料、烘焙、再回潮处理,在 3 个不同梯度的烘焙条件下对白肋烟烟片进行烘焙。其中,松散回潮出口含水率控制在 16%±1%,加里料比例为 32%,再回潮后烟片含水率控制在 12%±0.5%。

②叶丝烘焙试验方法。

取国产白肋烟重庆中三 300 kg,分别经松散回潮、一次加里料、贮存、切叶丝、二次加里料、烘焙、再回潮处理,在 3 个不同梯度的烘焙条件下对白肋烟叶丝进行烘焙。其中,松散回潮出口含水率控制在 16%±1%,一次加里料比例为 24%,二次加里料比例为 7%,再回潮后叶丝含水率控制在 12%±0.5%。

(3)取样设计。

试验取样方法见表 12-56。

3)试验结果与分析

(1)物理质量检测结果分析。

①含水率及物料表面温度变化趋势。

表 12-57 为白肋烟烘焙后物料含水率及表面温度检测结果,可以看出:随着烘焙工艺参数的逐渐增大,烘焙后物料含水率呈递减的趋势,表面温度则呈快速递增的趋势。对比烟片烘焙与烟丝烘焙两种不同的烘焙方式,在同一烘焙处理条件下,叶丝烘焙处理后物料含水率略低于烟片烘焙,而物料表面温度明显高于烟片烘焙。采用工艺参数条件Ⅲ时,叶丝烘焙处理后物料表面温度可达 124.5 ℃。

表 12-56　试验取样方法

取样点	类型	频次	检测方法
烘焙后水分仪	含水率	10	2 小时烘箱法
	表面温度	3	针式热电阻测温法
	化学成分检测样	1	按行业标准要求
烘焙回潮后水分仪	含水率	10	2 小时烘箱法
	感官评吸样	1	/
	烟丝结构样	3	按行业标准要求
	烟丝填充样	3	按行业标准要求

　　分析了白肋烟烘焙后物料含水率方差(见图 12-26),结果表明:无论采用烟片烘焙还是叶丝烘焙,随着烘焙工艺参数的逐渐增大,物料含水率方差均呈递减的趋势。对比烟片烘焙与叶丝烘焙两种不同的烘焙方式,在同一烘焙处理条件下,叶丝烘焙处理后物料含水率方差均小于烟片烘焙,且两种烘焙方式下物料含水率均匀性的差异随着处理强度的增加有逐渐减小的趋势,这说明烘焙处理工艺参数越大,物料含水率的波动越小,且采用叶丝烘焙处理后物料含水率的均匀性有所提高。

表 12-57　白肋烟烘焙后物理指标检测结果

试验条件	出口物料含水率平均值 / (%)		出口物料表面温度平均值 /℃	
	烟片烘焙	叶丝烘焙	烟片烘焙	叶丝烘焙
Ⅰ	8.39	7.87	86.44	87.86
Ⅱ	7.21	6.72	105.09	107.32
Ⅲ	6.54	5.48	121.93	124.50

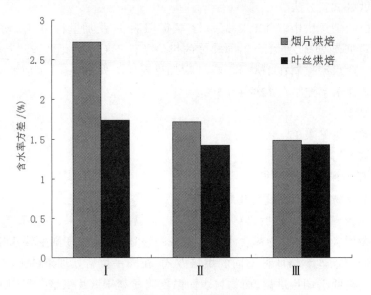

图 12-26　白肋烟烘焙后物料含水率方差对比

②烟丝结构及填充值变化趋势。

图 12-27 为不同的叶丝烘焙工艺参数条件下烟丝结构的变化情况。由图可以看出：在试验范围内，随着烘焙处理强度逐渐增大，烘焙后长丝率基本保持不变，而整丝率呈逐渐降低的趋势，且当工艺参数达到最大时，碎丝率高达 4.02%，这可能是叶丝含水率过低、过程造碎增加所致。

图 12-28 为不同的叶丝烘焙工艺参数条件下烟丝填充值的变化情况。由图可以看出：烘焙工艺参数的逐渐增大有利于烟丝填充性能的改善，且在所选取的参数条件范围内，当工艺参数达到最大时，填充值最高可达 6.87 cm³/g。

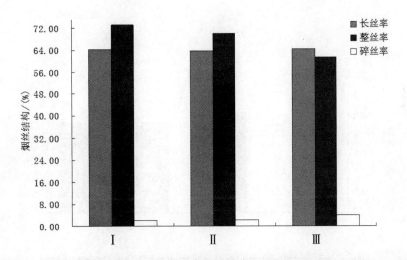

图 12-27 白肋烟叶丝烘焙后烟丝结构变化情况

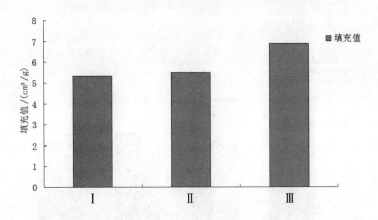

图 12-28 白肋烟叶丝烘焙后烟丝填充值变化情况

（2）主要化学成分检测结果分析。

图 12-29、图 12-30 为不同叶丝烘焙工艺参数条件下，样品总烟碱、挥发碱、氨含量的变化情况。由图可以看出，与未经烘焙处理的对照样相比，烘焙处理后样品中的总烟碱、挥发碱、氨含量均有所降低。同时，当烘焙工艺参数条件由Ⅰ逐渐增加至Ⅱ时，样品中的总烟碱、挥发碱、氨含量下降明显，但当工艺参数增至条件Ⅲ时，总烟碱、挥发碱、氨

含量变化较小。

(3)感官质量评价结果分析。

表 12-58 为不同烘焙工艺参数条件下,白肋烟烟片烘焙及叶丝烘焙后感官质量的评吸结果对比。由表可以看出:①当采用条件Ⅰ处理时,白肋烟的品质略有改善,但改善不够明显;当采用条件Ⅱ处理时,白肋烟的风格特征较为明显,刺激性、杂气较小,余味较舒适;而当采用条件Ⅲ处理时,白肋烟的品质无继续变好的趋势,且处理略显过头,夹带有烤焦的不良气息。②结合烘焙处理后化学成分检测结果,在所选取的试验范围内,采用条件Ⅱ处理时,白肋烟烘焙后的品质最佳。

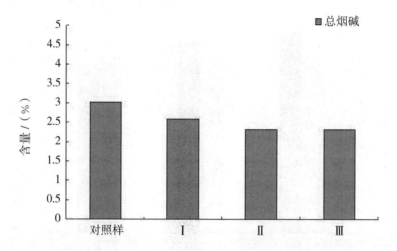

图 12-29　不同烘焙工艺参数条件下样品总烟碱含量的变化情况

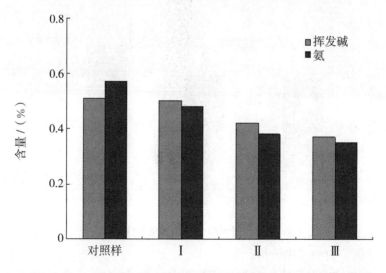

图 12-30　不同烘焙工艺参数条件下样品挥发碱、氨含量的变化情况

此外,采用"叶丝烘焙工艺"处理后,白肋烟的整体评价略好于"烟片烘焙工艺",但在评吸过程中也发现,叶丝烘焙处理后感官质量前后一致性较差,这可能是因为烘焙后叶丝含水率过低,从而加剧了回潮后物料含水率的波动性。

表 12-58　白肋烟烘焙处理后感官质量变化

试验条件	烘焙方式	感官质量				
		风格特征	丰满度	刺激性	杂气	余味
Ⅰ	烟片烘焙	有	尚丰满	较大	有	尚舒适
	叶丝烘焙	较显著	尚丰满	稍有	有	较舒适
Ⅱ	烟片烘焙	有	较丰满	较大	有	尚舒适
	叶丝烘焙	较显著	较丰满	有	有	较舒适
Ⅲ	烟片烘焙	有	尚丰满	较大	较大	尚舒适
	叶丝烘焙	有	尚丰满	大	较大	尚舒适

4）小结

采用滚筒式烘焙机对白肋烟叶丝烘焙新工艺进行了测试评价,研究了不同烘焙工艺参数条件下,白肋烟烘焙处理后物理质量、主要化学成分、感官质量的变化情况。研究结果表明:

(1)采用新型滚筒式烘焙机,通过筒壁蒸汽压力、蒸汽注入量、加热器热风温度等关键参数的组合,研究了不同工艺参数条件下白肋烟烟片、白肋烟叶丝烘焙后物理质量、主要化学成分、感官质量的变化规律。

(2)与烟片烘焙相比,叶丝烘焙处理后白肋烟风格特征进一步得到凸显,刺激性明显减小,但当烘焙强度过大、烘焙后叶丝含水率较低时,可能存在过程造碎增大、回潮后水分不均匀的风险。

(3)根据工艺测试评价结果,以现有烟片烘焙设备为基础,提出适合叶丝烘焙工艺的设备个性化定制需求,并通过滚筒丝烘焙关键工艺和控制技术的研究,更好地满足叶丝烘焙新工艺的技术要求。

2.白肋烟叶丝烘焙机的定制

通过对白肋烟滚筒式烟片烘焙机的测试评价,在对比研究了不同烘焙工艺参数条件下白肋烟加工质量变化趋势的基础上,形成了以下定制要求:

(1)过程处理时间可调,以保证美拉德反应的充分进行。

可通过改变筒体倾角、筒体转速等设备参数,实现叶丝在滚筒中滞留时间的调整,处理时间可调范围为 2 ~ 12 min。

(2)工艺处理强度可灵活控制,以适应不同产品的个性化加工需求。

可通过滚筒筒壁加热控制系统、两区过热蒸汽加热系统等多种控制手段的有效组合及精确控制,实现叶丝烘焙过程不同工艺处理强度的需求。

(3)烘焙出口叶丝含水率可实现闭环控制。

可通过参数的反馈调节,实现出口叶丝含水率闭环控制。同时,可实现烘焙高强度、叶丝高水分的工艺设计要求,与现有工艺相比,过程造碎无明显变化。

（三）叶丝烘焙新工艺深化研究

1.叶丝烘焙单因素试验研究

选择重庆中三单等级烟叶原料，采用单因素试验方法，逐一调整燃烧炉工艺气温度、一区工艺气流量、滚筒转速、筒壁压力、进口物料流量、二区阀门关度等工艺参数，研究叶丝烘焙过程中物料受热强度、感官质量的变化情况，为叶丝烘焙工艺参数的选择及优化提供技术依据。

（1）叶丝烘焙受热强度影响因素分析。

白肋烟烘焙过程中物料温度的变化是影响烘焙质量的重要因素，在一定程度上是物料烘焙过程中处理强度的具体体现。而滚筒式烘焙机工艺测试评价结果表明，当烘焙处理强度较大、叶丝烘焙后含水率较低时，叶丝烘焙过程造碎的风险较大。

综合以上因素，采用单因素试验方法，在保证出口叶丝含水率在8%~14%的前提下，设计了12组试验条件，通过逐一改变燃烧炉工艺气温度、一区工艺气流量、滚筒转速、筒壁压力、进口物料流量、二区阀门关度等参数，研究分析了各参数对出口物料温度的影响，如表12-59、图12-31所示。

表 12-59　不同工艺参数条件下出口物料温度变化情况

编号	工艺参数						出口叶丝表面平均温度/℃	叶丝平均含水率/（%）
	燃烧炉工艺气温度/℃	一区工艺气流量/（m³/h）	滚筒转速/（r/min）	筒壁压力/bar	进口物料流量/（kg/h）	二区阀门关度/（%）		
1	195	1450	9.0	3	500	72	93.2	8.21
2	165	1450	9.0	3	500	72	65.6	13.10
3	175	1600	9.5	3	500	73	91.2	8.94
4	175	1200	9.5	3	500	73	69.9	12.62
5	172	1650	9.5	3	500	70	87.5	8.45
6	172	1650	6.5	3	500	70	77.3	10.46
7	175	1600	9.5	3	450	70	90.1	8.69
8	175	1500	9.5	0.5	450	70	80.7	10.16
9	175	1500	9.5	3.5	500	65	85.4	9.02
10	175	1500	9.5	3.5	550	65	80.8	10.13
11	170	1650	9.5	3.5	500	70	86.4	8.82
12	170	1650	9.5	3.5	500	25	84.3	9.01

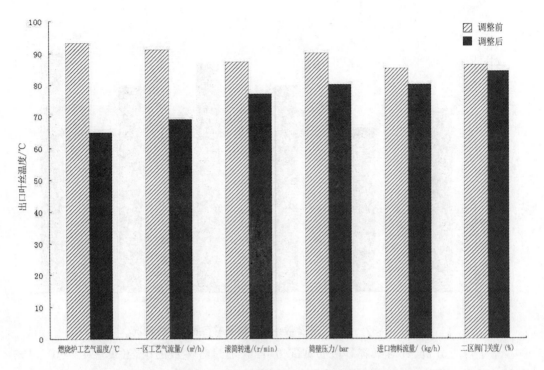

图 12-31　不同工艺参数条件下出口叶丝温度变化情况

由表 12-59 及图 12-31 可以看出,对不同的工艺参数进行调整后,出口叶丝温度的变化幅度不同。其中,调整燃烧炉工艺气温度后,出口叶丝温度变化幅度最大(叶丝温度由 93.2 ℃递减至 65.6 ℃),而调整二区阀门关度后,出口叶丝温度变化幅度最小(叶丝温度由 86.4 ℃减至 84.3 ℃),表明在叶丝烘焙过程中,燃烧炉工艺气温度的调整会造成叶丝受热强度的显著变化,而调整二区阀门关度对烘焙过程中叶丝受热强度的影响相对较小。

(2)叶丝烘焙感官质量影响因素分析。

在进行单因素条件下物料受热强度影响因素研究的同时,对出口物料分别取样并进行感官质量评价,如图 12-32 所示。从图 12-32 中可以看出,逐一调整各参数后,感官质量得分的变化幅度不同。其中,调整燃烧炉工艺气温度后,感官质量得分变化幅度较大(得分由 72 分递减至 56 分),而调整二区阀门关度后,感官质量得分变化幅度最小(得分由 73 分减至 72 分)。这与各参数对物料受热强度的影响结果基本一致,表明叶丝烘焙过程中燃烧炉工艺气温度的调整,不仅显著影响叶丝的受热强度,而且会对在制品感官质量产生较大的影响。

2.叶丝烘焙工艺参数组合试验研究

叶丝烘焙单因素试验研究结果表明:烘焙过程中燃烧炉工艺气温度对物料受热强度、在制品感官质量影响均较大,而一区工艺气流量、滚筒转速、筒壁压力、进口物料流量、二区阀门关度等参数对物料受热强度、在制品感官质量影响较小。

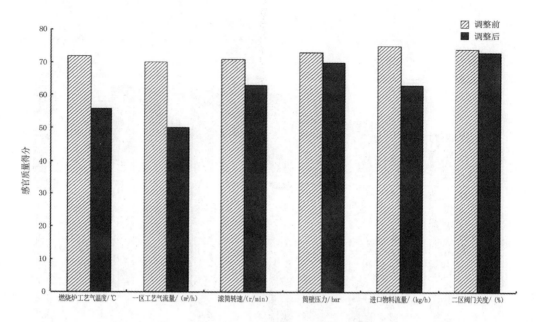

图 12-32　不同工艺参数条件下样品感官质量得分情况

基于以上分析,针对某牌号白肋烟配方叶组,通过各参数的组合(见表 12-60),研究分析不同条件下白肋烟配方加工质量的变化情况,为产品的优化设计提供技术依据,参数设计方法如下:

(1)组合试验设计中将对物料受热强度和感官质量影响较大的参数——燃烧炉工艺气温度固定在 180 ℃,同时将对物料受热强度和感官质量影响较小的参数——筒壁压力设计值依梯度逐步升高。

(2)在试验过程中,为满足出口叶丝含水率 13.5% ± 1.5% 的设计要求,通过调整一区工艺气流量、二区阀位关度使出口叶丝含水率满足工艺要求,并对 5 个条件下的样品进行感官评价。

由表 12-60 可以看出,随着组合参数设计值的变化,感官质量得分变化不同。在燃烧炉工艺气温度保持恒定的条件下,采用工艺参数组合条件 2 时,即当筒壁压力为 1.0 bar、一区工艺气流量为 1600 m³/h、二区阀门关度为 50% 时,感官质量得分最高。

3.小结

(1)突破现有白肋烟烟片烘焙处理方式,采用单因素试验方法,深入研究了叶丝滚筒烘焙各参数对物料受热强度、感官质量的影响,掌握了烘焙质量受各参数条件影响的规律,形成了基于滚筒式烘焙过程关键影响要素的叶丝烘焙处理方法。

(2)在对滚筒式烘焙过程关键影响要素研究的基础上,采用因素组合的方法,通过固定燃烧炉工艺气温度、改变筒壁压力等参数,改变了现有混合型卷烟加工过程中采用的"烟片烘焙、叶丝干燥"工艺,形成了"滚筒式叶丝烘焙干燥一体化"的白肋烟叶丝处理关键技术,建立了针对产品品质特性灵活选择烘焙工艺条件的叶丝烘焙干燥方法。

表 12-60　滚筒式烘焙机加工参数组合设计

| 试验编号 | 处理工艺参数 | | | | 物理指标 | | | 感官质量得分 |
| | 筒壁压力/bar | 燃烧炉工艺气温度/℃ | 一区工艺气流量/(m³/h) | 二区阀门关度/(%) | 出口叶丝含水率/(%) | | 出口物料温度/℃ | |
					目标值	平均值		
1	0.5	180	1650	30		13.2	86.3	68
2	1.0	180	1600	50		13.1	86.5	73
3	2.0	180	1550	55	13.5	12.8	87.1	72
4	3.0	180	1500	60		12.6	86.9	69
5	3.5	180	1450	70		12.5	86.3	68

（四）叶丝烘焙控制技术研究

1.评价方法

多采用动态响应曲线对被控过程的动态特性进行分析评价。控制系统在阶跃函数作用下的时间响应曲线称为阶跃响应，一般认为阶跃函数输入对系统来说是最严峻的工作状态，如果系统在阶跃函数作用下的动态性能满足要求，那么在其他形式的函数作用下，其动态性能也能满足要求。

对于滚筒式烘焙机而言，控制系统较为复杂，控制因素较多，其主要控制变量包括滚筒转速、烘焙机入口物料流量、一区工艺气流量、二区工艺气流量、燃烧炉出口工艺气温度等。上述控制变量的改变会对出口物料含水量造成一定的影响。因此，有必要通过研究，评价分析出口物料含水率对各控制参数的阶跃响应特性。

2.评价结果

图 12-33 至图 12-38 分别为出口物料含水率对滚筒转速、燃烧炉工艺气温度、筒壁压力、进口物料流量、一区工艺气流量、二区阀门关度的阶跃响应曲线。

以图 12-33 为例，系统在阶跃函数作用前出口物料含水率处于平衡状态，在一定时刻（图中虚线对应时间）将滚筒转速输入调至另一水平，实时采集出口物料含水率信号（采集频率为 10 秒 / 次），待系统再次平衡后（图中实线对应时间），便得到出口物料含水率对滚筒转速的阶跃响应。其中，响应调节时间为改变参数水平开始至响应到达并停留在稳态值的一定误差范围内所需的最小时间。响应调节时间表征了系统过渡过程持续的时间，从总体上反映了系统调节的快速性。对出口物料含水率的响应，误差均取 4%。

从图中可以看出，对出口物料含水率的响应，各控制参数的调节时间排序为：二区阀门关度（250 s）< 进口物料流量（270 s）< 筒壁压力（390 s）< 滚筒转速（414 s）< 一区工艺气流量（440 s）< 燃烧炉工艺气温度（520 s）。其中，当燃烧炉工艺气温度由 175 ℃升高至 180 ℃时，出口物料含水率平均变化约 1.8%，响应调节时间最长；而当二区阀门关度由

70%变为25%时,出口物料含水率平均变化约1.6%,响应调节时间最短。综合以上分析数据,烘焙过程中可以首先通过二区阀门关度对出口物料含水率进行控制与调节。

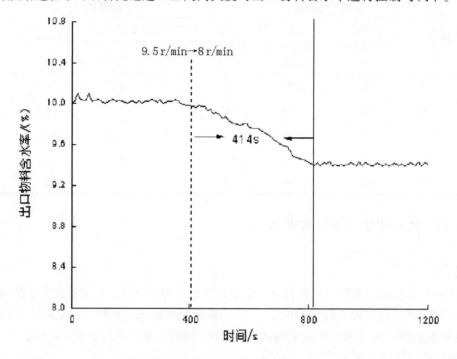

图12-33 滚筒转速阶跃作用出口物料含水率响应曲线

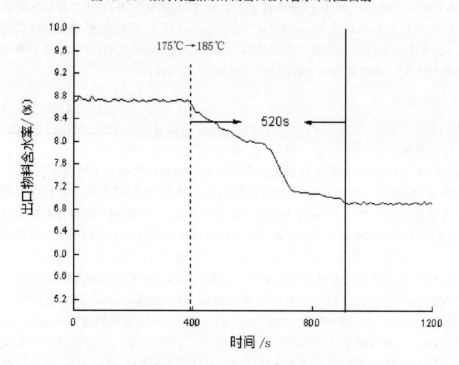

图12-34 燃烧炉工艺气温度阶跃作用出口物料含水率响应曲线

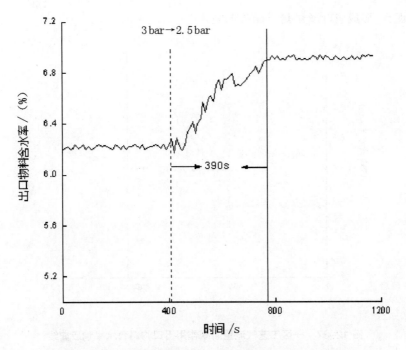

图 12-35　筒壁压力阶跃作用出口物料含水率响应曲线

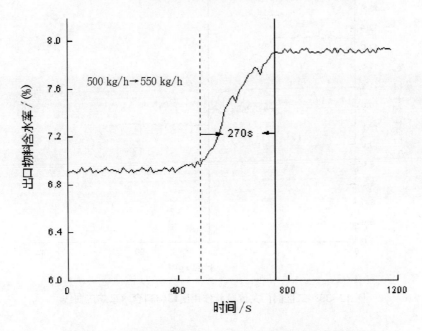

图 12-36　进口物料流量阶跃作用出口物料含水率响应曲线

　　通过阶跃响应研究方法,深入分析了叶丝烘焙过程各参数对出口物料含水率的阶段响应,确定了基于叶丝含水率反馈调节的烘焙过程参数控制方法,即将燃烧炉工艺气温度、筒壁压力、一区工艺气流量等参数作为固定因子以改善白肋烟烘焙处理品质,同时将二区阀门关度等参数作为调节因子反馈控制出口物料含水率。通过建立叶丝烘焙过程出口物料含水率动态反馈调节方法,改变了现有白肋烟烘焙过程水分控制粗放、过程控制精度差等现状,形成了叶丝烘焙干燥控制技术。

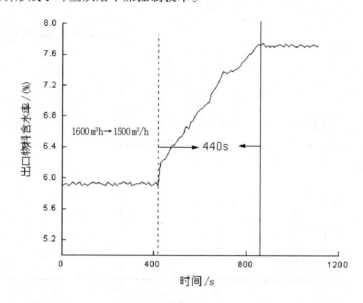

图 12-37 一区工艺气流量阶跃作用出口物料含水率响应曲线

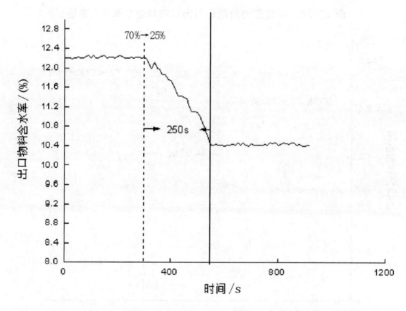

图 12-38 二区阀门关度阶跃作用出口物料含水率响应曲线

三、丝混工艺研究

烟丝掺配是保证卷烟配方完整性和影响最终卷烟产品质量的重要工艺过程,掺配的均匀性越好,卷烟产品的物理和感官质量的稳定性也越好。近年来,行业对烟丝掺配均匀性的研究愈加重视,一方面,精细化加工的要求促使行业不断提高过程控制能力和提升、稳定产品质量;另一方面,特色工艺和分组加工技术的广泛应用也需要对新的加工工艺模式下烟丝掺配的均匀性是否满足产品质量稳定性的要求进行深入研究。

现有混合型卷烟生产过程中采用片混工艺，即白肋烟烟片经烘焙处理后，按照一定比例与烤烟烟片进行混配，再通过后续工序进行混合。而本书所研究的新工艺，即白肋烟经分步分比例加料、白肋烟叶丝烘焙后必须进行丝混。因此，为了满足掺配均匀性的技术要求，需要对现有片混工艺与丝混工艺进行分析评价，并在此基础上确定适宜的混配方式，为产品的均匀化提供技术保障。

（一）试验方法

选取糖碱比差别较大的烤烟和白肋烟进行试验，试验分为片混工艺、丝混工艺共 2 批次进行，每批次 500 kg，其中烤烟比例为 70%，白肋烟比例为 30%。同时为减少对检测结果的影响，掺配过程中不加入再造烟叶、梗丝等其他组分。

片混工艺与丝混工艺的试验流程如图 12-39 和图 12-40 所示。其中，加料工序不施加料液，仅施加一定比例的水；掺配加香工序仅做通道使用，以避免香料液对化学检测的影响，保证试验数据的准确性。

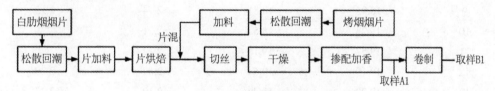

图 12-39　传统片混工艺试验流程

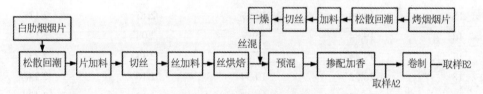

图 12-40　丝混工艺试验流程

通过对掺配加香后叶丝、成品烟样品化学成分以及叶丝人工挑选的分析，评价不同混配工艺叶丝混合的均匀性。检测内容及取样要求如下：

A——于掺配加香后的贮丝柜出口取样。化学检测样品 30 次，80 g/ 次，等时间间隔 30 s 取样；人工挑选样品 30 次，50 g/ 次，等时间间隔 30 s 取样。

B——烟丝卷制后取样。化学检测样品 30 次，100 支 / 次，等时间间隔 30 s 取样；人工挑选样品 30 次，50 支 / 次，（人工拆开）等时间间隔 30 s 取样。

（二）试验结果与分析

1.掺配加香后叶丝混合均匀性

（1）总糖、总植物碱含量比较。

对掺配加香后叶丝的总糖、总植物碱含量进行取样测试（见表 12-61），比较了现有片混工艺与丝混工艺混合均匀性的差异，如图 12-41 所示。

结果表明,片混工艺和丝混工艺掺配加香后叶丝混合均匀性均能满足掺配技术要求。同时对比两种不同混配工艺,叶丝的总糖、总植物碱含量差异较小。其中,丝混工艺的混配均匀性略好于片混工艺。

表 12-61 掺配加香后叶丝的总糖、总植物碱含量

样品序号	总糖含量 /(%)		总植物碱含量 /(%)	
	片混工艺	丝混工艺	片混工艺	丝混工艺
1	18.67	17.83	2.12	2.08
2	19.76	18.91	2.06	2.19
3	17.15	19.81	2.16	2.12
4	18.53	20.15	2.08	2.25
5	17.89	18.36	2	2.19
6	19.9	18.02	2.17	2.15
7	19.24	18.38	2.1	2.17
8	19.03	19.5	2.02	2.17
9	18.92	18.81	2.14	2.15
10	19.23	18.53	2.21	2.2
11	19.52	19.18	2.12	2.2
12	19.19	19.64	2.07	2.29
13	19.29	18.29	2.19	2.33
14	19.69	16.58	2.09	2.22
15	19.99	18.97	2.13	2.11
16	19.84	19.5	2.08	2.14
17	19.44	19.42	2.13	2.23
18	20.32	19.34	2.18	2.24
19	20.62	18.47	2.12	2.19
20	19.64	17.34	2.19	2.14
21	20.69	17.91	2.1	2.21
22	19.74	18.9	2.07	2.21
23	20.67	19.2	2.11	2.23
24	19.99	18.76	2.14	2.14
25	19	18.18	2.05	2.15
26	20.96	19.08	2.21	2.15
27	18.7	18.97	2.06	2.19
28	18.47	19.4	2.13	2.16
29	17.93	19.14	2.18	2.21
30	19.43	17.13	2.06	2.17
平均值	19.38	18.72	2.12	2.19
标准偏差	0.878	0.817	0.055	0.053
变异系数	4.53	4.36	2.60	2.40

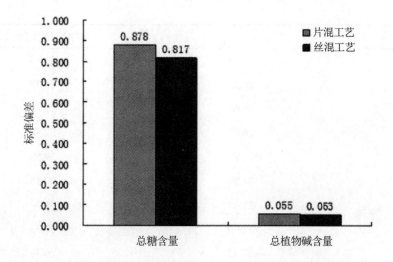

图 12-41 掺配加香后叶丝总糖、总植物碱含量标准偏差的比较

（2）人工挑选白肋烟叶丝含量比较。

通过进一步比较现有片混工艺与丝混工艺混合均匀性的差异，对掺配加香后的叶丝进行人工挑选，根据颜色差异挑选出白肋烟叶丝，结果如表 12-62、图 12-42 所示。

结果表明，片混工艺和丝混工艺掺配加香后叶丝混合均匀性均能满足掺配技术要求。同时对比两种不同混配方式，挑选出的白肋烟叶丝含量差别较小，平均值略小于实际含量，这与人工挑选时漏选有关。其中，与片混工艺相比，丝混工艺白肋烟叶丝含量的标准偏差较小。

表 12-62 掺配加香后白肋烟叶丝含量

样品序号	片混工艺 /（%）	丝混工艺 /（%）
1	30.00	26.09
2	30.38	26.15
3	28.03	32.31
4	26.00	27.14
5	27.35	25.00
6	31.85	23.94
7	34.00	31.25
8	29.78	26.36
9	28.76	27.54
10	30.39	25.35
11	27.00	29.69
12	29.94	31.34

续表

样品序号	片混工艺 /（%）	丝混工艺 /（%）
13	29.14	34.85
14	26.24	25.37
15	26.66	27.14
16	26.68	27.54
17	31.17	29.58
18	24.39	29.58
19	25.08	31.34
20	27.00	33.33
21	27.32	26.39
22	27.35	33.33
23	27.64	24.64
24	23.92	28.99
25	27.33	26.76
26	29.81	30.88
27	22.78	29.17
28	20.31	30.43
29	30.00	29.58
30	33.00	27.00
平均值	27.98	28.60
标准偏差	2.974	2.869
变异系数	10.63	10.03

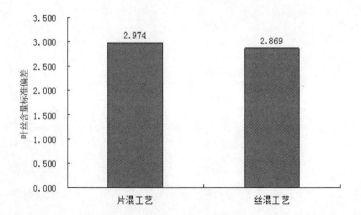

图 12-42　掺配加香后白肋烟叶丝含量标准偏差的比较

2.成品烟叶丝混合均匀性

(1)总糖、总植物碱含量比较。

对成品烟叶丝的总糖、总植物碱含量进行测试(见表 12-63),比较了现有片混工艺与丝混工艺混合均匀性的差异,如图 12-43 所示。

结果表明,片混工艺和丝混工艺成品烟叶丝混合均匀性均能满足工艺要求。同时对比两种不同混配方式,叶丝的总糖、总植物碱含量差异较小。其中,与片混工艺相比,丝混工艺的混配均匀性略优于片混工艺。

表 12-63 成品烟叶丝的总糖、总植物碱含量

样品序号	总糖含量 /(%)		总植物碱含量 /(%)	
	片混工艺	丝混工艺	片混工艺	丝混工艺
1	19.34	18.97	2.14	2.11
2	19.84	19.5	2.18	2.23
3	19.44	19.42	2.07	2.22
4	20.32	20.34	2.11	2.11
5	18.89	18.47	2.21	2.21
6	19.9	19.64	2.12	2.21
7	19.24	18.29	2.17	2.21
8	19.03	17.58	2.19	2.23
9	18.92	19.97	2.09	2.24
10	18.67	17.83	2.06	2.19
11	19.76	18.91	2.16	2.14
12	17.15	19.81	2.02	2.21
13	18.53	20.15	2.17	2.21
14	19.99	18.36	2.1	2.15
15	19	18.38	2.02	2.19
16	19.96	19.5	2.14	2.16
17	18.7	18.81	2.21	2.21
18	18.47	19.08	2.06	2.17
19	17.93	18.97	2.14	2.12
20	19.43	19.4	2.07	2.07
21	19.84	19.14	2.19	2.19

续表

样品序号	总糖含量 / (%)		总植物碱含量 / (%)	
	片混工艺	丝混工艺	片混工艺	丝混工艺
22	19.44	17.13	2.09	2.09
23	18.32	18.36	2.18	2.18
24	20.62	17.91	2.16	2.06
25	19.64	18.9	2.08	2.08
26	20.69	19.67	2.13	2.13
27	19.74	19.5	2.16	2.22
28	20.67	19.42	2.08	2.11
29	19.29	19.34	2.08	2.14
30	19.69	18.47	2.17	2.19
平均值	19.35	18.97	2.13	2.17
标准偏差	0.811	0.774	0.054	0.053
变异系数	4.19	4.08	2.55	2.45

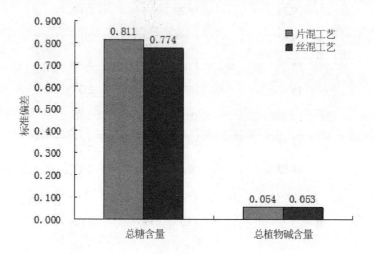

图 12-43 成品烟叶丝总糖、总植物碱含量标准偏差的比较

（2）人工挑选白肋烟叶丝含量比较。

通过进一步比较现有片混工艺与丝混工艺混合均匀性的差异，对成品烟叶丝进行人工挑选，根据颜色差异挑选出白肋烟叶丝，结果见表 12-64、图 12-44 所示。

结果表明，片混工艺和丝混工艺成品烟叶丝混合均匀性均能满足工艺要求。同时对比两种不同混配方式，成品烟中白肋烟叶丝含量差异较小。其中，与片混工艺相比，丝混工艺白肋烟叶丝含量的标准偏差较小。

表 12-64 成品烟中白肋烟叶丝比例

样品序号	片混工艺 /（%）	丝混工艺 /（%）
1	30.14	26.35
2	27.24	30.69
3	28.03	32.33
4	26.00	26.64
5	27.35	30.58
6	31.85	30.58
7	26.08	32.34
8	28.00	34.33
9	28.32	33.31
10	30.39	28.14
11	27.00	29.69
12	29.94	31.34
13	29.14	31.88
14	28.33	33.31
15	30.81	28.14
16	23.78	26.00
17	25.31	24.94
18	35.00	29.58
19	30.78	31.34
20	29.76	33.33
21	27.32	26.39
22	27.35	33.33
23	27.64	28.14
24	23.92	32.25
25	27.33	27.36
26	29.81	28.54
27	32.85	26.35
28	34.60	30.69
29	30.78	28.34
30	32.05	27.39
平均值	28.90	29.79
标准偏差	2.763	2.679
变异系数	9.56	8.99

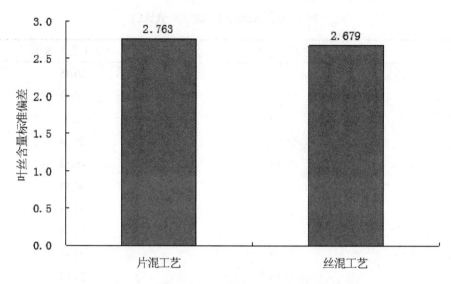

图 12-44　成品烟白肋烟叶丝含量标准偏差的比较

（三）小结

采用丝混工艺，通过应用总量掺配技术，即白肋烟叶丝作为配方掺兑物与烤烟叶丝等组分进入同一贮柜混丝，同时利用布料车进行同步叠加和预混，预混后的烟丝经过加香滚筒混合和二次混配，保证了配方各组分的混合均匀性。

四、混合型卷烟加工工艺流程的设计

（一）工艺设计方案特点

中式混合型卷烟是中式卷烟的重要组成部分，中式混合型卷烟以国内烤烟及白肋烟、香料烟等晾晒烟叶为主体配方原料，其香气风格和吸味特征有别于美式和日式等混合型卷烟。国外知名混合型卷烟在烟叶原料方面具有"烤烟香气浓郁、白肋烟晾晒烟风格突出、香料烟香韵丰富"的特点，与国外烟叶原料相比，国内烟叶原料中烤烟的糖碱比较高，清香和甜香突出，但白肋烟、香料烟与国外相比风格特征不够明显。

根据国内混合型卷烟与国外混合型卷烟在烟叶原料品质特性上的明显差异，本书在新的混合型卷烟生产线工艺方案的设计中，依托国内烟叶原料的质量特点，突破了国内外传统的混合型卷烟"全配方原料采用单一的工艺路线、技术参数、加料技术"的加工模式，建立了可实现"分类加工、分组处理、片丝加料相结合、丝烘焙滚筒干燥"的中式混合型卷烟生产制造平台，通过混合型卷烟加工过程的工艺创新、设备创新和流程再造，构筑中式混合型卷烟核心加工技术，彰显中式混合型卷烟独具特色的风格特征，打造一条加工工艺、控制水平、技术装备、产品质量达到国际一流水平的中式混合型卷烟生产线。

（1）采用混合型卷烟"分类加工"处理工艺，提高中式混合型卷烟的精细化加工水平。

在工艺流程设计中,将白肋烟作为一个独立的加工单元,贯穿整个制丝加工过程,根据不同的烤烟、白肋烟和香料烟配方模块,选择不同的工艺路线和不同的加工技术条件,有针对性地施加功能性料液,最大限度地保留优质烤烟的香气质、香气量和甜润感,有效地祛除中低档烟叶的杂气;对不同的白肋烟模块采用不同的加料和烘焙技术,改善口感、祛除杂气,突出白肋烟的坚果香和香草巧克力香;对香料烟模块采用低强度的单独处理,使其酸香和木香得到充分的显现,挖掘白肋烟、烤烟、香料烟等不同物料的加工潜质,形成中式混合型卷烟独具特色的风格特征。

(2)实现白肋烟"分组加工"处理功能,提高原料的使用价值。

改进后的工艺流程可实现白肋烟分组加工,可通过有针对性地选择不同的工艺路径、加工工艺条件和料液,最大限度地发挥白肋烟原料的使用价值。

(3)采用白肋烟"分步分比例、片丝加料相结合"的处理工艺,有效提高料液施加的均匀性和有效利用率。

创新性地采用了白肋烟"分步分比例、片丝加料相结合"的处理工艺,有效地解决了白肋烟重加里料条件下,传统白肋烟所采用的片加料方式存在的加料均匀性较差、料液有效利用率较低、加料出口湿团烟叶量大、筒壁粘叶量较多的问题。

(4)采用白肋烟"丝烘焙滚筒干燥"处理工艺,提高白肋烟的处理质量。

在国内外首次采用了白肋烟叶丝烘焙新工艺技术,可将白肋烟烘焙、叶丝干燥在新的滚筒干燥过程中一次性完成,从根本上解决了传统白肋烟烘焙干燥工艺中设备占地面积大、工艺流程繁杂、过程控制精度差、白肋烟烘焙干燥后产生焦化现象等突出问题。改进后的烘焙工艺及其控制方法改变了传统网带式烤机烘焙过程中物料始终处于相对静止状态,其受热难以均匀的现状,叶丝在滚筒内进行烘焙干燥处理的过程中始终处于翻滚状态,其受热面积大为提高,更有利于叶丝中的不良气息,如杂气、刺激性的有效祛除。同时,滚筒内热风工艺温度可根据工艺设计要求进行灵活设定,可满足不同加工处理强度的需要,处理过程中叶丝含水率和温度的控制也更加精确。

(5)采用丝混工艺,显著提高配方混合的均匀性。

传统的混合型卷烟生产采用片混工艺,即白肋烟烟片经烘焙处理后,按照一定比例与烤烟烟片进行掺制,再通过后续工序进行混合。根据白肋烟分步分比例加料、叶丝烘焙新工艺的技术要求,对传统的片混工艺进行了革新,研究建立了混合型卷烟加工的丝混工艺,验证结果表明,丝混工艺显著提高了配方混合的均匀性。

(二)工艺流程

针对国内外白肋烟的品质特性,本书开展白肋烟叶丝烘焙新技术研究与应用,通过对白肋烟分步分比例加料、白肋烟叶丝烘焙、丝混等一系列关键技术的研究和验证,形成了可实现"烤烟、白肋烟、香料烟分类加工,白肋烟分组处理,分步分比例、片加料丝加料相结合,丝烘焙滚筒干燥"的中式混合型卷烟加工制造平台,打造了一条具有自主知识产权、独具特色的中式混合型卷烟加工工艺生产线,实现了中式混合型卷烟加工工艺流程的重大革新,使加工工艺流程大为精简,处理工艺更加灵活、流畅,显著降低了能源消耗,减少了设备投资成本。

五、生产验证

选取混合型卷烟"金桥(硬)",应用白肋烟分步分比例加料技术、白肋烟滚筒式叶丝烘焙技术、丝混技术等研究成果,开展新工艺新技术的生产验证,对加料均匀性、料液有效利用率、在制品及成品烟丝含水率、烟丝结构、烟丝填充值、烟支单重、烟支吸阻、烟支硬度等卷烟加工全过程质量指标进行了检测分析,同时对成品卷烟烟气、卷烟中的挥发性及半挥发性香味成分、烟支感官质量及卷烟风格感官质量等进行了分析评价。

(一)试验方法

1.参数条件设置

根据叶丝加料、叶丝烘焙试验研究结果,分别对各工序工艺参数及指标条件进行设计,如表 12-65 所示。

表 12-65　生产验证关键工序参数条件设置

工序	参数或指标	单位	标准值	上限	下限
松散回潮	物料流量	kg/h	500	510	490
	热风风机转速	r/s	50	50	50
	循环风门开度	%	100	100	100
	补新风风门开度	%	0	0	0
	加水比例	L/100 kg	10	12	8
	蒸汽施加比例	kg/100 kg	10	12	8
	卸料罩压力	mbar	-0.2	-0.2	-0.2
	出口烟片温度	℃	55	60	50
	出口烟片含水率	%	18.0	19.5	17.5
白肋烟片加料	HT 蒸汽施加流量	kg/h	6	6	6
	物料流量	kg/h	400	410	390
	正常滚筒转速	r/min	80	80	80
	排潮风机转速	r/s	83	83	83
	蒸汽阀位开度	%	50	50	50
	热风温度	℃	70	73	67
	加料比例	%	23	23	23
	出口烟片含水率	%	26.0	27.0	25.0
贮叶	贮叶时间	小时	1		1

续表

工序	参数或指标	单位	标准值	上限	下限
切丝	切丝宽度	mm	0.9	1.0	0.8
白肋烟丝加料	HT 蒸汽施加流量	kg/h	60	60	60
	物料流量	kg/h	450	460	440
	正常滚筒转速	r/min	80	80	80
	排潮风机转速	r/s	83	83	83
	蒸汽阀位开度	%	50	50	50
	热风温度	℃	70	73	67
	加料比例	%	7	7	7
	出口叶丝含水率	%	29.0	29.5	28.5
白肋烟丝烘焙	物料流量	kg/h	450	460	440
	入口叶丝含水率	%	30	31.5	29.5
	滚筒转速	r/min	10	10	10
	筒壁蒸汽压力	bar	1.0	1.0	1.0
	燃烧炉工艺气温度	℃	180	183	177
	一区工艺气流量	m³/h	1600	1650	1550
	氧含量	%	12	12	12
	烘焙后叶丝含水率	%	13.3	13.8	12.8
	烘焙后回潮加水量	kg	0	0	0

2.检测项目及取样要求

对制丝加工过程、卷制加工过程关键质量指标进行取样检测,检测项目及取样要求如表 12-66 所示。

表 12-66　生产验证检测项目及取样要求

检测项目	取样点	取样检测频次		
		取样次数	取样数量	间隔时间 /min
加料均匀性	丝加料机出口	30 次	100 g/ 次	1
料液有效利用率	丝加料机出口	30 次	100 g/ 次	1
叶丝填充值	干燥后	3 次	100 g/ 次	10
烟丝含水率	风送卷制前	3 次	100 g/ 次	10
烟丝结构	风送卷制前	3 次	1000 g/ 次	10
烟丝填充值	风送卷制前	3 次	100 g/ 次	10
烟支单重量	卷接后	3 次	100 支 / 次	15

检测项目	取样点	取样检测频次		
		取样次数	取样数量	间隔时间 /min
烟支吸阻	卷接后	3次	100 支 / 次	15
烟支硬度	卷接后	3次	100 支 / 次	15
烟气分析	包装后	3次	1 条 / 次	15
卷烟中的香味成分分析	包装后	3次	1 条 / 次	15
烟支感官质量	包装后	3次	1 条 / 次	15
卷烟风格感官评价	包装后	3次	1 条 / 次	15

3.成品烟感官质量评吸方法

采用分步分比例加料、白肋烟滚筒式叶丝烘焙新工艺,对卷烟产品进行了感官评价,比较了采用现有工艺与新工艺加工处理后的卷烟产品感官质量的差异。依据《卷烟 第4部分:感官加技术要求》(GB 5606.4—2005)中的要求,结合实际评吸过程,编制了卷烟感官质量评吸记录表(见表12-67)。

表 12-67 卷烟感官质量评吸记录表

项目		光泽 5			香气 32			谐调 6			杂气 12			刺激性 20			余味			合计
		Ⅰ	Ⅱ	Ⅲ	Ⅰ	Ⅱ	Ⅲ	Ⅰ	Ⅱ	Ⅲ	Ⅰ	Ⅱ	Ⅲ	Ⅰ	Ⅱ	Ⅲ	Ⅰ	Ⅱ	Ⅲ	
		5	4	3	32	38	24	6	5	4	12	10	8	20	17	15	25	22	20	
样品编号	牌号	光泽油润	光泽较油润	光泽较暗淡	谐调	较谐调	尚谐调	谐调	较谐调	尚谐调	无杂气	微有杂气	略有杂气	无刺激	略有刺激	较有刺激	纯净舒适	较净较舒适	尚净尚舒适	

注:样品编号 1# 为现有混合型卷烟工艺生产的卷烟产品;样品编号 2# 为新工艺生产的卷烟产品。

4.卷烟风格感官评价分析

采用分步分比例加料、白肋烟滚筒式叶丝烘焙新工艺,对卷制后的成品烟支进行了感官评价,比较了采用现有工艺与新工艺加工处理后的卷烟感官质量的差异,对新工艺处理的卷烟成品进行了风格感官评价。

（二）试验结果与分析

1.加料效果评价

（1）加料均匀性系数比较。

对现有两次片加料工艺与丝加料新工艺的加料均匀性进行测试,比较两种工艺条件下加料均匀性系数的变化情况,结果见图12-45。

由图可知,采用丝加料新工艺,加料均匀性系数比现有两次片加料工艺提高了36个百分点。

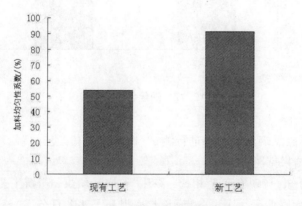

图12-45　加料均匀性系数比较

（2）料液有效利用率比较。

对现有片加料工艺与丝加料新工艺的料液有效利用率进行测试,结果见图12-46。

由图可知,采用丝加料新工艺,料液有效利用率大为提高,相比现有片加料工艺,丝加料新工艺料液有效利用率提高了32个百分点。

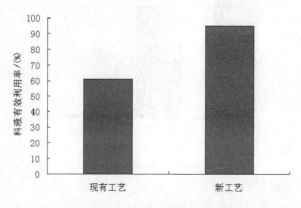

图12-46　料液有效利用率比较

2.烟丝物理质量评价

(1)烟丝含水率比较。

对风送卷制前成品烟丝的含水率进行测试,比较了现有工艺与新工艺处理后成品烟丝含水率的变化情况,结果见图12-47。

由图12-47可知,采用"丝加料丝烘焙"新工艺生产的烟丝,其含水率与现有工艺基本保持一致,符合成品烟丝的含水率工艺要求。

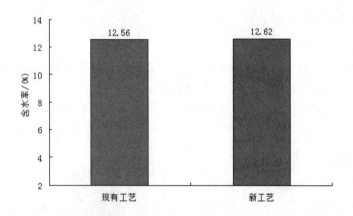

图 12-47　烟丝含水率比较

(2)烟丝结构比较。

对风送卷制前成品烟丝的结构进行测试,比较了现有工艺与新工艺处理后成品烟丝结构的变化情况,结果见图12-48。

由图12-48可知,与现有工艺相比,采用"丝加料丝烘焙"新工艺后,烟丝结构大为改善。其中,碎丝率降低了2个百分点,长丝率提高了4个百分点,整丝率提高了3个百分点。

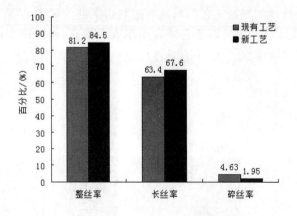

图 12-48　烟丝结构比较

(3)烟丝填充值比较。

对干燥后的叶丝及风送卷制前成品烟丝的填充值分别进行了测试,比较了现有工艺与新工艺处理后烟丝填充值的变化情况,结果见图12-49。

由图12-49可知,采用"丝加料丝烘焙"新工艺后,干燥后白肋烟叶丝填充值大于5.4 cm³/g。同时与现有工艺相比,风送卷制前烟丝填充值提高了0.2 cm³/g。

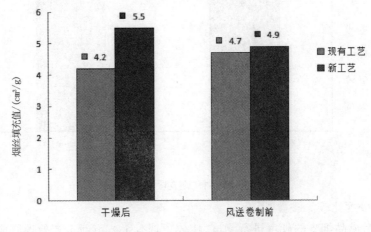

图12-49 烟丝填充值比较

3.烟支物理质量评价

(1)卷烟单支重量比较。

对卷制后的成品烟支单重进行测试,比较了现有工艺与新工艺处理后成品烟支单重的变化情况,结果见图12-50。

由图可知,与现有工艺相比,采用"丝加料丝烘焙"新工艺生产的卷烟,烟支单重略有降低,表明新工艺在改善烟丝填充性能方面效果明显。

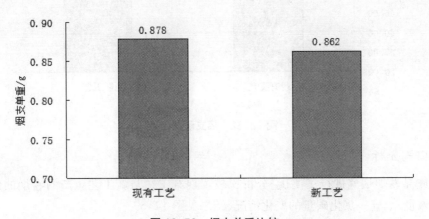

图12-50 烟支单重比较

(2)烟支吸阻比较。

对卷制后成品烟支吸阻进行测试,比较了现有工艺与新工艺处理后成品烟支吸阻的变化情况,结果见图12-51。

由图12-51可知,与现有工艺相比,采用"丝加料丝烘焙"新工艺生产的卷烟,烟支吸阻变化较小,表明新工艺可满足烟支吸阻的工艺技术要求。

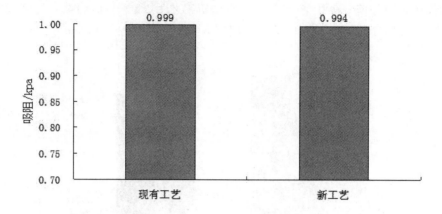

图 12-51　烟支吸阻比较

(3)烟支硬度比较。

对卷制后成品烟支的硬度进行测试,比较了现有工艺与新工艺处理后成品烟支硬度的变化情况,结果见图 12-52。

由图 12-52 可知,与现有工艺相比,采用"丝加料丝烘焙"新工艺生产的卷烟,烟支硬度变化较小,表明新工艺可满足烟支硬度的工艺技术要求。

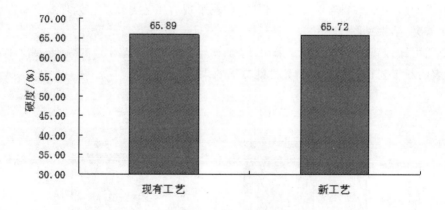

图 12-52　烟支硬度比较

4.烟气分析

对成品卷烟烟气进行了测试,分析比较了现有工艺与新工艺生产的卷烟的焦油量、烟气烟碱量、烟气一氧化碳量的变化情况,结果见图 12-53。

由图可知,与现有工艺相比,采用"丝加料丝烘焙"新工艺生产的卷烟,焦油量降低了1.20 mg/ 支,烟气烟碱量降低了 0.03 mg/ 支,烟气一氧化碳量降低了 1.80 mg/ 支。

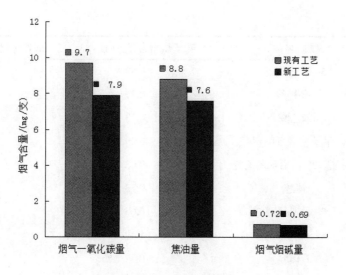

图 12-53　烟气分析结果

5.卷烟中的挥发性及半挥发性香味成分分析

用 GC/MS 对两种不同白肋烟处理工艺条件下的试样进行了香气成分分析,并对 30 余种含量较大的成分进行了定量分析。由表 12-68 可以看出,与烟片烘焙试样相比,采用叶丝烘焙处理后,样品中的吡啶类、吡嗪类、呋喃类、吡咯类等典型的美拉德反应产物的含量基本保持不变,表明新工艺处理后不会造成主要香味成分的明显损失。此外,从挥发性羰基化合物醛、酮类物质总量来看,采用叶丝烘焙处理后,其总量略有增加,表明新工艺处理对于改善白肋烟特征香味和吸食品质具有积极的正面作用。

表 12-68　不同加工工艺条件下挥发性及半挥发性香味成分分析

编号	物质名称	叶丝烘焙含量 /（μg/g）	烟片烘焙含量 /（μg/g）
1	2- 甲基四氢呋喃 -3- 酮	0.27	0.27
2	6- 甲基 -5- 庚烯 -2- 酮	0.26	0.24
3	大马酮	3.99	3.80
4	β - 二氢大马酮	1.33	3.31
5	香叶基丙酮	1.66	1.55
6	巨豆三烯酮 1	2.34	2.63
7	巨豆三烯酮 2	14.06	13.05
8	巨豆三烯酮 3	2.88	3.09
9	巨豆三烯酮 4	9.83	9.27
10	螺岩兰草酮	1.15	0.61
11	金合欢基丙酮	3.17	3.31
12	糠醛	5.85	5.91

编号	物质名称	叶丝烘焙含量 / (μg/g)	烟片烘焙含量 / (μg/g)
13	5-甲基糠醛	0.52	0.70
14	苯甲醛	0.77	0.61
15	苯乙醛	4.13	2.47
16	N-甲基-2-吡咯甲醛	0.29	0.22
17	阿托醛/2-乙烯基苯乙醛	0.08	0.30
18	糠醇	0.73	1.07
19	2-乙基己醇	0.63	0.97
20	苯甲醇	1.49	1.43
21	芳樟醇	0.32	0.42
22	苯乙醇	1.44	1.44
23	二氢猕猴桃内酯	3.17	2.52
24	棕榈酸甲酯	5.69	5.91
25	1,4-二甲基咪唑	3.20	3.86
26	2-乙酰基呋喃	0.55	0.48
27	2-乙酰基吡咯	1.37	1.23
28	吲哚	1.59	1.60
29	2,3'-联吡啶	0.70	0.76
30	对乙烯基愈疮木酚	0.08	1.37
31	2,6-二叔丁基对甲苯酚	0.35	9.33
32	邻苯乙基苯酚	0.32	1.68
33	δ-榄香烯	0.69	0.85
34	酮类化合物	40.94	41.13
35	醛类化合物	11.64	10.21
36	醇类化合物	4.61	5.33
37	酯类化合物	8.86	8.43
38	酚类化合物	0.75	12.38
39	杂环类	7.41	7.93

6.卷烟产品感官质量评吸

对卷烟产品进行感官评吸,比较了现有工艺与新工艺生产的卷烟的感官质量差异,结果显示,与现有工艺相比,采用"丝加料丝烘焙"新工艺,香气特征有所改善,杂气、刺激性、余味等指标得分有所提高,产品感官质量得分提高了 0.8 分。

7.卷烟风格感官评价

对成品卷烟进行风格感官评价,比较了现有工艺与新工艺生产的卷烟的风格特征的差异,结果显示,采用新工艺后:

(1)品质特性上,产品舒适感及烟气特性均有所改善,具体表现在口腔刺激、喉部刺激、鼻腔刺激等均略有减小,烟气更加细腻柔和、圆润。

(2)口味风格上,产品甜味稍有,苦味微有;香气风格上,嗅香及评吸结果表明,其风格特征无明显差异。

8.综合分析

本书选取混合型卷烟"金桥(硬)",采用白肋烟烟片、白肋烟叶丝相结合的分步分比例加料工艺,白肋烟滚筒式叶丝烘焙工艺,开展了新工艺技术条件下的卷烟加工全过程生产验证,并对成品卷烟烟气成分、卷烟中的挥发性及半挥发性香味成分、成品卷烟感官质量、卷烟风格感官等进行了分析评价。分析结果表明:与现有工艺相比,采用新工艺加工处理后,白肋烟加料均匀性、料液有效利用率分别提高了 36 个百分点、32 个百分点。制丝加工过程烟丝物理质量得到明显提高,其中,干燥后白肋烟叶丝填充值大于 5.4 cm^3/g,烟丝碎丝率降低了 2.68%,整丝率增加了 3.3%,风送卷制前烟丝填充值提高了 0.2 cm^3/g。卷制后烟支物理质量略有改善或提高,其中,烟支单重降低了 16 mg/支;成品卷烟焦油量、烟气烟碱量、烟气一氧化碳量等均有明显下降;卷烟中的挥发性及半挥发性特征香味成分基本保持不变;产品感官质量得分提高了 0.8 分,卷烟风格特征无明显差异,产品舒适感有所改善,刺激性、干燥感略有降低,烟气更加细腻柔和。

参 考 文 献

[1] 苏德成 . 中国烟草栽培学 [M]. 上海：上海科学技术出版社，2005.

[2] 柴家荣 . 云南晾晒烟栽培学 [M]. 北京：科学出版社，2009.

[3] 王彦亭，谢剑平，李志宏 . 中国烟草种植区划 [M]. 北京：科学出版社，2010.

[4] 杨春雷，林国平，贾廷林，等 . 美国白肋烟生产现状 [J]. 中国烟草学报，2006，12(5)：56-58.

[5] 邹聪明，PEARCE R.C.，胡小东，等 . 美国肯塔基白肋烟免耕生产的历史发展与最新进展 [J]. 中国烟草学报，2013，19(5)：125-130.

[6] 赵晓丹 . 不同产区白肋烟质量特点及差异分析 [D]. 郑州：河南农业大学，2012.

[7] 杨兴和，谭学阶，王永见 . 白肋烟雄性不育一代杂种白 80 号培育经过与试验结果报告 [J]. 中国烟草科学，1984，(1)：35-39.

[8] 肖宗友，王昌军，刘学斌，等 . 白肋烟新品种鄂烟 2 号选育及其特征特性 [J]. 中国烟草科学，1998，(1)：1-4.

[9] 李宗平，唐嗣平，李进平，等 . 白肋烟品种鄂烟 3 号的选育及特征特性 [J]. 烟草科技，2005，(10)：29-32.

[10] 柴家荣 . 白肋烟新品种 YNBS1 的选育及生产试验示范 [J]. 中国烟草科学，2008，29(3)：6-10.

[11] 林国平，王毅，肖宗友，等 . 白肋烟新品种鄂烟 6 号选育及其特征特性 [J]. 中国烟草学报，2008，14 (4)：49-51.

[12] 王毅 . 湖北省白肋烟种植品种简介 [J]. 湖北烟草，2009，(6)：59-61 .

[13] 陈志华，谢子发，吴纯奎，等 . 白肋烟达白 2 号（50926）选育及其特征特性 [J]. 昆明学院学报，2009，31(6)：31-34

[14] 王毅，黄文昌，蔡长春，等 . 白肋烟新品种鄂烟 101 的选育及其特征特性 [J]. 中国烟草科学，2011，32（增刊 1）：39-44.

[15] 柴家荣 . 白肋烟新品种云白 2 号的选育及其特征特性 [J]. 中国烟草科学，2011，32(2)：1-5.

[16] 黄文昌，林国平，王毅，等 . 白肋烟新品种鄂烟 211 的选育及其特征特性 [J]. 中国烟草科学，2012，33(6)：7-12.

[17] 陈志华，杨兴有，靳冬梅，等 . 白肋烟新品种川白 1 号的选育及其特征特性 [J]. 中国烟草科学，2013，34(5)：57-61.

[18] 柴家荣，管仕军，宇萍，等 . 白肋烟新品种云白 3 号的选育及其特征特性 [J]. 中国烟草科学，2014，35(4)：1-5.

[19] 陈志华，杨兴有，向杰，等 . 白肋烟新品种川白 2 号的选育及其应用评价 [J]. 中国烟草科学，2015，36(6)：8-12.

[20] 黄文昌,王毅,程君奇,等.白肋烟新品种鄂烟215的选育及特性[J].中国农学通报,2016,32(34):35-41.

[21] 吴成林,黄文昌,程君奇,等.中国白肋烟育种研究进展与思考[J].作物研究[J],2016,30(4):475-480.

[22] 杨春雷,黄文昌,杨锦鹏,等.低害白肋烟品种TN90LC引种示范及评价[J].湖南农业大学学报,2017,43(2):145-150.

[23] 黄文昌,王毅,程君奇,等.白肋烟新品种鄂烟213的选育及其特征特性[J].作物研究,2017,31(1):46-51.

[24] 黄文昌,曹景林,程君奇,等.白肋烟新品种鄂烟216的选育及其特性[J].中国农学通报,2018,34(20):40-46.

[25] 黄文昌,王毅,林国平,等.白肋烟新品种鄂烟209的选育及其特征特性[J].中国烟草科学,2010,31(4):1-7.

[26] 舒照鹤,孔伟,解晓菲,等.白肋烟新品种鹤峰大五号选育及其特征特性[J].湖北农业科学,2012,51(12):2513-2516.

[27] 杨春雷,李进平,谭军,等.不同海拔下白肋烟的配套晾制技术研究[J].烟草科技,2005,(5):39-44.

[28] 王京.恩施不同海拔白肋烟生长发育和品质性状的差异比较[D].郑州:河南农业大学,2015.

[29] 吴疆.气候条件对四川白肋烟质量特色的影响[D].郑州:河南农业大学,2014.

[30] 柴家荣.白肋烟种子萌发的生理生化动态研究[J].中国烟草科学,2006,(2):32-36.

[31] 杨春雷,李进平,魏魁,等.渗透调节提高白肋烟种子抵御吸胀冷害能力研究初报[J].中国烟草科学,2004,(2):28-29.

[32] 程君奇,周群,王毅,等.白肋烟烟叶表皮腺毛密度品种间的差异性研究[J].中国烟草科学,2010,31(1):47-52.

[33] 黄文昌,吴成林,王毅,等.不同白肋烟品种叶片主要性状比较及其与单叶质量的相关性分析[J].作物研究,2021,35,(1):50-54.

[34] 柴家荣,尚志强,戴福斌,等.氮、磷、钾营养对白肋烟叶绿体色素、化学成分的影响及相关性分析[J].中国烟草科学,2006,(2):5-9.

[35] 李进平,陈振国,李建平,等.土壤水分条件对白肋烟产、质量的影响及白肋烟灌溉的土壤水分指标研究[J].中国烟草学报,2005,11(1):23-28.

[36] 梁思威,杨锦鹏,余君,等.喷施外源植物生长调节物质对白肋烟烟碱含量及其合成关键酶活性的影响[J].华中农业大学学报,2013,32(5):72-76.

[37] 王亚宁.白肋烟早生快发栽培的生理机制与适应性品质筛选的研究[D].武汉:华中农业大学,2016.

[38] 崔佰慧,杨春雷,杨锦鹏等.不同叶位整形模式对白肋烟生长及烟叶多酚物质含量的影响[J].植物科学学报,2015,33(2):226-236.

[39] 程君奇,周群,杨春雷,等.打顶时期对白肋烟烟叶腺毛分泌物的影响[J].烟草科技,2009,(9):50-54.

[40] 高林,李进平,杨春雷,等.晾制期间白肋烟烟叶含氮化合物的变化 [J].栽培与调制,2006,(3):44-47.

[41] 蔡联合,李宗平,李进平,等.晾制湿度对白肋烟烟碱向降烟碱转化的影响 [J].烟草科技,2008,(6):46-50.

[42] 李宗平,李进平,陈茂胜,等.晾制温湿度对白肋烟生物碱含量和烟碱转化的影响研究 [J].中国烟草学报,2009,15(4):61-64.

[43] 廖晓玲,李青诚,李进平,等.白肋烟香气物质的积累与调制条件的关系 [J].武汉化工学院学报,2005,27(2):10-13.

[44] 高林.白肋烟成熟及调制期间生理生化指标的动态变化及其与品质关系的研究 [D].武汉:华中农业大学,2005.

[45] 杨春雷,袁国林,李进平,等.白肋烟晾房内温湿度调控设施研究 [J].中国烟草科学,2007,28(3):21-23.

[46] 李建平,李进平,王昌军,等.斩株时间对白肋烟产量和品质的影响 [J].烟草农业科学,2006,2(3):307-315.

[47] 王如定,张敬祥.美国白肋烟和我国白肋烟质量初步比较 [J].烟草科技,1981 (04) :31-32.

[48] 张红帅,伍学兵,钱祖坤,等.湖北与美国白肋烟化学成分的灰色关联聚类分析 [J].贵州农业科学,2015,43(11):67-70.

[49] 汪安云,雷丽萍,夏振远,等.白肋烟中烟草特有亚硝胺的研究进展 [J].安徽农业科学,2010,38(30):16847-16849.

[50] 陈鹏,杨兴有,陈志华,等.我国白肋烟物理特性与化学成分含量特点分析 [J].山西农业科学,2017,45(8):1244-1248.

[51] 王瑞云,樊在斗,周海燕,等.云南白肋烟中性香气物质含量及与国内外烟叶对比分析 [J].中国烟草科学,2014-02,35(1):108-112.

[52] 尹启生,吴鸣,朱大恒,等.提高白肋烟质量及其可用性的技术研究 [J].烟草科技,2002 (09):04-07.

[53] 谢剑平,赵明月,吴鸣,等.白肋烟重要香味物质组成的研究 [J].烟草科技,2002(10):03-16.

[54] 汪开保,王宏伟,吴克松,等.湖北白肋烟等级质量分析 [J].中国烟草科学 2008,29(1):33-38.

[55] 中华人民共和国国家质量监督检验检疫总局,中国国家标准化管理委员会.白肋烟:GB/T 8966-2005[S].北京:中国标准出版社,2005.

[56] 闫新甫.中外烟叶等级标准与应用指南 [M].北京:中国标准出版社,2012.

[57] 闫新甫,王欣,孔劲松,等.全国近十年晾烟生产及市场变化分析 [J].中国烟草科学,2021,42(2):98-104.

[58] 周骏,杨春雷,史宏志,等.降低国产白肋烟、马里兰烟中烟草特有 N- 亚硝胺的种植与贮藏技术 [M].北京:科学技术文献出版社,2017.

[59] 周炎,史宏志,季辉华,等.中美部分品牌烟草制品 TSNA 及其前体物的含量和关系 [J].中国烟草学报,2022,28(02):42-49.

[60] 史宏志. 优质低害白肋烟生产理论与技术 [M]. 北京: 科学出版社, 2020.

[61] 刘开楠. 白肋烟烘焙工艺研究 [D]. 长沙: 湖南农业大学, 2014.

[62] 周骏, 杨春雷, 马雁军, 等. 国产白肋烟、马里兰烟和晒红烟资源调查及工业可用性 [M]. 北京: 科学技术文献出版社, 2016.

[63] 堵劲松, 王宏生, 王兵, 等. 白肋烟加工工艺技术研究 [J]. 烟草科技, 2001, 49(6):42-55.

[64] 王满, 何结望, 许自成, 等. 打叶复烤成品片烟结构稳定性的综合评价 [J]. 西南农业学报, 2010, 23(05):1429-1433.

[65] 皇甫东有, 刘丁伟, 王建民. 两次润叶水分、温度控制对打叶质量的影响 [J]. 郑州轻工业学院学报, 2011, 26(02):28-31.

[66] 龙明海, 张晓龙, 汪显国, 等. 打叶复烤润叶方式对烟叶质量的影响 [J]. 湖北农业科学, 2016, 55(01):108-111.

[67] 李善莲, 陈良元, 李华杰, 等. 复烤方式对烟片加工质量的影响 [J]. 烟草科技, 2012, (10):5-8.

[68] 毛福利, 何结望, 许自成, 等. 片烟结构稳定性的综合评价 [J]. 江西农业学报, 2010, 22(11):65-67.

[69] 国家烟草专卖局. 打叶复烤 分类加工技术指南:YC/Z 576-2018[S]. 北京: 中国标准出版社, 2019.

[70] 史宏志, 徐发华, 杨兴有, 等. 不同产地和品种白肋烟烟草特有亚硝胺与前体物关系 [J]. 中国烟草学报, 2012, 18(5): 9-15.

[71] 史宏志, BUSH L P, 黄元炯, 等. 我国烟草及其制品中烟草特有亚硝胺含量及与前体物的关系 [J]. 中国烟草学报, 2002, 8(1): 12-14.

[72] 史宏志, 李超, 杨兴有, 等. 四川白肋烟亲本改良及低烟碱转化杂交种的增质减害效果 [J]. 中国烟草学报, 2010, 16(4):24-29

[73] 史宏志, 李进平, 李宗平等. 遗传改良降低白肋烟杂交种烟碱转化率研究 [J]. 中国农业科学, 2007, 40(1):153-160.

[74] 史宏志, 刘国顺. 白肋烟烟碱转化及烟草特有亚硝胺形成 [J]. 中国烟草学报, 2008, 14 (增刊): 41-46.

[75] 史宏志、张建勋. 烟草生物碱 [M]. 北京: 中国农业出版社, 2004.

[76] 孙楁淑, 王俊, 许东亚, 等. 白肋烟烟叶含水率与高温贮藏过程中 TSNA 形成的关系 [J]. 中国烟草学报, 2016, 22(4): 38-43.

[77] 孙楁淑, 王俊, 周骏, 等. 硝态氮含量对烟叶高温贮藏过程 TSNA 形成的影响 [J]. 中国烟草学报, 2015, 21(2): 53-57.

[78] 孙楁淑, 王瑞云, 周骏, 等. 氧化剂和抗氧化剂处理对高温贮藏白肋烟 TSNAs 形成的影响 [J]. 烟草科技, 2015, 4: 19-22, 31.

[79] 孙楁淑, 杨军杰, 周骏, 等. 不同氮素形态对烟草硝态氮含量和 TSNA 形成的影响 [J]. 中国烟草学报, 2015, 21(4): 78-84.

[80] 王俊, 孙楁淑, 周骏, 等. 贮藏温度和烟叶含水率互作对白肋烟贮藏期间 TSNAs 形成的影响 [J]. 烟草科技, 2016, 49(9): 8-14.

[81] 王瑞云, 史宏志, 周骏, 等. 烟草贮藏过程中 TSNAs 含量变化及对高温处理的响应 [J]. 中

国烟草学报，2014，20(1)：48-53.

[82] 张梦玥，刘德水，王俊，等．烟草贮藏过程中包装方式对 TSNAs 形成的影响 [J]. 中国烟草学报，2021，27（2）:8-1

[83] 安毅，徐丽霞，杨靖，等．烘焙条件对白肋烟重要致香成分的影响 [J]. 烟草科技，2012(10)：56-84.

[84] 舒俊生，陈开波，毛健．烘焙对国产白肋烟中糖氨 Maillard 反应的影响 [J]. 中国食品学报，2013，13(3):59-64.

[85] 于建军．卷烟工艺学 [M].2 版．北京：中国农业出版社，2009.

[86] 李亚丽，刘晓徐，郑培华，等．美拉德反应研究进展 [J]. 食品科技，2012(9):82-87.

[87] 宗永立，张晓兵，屈展，等．白肋烟加料技术研究 [J]. 烟草科技，2003，46(10):13-16.

[88] 谢剑平，赵明月，吴鸣，等．白肋烟重要香味物质组成的研究 [J]. 烟草科技，2002，36(10):3-16.

[89] 孔浩辉，陈茜，周瑢，等．加糖后白肋烟烟气香气成分的变化 [J]. 烟草科技，2014(5): 64-71.

[90]CERNY C，DAVIDEK T.Formation of aroma compounds from ribose and cysteine during the Maillard reaction[J].Journal of Agricultural & Food Chemistry, 2003，51(9):2714-2721.

[91] 彭洁，曾世通，胡军，等．葡萄糖 / 脯氨酸 Maillard 反应模型及其产物的烟草加香评价 [J]. 香料香精化妆品，2014(3):11-16.

[92] 张晓宇，朱青林，何庆，等．甘 - 谷二肽与葡萄糖的 Maillard 反应及在卷烟中的应用 [J]. 香料香精化妆品，2015, (2):8-12.

[93] 宁勇，丁乃红，陈开波，等．转化酶水解蔗糖加料烘焙对白肋烟品质的影响 [J]. 烟草科技，2007，46(5):13-16.

[94]BOEKEL M.Kinetic aspects of the Maillard reaction: a critical review[J].Molecular Nutrition & Food Research, 2001，45(3):150-159.

[95] 郭俊成，刘强，苏勇，等．中式混合型卷烟白肋烟两次加里料和烘焙技术研究 [J]. 中国烟草科学，2006，27(2):16-19.

[96] 陈文，王存文，王光辉，等．烘焙期间加料与未加料白肋烟游离氨基酸的变化 [J]. 烟草科技，2007, (8): 39-42.

[97] 宗永立，张晓兵，屈展，等．混合型卷烟加料加香技术研究 [J]. 烟草科技，2004(3): 3-8.

[98] 王道宽，周跃飞，谢金栋．白肋烟叶片、叶丝二次加料研究 [J]. 烟草科技，2013，49(1):83-89.

[99] 陈子勇，朱巍，黄龙，等．白肋烟处理前后化学成分的变化及其处理工艺优化研究 [J]. 湖北农业科学，2010，49(3):663-668.